중국건축 도해사전
中國建築 圖解辭典

ILLUSTRATION DICTIONARY OF CLASSICAL CHINESE ARCHITECTURE

도서출판 고려

中國建築圖解辭典

Original Chinese language edition published by China Machine Press
Copyright © 2014 China Machine Press
All rights reserved.

Published by arrangement with China Machine Press and Danny Hong Agency.
Korean translation copyright © 2016 by korea Publishing Co.

이 책의 한국어 판 저작권은 대니홍 에이전시를 통한 저작권사와의 독점 계약으로
도서출판 고려에 있습니다. 신저작권법에 의해 한국내에서 보호를 받는 저작물이므로
무단전재와 복제를 금합니다.

저 자 의 글

「중국건축도해사전(中國建築圖解辭典)」은 본인이 직접 중국 고(古)건축의 발자취를 찾아 20여 년 동안 중국의 여러 성(省)과 독자적인 문화와 아름다운 건축물들로 유명한 대만과 홍콩의 여러 곳을 조사하며 수집한 자료를 토대로 집필한 책이다. 고대 건축을 연구하고 이해하고자 하는 이들에게 손쉽게 이용할 수 있는 참고서다.

이 책에 사용된 대부분의 사진은 본인이 직접 그리거나 촬영한 것으로 수집한 자료가 방대하여 편집 과정에서 상당한 시간과 노력이 필요했다. 오랜 세월 건축물들의 형태가 보존, 복원되지 않았거나 혹은 색조의 변화와 촬영 각도의 제약으로 인해 조영시기, 위계, 사용기능에 대한 객관성과 독자들의 이해도를 위해 본인이 직접 작업한 도면도 포함되어 있다.

이 책이 한국어로 번역되어 무척 기쁘다.
베이징에 있는 본인의 작업실에서 자주 만나 이 책의 집필 과정과 세 분의 선생님께서 번역 작업을 진행 하면서 주고받은 귀한 의견들은 글쓴이에게 새로운 영감을 주었다. 긴 시간 동안 열정을 담아 열심히 번역해 주신 차주환, 이민, 송선엽 세 분의 한국인 선생님과 이 책의 완성도를 위해 도움을 준 나의 제자들에게도 감사의 뜻을 전한다.

이 책이 중국 고(古)건축과 더 나아가 중국을 이해하고자 하는 한국의 수많은 독자들에게 중국을 발견하는 또 다른 발판이 되기를 간절히 바란다.

왕치쥔 王其钧

추 천 의 글

　우리 건축에 대한 역사적 흐름과 맥락을 인식하고 정체성을 확립하기 위해서 건축역사학계에 주어진 당면 과제의 하나는 중국을 포함한 주변 국가의 건축역사학계와 학술교류를 증진하고 그 이해를 높이는 것이다. 그리고 이를 위한 가장 기초적인 작업은 그 분야에서 사용하는 용어에 대한 명확한 정의를 내리고 공유할 수 있는 사전을 만드는 것이며, 그것이 다른 나라와 관련된 학문 분야라면 자국의 언어로 정확히 설명되고 호환이 되는 번역 사전을 갖추는 것이다. 이러한 측면에서 보면 우리 건축역사학계는 필요성과 공감대를 형성하고 있지만 의견이 분분하고 행동으로 옮기려는 용기가 부족하여 그다지 가시적인 성과를 만들어 내지 못하고 있다. 그 결과 전공자들 사이에도 의사소통의 한계가 있고 비전공자들의 접근을 어렵게 만든다.

　반면 1980년대 후반 중국건축을 공부하겠다는 생각 하나만을 가지고 무작정 유학을 떠난 본인이 현지의 서점과 도서관에서 접하게 된 각 분야의 다양한 사전들은 낯선 지방에서 목적지를 찾는 이방인의 친절한 안내 표지판과도 같았다. 심지어 사전을 찾기 위한 사전 「중국공구서대사전」(흑룡강성인민출판사, 1993년)까지 나와 있는 것을 보고는 입을 다물지 못했던 기억이 새삼스럽다. 그래서 유학기간 내내 눈에 뜨인 사전은 책값을 무시하고 부지런히 사서 모았고 지금은 상당한 수량의 다양한 건축 관련 사전이 본인의 연구실 한 귀퉁이에 자리를 차지하고 있다. 하지만 정작 이 사전들을 이용하여 우리 학계에 도움을 줄 수 있는 작업을 한 번도 시도하지 못한 것이 마음속으로는 늘 큰 부담이었다. 그런데 중국고대건축에 관한 용어사전이 한국어로 번역되었다는 소식을 접하고 추천의 글까지 부탁받고 나니 한편 부끄러우면서도 내심 내 손으로 직접 번역한 것 이상의 반가운 마음이 들었다.

　이번에 청화대학 인문학원에서 중국문학을 전공하고 졸업한 송선엽 박사, 같은 대학 미술학원에서 원림건축을 전공하고 졸업한 이민 박사, 그리고 역시 같은 대학 건축학원에서 전통목구조를 전공하고 졸업한 차주환 박사 등 세 사람의 젊은 연구자들에 의해 우리말로 번역된 왕치쥔 교수의 저서 「중국건축도해사전」(기계공업출판사, 북경)은 국내 최초의 중국건축에 관한 전문 용어 사전이라고 할 수 있다.

「중국건축도해사전」은 일반적인 기존의 건축사전과는 궤를 달리 한다. 그것은 제목에서도 알 수 있듯이 중국고대건축의 용어를 단순히 글자의 나열을 통해 서술적인 문장으로만 풀어내지 않고 풍부한 시각 자료를 함께 사용하고 있다는 특징을 지닌다. 더구나 여기에 수록된 시각 자료는 우리에게 익숙한 촬영된 사진이나 단순한 실측 도면이 아니라 철저한 고증을 통해 저자 왕치쥔 교수 자신이 직접 손으로 그려낸 것으로 해당 용어의 의미를 매우 합리적이고 알기 쉽게 전달해 준다.

본래 학부에서 미술을 전공한 저자 왕치쥔 교수는 건축물을 묘사하는데 자주 이용되는 속사화, 펜화, 수채화, 선염도, 투시도 등 여러 분야에서 매우 뛰어난 재능을 가지고 있으며 자신의 박사학위논문 주제인 중국민가연구를 통해 얻은 폭 넓은 중국고대건축에 관한 지식을 바탕으로 중국은 물론 외국에서도 건축, 원림, 촌락 등과 관련된 서적을 다수 출판한 바 있다. 좀 과장해서 말하자면 서점의 서가 하나를 채울 수 있을 정도로 중국 내에서 그의 저술활동은 왕성하다. 또한 차별화 되고 흥미로운 시각 자료들로 인해서 우리말로 번역된 이 사전을 포함한 왕치쥔 교수의 여러 저서들은 전공자는 물론 폭 넓은 일반 대중들의 사랑을 지속적으로 받고 있다.

「중국건축도해사전」이 가지고 있는 내용상의 특징은 하나하나의 용어가 독립적으로 되어 있는 소항목 위주의 사전이 아니라 건축물의 외관과 내부, 구조와 재료, 가구와 장식 등에 관련된 상위 개념의 용어를 비롯하여 민가, 궁궐, 정자 등 건축물의 주요 유형을 포함해서 모두 29개의 대항목을 표제로 하는 장으로 설정하고 그 속에서 이와 관련된 세세한 하위 개념의 소항목 용어를 살펴보고 있다는 점이다. 그리고 마지막 장에서는 중국건축역사상 중요한 건축물의 실제 사례를 간략하게 설명함으로써 중국고대건축의 역사적 흐름을 일별해 볼 수 있도록 하였다. 따라서 하나하나의 용어를 개별적으로 설명한 용어사전 보다 각 용어의 상호관계를 보다 더 체계적이고 편리하게 살펴볼 수 있는 장점을 지닌다.

이같은 사전 자체의 장점과 더불어 그 내용을 단순히 한 분야의 전공자가 번역하지 않고 각자 서로 다른 학문 분야를 전공한 세 명의 공동 번역자들이 교차 번역에 임함으로써 번역된 사전의 내용은 그 어떤 중국어 번역 서적보다 충분히 신뢰할 수 있다는 점도 이 책이 가지는 또 다른 의의와 가치라고 할 수 있다. 그러므로 중국건축을 공부하는 연구자는 물론 중국에 여행을 가고자 하는 일반인들 까지도 필독서로서 자신 있게 추천을 하는 바이다.

사실 번역을 한다는 것은 일정한 희생정신이 없으면 불가능한 일이다. 그럼에도 불구하고 어려운 이 작업을 기꺼이 맡아 준 젊은 연구자들에게 아낌없는 찬사를 보낸다. 향후 이 사전과 자매서라고 할 수 있는 「중국원림도해사전」(왕치쥔, 기계공업출판사)도 이들의 손에 의해 하루빨리 우리말로 번역되어 우리 건축역사학계의 발전에 일익을 담당할 수 있기를 기대해 본다.

한동수
(한양대 건축학부 동아시아건축역사연구실 교수)

목 차

제1장 옥정(屋頂, 지붕)

- 경산식 옥정 硬山式屋頂 ... 31
- 현산식 옥정 懸山式屋頂 ... 32
- 헐산식 옥정 歇山式屋頂 ... 32
- 한궐 석각헐산정 漢闕石刻歇山頂 ... 32
- 투공식 산화 透空式山花 ... 33
- 봉폐식 산화 封閉式山花 ... 33
- 현어 懸魚 ... 33
- 중첨헐산정 重檐歇山頂 ... 34
- 권붕식 옥정 卷棚式屋頂 ... 36
- 권붕현산식 옥정 卷棚懸山式屋頂 ... 36
- 찬첨식 옥정 攢尖式屋頂 ... 36
- 찬첨식옥정 정자 攢尖式屋頂的亭子 ... 36
- 찬첨식옥정 전당 攢尖式屋頂的殿堂 ... 37
- 보정 寶頂 ... 37
- 무전식 옥정 廡殿式屋頂 ... 37
- 당대 무전정 唐代時的廡殿頂 ... 37
- 오척전 五脊殿 ... 38
- 오전정 吳殿頂 ... 38
- 구척정 九脊頂 ... 38
- 사아전정 四阿殿頂 ... 38
- 십자척식 옥정 十字脊式屋頂 ... 38
- 십자척의 각루 十字脊的角樓 ... 39
- 궁전건축의 문 宮殿建築上的吻 ... 39
- 고궁태화전의 문 故宮太和殿上的吻 ... 40
- 치미 鴟尾 ... 40
- 치문 鴟吻 ... 40
- 민거건축의 오어 民居建築上的鰲魚 ... 41
- 신수 神獸 ... 41
- 고궁전척의 신수 故宮殿脊上的神獸 ... 41
- 궁륭정 穹隆頂 ... 42
- 원권정 圓券頂 ... 42
- 평정 平頂 ... 42
- 회정 盔頂 ... 43
- 중첨 重檐 ... 43
- 단파정 單坡頂 ... 43
- 구연탑 옥정 勾連搭屋頂 ... 43
- 일전일권식 구연탑 一殿一卷式勾連搭 ... 44
- 대포하식 구연탑 帶抱廈式勾連搭 ... 44
- 녹정 盝頂 ... 44
- 인자정 人字頂 ... 45
- 만자정 卍字頂 ... 45
- 선면정 扇面頂 ... 45
- 회배정 灰背頂 ... 45
- 구연탑 회배 勾連搭灰背 ... 46
- 녹정 회배 盝頂灰背 ... 46
- 기반심 옥면 棋盤心屋面 ... 46
- 청수척 清水脊 ... 46
- 청수척 비자 清水脊鼻子 ... 47

제2장 장벽(墙壁, 벽체)

- 함장 檻墻 ... 48
- 삼합도장 三合土墻 ... 48

7

· 죽근토장 竹筋土墻	49	· 첩락산장 疊落山墻	57
· 공심전장 空心磚墻	49	· 마두장 馬頭墻	57
· 전장 磚墻	49	· 영벽 影壁	57
· 판축장 版築墻	49	· 석영벽 石影壁	58
· 공심두자장 空心頭子墻	50	· 전영벽 磚影壁	58
· 청수장 淸水墻	50	· 목영벽 木影壁	58
· 화식전장 花式磚墻	50	· 전영벽의 장식수법 磚影壁裝飾手法	58
· 누전장 漏磚墻	51	· 유리영벽 琉璃影壁	59
· 누창장 漏窗墻	51	· 대리석 영벽 大理石影壁	59
· 전화장 磚花墻	52	· 과가영벽 過街影壁	59
· 포광장 包框墻	52	· 과하영벽 跨河影壁	60
· 경심포광장 硬心包框墻	52	· 팔자영벽 八字影壁	60
· 연심포광장 軟心包框墻	52	· 문양측의 팔자영벽 門兩側的八字影壁	60
· 지두 墀頭	53	· 곤돈석 滾墩石	60
· 지두장식 墀頭裝飾	53	· 회음벽 回音壁	61
· 첨장 檐墻	54	· 북경 천단회음벽 北京天壇回音壁	61
· 봉호첨장 封護檐墻	54	· 마전대봉 磨磚對縫	61
· 누첨장 漏檐墻	54	· 간파 幹擺	62
· 선면장 扇面墻	55	· 일정일순 一丁一順	62
· 산장 山墻	55	· 일정삼순 一丁三順	62
· 낭장 廊墻	55	· 일정오순 一丁五順	62
· 오행산장 五形山墻	56	· 다층일정 多層一丁	62
· 하감 下碱	56	· 평전정체착봉 平磚丁砌錯縫	63
· 방화장 防火墻	56	· 평전순체착봉 平磚砌順錯縫	63
· 방화산장 防火山墻	56	· 측전순체착봉 側磚砌順錯縫	63
· 봉화장 封火墻	56		
· 풍화장 風火墻	57		

제3장 대기(台基, 기단)

- 여의답타 如意踏跺 · · · · · · 64
- 천연석 여의답타 天然石如意踏跺 · · · · · · 64
- 수대답타 垂帶踏跺 · · · · · · 65
- 강사 礓磜 · · · · · · 65
- 연도 輦道 · · · · · · 65
- 용미도 龍尾道 · · · · · · 65
- 폐석 陛石 · · · · · · 66
- 만도 慢道 · · · · · · 66
- 폐 陛 · · · · · · 66
- 어로 御路 · · · · · · 67
- 북경고궁 보화전어로 北京故宮保和殿御路 · · · · · · 67
- 계 階 · · · · · · 67
- 세 칸에 회랑이 딸린 건축대기 三開間帶迴廊建築台基 · · · · · · 68
- 좌우계 左右階 · · · · · · 70
- 각석 角石 · · · · · · 70
- 두판석 斗板石 · · · · · · 70
- 토친석 土襯石 · · · · · · 70
- 각주석 角柱石 · · · · · · 71
- 계조석 階條石 · · · · · · 71
- 수대석 垂帶石 · · · · · · 71
- 상안 象眼 · · · · · · 71
- 수미좌 須彌座 · · · · · · 72
- 금강주자 金剛柱子 · · · · · · 72
- 여의 금깅주자 如意金剛柱子 · · · · · · 72
- 마제주자 馬蹄柱子 · · · · · · 72
- 마노주자 瑪瑙柱子 · · · · · · 72
- 궁전건축의 수미좌 宮殿建築의 須彌座 · · · · · · 73
- 연화 수미좌 蓮花須彌座 · · · · · · 73
- 속요대 조각의 수미좌 束腰帶雕刻의 須彌座 · · · · · · 73
- 속요부분의 완화결대 束腰處의 碗花結帶 · · · · · · 73
- 속요 및 상하방대조각의 수미좌 束腰和上下枋帶雕刻的須彌座 · · · · · · 74
- 전면을 조각 장식한 수미좌 全面雕飾的須彌座 · · · · · · 74
- 대기위 이수 台基上的螭首 · · · · · · 74
- 고궁 3대전 대기 이수 故宮三大殿台基上的螭首 · · · · · · 74
- 천단 기년전 대기 이수 天壇祈年殿台基上的螭首 · · · · · · 75
- 흠안전 대기 이수 欽安殿台基上的螭首 · · · · · · 75

제4장 주(柱, 기둥)

- 주초 柱礎 · · · · · · 76
- 주초 양식 柱礎式樣 · · · · · · 77
- 고경 鼓鏡 · · · · · · 77
- 고등 鼓蹬 · · · · · · 77
- 복분 覆盆 · · · · · · 77
- 소복분 素覆盆 · · · · · · 78
- 연판주초 蓮瓣柱礎 · · · · · · 78

· 운봉주초 云鳳柱礎	78		· 낭주 廊柱	84
· 합연권초의 중층주초 合蓮卷草重層柱礎	78		· 통주 通柱	85
· 각사주초 刻獅柱礎	78		· 평주 平柱	85
· 여의형 주초 如意形柱礎	79		· 두접주 頭接柱	85
· 다층 연판주초 多層蓮瓣柱礎	79		· 모각주 抹角柱	85
· 부조 화초주초 浮雕花草柱礎	79		· 사주 梭柱	86
· 과릉문 주초 瓜楞紋柱礎	80		· 포양주 包鑲柱	86
· 원조 인물주초 圓雕人物柱礎	80		· 매화주 梅花柱	86
· 화병식 주초 花瓶式柱礎	80		· 와각주 訛角柱	87
· 제형주초 梯形柱礎	80		· 과릉주 瓜楞住	87
· 연반주초 聯瓣柱礎	80		· 조용주 雕龍柱	87
· 첨주 檐柱	81		· 감주조 減柱造	87
· 금주 金柱	81			
· 이금주 里金柱	81		**제5장 난간(欄杆)**	
· 외금주 外金柱	82		· 심장 난간 尋杖欄杆	88
· 중첨금주 重檐金柱	82		· 수대 난간 垂帶欄杆	89
· 중주 中柱	82		· 직령난간 直棂欄杆	89
· 뇌공주 雷公柱	82		· 첨자난간 櫼子欄杆	89
· 산주 山柱	82		· 좌등 난간 坐凳欄杆	89
· 동주 童柱	83		· 고배 난간 靠背欄杆	90
· 각주 角柱	83		· 고배난간의 고배조각 靠背欄杆的靠背雕刻	90
· 과주 瓜柱	83		· 화식 난간 花式欄杆	90
· 촉주 蜀柱	83		· 병식 난간 瓶式欄杆	91
· 금과주 金瓜柱	84		· 난판 난간 欄板欄杆	91
· 척과주 脊瓜柱	84		· 나한 난간 羅漢欄杆	91
· 연랑주 連廊柱	84			
· 부계주 副階柱	84			

· 단구 난간 單鉤欄杆	91
· 난판 欄板	92
· 투병난판 透瓶欄板	92
· 투병난판의 정병 透瓶欄板中的淨瓶	92
· 속련난판 束蓮欄板	93
· 망주 望柱	93
· 망주 머리조각 望柱頭雕刻	93
· 중대구난 重台鉤欄	94
· 망주 머리 조각등급 望柱頭雕刻의 等級	96
· 석류 망주머리 石榴望柱頭	96
· 연화 망주머리 蓮花望柱頭	96
· 24절기 망주머리 二十四節氣望柱頭	96
· 소방 망주머리 素方望柱頭	97
· 난간중의 포고석 欄杆中的抱鼓石	97
· 주택 문 앞의 포고석 宅門前的抱鼓石	97
· 원형 포고석 圓形抱鼓石	98
· 주택문 앞 포고석의 사자 宅門前抱鼓石上的獅子	98
· 방형 포고석 方形抱鼓石	99
· 주택문 앞 포고석의 포복각 宅門前抱鼓石의 包袱角	99

제6장 포지(鋪地, 바닥)

· 세만지면 細墁地面	100
· 창백지면 淌白地面	100
· 조민지면 糙墁地面	101
· 석자로 石子路	101
· 전와석 혼합포지 磚瓦石混合鋪地	101
· 금전포지 金磚鋪地	101
· 아란석포지 鵝卵石鋪地	102
· 산수포지 散水鋪地	102
· 용로포지 甬路鋪地	102
· 해만포지 海墁鋪地	102
· 원림포지 園林鋪地	103
· 민거원락포지 民居院落鋪地	103
· 당대연화문포지전 唐代蓮花紋鋪地磚	103
· 파문식포지 波紋式鋪地	104
· 구문식포지 球門式鋪地	104
· 육방식포지 六方式鋪地	104
· 반장문포지 盤張文鋪地	105
· 해당화포지 海棠花紋鋪地	105
· 빙열문포지 冰裂紋鋪地	105
· 투전문포지 套錢紋鋪地	106
· 수자문포지 壽字紋鋪地	106
· 만자문포지 萬字紋鋪地	106
· 학문포지 鶴紋鋪地	106
· 길상도안포지 吉祥圖案鋪地	107
· 기하문포지 几何紋鋪地	107
· 식물문포지 植物紋鋪地	107
· 인자문포지 人字紋鋪地	108
· 동물문포지 動物紋鋪地	108
· 귀배금포지 龜背錦鋪地	108
· 만자지화포지 萬字芝花鋪地	108

- 어린포지 魚鱗鋪地　109
- 암팔선포지 暗八仙鋪地　109

제7장　와편(瓦片, 기와)
- 청와 青瓦　110
- 금와 金瓦　110
- 명와 明瓦　111
- 판와 板瓦　111
- 통와 筒瓦　111
- 어린와 魚鱗瓦　112
- 석판와 石板瓦　112
- 대식와작 大式瓦作　112
- 소식와작 小式瓦作　113
- 앙와 仰瓦　113
- 합와 合瓦　113
- 면와 緬瓦　113
- 앙합와 仰合瓦　114
- 조선족와 朝鮮族瓦　114
- 와당 瓦當　114
- 사신문 와당 四神紋瓦當　115
- 문자 와당 文字瓦當　115
- 송대 와당 宋代瓦當　115
- 진대 와당 秦代瓦當　116
- 수당 와당 隋唐瓦當　116
- 명청 와당 明青瓦當　116
- 와롱 瓦壟　116
- 적수 滴水　117
- 화변와 花邊瓦　117
- 구두 勾頭　117
- 배산구적 排山勾滴　117

제8장　양가결구(梁架結構)
- 대량식 구가 抬梁式構架　119
- 천두식 구가 穿頭式構架　119
- 혼합식 구가 混合式構架　120
- 간란식 구가 幹欄式構架　120
- 정간식 구가 井幹式構架　120
- 양 梁　120
- 포두량 抱頭梁　121
- 조첨량 挑尖梁　121
- 태평량 太平梁　122
- 원보량 元寶梁　122
- 각량 角梁　122
- 보가 步架　123
- 단보량 單步梁　123
- 쌍보량 雙步梁　123
- 삼가량 三架梁　123
- 월량 月梁　124
- 순량 順梁　124
- 배량 扒梁　124
- 순배량 順扒梁　124
- 타 柁　125

· 평판방 平板枋	125	· 용봉 화새채화 龍鳳和璽彩畫	135
· 대액방 大額枋	125	· 용초 화새채화 龍草和璽彩畫	135
· 소액방 小額枋	125	· 금용 화새채화 金龍和璽彩畫	136
· 방 枋	126	· 선자채화 旋子彩畫	136
· 보백방 普拍枋	128	· 금탁묵석년옥 선자채화 金琢墨石碾玉旋子彩畫	137
· 형 桁	128	· 연탁묵석년옥 선자채화 烟琢墨石碾玉旋子彩畫	137
· 정심형 正心桁	128	· 금선대점금 金線大点金	138
· 금형 金桁	128	· 묵선대점금 墨線大点金	138
· 척형 脊桁	129	· 금선소점금 金線小点金	138
· 연 椽	129	· 묵선소점금 墨線小点金	139
· 화가연 花架椽	130	· 웅황옥 雄黃玉	139
· 뇌연 腦椽	130	· 아오묵 雅伍墨	139
· 첨연 檐椽	130	· 석년옥 石碾玉	140
· 비연 飛椽	130	· 능각지 菱角地	140
· 부척목 扶脊木	130	· 대선 大線	140
· 연완 椽椀	131	· 역분첩금 瀝粉貼金	140
· 차수 叉手	131	· 일정이파 一整二破	141
· 탁각 托脚	131	· 일정이파가일로 一整二破加一路	141
· 유창 由戧	131	· 일정이파가이로 一整二破加二路	141
· 추산 推山	132	· 희상봉 喜相逢	141
· 철상명조 徹上明造	132	· 소식채화 蘇式彩畫	141
		· 북방 소식채화 北方蘇式彩畫	142
제9장 채화(彩畫, 단청)		· 남방 소식채화 南方蘇式彩畫	142
· 청식채화 淸式彩畫	133	· 금탁묵소화 金琢墨蘇畫	142
· 송식채화 宋式彩畫	134	· 금선소화 金線蘇畫	143
· 화새채화 和璽彩畫	134		

- 황(묵)선수화 黃(墨)線蘇畫 — 143
- 포복식소화 包袱式蘇畫 — 144
- 잡자 卡子 — 146
- 향색 香色 — 146
- 해만소화 海墁蘇畫 — 146
- 해만소화의 화문 海墁蘇畫花紋 — 146
- 상오채 上五彩 — 147
- 중오채 中五彩 — 147
- 하오채 下五彩 — 147
- 내첨양가의 소식채화 內檐梁架蘇式彩畫 — 147
- 외첨액방의 소식채화 外檐額枋蘇式彩畫 — 148
- 포복 包袱 — 148
- 포복의 윤곽 包袱的輪廓 — 148
- 포복안의 도안 包袱內的圖案 — 149
- 화조 포복 花鳥包袱 — 149
- 인물 포복 人物包袱 — 149
- 선파투경 포복 線法套景包袱 — 149
- 세한삼우도안 채화 歲寒三友圖案彩畫 — 149

제10장 두공(斗拱, 공포)

- 두구 斗口 — 151
- 두 斗 — 151
- 공 拱 — 152
- 승 升 — 152
- 앙 昂 — 152
- 교 翹 — 152
- 주두 坐斗 — 152
- 십팔두 十八斗 — 153
- 평반두 平盤斗 — 153
- 두이 斗耳 — 153
- 유앙 由昂 — 153
- 만공 萬拱 — 153
- 하앙 下昂 — 154
- 만공 慢拱 — 154
- 상공 廂拱 — 154
- 과공 瓜拱 — 154
- 정심과공 正心瓜拱 — 154
- 니도공 泥道拱 — 154
- 화공 華拱 — 155
- 사두 耍斗 — 155
- 권살 卷殺 — 155
- 마엽두 麻叶斗 — 155
- 삼재승 三才升 — 155
- 과 科 — 156
- 포작 鋪作 — 156
- 단교단앙오채두공 單翹單昂五踩斗拱 — 156
- 출채 出踩 — 156
- 출도 出跳 — 157
- 재 材 — 157
- 두공의 작용 斗拱的作用 — 157

제11장 작체(雀替)

- 송원시기의 작체 宋元時期的雀替   158
- 명대 작체 明代雀替   159
- 청대 작체 淸代雀替   159
- 작체문양 雀替紋樣   159
- 기마 작체 騎馬雀替   159
- 용문 작체 龍門雀替   160
- 대작체 大雀替   160
- 통작체 通雀替   160
- 화아자 작체 花牙子雀替   160
- 어형 작체 魚形雀替   161
- 회문 작체 回紋雀替   161
- 매죽문 작체 梅竹紋雀替   161
- 목단화 작체 牡丹花雀替   161
- 만초회문 작체 蔓草回紋雀替   162
- 권초문 작체 卷草紋雀替   162
- 호로문 작체 葫蘆紋雀替   162
- 초용 작체 草龍雀替   162
- 복수 작체 福壽雀替   163

제12장 천화(天花, 천정)

- 천화의 작용 天花的作用   164
- 천화의 기본형식 天花的基本形式   164
- 평기방격의 형식 平棋方格的形式   165
- 천화판 天花板   165
- 평기 平棋   165
- 평암 平闇   165
- 정구천화 井口天花   166
- 해만천화 海墁天花   166
- 첩량 貼梁   166
- 조정 藻井   166
- 조정의 형식 藻井的形式   167
- 헌원경 軒轅鏡   167
- 방형조정 方形藻井   168
- 원형조정 圓形藻井   168
- 팔각조정 八角藻井   168
- 용봉조정 龍鳳藻井   168
- 팔괘조정 八卦藻井   168
- 고궁 태화전 반용조정 故宮太和殿蟠龍藻井   169
- 고궁 양성전 조정 故宮養性殿藻井   169
- 대각사 반용조정 大覺寺蟠龍藻井   169
- 두팔조정 斗八藻井   170
- 연화동의 연화조정 蓮花洞中蓮花藻井   170
- 반용희주 조정 盤龍戲珠藻井   170
- 길상도안 조정 吉祥圖案藻井   171
- 이화원 낭여정조정 頤和園廊如亭藻井   171
- 단용 평기 團龍平棋   171
- 권초화훼 평기 卷草花卉平棋   171
- 오복봉수 평기 五福捧壽平棋   172
- 단학 평기 團鶴平棋   172

제13장 문(門)

- 대문 大門   173
- 판문 板門   174
- 실탑대문 實榻大門   174
- 기반문 棋盤門   174
- 대변 大邊   175
- 원문 院門   175
- 광량대문 廣亮大門   175
- 옥우식 대문 屋字式大門   176
- 금주대문 金柱大門   176
- 만자문 蠻字門   176
- 여의문 如意門   177
- 장군문 將軍門   177
- 수화문 垂花門   177
- 병문 屛門   178
- 오두문 烏頭門   178
- 삼관육선문 三關六扇門   178
- 영성문 欞星門   179
- 천단영성문 天壇欞星門   179
- 청동릉영성문 淸東陵欞星門   180
- 곡부공묘영성문 曲阜孔廟欞星門   180
- 권문 卷門   180
- 문침 門枕   181
- 문잠 門簪   181
- 풍문 風門   182
- 문발 門鈸   184
- 포수 鋪首   184
- 문정 門釘   185
- 문환 門環   185
- 격선문 隔扇門   185
- 격선 隔扇   186
- 격심 隔心   186
- 쌍교사완 雙交四椀   187
- 삼교육완 三交六椀   187
- 삼교만천성육완 대애엽능화 三交滿天星六椀帶艾葉菱花   187
- 능화격선 菱花隔扇   188
- 쌍교사완 감감람구문능화 雙交四椀嵌橄欖球紋菱花   190
- 군판 裙板   190
- 낙지명조격선 落地明造隔扇   190
- 고노전능화 古老錢菱花   190
- 말두 抹頭   190
- 조환판 條環板   191
- 외첨장수 外檐裝修   191
- 삼교구문능화 三交環紋菱花   191

제14장 창(窓)

- 직령창 直欞窓   192
- 파자령창 破子欞窓   192
- 일마삼전창 一馬三箭窓   193
- 함창 檻窓   193
- 함 檻   194

16

· 천창 天窗	194	
· 지적창 支摘窗	194	
· 화합창 和合窗	195	
· 지평창 地坪窗	195	
· 횡파창 橫坡窗	196	
· 횡피창 橫披窗	196	
· 누창 漏窗	196	
· 성배누창 成排漏窗	197	
· 화창 花窗	197	
· 공창 空窗	197	
· 십금창 什錦窗	198	
· 십금창의 형상 什錦窗形狀	198	
· 민간 십금창 民間什錦窗	198	
· 십금창 창투 什錦窗窗套	198	
· 장창 長窗	199	
· 보보금창 영격 步步錦窗欄格	199	
· 등롱금창 영격 燈籠錦窗欄格	199	
· 반장문창 영격 盤長紋窗欄格	200	
· 구배금창 영격 龜背錦窗欄格	200	
· 빙렬문창 영격 冰裂紋窗欄格	200	

제15장 실내 격단(室內隔斷)

· 조 罩	201	
· 난간조 欄杆罩	201	
· 낙지조 落地罩	202	
· 궤퇴조 几腿罩	202	
· 항조 炕罩	202	
· 화조 花罩	203	
· 비조 飛罩	203	
· 괘락 掛落	204	
· 괘락비조 掛落飛罩	204	
· 괘락미자 掛落楣子	204	
· 천만조 天彎罩	204	
· 낙지명조 落地明罩	205	
· 사격 紗隔	205	
· 벽사주 碧紗櫥	205	
· 태사벽 太師壁	206	
· 박고가 博古架	206	
· 병풍 屛風	206	
· 다보격 多寶格	207	
· 삽병 揷屛	207	
· 접병 折屛	207	
· 좌병 座屛	208	
· 화병 畵屛	208	
· 소병 素屛	208	
· 잡자화 卡子花	208	
· 잡자화의 기능 卡子花的作用	208	
· 잡자화의 형상 卡子花的形狀	209	
· 원형 잡자화 圓形卡子花	209	
· 잡자화 도안 卡子花圖案	209	
· 비로모 毘盧帽	209	
· 내첨 장식 內檐裝飾	210	

제16장　가구(家具)

- 탑 榻　211
- 왜탑 矮榻　211
- 상 床　212
- 가자상 架子床　212
- 월동식 문조가자상 月洞式門罩架子床　212
- 나한상 羅漢床　213
- 궤 幾　213
- 다궤 茶幾　213
- 장궤 長幾　214
- 향궤 香幾　214
- 화궤 花幾　214
- 안 案　215
- 신룡안탁 神龍案棹　215
- 조안 條案　215
- 교두안 翹頭案　216
- 탁 棹　216
- 방탁 方棹　216
- 팔선탁 八仙棹　217
- 금탁 琴棹　217
- 속요형 방탁 有束腰的方棹　217
- 항탁 炕棹　218
- 원탁 圓棹　218
- 반원탁 半圓棹　218
- 월아탁 月牙棹　218
- 체탁 屜棹　219
- 소장탁 梳妝棹　219
- 절첩탁 折叠棹　219
- 의 椅　219
- 고배의 靠背椅　220
- 부수의 扶手椅　220
- 권의 圈椅　220
- 태사의 太师椅　221
- 청대 태사의 형식 淸代太师椅的形式　221
- 매괴의 玫瑰椅　222
- 관모의 官帽椅　222
- 사출두관모의 四出頭官帽椅　222
- 남관모의 南官帽椅　223
- 구배식 남관모의 龟背式南官帽椅　223
- 소배의 梳背椅　223
- 교의 交椅　224
- 교올 交杌　224
- 청대 녹각의 淸代的鹿角椅　225
- 안락의 安樂椅　225
- 보좌 寶座　225
- 등자 凳子　226
- 조등 條凳　226
- 방등 方凳　227
- 춘등 春凳　227
- 돈 墩　227
- 개광돈 開光墩　228
- 목돈 木墩　228
- 경목돈의 제작 硬木墩的制作　228
- 장족벽감 藏族壁龕　228

- 남목 楠木 229
- 핵도목 가구 核桃木家具 229
- 홍목 가구 紅木家具 230
- 철력목 가구 鐵力木家具 230
- 화리목 가구 花梨木家具 231
- 자단목 가구 紫檀木家具 231
- 계시목 가구 鷄翅木家具 232
- 유목 가구 柳木家具 232

제17장 편액(匾額), 대련(对聯)
- 편련의 외관형식 匾聯的外觀形式 233
- 수권액 手卷額 234
- 비문액 碑文額 234
- 책엽액 册頁額 234
- 엽형편 葉形匾 234
- 허백액 虛白額 234
- 석광편 石光匾 235
- 하엽편 荷葉匾 235
- 차군련 此君聯 235
- 대련의 테두리 형식 对聯外框形式 236
- 경복래병편 景福來幷匾 236
- 건청문편 乾淸門匾 236
- 익수재편 益壽齋匾 237
- 경운재편 慶雲齋匾 237
- 은풍장선편 恩風長扇匾 237
- 운윤성휘편 雲潤星輝匾 237
- 민가건물의 대련 平民房屋中的对聯 238
- 황가궁전의 대련 皇家宮殿中的对聯 238
- 사묘의 대련 寺廟中的对聯 239
- 상인 저택의 대련 商人宅邸中的對聯 239
- 사가원림의 대련 私家園林中的对聯 239

제18장 정자(亭子)
- 정자의 평면형식 亭子的平面形式 241
- 정자의 지붕양식 亭子的頂式 241
- 목정 木亭 242
- 석정 石亭 242
- 전정 磚亭 242
- 죽정 竹亭 243
- 동정 銅亭 243
- 양정 涼亭 243
- 노정 路亭 244
- 수구정 水口亭 244
- 방정 方亭 244
- 장방정 長方亭 244
- 원정 圓亭 245
- 반산정 半山亭 245
- 십자정 十字亭 245
- 봉황정 鳳凰亭 245
- 원앙정 鴛鴦亭 246
- 쌍정 雙亭 246
- 유배정 流杯亭 246

제19장 민거(民居)

- 강절 수향민거 江浙水鄕民居　247
- 수향민거와 물 水鄕民居與水　247
- 수향민거와 교량 水鄕民居與橋樑　248
- 선박통행용 소교량 利於行船小橋樑　248
- 수향민거의 마두 水鄕民居碼頭　248
- 누방사원의 수향민거 樓房詐院的水鄕民居　249
- 수향민거의 침류건축 水鄕民居中的枕流建築　249
- 의교 倚橋　250
- 수향민거의 적각루 水鄕民居中的吊脚樓　252
- 수향민거의 출도 水鄕民居中的出挑　252
- 환남민거 皖南民居　252
- 사수귀당식 환남민거 四水歸堂式皖南民居　252
- 환남민거의 양가 皖南民居的樑架　253
- 환남민거의 원락조합 형식 皖南民居的院落組合形式　253
- 환남민거의 삼합원 皖南民居中的三合院　254
- 환남민거의 사합원 皖南民居中的四合院　254
- 환남민거 삼합원 두 개의 조합 형식 皖南民居中的兩個三合院組合形式　254
- 환남민거 사합원 두 개의 조합 형식 皖南民居中的兩個四合院組合形式　255
- 환남민거 삼합원과 사합원의 조합 형식 皖南民居中的一個三合院和一個四合院的 組合形式　255
- 요동식 주택 窰洞式住宅　255
- 고애식 요동 靠崖式窰洞　256
- 연구 요동 沿溝窰洞　256
- 하침식 요동 下沉式窰洞　256
- 하침식 요동의 여아장 下沉式窰洞的女兒牆　257
- 하침식 요동의 원락 크기 下沉式窰洞的院落大小　257
- 하침식 요동의 출입구 형식 下沉式窰洞的出入口形式　257
- 하침식 요동의 출입구 방향 下沉式窰洞的出入口的方向　258
- 하침식 요동의 삼정 下沉式窰洞的滲井　258
- 독립식 요동 獨立式窰洞　259
- 북경 사합원 北京四合院　259
- 태족 주택 傣族住宅　259
- 귀주 석판방 貴州石板房　260
- 매현 위롱옥 梅縣圍攏屋　260
- 위롱옥의 조합 형식 圍攏屋的組合形式　261
- 일과인 一顆印　261
- 사합오천정 四合五天井　262
- 백족 민거 白族民居　264
- 삼방일조벽 三坊一照壁　264
- 몽고포 蒙古包　264
- 몽고포의 과학적 조형 科學的蒙古包造型　265
- 몽고포의 구조 蒙古包的構造　265
- 합나 哈那　265
- 도뇌 陶腦　266
- 오나 烏那　266
- 장족 조방 藏族碉房　266

· 장족 우모장봉 藏族牛毛帳篷	267
· 개평 조루 開平碉鏤	267
· 군루식 조루 裙樓式碉樓	268
· 조선족 민거 朝鮮族民居	268
· 조선 와옥 朝鮮瓦屋	268
· 조선족 민거의 초가지붕 草頂的朝鮮族民居	268
· 조선족 민거의 망창 朝鮮族民居中的望窗	269
· 납서족 민거 納西族民居	269
· 신장 화전 민거 新疆和田民居	269
· 납서족 전후원 納西族前後院	270
· 피희 아이왕 闢希阿以旺	272
· 아극새내 阿克賽乃	272
· 아이왕 阿以旺	272
· 개반사 아이왕 開攀斯阿以旺	272
· 토루 민거 土樓民居	273
· 내통랑식 토루 內通廊式土樓	273
· 토루의 방루 土樓中的方樓	273
· 토루의 오봉루 土樓中的五鳳樓	274
· 토루의 원루 土樓中的圓樓	276
· 단원식 토루 單元式土樓	276

제20장 교(橋)

· 부교 浮橋	277
· 양교 樑橋	278
· 과공량교 跨空樑橋	278
· 과수량교 跨水樑橋	278
· 다과식량교 多跨式樑橋	278
· 공교 拱橋	279
· 삭교 索橋	279
· 낭교 廊橋	280
· 동족 풍우교 侗族風雨橋	280
· 잔도 棧道	280
· 반지교 泮池橋	281
· 첨공교 尖拱拱橋	281
· 정보교 矴步橋	281
· 다과공교 多跨拱橋	282
· 다공공교 多跨拱橋	282
· 연공석교 聯拱石橋	282
· 공복공교 空腹拱橋	282
· 비량 飛樑	283
· 어소비량 魚沼飛梁	283

제21장 탑(塔)

· 누각탑 樓閣塔	284
· 방목결구 누각식탑 仿木結構樓閣式塔	284
· 밀첨탑 密檐塔	285
· 초기 밀첨탑 早期的密檐塔	285
· 정각탑 亭閣塔	285
· 복발식탑 覆缽式塔	286
· 화탑 花塔	286

· 금강보좌탑 金剛寶座塔	287
· 탑기 塔基	287
· 탑신 塔身	287
· 탑찰 塔刹	288
· 찰좌 刹座	288
· 보정 寶頂	288
· 상륜 相輪	288
· 앙월 仰月	289
· 탑문 塔門	289
· 안광문 眼光門	289
· 묘탑 墓塔	290
· 경탑 經塔	290
· 문봉탑 文峰塔	290
· 사리탑 舍利塔	291
· 탑림 塔林	291
· 전탑 磚塔	291
· 유리탑 琉璃塔	291
· 목탑 木塔	292

제22장 능묘(陵墓)

· 향전 享殿	293
· 능은전 祾恩殿	293
· 보성 寶城	294
· 보정 寶頂	294
· 방성명루 方城明樓	294
· 오공 五供	294

· 헌전 獻殿	295
· 북송 황릉헌전 北宋皇陵獻殿	295
· 용봉문 龍鳳門	295
· 현궁 玄宮	296
· 재궁 梓宮	296
· 관곽 棺槨	296
· 신도 神道	297
· 십삼릉신도화표 十三陵神道華表	297
· 신공성덕비 神功聖德碑	297
· 대비정 大碑亭	298
· 무자비 無字碑	298
· 술성기비 述聖紀碑	298
· 하마비 下馬碑	299
· 묘표 墓表	299
· 석상생 石像生	299
· 석인 石人	300
· 13릉의 석상생 十三陵中의 石像生	300
· 기린 麒麟	301
· 석사 石獅	301
· 석옹중 石瓮仲	301
· 건릉번신상 乾陵蕃臣像	302
· 대상 大象	302
· 해치 獬豸	302
· 준마 駿馬	302
· 낙타 駱駝	303
· 장군상 將軍像	303

제23장 성지(城池)와 성관(城關)

- 성장 城墻   304
- 성문 城門   305
- 호성하 護城河   305
- 옹성 甕城   305
- 성문루 城門樓   306
- 내성 內城   306
- 외성 外城   306
- 궁성 宮城   306
- 황성 皇城   307
- 도성 都城   307
- 배도 陪都   307
- 시정 市井   307
- 방 坊   308
- 시루 市樓   308
- 종루 鐘樓   308
- 고루 鼓樓   309
- 기루 騎樓   309
- 적루 敵樓   310
- 전루 箭樓   310
- 전문의 전루 前問箭樓   310
- 덕승문의 전루 德勝門箭樓   311
- 각루 角樓   311
- 북경고궁의 각루 北京故宮角樓   311
- 북경성 동남각루 北京城東南角樓   312
- 마면 馬面   312
- 마도 馬道   312
- 요새 要塞   312
- 수문 水門   313
- 적대 敵臺   313
- 봉화대 烽火臺   313

제24장 궁전(宮殿)

- 태화전 太和殿   314
- 중화전 中和殿   315
- 보화전 保和殿   315
- 고궁 삼대전 대기 故宮三大殿的臺基   315
- 건청궁 乾淸宮   316
- 교태전 交泰殿   316
- 곤녕궁 坤寧宮   316
- 흠안전 欽安殿   317
- 황극전 皇極殿   317
- 영수궁 寧壽宮   318
- 악수당 樂壽堂   318
- 양성전 養性殿   318
- 우화각 雨花閣   319
- 장춘궁 長春宮   319
- 저수궁 儲秀宮   319
- 체화전 体和殿   320
- 익곤궁 翊坤宮   320
- 문화전 文華殿   320
- 무영전 武英殿   320
- 대정선 大政殿   321

- 숭정전 崇政殿 　　　321
- 봉황루 鳳凰樓 　　　322
- 대명궁 함원전 大明宮含元殿 　　　322
- 대명궁 인덕전 大明宮麟德殿 　　　322
- 원대의 대명전 元代的大明殿 　　　323

제25장　희대(戲台)

- 이화원 덕화루 頤和園德和樓 　　　324
- 고궁 창음각 故宮暢音閣 　　　325
- 사당대 祠堂台 　　　325
- 악평희대 樂平戲台 　　　325
- 만년대 萬年台 　　　326
- 악평희대의 외관형식 樂平戲台的外觀形式 　　　326
- 악평희대의 기본형식 樂平戲台的基本形式 　　　326
- 악평희대의 제2형식 樂平戲台的第二種形式 　　　327
- 악평희대의 제3형식 樂平戲台的第三種形式 　　　327
- 악평희대의 제4형식 樂平戲台的第四種形式 　　　327
- 악평희대의 제5형식 樂平戲台的第五種形式 　　　327
- 악평희대의 장식 樂平戲台的裝飾 　　　327
- 정양희대 程陽戲台 　　　328
- 동족희대 侗族戲台 　　　328
- 평포희대 平鋪戲台 　　　328
- 마반희대 馬胖戲台 　　　329
- 평류희대 平流戲台 　　　329
- 팔협희대 八協戲台 　　　329
- 진사 균천희대 晉祠鈞天戲台 　　　330
- 진사 수경대 晉祠水鏡台 　　　330
- 남심동대가 희대 南潯東大街戲台 　　　330
- 무봉임가 희대 霧峰林家戲台 　　　331

제26장　조소(雕塑)

- 석조 石雕 　　　332
- 목조 木雕 　　　333
- 전조 磚雕 　　　333
- 회소 灰塑 　　　333
- 채묘 彩描 　　　334
- 회비 灰批 　　　334
- 부조식 회비 浮雕式灰批 　　　334
- 원조식 회비 圓雕式灰批 　　　334
- 선조 線雕 　　　335
- 도소 陶塑 　　　335
- 부조 浮雕 　　　335
- 천부조 淺浮雕 　　　335
- 심부조 深浮雕 　　　336
- 투조 透雕 　　　336
- 은조 隱雕 　　　336
- 원조 圓雕 　　　336
- 감조 嵌雕 　　　337

- 압지은기 壓地隱起　337
- 감지평급 減地平及　337
- 척지기돌 剔地起突　337
- 소평 素平　338
- 조소의 동물류 제재 動物類雕塑題材　338
- 조소의 식물류 제재 植物類雕塑題材　338
- 조소의 인물류 제재 人物類雕塑題材　339
- 동한 태군묘 묘표 東漢泰君墓墓表　339
- 동한 태군묘 묘표의 대기 조각 東漢泰君墓墓表台基雕刻　339
- 북조시대 북제 의자혜석주 北朝的北齊義慈惠石柱　340
- 북제 의자혜석주 지붕 석실 北齊義慈惠石柱上的石室　340
- 소릉육준 昭陵六駿　340
- 당대 석사 唐代石獅　341
- 순릉 석사 順陵石獅　341
- 명청 석사 明淸石獅　341
- 건릉 타조 석조 乾陵駝鳥石雕　342
- 건릉 익마 乾陵翼馬　342
- 남조시대 경안릉 석기린 南朝竟安陵石麒麟　342
- 화상전 畫像磚　343
- 비 碑　343
- 비액 碑額　344
- 구타비 龜馱碑　344
- 구좌 龜座　344
- 조상비 造像碑　344
- 한묘 도루 漢墓陶樓　345
- 문루 조각 門樓雕刻　345
- 궐 闕　345
- 환남 민거 문루 皖南民居門樓　346
- 환남 호촌 문루의 조각 장식 皖南湖村門樓雕飾　346
- 북경사합원 전조 문루 北京四合院磚雕門樓　346
- 관록촌 청전조 화문루 關麓村青磚雕花門樓　347
- 화표 華表　347
- 천안문 화표 天安門華表　347
- 동양 목조 東陽木雕　348
- 암팔선 조각 暗八仙雕刻　348
- 동향로 銅香爐　348
- 일귀 日晷　349
- 동구 銅龜　349
- 동학 銅鶴　350
- 가량 嘉量　350

제27장　유리(琉璃)

- 유리판와 琉璃板瓦　351
- 유리통와 琉璃筒瓦　351
- 유리와 琉璃瓦　352
- 유리구두 琉璃勾頭　352
- 유리와당 琉璃瓦當　352
- 유리적수 琉璃滴水　352

- 화변유리적수 花邊琉璃滴水　　　　353
- 말각유리적수 抹角琉璃滴水　　　　353
- 유리정모 琉璃釘帽　　　　　　　　353
- 유리이자와 琉璃耳子瓦　　　　　　354
- 유리정당구 琉璃正當溝　　　　　　354
- 유리압대조 琉璃壓帶條　　　　　　354
- 유리군색조 琉璃群色條　　　　　　354
- 유리정척통 琉璃正脊筒　　　　　　355
- 유리문좌 琉璃吻座　　　　　　　　355
- 유리보정 琉璃寶頂　　　　　　　　355
- 유리보정의 수미좌 琉璃寶頂座中的須彌座　355
- 유리보정의 상방 琉璃寶頂座中的上枋　　356
- 유리보정의 상효 琉璃寶頂座中的上梟　　356
- 유리보정의 속요 琉璃寶頂座中的束腰　　356
- 유리보정의 하효 琉璃寶頂座中的下梟　　356
- 유리보정의 하방 琉璃寶頂座中的下枋　　357
- 유리보정의 규각 琉璃寶頂座中的圭角　　357
- 단색유리재 單色琉璃件　　　　　　357
- 황색유리와 지붕의 건청문　　　　　357
  黃色琉璃瓦頂的乾淸門
- 남색유리와의 기년전　　　　　　　358
  藍色琉璃瓦頂的祈年殿
- 유리와 전변 琉璃瓦剪邊　　　　　　358
- 황색유리와 녹색전변 黃琉璃瓦綠剪邊　358
- 흑색유리와 녹색전변 黑琉璃瓦綠剪邊　359
- 회색기와 녹색유리전변 灰瓦綠琉璃剪邊　359
- 녹색유리와 지붕의 천단재궁　　　　359
  綠色琉璃瓦頂的天壇齊宮

- 녹색유리와 황색전변 綠琉璃黃剪邊　360
- 남유리와자전변의 벽라정　　　　　360
  藍琉璃瓦紫剪邊的碧螺亭
- 다색유리건 多色琉璃件　　　　　　360
- 유리전 琉璃磚　　　　　　　　　　360
- 유리대문 琉璃大吻　　　　　　　　361
- 유리수 琉璃獸　　　　　　　　　　361
- 유리영벽 분각 琉璃影壁岔角　　　　361
- 구룡벽 九龍壁　　　　　　　　　　362
- 고궁 구룡벽 故宮九龍壁　　　　　　362
- 북해의 구룡벽 北海九龍壁　　　　　362
- 대동의 구룡벽 大同九龍壁　　　　　363
- 향산와불사의 유리패방　　　　　　363
  香山臥佛寺琉璃牌坊
- 국자감의 유리패방 國子監琉璃牌坊　363
- 동악묘의 유리패방 東岳廟琉璃牌坊　364
- 이화원의 다보유리탑 頤和園多寶琉璃塔　364
- 수미복수지묘 유리탑 須彌福壽之廟琉璃塔　364
- 유리산장 琉璃山墻　　　　　　　　365
- 유리하감 琉璃下礆　　　　　　　　365
- 유리소홍산 琉璃小紅山　　　　　　365
- 유리박풍 琉璃博風　　　　　　　　366
- 유리괘첨 琉璃挂檐　　　　　　　　366

제28장 패방(牌坊)

- 표지방 标志坊 · · · · · 367
- 공덕방 功德坊 · · · · · 367
- 공명방 功名坊 · · · · · 368
- 도덕방 道德坊 · · · · · 368
- 문무방 門武坊 · · · · · 368
- 절렬방 節烈坊 · · · · · 368
- 능묘방 陵墓坊 · · · · · 368
- 석패방 石牌坊 · · · · · 369
- 십삼릉 석패방 十三陵石牌坊 · · · · · 369
- 목패방 木牌坊 · · · · · 369
- 유리패방 琉璃牌坊 · · · · · 369
- 충천패방 沖天牌坊 · · · · · 370
- 화염패방 火焰牌坊 · · · · · 370
- 당월패방군 棠樾牌坊群 · · · · · 370
- 허국석방 許國石坊 · · · · · 371
- 휘주패방 徽州牌坊 · · · · · 371
- 형번수상방 荊藩首相坊 · · · · · 371
- 패방의 기둥 牌坊의 立柱 · · · · · 372
- 패방의 자패 牌坊의 字牌 · · · · · 372
- 패방의 방 牌坊의 枋 · · · · · 372
- 패방의 첨정 牌坊의 檐頂 · · · · · 372
- 초간누 稍間樓 · · · · · 373
- 변루 邊樓 · · · · · 373
- 주루 主樓 · · · · · 373
- 패방의 구조 牌坊의 結構 · · · · · 374

제29장 석굴(石窟)

- 운강석굴 雲岡石窟 · · · · · 376
- 담요5굴 曇曜五窟 · · · · · 376
- 운강석굴 제16굴 雲岡石窟第16窟 · · · · · 377
- 운강석굴 제17굴 雲岡石窟第17窟 · · · · · 377
- 운강석굴 제18굴 雲岡石窟第18窟 · · · · · 377
- 운강석굴 제19굴 雲岡石窟第19窟 · · · · · 378
- 운강석굴 제20굴 雲岡石窟第20窟 · · · · · 378
- 운강석굴 제5, 6굴 雲岡石窟第5, 6窟 · · · · · 378
- 운강석굴 제9, 10굴 雲岡石窟第9, 10窟 · · · · · 379
- 용문석굴 龍門石窟 · · · · · 379
- 봉선사 奉先寺 · · · · · 379
- 연화동 蓮花洞 · · · · · 380
- 고양동 古陽洞 · · · · · 381
- 만불동 萬佛洞 · · · · · 381
- 돈황막고굴 敦煌莫高窟 · · · · · 381
- 돈황막고굴 벽화 敦煌莫高窟壁畵 · · · · · 382
- 돈황막고굴9층누각 敦煌莫高窟9層樓閣 · · · · · 382
- 맥적산 석굴 麥積山石窟 · · · · · 382
- 맥적산 석굴 제4굴 麥積山石窟第4窟 · · · · · 383
- 맥적산 석굴 제13굴 麥積山石窟第13窟 · · · · · 383
- 북산 대족석굴 北山大足石窟 · · · · · 383
- 남산 대족석굴 南山大足石窟 · · · · · 384
- 석문산 석굴 石門山石窟 · · · · · 384
- 석전산석굴 石篆山石窟 · · · · · 384
- 대족석굴 大足石窟 · · · · · 385
- 보정산석굴 寶頂山石窟 · · · · · 386

제30장 실례(實例)

- 북경 천단 北京天壇 388
- 건릉 영태공주묘 乾陵 永泰公主墓 389
- 북경명13릉 北京 明十三陵 389
- 청동릉 清東陵 389
- 섬서성 건릉 陝西省乾陵 390
- 청서릉 清西陵 392
- 곡부공묘 曲阜孔廟 392
- 대남공묘 台南孔廟 392
- 대만 팽호천후궁 台灣澎湖天后宮 393
- 북경 계대사 北京戒臺寺 394
- 대만 녹항용산사 台灣鹿港龍山寺 396
- 천진 독락사 天津獨樂寺 396
- 하북 융흥사 河北隆興寺 396
- 평요 쌍림사 平遙雙林寺 397
- 평요 진국사 平遙鎭國寺 397
- 서장 포달랍궁 西藏布達拉宮 398
- 대동 화엄사 大同華嚴寺 400
- 예성영락궁 芮城永樂宮 400
- 서장대소사 西藏大昭寺 400
- 서장 철방사 西藏哲蚌寺 401
- 소공탑예배사 蘇公塔禮拜寺 401
- 서안 대청진사 西安大清眞寺 401
- 애제소이청진사 艾提尕尔清眞寺 402
- 승덕 보타종승의 묘 承德普陀宗乘之廟 402
- 승덕 수미수복의 묘 承德須弥福壽之廟 403
- 승덕 보락사 承德普樂寺 403
- 승덕 피서산장 承德避暑山莊 403
- 승덕 보녕사 承德普寧寺 404
- 이화원 頤和園 406
- 이화원의 수미영경 頤和園須彌靈境 407
- 북해 北海 407
- 이화원의 해취원 頤和園諧趣園 408
- 북해 정심재 北海靜心齊 410
- 북해단성 北海團城 410
- 출정원 拙政園 410
- 유원 留園 411
- 망사원 網師園 411
- 창랑정 滄浪亭 412
- 사자림 獅子林 413
- 호구 虎丘 413
- 양주의 하원 揚州何園 414
- 양주 개원 揚州個園 414
- 양주 수서호 揚州瘦西湖 414
- 무석 기창원 無錫奇暢園 415
- 항주 서호 杭州西湖 415
- 소흥 난정 紹興蘭亭 416
- 북경 서산팔대처 北京西山八大處 416
- 노구교 盧溝橋 416
- 평요현아 平遙縣衙 417
- 진사 晋祠 417
- 해주 관제묘 解州關帝廟 418
- 평요고성 平遙古城 418
- 요령흥성 遼寧興城 419

- 가욕관 嘉峪關   419
- 안문관 雁門關   420
- 산해관과 노용두 山海關和老龍頭   420
- 모전욕 慕田峪   420
- 팔달령 八達岭   421
- 강요조장원 姜耀祖莊園   421
- 강백만장원 康百萬莊園   422
- 왕가대원 王家大院   422
- 교가대원 喬家大院   423
- 북경고궁 北京故宮   423
- 임가화원 林家花園   424
- 황사성 皇史宬   426
- 심양고궁 瀋陽故宮   426
- 북경 옹화궁 北京雍和宮   426
- 북경국자감 北京國子監   427

일 러 두 기

1. 이 책은 중국 건축(고건축)에 대한 용어사전이다. 하지만 독자의 편의를 위해 한국에서 사용하는 건축 용어로 대응할 수 있는 경우에는 한국 건축 용어를 첨가하였다. 단, 한·중 건축은 지역적·계통적 차이와 시대·국가 간의 문화적 차이가 있기 때문에 완벽하게 대응이 안 되는 경우가 많다. 때문에 역자의 논문 (「中韓古建築大木作中轉角構造及轉角鋪作比較硏究」, 차주환(청화대박사논문), 2014)을 참조하여 한국 건축 용어를 첨가하였음을 밝힌다.

   ex) p34
   정척(正脊, 용마루)
   정척(중국건축 용어), 용마루(한국건축 용어)

2. 용어에 대한 설명 중 독자의 이해를 돕기 위해 필요하다고 판단되는 경우에는 원서에 없는 용어풀이를 부가하여 설명하였다

   ex) p39
   *화문(花紋)
   물체 표면에서 드러나는 무늬나 결의 일종으로 그 종류가 다양하다.

3. 이 책에서 설명하고 있는 용어들을 독자들이 좀 더 쉽게 찾아볼 수 있도록 책의 뒷부분에 찾아보기(가나다 순)로 정리하였다.

제 1 장

옥정(屋頂, 지붕)

옥정(屋頂, 지붕)은 중국 전통건축 조형예술 중 매우 중요한 구성 요소이다. 일반적으로 고대에서 현재까지 중국 건축은 옥정의 조형적 기능이 매우 뚜렷하다. 그러나, 역사적으로 시기가 달라 형태가 다르게 나타나거나 완성도의 차이가 있을 뿐이다. 중국 고대건축의 전체적인 외관으로만 볼 때, 옥정은 양식과 형태의 변화가 가장 다양한 부분이다. 그 중 등급이 낮은 것은 경산정(硬山頂), 현산정(懸山頂, 맞배 지붕)이 있으며, 등급이 높은 것은 무전정(廡殿頂, 우진각 지붕), 헐산정(歇山頂, 팔작 지붕)이 있다. 이 밖에 찬첨정(攢尖頂, 모임 지붕), 권붕정(卷棚頂), 그리고 특수 형식으로 산형정(扇形頂, 부채형 지붕), 회정(盝頂), 녹정(盝頂), 구연탑정(勾連搭頂), 평정(平頂), 궁륭정(穹隆頂), 십자정(十字頂) 등이 있다. 무전정(廡殿頂, 우진각 지붕), 헐산정(歇山頂, 팔작 지붕), 찬첨정(攢尖頂, 모임 지붕) 등은 단첨(單檐)과 중첨(重檐)으로 구별된다. 찬첨정(攢尖頂)의 변화 형식으로는 원형(圓形), 방형(方形), 육각형(六角形), 팔각형(八角形) 등이 있다.

이와 같이 중국 고대 옥정(屋頂)양식은 내용이 풍부하고 형식이 다양하며, 옥정(屋頂)의 장식 또한 각양 각색이다. 옥정(屋頂)의 양식은 등급의 높낮이에 따라 구분되며 장식 또한 등급에 따라 차이가 있다.

* **중첨건축(重檐建築)**
중국 고건축 중 다층(多層) 건축형식으로, 고층(高層) 건축이라고도 한다. 그 중 처마층의 수가 적으면 2층, 많으면 10층 이상이다. 평면상에서 중첨정(重檐頂)과 단첨정(單檐頂)은 엄격한 구별이 없다. 이런 결구 형식의 주요 표현은 가구(架構)의 높이 변화와 기둥의 높이가 가지런하지 않고 들쭉날쭉하게 한 설계에 있다. 입면에서 처마가 나온 것을 기준으로 볼 때 기본적으로 두 가지 형식이 있다. 하나는 상하층 사이에 일정한 높이의 공간이 있는 것이다. 상하의 처마가 서로 밀접하게 연결되어 있으며, 공간 내에는 공포, 난액(闌額), 창방, 보백방(普拍枋, 평방)이 기둥을 감싸는 과도기적 공간인 위척(圍脊)을 나타낸다. 또 다른 하나는 상하 처마 구성의 공간이 비교적 넓은 누각식(樓閣式) 건축이다. 중첨헐산정(重檐歇山頂), 중첨무전정(重檐廡殿頂), 중첨권붕헐산정(重檐卷棚歇山頂)등으로 분류 할 수 있다.

경산식 옥정 硬山式屋頂

경산식 옥정(硬山式屋頂, 맞배 지붕과 유사하나 건물 양 측면 벽선 밖으로 지붕이 돌출되지 않는 모습)은 1개의 정척(正脊, 용마루)과 4개의 수척(垂脊, 내림마루)이 있다. 측면 지붕의 서까래가 밖으로 돌출되지 않아 산면(山面, 직사각형인 평면에서 짧은 쪽 면을 산면이라 지칭한다. 일반적으로 건물의 측면에 해당한다)에 큰 변화가 없어, 간단하고 소박하다는 것이 가장 큰 특징이다. 경산식 옥정에 관해서는 송(宋)『영조법식(營造法式)』과 현존하는 송대 건축물에도 존재하지 않기 때문에 송대에는 아직 출현되지 않았을 것으로 추측된다. 명청 시대 이후 경산식 옥정이 중국 남방과 북방 주택에 광범위하게 사용되었다. 경산식 옥정은 비교적 등급이 낮은 지붕 형식으로 황실의 주요 건축과 일반 대형건축에서는 거의 사용하지 않았다. 경산식 옥정은 등급이 낮기 때문에 지붕 면에는 청와(靑瓦)와 판와(板瓦, 암기와)를 사용했으며, 통와(筒瓦, 숫기와)는 사용하지 않았으며 특히, 유리와(琉璃瓦)는 거의 사용되지 않았다.

경산식 옥정

현산식 옥정 懸山式屋頂

현산식 옥정(懸山式屋頂, 맞배 지붕)은 경산식 옥정(硬山式屋頂)과 같이 1개의 정척(正脊, 용마루)과 4개의 수척(垂脊, 내림마루)으로 이루어져 있다. 그러나, 경산식 옥정과는 측면 구성 부분에서 차이점이 있다. 현산식 옥정의 측면은 산장(山墻)이 평평하지 않으며 첨(檐, 처마)이 돌출되어 있다. 산장(山墻) 밖의 첨(檐)은 아랫부분의 름(檩, 도리)이 첨(檐, 처마)을 받치고 있는 형상이다. 그래서, 현산식 옥정은 전·후면과 양 측면 처마가 돌출된다. 현산식 옥정을 도산(挑山)이라고 칭하는 것은 름(檩, 도리)이 산장 밖에 있기 때문이며 이것이 경산식 옥정과 가장 큰 차이점이다. 현산식 옥정의 양쪽 측면 모습은 고식의 수법임에도 불구하고 중국 고대의 중요 건축에서는 현산식 옥정을 사용하지 않았다. 특히, 당대(唐代) 이전 건축에는 사례가 거의 없다.

헐산식 옥정 歇山式屋頂

헐산식 옥정(歇山式屋頂, 팔작지붕)은 1개의 정척(正脊, 용마루), 4개의 수척(垂脊, 내림마루), 그리고 4개의 창척(戧脊, 추녀마루)이 있다. 헐산식 옥정은 양 측면에 산장(山墻)이 있지만 정척(正脊) 양 끝쪽이 아래를 향해 있는 수직으로 된 면이 경산정(硬山頂)과 현산정(懸山頂)과는 다른 점이다. 헐산식 옥정의 정척은 양 쪽 끝의 거리가 짧기 때문에 정척과 2개의 수척(垂脊) 공간에 삼각형의 수직 공간을 산화(山花, 합각)라고 한다. 산화 아래의 계단 형식의 지붕 면이 정척 양 끝의 지붕 면을 덮어 가린다.

헐산식 옥정

현산식 옥정

한궐 석각헐산정 漢闕石刻歇山頂

이전의 자료에 따르면, 헐산식 옥정(歇山式屋頂, 팔작 지붕)은 한대(漢代) 석궐(石闕, 한대의 기념성 건축)에서 가장 먼저 보였으나 그 수는 비교적 적다. 명청 시대 관식(官式) 기법에 이르러 대형 헐산정(歇山頂)이 나타났다. 이른 시기의 지어진 헐산식 옥정의 규모가 크지 않더라도 경산정(硬山頂)과 현산정(懸山頂)을 비교해 보면 헐산정(歇山頂)의 건물 등급이 높다.

한궐 석각헐산정

투공식 산화 透空式山花

헐산식 옥정(歇山式屋頂, 팔작 지붕)의 양끝 박풍판(博風板) 밑의 삼각형 부분을 산화(山花, 합각)라고 한다. 산화는 명대 이전에는 뚫려있는 형식이 많았으며, 박풍판에 현어(懸魚), 야초(惹草) 등으로 간단하게 장식하였다.

투공식 산화

봉폐식 산화 封閉式山花

명대 이후 헐산식 옥정(歇山式屋頂, 팔작 지붕)의 산화(山花, 합각)자리에 전돌, 유리, 목판 등으로 조각 장식한 산화 형식을 봉폐식 산화(封閉式山花)라고 불렸으며, 기존의 투공식 산화와는 다른 효과와 멋스러움을 나타낸다. 이 때부터 산화는 점점 건축의 중요한 장식부분으로 발전하였다.

봉폐식 산화

현어 懸魚

현어(懸魚)는 현산정(懸山頂, 맞배 지붕)과 헐산정(歇山頂, 팔작 지붕) 건축물 측면의 박풍판(博風板) 아랫 쪽이나, 정척(正脊, 용마루)의 가장 자리에 위치한다. 현어는

현어

건축 장식품 중 하나로 대부분 목판조각으로 구성된 것을 사용한다. 옛부터 건물 양 측면 꼭대기에 물고기 모양을 매달아 현어(懸魚)라고 불렸다. 현어장식에 관해서『후한서(后漢書)』에 다음과 같은 기록이 전한다.
"부승(府丞)이 공양(公羊)에게 살아 있는 물고기를 계속 보냈으나 공양은 그 물고기를 받은 이후 먹지 않고 물고기를 정원에 풀어 놓았다. 부승이 다시 물고기를 보냈으나 공양은 다시 그 물고기를 그가 보도록 정원에 놓아주어 부승의 뜻을 완곡하게 거절하였다."
후에 사람들은 현어를 주택에 장식하여 집주인의 공정함과 청렴함을 표현했다. 이후 현어의 형상은 점점 추상적이고 간략화 되어 다양한 장식들이 나타났으며 점차 복(福)의 의미를 나타내는 박쥐의 형상을 사용하게 되었다.

중첨헐산정 重檐歇山頂

헐산(歇山)은 청대(淸代)의 명칭이다. 청대 이전에는 조전(曹殿), 한전(漢殿), 하양두조(廈兩頭造)등으로 불렀다. 헐산식 옥정(歇山式屋頂, 팔작지붕)의 가장 기본적인 형식은 단첨 헐산정(單檐歇山頂), 2층, 3층, 다층 지붕의 중첨 헐산정(重檐歇山頂), 그리고 정척(正脊, 용마루)을 설치하지 않는 권붕헐산정(卷棚歇山頂) 등이 있다.

1. 옥면(屋面)

옥면(屋面)은 건축 지붕의 표면이다. 옥면(屋面)은 옥척(屋脊, 지붕마루)과 첨(檐, 처마)의 끝부분 사이를 가리키며 지붕 면적 중 제일 큰 부분을 차지한다.

2. 전변(剪邊)

중국 고대건축에서 지붕면의 처마 쪽에 간혹 색깔이 다른 부분이 있다. 예를 들어 지붕 표면이 대부분 녹색일 경우 처마 일부의 가로일 부분이 황색이다. 이러한 색깔의 띠를 전변(剪邊)이라 한다. 이것은 지붕 표면에 다른 색깔의 기와를 설치하여 색감을 풍부하게 해 준다.

3. 정척(正脊, 용마루)

정척(正脊, 용마루)은 지붕 최고점의 척(脊, 마루)을 나타낸다. 정척은 지붕 면 두 개의 경사면이 서로 맞대어 형성된 것으로 옥척(屋脊)이라고도 한다. 건물 정면에서 정척(正脊)은 횡 방향인 한 개의 선으로 나타난다. 일반적으로 한 개의 건축물에는 여러 개의 척(脊)이 있으나, 정척(正脊)은 가장 길고 크며 돋보여 대척(大脊)이라고도 한다.

4. 정척장식(正脊裝飾)

등급이 높은 중국의 건축물은 지붕 정척(正脊, 용마루) 위에 종종 다양한 장식들이 설치된다. 정척(正脊) 양끝의 문(吻, 일반적으로 명대 이후의 것을 말하며, 한국 건축의 취두에 해당된다)과 정척 중심의 보정(寶頂)을 제외하고, 정척의 앞뒤 입면에 소조(塑造, 흙으로 빚어 만든 장식물)로 장식 된 꽃, 풀, 용 등이 있다.

5. 수척(垂脊, 내림마루)

무전정(廡殿頂, 우진각 지붕), 현산정(懸山頂, 맞배 지붕), 경산정(硬山頂, 맞배 지붕과 유사

제1장 옥정

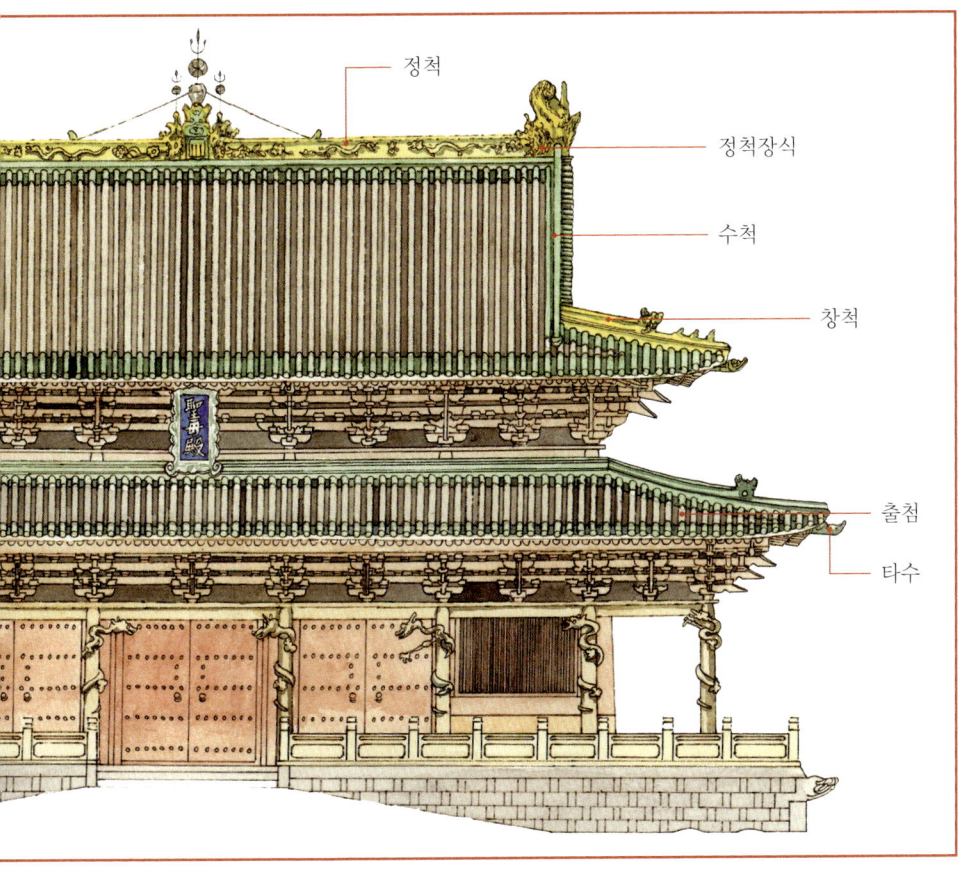

하나 건물 양 측면의 벽선 밖으로 지붕이 돌출되지 않는 모습) 중에 정척(正脊, 용마루)을 제외한 척을 모두 수척(垂脊)이라 한다. 또한 헐산정(歇山頂, 팔작 지붕) 중 정척(正脊)과 창척(戧脊, 추녀마루) 이외의 척(脊, 마루)을 수척(垂脊, 내림마루)이라 한다. 수척(垂脊)은 박풍판(博風板) 위쪽의 경사진 부분을 가리킨다.

6. 창척(戧脊, 추녀마루)

헐산정(歇山頂, 팔작 지붕) 건축 중 수척(垂脊, 내림마루)의 아랫쪽, 박풍판(博風板) 끝부분에서 시작하여 타수(套獸, 토수) 쪽 사이를 창척(戧脊, 추녀마루)이라 부른다.

7. 출첨(出檐)

지붕의 첨(檐, 처마)를 가진 건축 중에 처마가 가구(架構) 밖으로 튀어 나온 부분을 출첨(出檐)이라 부른다.

8. 타수(套獸, 토수)

건축물 아래쪽 처마 끝부분에 돌출된 짐승의 머리모양을 한 부재가 타수(套獸, 토수)이다. 각량(角梁, 추녀와 사래를 포함한 단어로 여기에서는 사래에 해당된다)의 머리 부분이 비에 부식되지 않도록 끼운 것이다.

권붕식 옥정 卷棚式屋頂

권붕식 옥정은 원보척(元寶脊)이라 불리며 지붕 꼭대기 연결 부분이 정척(正脊, 용마루)으로 이루어지지 않고 곡면으로 되어있다. 권붕식 옥정의 정척(正脊, 용마루)은 호형(弧形, 곡선형)이며 일반적인 인자형(人字形) 지붕과 달리 지붕 최상단에 용마루가 없다. 북경 이화원(頤和園) 해취원(諧趣園)이 대표적인 예이다.

* 권붕식옥정(卷棚式屋頂)
  무량각과 형태적인 면에서 같으나 한국건축에서는 궁궐의 침전에서만 쓰이지만 중국 고건축에서는 등급이 낮은 건물에 주로 쓰여 그 의미가 다른 것을 알 수 있다

있기 때문에 권붕경산식(卷棚硬山式), 권붕현산식(卷棚懸山式), 권붕헐산식(卷棚歇山式) 등의 다양한 지붕형식을 만들어 낸다. 권붕식 옥정의 형상은 우아하고 윤곽선이 부드럽다. 특히, 단첨 권붕현산식 옥정(單檐卷棚懸山式屋頂)은 비교적 간단한 권붕식 옥정형식에 속하며 원림 건축에 많이 나타난다.

찬첨식 옥정 攢尖式屋頂

찬첨식 옥정(攢尖式屋頂, 모임지붕)은 정척(正脊, 용마루)없이 수척(垂脊, 내림마루)만 있다. 현존하는 건물을 보면 수척(垂脊, 내림마루)의 개수는 실제 건물의 필요에 따라 결정된다. 일반적으로 짝수가 많으며, 홀수는 적다. 척(脊, 마루)의 개수에 따라 3각찬첨식 옥정(三角攢尖式屋頂), 4각찬첨식 옥정(四角攢尖式屋頂), 6각찬첨식 옥정(六角攢尖式屋頂), 8각찬첨식 옥정(八角攢尖式屋頂)으로 구별한다. 이 밖에 수척(垂脊, 내림마루)이 없는 원형찬첨식 옥정(圓形攢尖式屋頂)도 있다.

권붕식 옥정

권붕현산식 옥정 卷棚懸山式屋頂

보통의 인자형(人字形) 지붕과 같이 권붕식 옥정(卷棚式屋頂)은 경산(硬山), 현산(懸山), 헐산식(歇山式) 등의 형식으로도 처리할 수

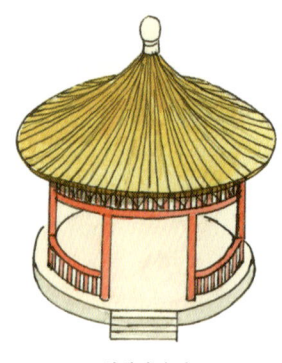

찬첨식 옥정

찬첨식옥정 정자 攢尖式屋頂的亭子

찬첨식 옥정(攢尖式屋頂)은 정(亭), 각(閣)에 많이 보이며 대부분 명승지나 경관 건축에 쓰인다. 북경 이화원 곽여정(廓如亭)이 중국에

권붕현산식 옥정

서 가장 큰 찬첨식 옥정(攢尖式屋頂) 정자(亭子)의 대표적인 예이다.

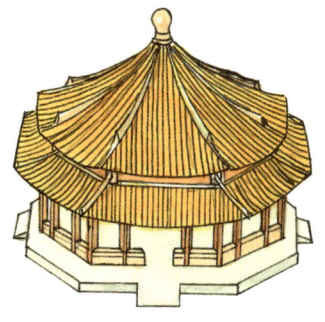

찬첨식옥정 정자

보정

찬첨식옥정 전당 攢尖式屋頂的殿堂

전당(殿堂) 등 비교적 중요하거나 등급이 높은 건축에 쓰이나 그 수는 많지 않다. 북경 고궁(故宮) 중화전(中和殿), 교태전(交泰殿), 그리고 천단(天壇) 기년전(祈年殿) 등이 있다.

무전식 옥정 廡殿式屋頂

무전식 옥정(廡殿式屋頂, 우진각 지붕)은 정척(正脊, 용마루) 1개, 수척(垂脊, 내림마루) 4개, 그리고 지붕 전·후·좌·우면에 경사가 있는 특별한 건축이다. 등급이 가장 높은 지붕 형식이기 때문에 궁전과 묘우(廟宇)의 전당(殿堂) 등에 사용되었다. 명청시대에는 무전식 옥정(廡殿式屋頂)의 실례가 많으며 북경 고궁의 태화전(太和殿)이 대표적이다.

찬첨식옥정 전당

무전식 옥정

보정 寶頂

찬첨식 옥정(攢尖式屋頂)의 지붕 꼭대기에 1개의 원형, 혹은 원형에 가까운 형태의 장식물을 보정(寶頂, 절병통)이라 한다. 비교적 등급이 높은 황가(皇家) 건축의 보정은 기본 재질인 동(銅)에 금도금으로 처리하여 시각적 효과를 준다.

당대 무전정 唐代時的廡殿頂

기록에 따르면 무전식 옥정(廡殿式屋頂)은 은상(殷商) 시대에 이미 출현하였으나 당대(唐代) 중기 이전의 구체적인 구조는 알 수 없고, 당대(唐代) 후기부터 실물의 조사가 가능하다. 지붕면이 완만하고 정척(正脊, 용마루)은 비교적 짧으며, 정척(正脊)의 양쪽 끝에는 치수(鴟首, 취두)를 사용하지 않고 치미(鴟尾)를 사용하였다.

당대 무전정

오척전 五脊殿

무전(廡殿)과 헐산(歇山)은 청대(淸代)의 명칭이며, 그 이전에는 오척전(五脊殿) 등으로 불리었다. 무전식 옥정(廡殿式屋頂)은 정척(正脊, 용마루) 1개, 수척(垂脊, 내림마루) 4개, 총 5개의 척(脊)을 가지고 있어서 오척전이라 한다.

오척전

오전정 吳殿頂

오전정은 무전정(廡殿頂)의 송대(宋代) 명칭이다.

오전정

구척정 九脊頂

구척정(九脊頂)은 헐산식 옥정(歇山式屋頂, 팔작 지붕)과 같이 총 9개의 척(脊, 마루)이 있다. 정척(正脊, 용마루) 1개, 수척(垂脊, 내림마루) 4개, 그리고 창척(戧脊, 추녀마루) 4개로 구성되어 구척정(九脊頂)이라 불린다.

구척정

사아전정 四阿殿頂

사아전정(四阿殿頂)은 송대(宋代) 무전정(廡殿頂, 우진각 지붕)의 명칭이다. "아(阿)"는 굽어진 처마를 나타내며 "사아(四阿)"는 4면이 휘어진 처마 가리키다. 무전식 옥정은 척(脊) 5개와 경사진 4면이 있어 사아전정(四阿殿頂)이라 한다.

사아전정

십자척식 옥정 十字脊式屋頂

십자척(十字脊)은 특별한 지붕 형식 중 하나

로 헐산식 옥정(歇山式屋頂, 팔작지붕) 2개가 십자로 교차하여 이루어진 것이다. 북경 자금성의 각루(角樓)가 대표적인 사례이다.

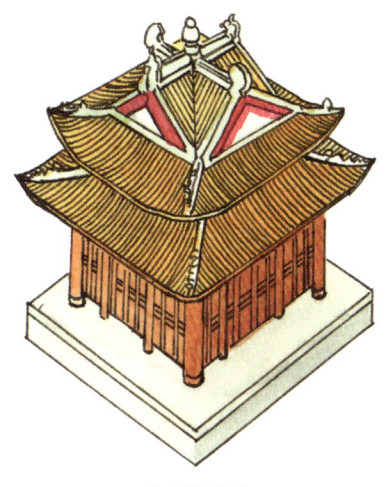

십자척식 옥정

십자척의 각루 十字脊的角樓

각루(角樓)는 성(城) 모서리에 지어져 얻어진 명칭으로 주요 기능은 조망과 경계이다. 북경 자금성의 각 모서리에는 각루(角樓)가 있다. 평면은 곡척형(曲尺形, ㄱ자형)으로 높이는 4층, 3단으로 된 처마가 십자척으로 구성되어 있다. 최상부는 금도금으로 처리한 보정(寶頂, 절병통)을 설치하고 척(脊, 마루)에는 대문(大吻, 취두)과 신수(神獸, 잡상)로 장식했다. 누(樓)의 네 면에 각각 돌출된 통로가 설치되어 있다. 그 중 성벽 모서리 쪽의 들어간 정도가 성 안쪽 양변의 통로보다 짧아 비정형의 십자형으로 보인다.

궁전건축의 문 宮殿建築上的吻

문(吻)은 정문(正吻), 대문(大吻)이라고도 하며 명청시대 옥정의 정척(正脊, 용마루) 양 끝의 장식 부재이다. 용이 입으로 정척(正脊)을 물고 있는 형상이다. 그리고 남방 일부 지역에서는 인미(鱗尾)라 불렸으며 대문(大吻)을 만드는 방법은 같지 않았다. 꼬리가 휘어지는 부분이 말려있지 않거나 가장자리 부분이 화문(花紋)으로 되어 있는 경우도 있다. 자료에 따르면 문(吻)은 한대(漢代)에 최초로 나타났고 석궐, 명기 등에 문(吻)의 형상이 있으며, 현존하는 명청 시대 문(吻)과는 차이가 있다. 한대의 문(吻)은 대부분 와당을 위로 치켜 세워서 쌓는 방식을 사용하고 궁전 및 주요건축에는 봉황(鳳凰), 주작(朱雀), 공작(孔雀) 등을 사용한다. 한대부터 청대까지 문(吻)은 공예적 심미성이 점차 강조되었다.

* 화문(花紋)
  물체 표면에서 드러나는 무늬나 결의 일종으로 그 종류가 다양하다.

십자척의 각루

궁전건축의 문

고궁태화전의 문 故宮太和殿上的吻

문(吻)은 도기(陶)나 유리(琉璃)로 제조된 것이 많다. 궁전 및 전당(殿堂) 등의 주요 건축에는 대부분 유리문(琉璃吻)을 사용함에 따라 자금성의 주요 궁전 용마루 양끝의 문(吻)도 유리(琉璃)로 만들었다. 태화전의 지붕 위에 있는 대문(大吻)이 전형적인 사례이다. 높이는 3.4m, 무게는 약 4.3t, 그리고 여러 개의 유리 부속품을 하나로 합쳐 만든 것이다. 이는 당시 장인의 수준과 예술성이 높았음을 알 수 있다.

고궁태화전의 문

치미 鴟尾

치미(鴟尾)는 남북조 시대 이후 점차 한대의 주작(朱雀, 사신도에서 남쪽을 나타내는 신물) 등을 대체하면서 정척(正脊, 용마루)의 새로운 양식이 되었다. 역도원(鄜道元)의 『수경주(水經注)·온천(溫泉)』에는 "집의 번성을 위해 치미(鴟尾)를 놓았다"(广興屋宇 皆置鴟尾)라고 하는 기록이 있다. 치미(鴟尾)는 원래 요응(鷂鷹, 매의 종류)에서 비롯된 말로 당시의 치미(鴟尾)가 새의 형상을 유지하고 있었지만 현재는 그 흔적만 남아 있다.

치문 鴟吻

중당(中唐, 781~847)에서 만당(中唐, 848~906)까지 치미(鴟尾)는 짧은 꼬리의 짐승머리와 크게 벌린 입, 정척(正脊, 용마루)을 한 입에 무는 듯한 모습과 꼬리 부분이 위로 치켜 올라간 형상 등으로 변화 되어 치문(鴟吻) 또는 치문(蚩吻)이라 했다. 명대(明代) 이동양(李東陽)의 『회록당집(懷鹿堂集)』에 따르면: "현재 건물에 새겨진 짐승머리 형상은 용의 아홉 아들 중 하나인 치문이 평소 삼키는 것을 좋아했던 모습을 표현한 것이다. "(龍生九子, 蚩吻平生好吞。今殿脊獸頭, 是其遺象)라고 기록되어 있다. 명대(明代)의 사람들은 치문(蚩吻)을 용의 아들로 여겨 물에서 태어나 하늘을 난다고 생각하였다. 그래서 지붕의 정척(正脊, 용마루)이나 수척(垂脊, 내림마

치미

치문

루) 위에 치문을 놓으면 장식적 효과뿐만 아니라 비를 내려 불을 막을 수 있다고 여겼다.

민거건축의 오어 民居建築上的鰲魚

위치 상으로 볼 때 민가 건축의 오어(鰲魚)와 관식(官式) 건축의 문(吻)은 같은 유형의 부재로 발전 양상이 같다. 정확히 말하면 오어(鰲魚)는 문(吻)의 초기 단계에서 출현된 형상 중 하나이다. 문(吻)은 각기 시대별로 다른 명칭이 있었으며, 오어(鰲魚)는 그 중 하나이다. 『사물기원(事物紀原)』의 청적잡기(靑箱雜紀)에 따르면: "꼬리가 치(鴟)와 유사한 바다 생물인 규룡(虬)은 물을 뿜어 비를 내리게 한다"라고 전해진다. 한대(漢代) 백양대(柏梁台) 화재 후 월무(越巫)가 단에 올라가 주술을 빌었고 건창궁(建昌宮) 건립시 치(鴟)의 형상을 지붕 척(脊)에 설치했다.(海有魚, 虬尾似鴟, 用以噴則降雨. 漢柏梁台灾, 越巫上大 慶勝之法: 起建昌宮, 設鴟魚之像于屋脊……"라고 하는 것으로 보아 지붕의 척(脊, 마루)에 설치되는 치어(鴟魚) 장식은 민거 등의 건축 중에 보이는 오어(鰲魚)에 해당된다.

신수 神獸

정척(正脊, 용마루) 양 끝에 문(吻)을 설치하는 것 이외에도 지붕의 다른 척(脊, 마루) 위에도 여러 길상의 장식이 있다. 이들의 형상은 비범하게 보여 "신수(神獸, 잡상)"라 불렸으며, 이들은 수척(垂脊, 내림마루)과 창척(戧脊, 추녀마루)의 끝에 위치한다. 궁궐에서 사용되는 신수의 개수는 등급에 따라 최대 10개이며 과봉선인(跨鳳仙人) 1개가 추가된다. 선인(仙人), 용(龍), 봉(鳳), 사자(獅子), 천마(天馬), 해마(海馬), 산예(狻猊), 압어(押魚), 해치(獬豸), 두우(頭牛), 행십(行什)의 순서로 배열한다. 그들의 배열과 수량은 연구할 만한 가치가 있다.

신수

고궁전척의 신수 故宮殿脊上的神獸

청대(淸代)의 신수(神獸, 잡상) 사용 규정은 선인 뒤에 3, 5, 7, 9의 홀수로 배치한다. 등급이 높은 건물일수록 개체수가 많아진다. 예를 들어 황제의 침전(寢殿)인 건청궁(乾淸宮)은 9개의 동물을 배치하여 최고 높은 등급을 나타낸다. 그러나, 예외적으로 태화전(太和殿)의 등급은 건청궁보다 높아 행십(行什)이 하나 더 설치된다. 행십은 날아 다니는 원숭이로 기밀을 은밀히 전한다는 뜻이 있다. 교

민거건축의 오어

태전(交泰殿)은 황후가 중요한 행사를 행할 때 귀빈을 맞는 장소로 건청궁(乾淸宮)보다 한 등급 낮아 7개가 놓인다. 신수(神獸)는 채색과 재질상 건물의 기와와 조화를 이루며, 그들의 위치는 등급을 구별하는 것 외에 장식적 효과를 갖는다.

고궁전척의 신수

궁륭정 穹隆頂

궁륭(穹隆)은 천장을 지칭하는 것으로 원정(圓頂)이라고도 한다. 천정판 가운데가 가장 높고 지붕면을 주변으로 늘어뜨리는 돔형의 건축 양식이다. 궁륭정의 외관은 반구형이나 다변형 지붕 형식이다. 이슬람교 청진사(淸眞寺, 중국에 있는 이슬람 사원) 천방(天房) 실내의 반구형 지붕과 몽고족 민거(民居)인 몽고포(蒙古包) 등도 궁륭식 지붕의 한 종류이다.

궁륭정

원권정 圓券頂

중국 산서(山西) 지방 일대에 벽돌이나 흙벽으로 쌓은 반원형의 둥근 천장 형식의 지붕이 있다. 2칸이나 3칸, 혹은 그 이상 서로 연결되어 외형적인 통일감을 준다. 이런 아치형 형식을 원권정(圓券頂) 혹은 공정(拱頂)이라 한다.

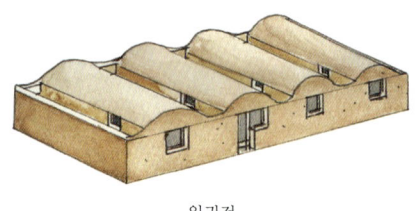

원권정

평정 平頂

평정(平頂)은 지붕부가 평평한 것을 일컫는다. "평(平)"의 의미는 수평을 뜻하며, 지붕의 중간부분이 약간 돌출되거나 지붕이 일면파식(一面坡式)으로 된 것도 포함한다. 일면파는 단파정(單坡頂)과 달리 단파정과 같은 큰 경사도를 가지고 있지는 않다. 평정(平頂) 건축은 주로 중국의 북서, 남서, 화북(河北) 일대에서 쉽게 볼 수 있다. 평정의 제작법은 먼저 름(檁, 도리)을 배치하고 첨(檐, 처마)을 얹은 후 첨(檐)위에 갈대풀과 짚단, 혹은 널판 등을 깔고 그 위에 다시 흙, 풀, 그리고 석회로 마무리 한다. 더 나은 방법은 석회 지붕 위에 다시 석회를 발라 압력을 가해 평평하게

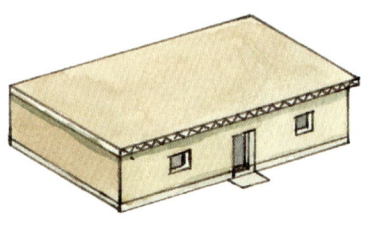

평정

회정 盔頂

회정(盔頂)은 지붕 형상에서 비롯된 명칭으로 고대 군인들의 철모와 같은 형상의 지붕 형식을 말한다. 회정은 지붕과 지붕 마루의 상부가 돌출된 (凸)형이고, 하부는 부분적으로 외부를 향해 치켜들고 있어, 마치 투구 아래 부분의 가장자리 형상과 같다. 회정의 중심부는 보정(寶頂, 절병통)을 두어 마치 투구의 깃털이나 술과 같은 형상이다. 회정은 고대 건축물 중 남아있는 수가 적으며 호남성(湖南省) 악양루(岳陽樓)가 대표적인 사례이다.

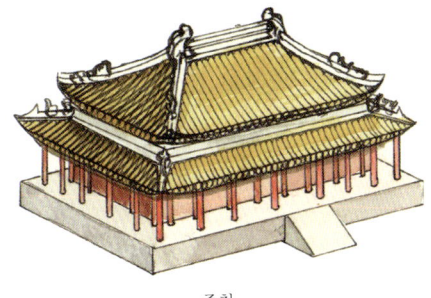

중첨

회정

중첨 重檐

중첨(重檐)은 두 겹 이상의 처마를 의미한다. 일반적으로 중첨 대부분은 단층 건축물 위에 2층 이상의 처마를 얹힌 것으로 단층중첨 헐산정(單層重檐歇山頂), 단층중첨 무전정(單層重檐廡殿頂)이 해당된다. 경우에 따라 다층으로 짓기도 한다. 매 층마다 단층 처마가 있거나 다층 건축물 처마수가 둘 이상이 될 때, 그때는 상하 처마의 평면이 같거나 다를 수 있다.

단파정 單坡頂

단파정(單坡頂)은 한쪽 면만 경사진 지붕으로 일반적인 지붕과는 확연한 차이를 보이지만, 지붕 쪽 면에서 보면 일반적인 지붕과 유사해 보인다. 단파지붕은 중간에서 두 부분으로 나뉘어진 형상이라 할 수 있으며 중요하지 않은 부속건축물에 적용 된다. 상대(商, B.C. 1600~B.C. 1046) 궁전유적을 통해 단파정(單坡頂) 회랑이 이미 존재 했음을 알 수 있다. 비교적 특색 있는 민거 형식의 일종으로 현재 섬서성(陝西省), 산서성(山西省) 등의 농촌과 여러 민거에서도 여전히 사용되고 있다.

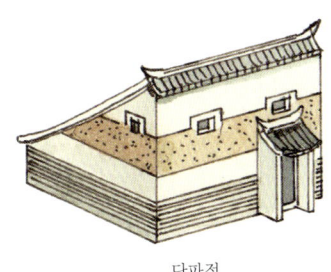

단파정

구연탑 옥정 勾連塔屋頂

구연탑(勾連塔) 옥정은 2개 이상의 지붕이 하나의 지붕을 이루는 것을 말한다. 외형상 2개 이상의 지붕으로 보이지만 실제로 매 지붕 사이를 연결해 합친 것이다. 이런 지붕은 건축의 하부 형식은 변경될 수 없는 상황에서 지붕에 다양한 변화와 생동감 있는 모습을 표현 할 수 있다. 또한 실내 자체의 높이 변화를 주지 못할 경우 시각적으로 공간을 넓게 보이게 하는 효과가 있다.

구연탑 옥정

일전일권식 구연탑 一殿一卷式勾連塔

구연탑(勾連塔) 형식의 옥정 중 유일하게 서로 다른 분류의 지붕이 연결된 형식을 일전일권식 구연탑(一殿一卷式勾連塔)이라 한다. 정척이 있는 경산식(硬山), 현산식(懸山式) 옥정과 정척이 없는 권붕식(卷棚式) 옥정과 함께 있는 것이다. 비교적 유명한 일전일권식 구연탑 옥정은 북경 사합원의 수화문(垂花門)에서 볼 수 있다.

일전일권식 구연탑

대포하식 구연탑 帶抱廈式勾連塔

구연탑 형식 중 서로서로 연결된 지붕의 대다수는 크기와 높이가 서로 같다. 그러나, 일부 구연탑 지붕간에 크기, 중요도, 높이, 앞뒤의 차이를 둔 경우가 있다. 이 때 낮고 작은 건축물은 일종의 부속채처럼 보인다. 이러한 구연탑 지붕 형식을 대포하식 구연탑(帶抱廈式勾連塔)이라 한다.

대포하식 구연탑

녹정 盝頂

녹정(盝頂)은 고대 대형 궁전 건축에 극히 일부에서만 사용된 특별한 지붕 형식이다. 처마와 평행한 4개의 지붕 척(脊, 마루)들은 장방형이거나 정방형의 평평한 지붕을 구성한다. 그 네모서리는 각각의 내림마루가 아래로 향하여 4개의 경사진 처마를 형성한다.

녹정

인자정 人字頂

앞뒤 경사진 두 면으로 나뉘어진 지붕 꼭대기에서 서로 교차하여 지붕의 정척(正脊, 용마루)을 형성한다. 두 면의 기울어진 지붕을 측면에서 볼 때 형상이 사람 인자(人)와 같아 인자정(人字頂)이라 한다. 일반 주택 지붕 형식인 경산식(硬山), 현산식(懸山式) 옥정이 이에 속한다.

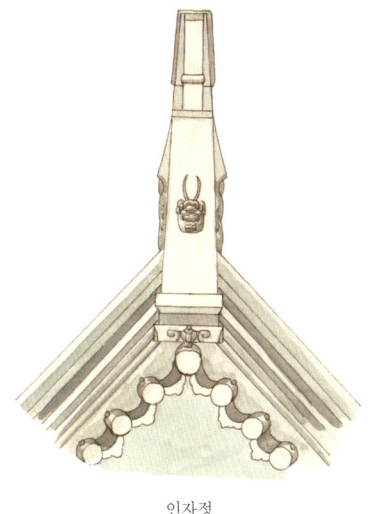

인자정

만자정 卍字頂

卍자문은 중국 고대 장식에서 흔히 볼 수 있는 문양이다. 만(卍)은 만(万)이라고도 불리며 만사여의(萬事如意), 만수무강(萬壽無疆) 등 매우 길한 뜻을 담고 있다. 건축의 평면 및 지붕에 卍자형을 차용하게 되어 이런 지붕 형식을 만자정(卍字頂)이라 한다. 북경 원명원의 만방안화(萬方安和)는 만자 지붕 형식을 활용하여 명칭화 한 예이다.

선면정 扇面頂

선면(扇面) 지붕은 명칭을 통해 그 뜻을 짐작할 수 있는 특별한 지붕 양식이다. 부채 모양의 지붕 형식으로 앞뒤 처마선이 곡선형이며, 일반적으로 처마의 앞 면이 짧고 뒷면이 길다. 지붕의 평면이 합죽선을 펼친 모습과 유사하다. 선면 지붕의 양 끝은 헐산식(歇山式, 팔작 지붕), 현산식(懸山式, 맞배 지붕), 그리고 권붕식(卷棚式) 형식으로 형성되고 일반적으로 규모가 작은 건축물에 사용된다.

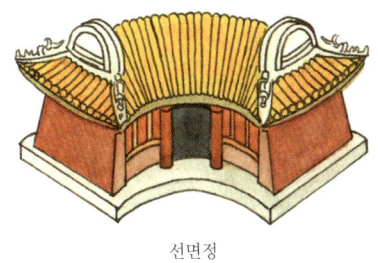

선면정

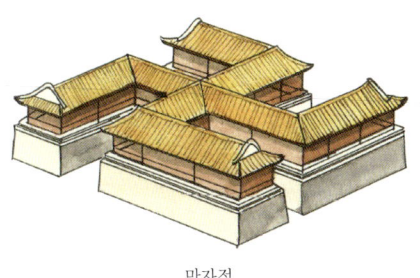

만자정

회배정 灰背頂

회배정(灰背頂)은 지붕 표면에 기와을 깔지 않고 고밀도의 석회를 발라 방수 효과를 낸

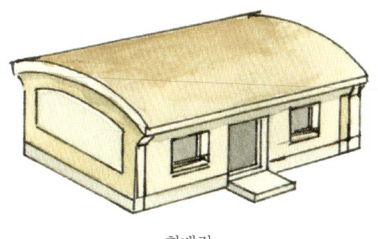

회배정

것으로 민간 건축 양식에 쓰인다. 대부분 평정(平定)이나 돈정(囤頂) 건축에 쓰이나 지붕에 척(脊, 마루)이 있는 건축에서도 극히 일부 사용된다.

이 부분만을 본다면 평정(平定) 형식에 해당된다. 회배 작업을 한 후의 평정은 네면의 기와 지붕과 대비되어 건축 형식의 다양한 변화를 갖는다.

구연탑 회배 勾連塔灰背

구연탑(勾連塔) 옥정의 회배(灰背)는 국부적으로 쓰인다. 대체적으로 지붕 사이를 연결한 지붕골에 사용되며, 외부 양쪽 면에도 바둑판 형식으로 처리 했다.

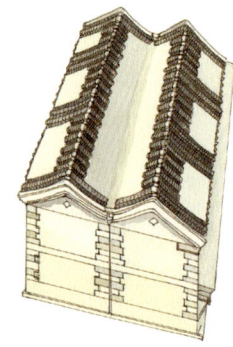

구연탑 회배

기반심 옥면 棋盤心屋面

기반심(棋盤心) 옥정은 지붕 면의 중심 부분을 회배(灰背)나 석판으로 된 기와로 조성한 것이다. 이 부분에 놓이는 지붕 면적은 기와가 놓이는 면적보다 상대적으로 넓고 약간 아래 부분에 위치한다. 지붕의 칸수에 따라 회배면이나 석판면의 개수가 정해지면 칸과 칸 사이에 기와를 놓는다. 이러한 지붕은 바둑판처럼 보여 기판심(棋盤心)이란 이름을 얻게 되었다.

기반심 옥면

녹정 회배 盝頂灰背

녹정(盝頂)의 회배(灰背)는 처마와 평행한 4개의 지붕마루가 형성하는 부분에 사용되며,

녹정 회배

청수척 淸水脊

소식와작(小式瓦作)의 지붕 마루는 대부분 경산식(硬山式), 현산식(懸山式) 건축에 사용된다. 이러한 건축 지붕에는 두면의 경사만 있어 비교적 단순하다. 정척의 제작 역시 비교적 간단하고 소박하여 복잡한 장식물이 없다. 대부분 양 끝의 조각을 화초판(花草板)과 끝을 치켜든 비자(鼻子, 코모양)만으로 단순하게 장식하였고, 그 지붕의 마루를 청수척(淸水脊)이라 한다.

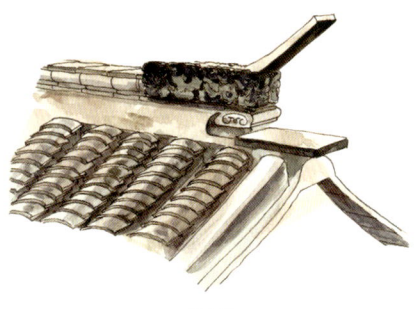

청수척

청수척 비자 淸水脊鼻子

청수척(淸水脊)에서 정척 끝이 위를 향해 치켜든 부분을 가리켜 비자(鼻子, 코모양) 또는 갈자미(蝎子尾, 전갈 꼬리)라 한다.

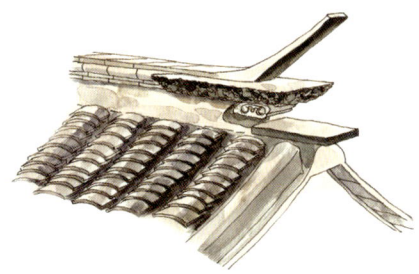

청수척 비자

제 2 장

장벽(墙壁, 벽체)

중국 고대 건축은 대부분 목구가(木構架, 나무로 결구되어 이루어진 형태)로 이루어 졌으며, 목구가의 하부 주위와 1층을 둘러쌓아 보호하는 구조가 바로 벽체이다. 중국 고대 건축의 장벽(墙壁, 벽체) 재료는 대부분 흙, 돌, 그리고 전돌이다. 흙을 쌓아 올린 담을 토장(土墙, 흙담), 돌을 쌓아 올린 담을 석장(石墙, 돌담), 전돌을 쌓아 올린 담을 전장(磚墙, 전돌담)이라고 한다. 흙, 돌, 전돌 등으로 이루어진 장벽들은 쌓는 방법과 외관의 형상, 장식의 차이, 그리고 생산방식과 벽체형식의 다양화로 첨장(檐墙), 간면장(看面墙), 선면장(扇面墙), 포광장(包框墙), 낭장(廊墙), 풍화장(風火墙), 마두장(馬頭墙), 간파장(幹擺墙), 모전대봉장(磨磚對縫墙), 공심두자장(空心頭子墙), 화식전장(花式磚墙) 등으로 나뉜다. 건축을 보호하는 벽체 이외에 영벽(影壁), 회음벽(回音壁) 등의 독립적인 장벽들도 있다.

함장 檻墙

창이 있는 건축 벽면에서 지면과 창턱 밑의 작은 담을 함장(檻墙)이라 한다. 함장은 궁전, 묘우(廟宇) 등의 건축에서 황녹유리전(黃綠琉璃磚)을 사용해서 쌓으며, 보통 주택에서는 전돌, 돌, 흙 등으로 쌓는다. 일반적으로 북방에서는 전돌이나 돌을 사용하여 쌓으며, 남방에서는 나무벽 혹은 협니장(夾泥墙, 대나무 줄기편 양쪽에 진흙을 발라 만든벽)으로 사용한다.

함장

삼합토장 三合土墙

삼합토장(三合土墙)은 삼합토(三合土)를 항축(夯築, 달구로 땅을 단단히 다지는 일) 하여 만든 장벽이다. 삼합토는 석회, 모래, 자갈 등으로 이루어진 건축 재료이다. 삼합토장은 토장(土墙) 가운데 튼튼한 것의 하나로 산장(山墙)의 하중을 견딜 수 있다.

삼합토장

죽근토장 竹筋土墻

토벽을 달구질할 때 벽 속에 일정양의 대나무 줄기 편(片)을 넣어 벽체를 단단하게 하며 이러한 방식은 현대건축에서 시멘트에 철근을 배근한 것과 같다. 이것을 죽근토장(竹筋土墻)이라 한다. 현재 중국 남방의 몇몇 산악지역에서 토벽을 만들 때 여전히 죽근토장을 사용하고 있다.

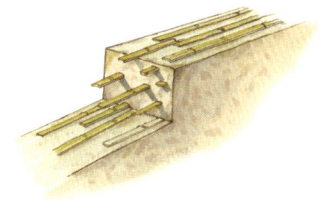

죽근토장

공신전장 空心磚墻

중국 남방건축에서 많이 보이는 공신전장(空心磚墻)은 전돌장벽의 한 종류로 공신장(空心墻) 혹은 두자장(頭子墻)이라 한다. 공신전장은 양쪽 면을 전돌로 세우거나 평행하게 교차시켜 중간부분을 비워둔다. 비워진 부분은 부서진 전돌이나 흙과 같이 사용하지 못하는 재료로 채워져 있다. 공신전장은 재료를 절감하는 특징이 있어 매우 경제적이고 다른 장벽과 같이 매우 견고하며, 소음과 방열성이 우수하다. 어떤 경우에는 공신전장을 하중을 부담하는 내력벽으로 만들어 경제적이고 실용적으로 사용하기도 한다.

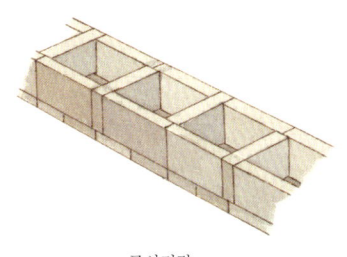

공신전장

전장 磚墻

전장(磚墻)은 청전(青磚, 전돌)을 쌓아 만든 벽이다. 청전은 구워서 만든 것으로 경도가 크므로 벽으로 쌓을 시 비교적 견고하여 쉽게 파손되지 않는다. 고대 중국에서 사용된 기록이 있으나 대부분 묘실(墓室)이나 탑(塔)에 쓰였다. 일반 주택에서는 비교적 적게 사용되었고 명대(明代)에 보편화 되었다.

전장

판축장 版築墻

판축장(版築墻)은 항토장(夯土墻) 혹은 토장(土墻)이라 하며 흙을 달구질하여 만든 벽이다. 판축장은 다양한 재료로 만든 건축 장벽 중에 기원이 매우 빠르고 널리 쓰여져 역사적으로 오래 되었다. 은대(殷代)의 궁실이나 묘장(墓葬) 등은 모두 판축이다. 당송대(唐宋代)에는 토담이 비교적 많이 쓰였으며, 명대에 이르러서 전장(磚墻, 전돌담)이 점점 보편적으로 사용되었다. 토장은 경제적일 뿐만 아니라 방화, 방음, 온도 조절에 유리하다.

판축장

공심두자장 空心頭子墻

공심두자장(空心頭子墻)은 공심전장(空心磚墻), 두자장(頭子墻), 공두장(空頭墻)이라 한다.

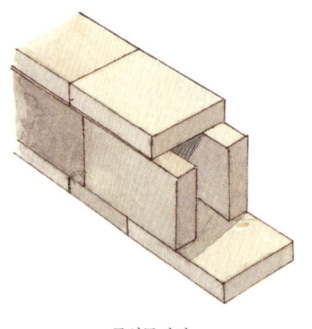

공심두자장

청수장 清水墻

벽체 표면에 석회를 바르지 않거나 장식 및 보호용 재료를 사용하지 않는 전장(磚墻, 전돌담)을 모두 청수장(清水墻)이라 한다. 청수장 표면의 전돌과 전돌 사이의 틈은 흙이나 석회로 발라 메워서 비, 바람의 침입을 방지한다. 동시에 틈을 메운 벽체는 단정하고 깨끗하며 화려하지 않고 소박하다.

청수장

화식전장 花式磚墻

화식전장(花式磚墻)은 화장(花墻, 장식담)이라 한다. 화식전장의 조성방법은 첫째, 벽체의 빈 공간부분에 전돌이나 기와 등으로 다양한 모양으로 쌓는 것. 둘째, 벽체 전체부분을 빈 공간으로 조성하여 다양한 모양으로 쌓는 것. 셋째, 아름다운 모양의 무늬를 가진 전돌을 구워 직접 쌓는 방법 등이 있다. 빈 공간 부분의 수량, 크기, 위치에 따라 누전장(漏磚墻), 누창장(漏窗墻), 전화장(磚花墻) 등의 형식으로 나뉜다. 화식전장은 주택 내원(內院)이나 원림(園林) 중에 많이 세워지며, 주택 내원이나 원림 내부의 서로 다른 공간을 개략적으로 구분한다. 그윽하게 형성된 작은 공간은 막혀 있지만 끊어지지 않는 공간작용을 하여 사람으로 하여금 불편하거나 답답한 마음을 가지지 않게 한다. 화식전장은 복잡하지만 사람에게 번거롭거나 귀찮은 느낌은 주지 않는다. 화식전장의 또 다른 기능은 이러한 빈 공간을 통해 차경(借景, 외부의 경관을 끌어오는 것)을 통해 사람들에게 다양한 경치를 보여 주어 여러 번 보아도 질리지 않게 하는 점이다.

누전장 漏磚墻

누전장(漏磚墻)은 화식전장(花式磚墻)의 일종으로 벽체의 빈 공간부분을 능화(菱花, 마름꽃) 형식이나 대나무 모양 등으로 조각 장식하여 쌓은 것이다.

누전장

화식전장

누창장 漏窗墻

누창장(漏窗墻)은 화식전장(花式磚墻)의 일종으로 누전장(漏磚墻)과 비슷하다. 뚫려져 있는 부분이 벽의 상부에 있으며 대체적으로 창의 위치와 같다. 하나하나 뚫려져 있는 구멍이 각각의 창문과 유사하여 누창장(漏窗墻)이라고 한다.

누창장

전화장 磚花墻

전화장(磚花墻)은 화식전장(花式磚墻)의 일종으로 벽체 전체가 여러 개의 화양(花樣, 꽃 장식 문양)으로 만들어져 큰 틀처럼 보이며 문틀 내부에 기와 혹은 전돌을 쌓아 화문(花紋)이나 도안을 만든다. 전화장(磚花墻)은 화식난간의 한 부분과 유사하다.

*화문(花紋)
물체 표면에서 들어나는 일종의 무늬나 결의 일종으로 그 종류가 다양하다.

전화장

포광장 包框墻

포광장(包框墻)은 영벽(影壁), 간장(看墻), 문장(門墻)으로 많이 사용된다. 벽체의 군견(裙肩), 벽의 꼭대기, 벽심(壁心, 벽의 몸체) 양쪽 측면과 4면이 견고하여 그 형상이 액자와 같다. 틀 내에 벽심(壁心)이 약간 들어와 있으며, 벽의 몸체는 실전장(實磚墻), 쇄전장(碎磚墻), 토배장(土坯墻), 공두장(空頭墻) 등 여러 가지 재료와 형식으로 쌓을 수 있다. 벽 몸체의 표면은 석회를 칠하지 않고 재료 자체를 그대로 남겨두거나, 회칠 및 조각을 하여 장식을 하기도 한다. 포광장은 명청대(明淸代)에 크게 유행했다.

경심포광장 硬心包框墻

경심(硬心)은 포광장(包框墻)을 만드는 기법으로 벽심(壁心, 벽의 몸체)에 방전모전을 사용해 비스듬히 붙혀 석회칠을 하지 않는다. 좀 더 발전된 경심포광장(硬心包框墻)은 벽심의 중앙과 사각모서리에 감식전(嵌飾磚, 장식조각 된 전돌) 도안을 새겨 화려하다.

경심포광장

연심포광장 軟心包框墻

연심(軟心)은 포광장(包框墻)을 만드는 기법으로 벽심(壁心, 벽의 몸체)은 석회를 칠해 무늬가 없는 백색면을 만들고 그 주변을 가늘고 긴 나무재질로 만들어 중간부분에 평안(平安), 여의(如意) 등 길상의 의미를 둔 글자판을 걸어둔다. 때로는 벽에 벽화를 첨가하거나 무늬 없이 간단 명료하게 만든다.

포광장

제2장 장벽

연심포광장

지두 墀頭

경산식(硬山式) 건축의 산장(山墻)은 대기(台基, 기단)에서 옥정(屋頂, 지붕)까지 바로 연결된 것으로 양쪽 측면의 산장에서는 처마가 나오지 않고 전후면에서만 처마가 나온다. 전후면의 처마는 일정한 폭이 있으며 폭은 크지 않다. 만약 폭이 클 경우는 지지하는 힘이 자연적으로 약해지며 때로는 전후면의 처마가 뻗어 나온 것이 길 경우는 대기(台基)의 길이까지 나올 수 있어 이 경우는 산장의 전후면이 밖으로 연장된다. 처마기둥 밖 위로는 지붕처마까지 다시 쌓고, 아래로는 기단 면의 벽체까지 일직선으로 쌓아 기단 윗면까지 연결되어 산장의 정면에서 보면 벽체가 많이 나와 있다. 이렇게 많이 나온 처마기둥 이외의 산장 상부를 지두(墀頭)라고 한다.

지두장식 墀頭裝飾

지두(墀頭)는 건축입면에서 눈에 뜨이는 부분으로 중요한 장식물 중에 하나이다. 북경 사합원의 지두 장식물에는 단수초용(團壽草龍), 목단(木丹), 국화, 소나무, 대나무, 매화, 박고도안(博古圖案), 까치와 매화(喜鵲登梅), 태사소사(太師少師), 송수포도(松鼠葡萄), 자손만대(子孫萬代) 등 내용이 풍부하며 다양하다.

* **희작등매(喜鵲登梅)**
  중국 전통 길상도안 중의 하나이다. 매화는 봄, 까치는 좋은 운과 복을 상징한다. 민간 전설에 따르면 칠석날 인간세상에 있는 모든 까치들이 하늘에서 오작교를 만들어 우랑(牛郎)과 직녀(織女)를 만나게 해주었다는 전설이 있다.

  태사소사(太師少師)
  이 도안은 사자 한 마리가 새끼 사자를 품 안에 안고 있거나 혹은 두 발 사이에 새끼 사자가 있는 도안이다. 사자는 존귀함과 위엄의 상징이며 "사(獅)"는 "사(師)"와 음이 같아 평생 고위관직에 머문다는 상서로운 의미를 내포하고 있다.

  송수포도(松鼠葡萄)
  도자기에 그리거나 주조해 낸 도안으로 특히 청대 자기에 자주 쓰였던 소재이다. 포도의 풍성한 모양은 각 종 곡식들의 큰 수확과 부귀를 상징한다. 송이송이 맺은 포도는 "많다"라는 의미와 쥐는 십이지 중 "자손"을 의미를 가진다. 그래서, 이 도안은 자손의 많음과 풍부함 그리고 부귀의 뜻을 내포하고 있다.

  자손만대(子孫萬代)
  강소, 절강, 복건, 안휘, 강서, 산동 일대의 하동지역에서 유행했던 일종의 장수를 뜻하는 도인으로 조각, 회화기법에 사용되었다. 위에는 큰 조롱박이 있고, 양쪽에는 작은 조롱박이 있다. 조롱박은 서로 뿌리 넝쿨로 연결되

지두

어 있고, 중간에는 조롱박 잎이 몇 개 끼워져 있다. 조롱박의 뿌리 넝쿨이 매우 길어 민간에서는 "만대가 매우 길고 오래간다"라는 뜻으로 사용했다. 도안 위에는 큰 조롱박, 아래에는 작은 조롱박이 있어 자손이 끊어지지 않는다는 의미를 내포하고 있다.

지두장식

첨장 檐墻

처마 기둥과 처마 기둥 사이의 벽을 첨장(檐墻)이라 한다. 건축 앞면에 있는 첨장을 전첨장(前檐墻), 건축 뒷면에 있는 첨장을 후첨장(后檐墻)이라 한다. 전첨장은 보통의 민가에서 많이 쓰인다. 일반적으로 황가 건축이나 규모가 큰 관아, 상인의 주택은 문(門)과 창(窗) 등을 사용하여 앞면처마 장식에 쓴다. 후첨장은 일반적인 쌓는 방식으로 만들며 북방건축은 추운 기후 때문에 두껍게 쌓고 남방에서는 얇게 쌓는다.

봉호첨장 封護檐墻

건축 앞뒤 처마, 특히 후면 처마 첨장을 처마 밑과 처마를 연결하여 쌓는다. 처마 서까래부터 처마 도리까지 뻗어 나오는 부분 없이 외부의 벽체부터 처마까지 평행하게 쌓는다. 서까래의 머리부분이 완전히 봉해지며 이런 처마서까래 아랫부분의 벽을 봉호첨장(封護檐墻)이라 한다. 청대 경산식(硬山式) 건축의 앞뒤 첨장이 이런 형식이며 특히, 후첨장에 많이 사용했다.

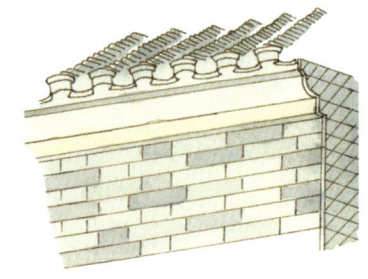

봉호첨장

첨장

누첨장 漏檐墻

누첨장(漏檐墻)은 누첨(漏檐)이라 하며, 건축 앞뒤 첨장의 형태로 봉호첨장(封護檐墻)과 상대적 말이다. 건축 앞뒤 처마 특히, 뒷처마의 벽체를 처마 밑까지 쌓지 않는다. 벽과 처마 사이에 빈 공산을 남겨 두는데, 이 빈 공간에는 연(椽, 서까래), 양(梁, 보), 방(枋) 등이 밖으로 드러나 있다. 양방(梁枋)의 부재는 종종 다양하게 채색되어 장식 역할을 하여 아름답다. 누첨은 비교적 중요시 되었던 첨장 기법 중에 하나이다.

누첨장

선면장 扇面墙

일반적으로 대형건축, 특히 궁전이나 묘우(庙宇) 등에서 건축물 명칸(明間, 어칸)상의 금주(金柱, 내부 기둥)와 금주 사이의 벽체를 선면장(扇面墙)이라 하며 첨장과 나란하다. 선면장(扇面墙)은 실내에 있어 전돌, 돌, 그리고 흙 등으로 쌓으며, 가림막이나 태사벽(太師壁) 등이 있는 실내 칸막이와는 다르다.

선면장

산장 山墙

산장(山墙)은 건축물 양단에 벽체를 쌓아 건축 상부의 지붕면을 지지하는 것을 말한다. 산장의 하부는 방형의 견고한 벽체이며, 상부는 삼각형이다. 이러한 산장은 경산(硬山)과 현산식(懸山式) 건축에 나타난다. 헐산정(歇山頂, 팔작지붕) 중 산담 상부는 대부분이 산화(山花) 형식이다. 남방의 일부 민가 건축에서는 산장 상부가 삼각형 형식이 아닌 계단식 모양의 방화담(防火墙) 형식을 사용하였다.

산장

낭장 廊墙

낭장(廊墙)은 낭심장(廊心墙)이라 불리며, 건축 회랑 쪽 기둥과 금주(金柱, 내부 기둥) 사이의 벽을 가리키고 비교적 눈에 잘 뜨이는 부분에 있다. 이것 역시 중요시 되었던 기법

낭장

중 하나이다. 북경 사합원(四合院)의 경우 낭장 상단의 넓은 면적부분을 상신(上身)이라 한다. 그 위에 기하문(几何紋), 만자문(萬字紋)의 길상문양과 화초와 새, 짐승문양 등을 그리거나 조각하여 장식한다.

오행산장 五形山墙

오행산장(五形山墙)은 오행(五行)을 토대로 만든 산장(山墙)으로 금(金), 목(木), 수(水), 화(火), 토(土)를 나타낸다. 오행산장은 광동, 복건성 일대의 일부 민가 건축에 많이 보인다. 광동의 조산민거(潮汕民居), 복건의 금문민거(金門民居) 등은 모두 오행산장을 사용한다. 오행산장은 풍수의 의미를 나타내며 형식과 변화가 다양하다.

오행산장

하감 下碱

하감(下碱)은 산장(山墙) 아랫부분을 단을 가리키며, 대략 산장 면적의 1/3을 차지한다. 하감 부분을 산장 상부보다 두껍게 쌓는 것은 안정감을 주기 때문이다.

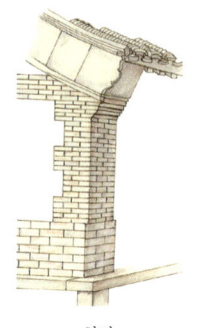

하감

방화장 防火墙

방화장(防火墙)은 전돌로 쌓은 산장(山墙)이나 벽체로 불을 막는 벽이다. 이는 방화작용을 하여 방화산장(防火山墙)이라고도 한다.

방화장

방화산장 防火山墙

방화산장(防火山墙)은 산장 상부를 최고 1m 이상 높게 쌓아 집에 불이 났을 경우 다른 곳으로 옮겨가지 않게 방화작용을 하는 벽을 말한다. 방화산장은 일과인식(一顆印式), 복합곡선식(複合曲線式), 인자식(人字式), 묘공배식(貓拱背式), 오악조천식(五嶽朝天式) 등 그 형식과 조성방법이 다양하다.

방화산장

봉화장 封火墙

풍화장(風火墙), 방화산장(防火山墙)과 같은 의미이다.

제2장 장벽

봉화장

풍화장 風火墻

풍(風)은 봉(封)의 음을 빌려온 것으로 민간 건축에서는 봉화장을 풍화장(風火墻), 또는 풍화타자(風火垜子)라고 한다.

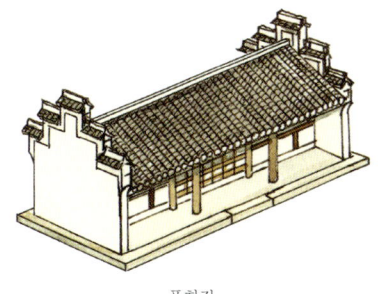

풍화장

첩락산장 疊落山墻

첩락산장(疊落山墻)은 방화산장의 일종으로 산장(山墻)이 지붕보다 높으며, 형태는 지붕면을 따라 계단 모양으로 층층이 쌓여져 있어 첩락산장(疊落山墻)이라고 한다.

첩락산장

마두장 馬頭墻

첩락산장(疊落山墻)과 같은 형식이며 산장보다 높은 부분이 층층이 올라 쌓인 모습으로 첩락(疊落, 꼭대기) 부분이 말머리 모양과 닮아 마두장(馬頭墻)이라 한다.

마두장

영벽 影壁

영벽(影壁)은 조벽(照壁), 조장(照墻), 소장(蕭墻) 등으로 부른다. 건축 혹은 원락대문(院落大門)의 내부 혹은 외부에 있는 벽으로

영벽

대문과 마주보며 병풍과 비슷한 작용을 하는 품위 있는 장식벽이다. 영벽은 조형에 따라 일반적인 장벽과는 큰 구별이 없다. 위에서부터 아래까지 벽정(壁頂), 벽신(壁身), 벽좌(壁座)의 3부분으로 구성된다. 사용하는 건축 재료에 따라 유리영벽(琉璃影壁), 석영벽(石影壁), 전영벽(磚影壁), 목영벽(木影壁) 등으로 나뉠 수 있다.

석영벽 石影壁

석영벽(石影壁)은 돌로 된 영벽(影壁)이다. 석영벽의 몸체는 돌을 붙여 만든 것으로 회벽을 첨가시켜 장식이 없는 경우도 있고 장식이 있는 경우도 있다. 몇몇 소박한 석영벽은 돌 조각을 가공하여 매우 섬세한 방전영벽(方磚影壁)의 효과를 가져오며 장식이 없음에도 불구하고 조화롭고 기묘하다. 다양하게 쌓는 방법, 장식의 유무와 구성은 섬세하면서도 풍부한 영벽(影壁)의 형상을 가져다 준다. 완전한 형태의 석영벽은 그 수가 적으며, 북경 자금성(紫禁城) 경인궁(京仁宮)에서 볼 수 있다.

전영벽

목영벽 木影壁

목영벽(木影壁)은 목재를 이용하여 조성한 영벽으로 실예가 많지 않다. 목재는 바람과 비에 쉽게 부식되어 온전하게 보존하는 것이 어렵기 때문에 대부분 상부에 처마를 가지고 있다.

석영벽

목영벽

전영벽 磚影壁

상부부터 하부 전체를 전돌로 쌓은 영벽을 전영벽(磚影壁)이라 한다. 사묘(寺廟)와 주택 등의 대다수의 영벽이 전영벽에 속한다. 북경 사합원(四合院)의 영벽은 대부분 전영벽이며 장식성이 뛰어나다.

전영벽의 장식수법 磚影壁裝飾手法

전영벽(磚影壁)은 2가지 장식 방법이 있다. 첫째는 전돌로 쌓은 벽의 몸체(壁身) 위에 회칠을 하여 벽정(壁頂)과 벽좌(壁座)를 명확하게 구분하고, 형태와 채색을 뚜렷하게 나타낸

뒤 회칠을 한 벽의 몸체(壁身)의 중앙 부분에 다시 장식을 하여 주변의 전돌과 자연스럽게 대비를 이루게 한다. 둘째는 벽의 몸체(壁身)가 전돌이면 처리 방법을 달리하여 장식한다. 예를 들어 벽의 몸체(壁身) 좌우양변, 또는 상하좌우의 네변 부분에 일반적인 전돌을 쌓고 벽의 몸체(壁身) 중앙에는 방형의 전돌을 붙여 마전대봉법(磨磚對縫法)으로 처리한다. 이 벽면은 평평하면서도 정교하여 주위의 벽면과는 명확하게 구분된다. 일부 영벽은 마전대봉(磨磚對縫)에 방전(方磚)을 장식 조각하여 영벽전조(影壁磚雕)라고 부르며 꽃, 새, 벌레, 물고기 도안 등을 넣어 다채롭게 표현한다.

다. 일부 유리영벽 내의 수미좌(須彌座)에도 유리재를 사용했으며, 영벽 처마에는 대부분 유리와(琉璃瓦)로 덮었다.

유리영벽

대리석 영벽 大理石影壁

대리석 영벽(大理石影壁)은 대리석으로 만든 영벽으로 일반적인 영벽과는 다른 운치가 느껴진다. 현존하는 대리석 영벽은 그 수가 매우 적다. 대표적인 예로 북경 이화원 보운각(寶雲閣) 아랫쪽 "모애조람상자명(暮靄朝嵐常自鳴)" 석패방(石牌坊)의 반대편에 위치해 있다. 영벽면은 마름모형 백옥이 서로 연결되어 있어 매우 독특하고 희귀하다.

전영벽의 장식수법

유리영벽 琉璃影壁

유리영벽(琉璃影壁)은 안에서 바깥까지 모두가 유리로 제조된 것이 아니며 겉 표면만을 유리 부재와 유리 장식으로 구성된 전돌로 쌓은 영벽(磚影壁)이다. 황가, 사묘(寺廟) 등 관식건축(官式建築)에서만 사용했으며 북경 고궁, 북해의 구룡벽(九龍壁)이 대표적인 예이

대리석 영벽

과가영벽 過街影壁

과가영벽(過街影壁)은 재료나 형상이 아닌 설치된 위치에 따라 붙여진 이름으로 건축물

밖, 길 사이에 설치한 영벽을 과가영벽이라 부른다. 과가영벽과 건축물 사이의 길은 공공의 길로서 외부를 향해 크게 열려진 도로이다. 과가영벽은 자신이 속해 있는 주변 건축물과 함께 비교했을 때, 일반적인 문 내부의 영벽이 가지고 있는 병풍작용이 없으며 단지 건축 공간의 흐름, 혹은 연장선을 나타낸다.

팔자영벽 八字影壁

팔자영벽(八字影壁)은 평면의 모습이 팔자형인 영벽이다. 이는 팔자형의 삼면식 영벽이 연결된 형식과 또한 양쪽 문 옆에 분리, 설치한 것도 팔자영벽이다.

팔자영벽

과가영벽

과하영벽 跨河影壁

과하영벽(跨河影壁)은 설치 위치에 따라 붙여진 이름으로 건축물 밖, 강 맞은편의 언덕과 같은 형상을 가진 영벽이다. 영벽과 건축 사이에는 강을 두고 있어 과하영벽(跨河影壁)이라 일컫는다. 과하영벽 또한 병풍작용이 없고 단지 공간의 한정과 건축 흐름의 연장선을 나타낸다. 이런 영벽은 사묘(寺廟), 문묘(文廟) 등 비주택성 대형건축에 사용된다.

문양측의 팔자영벽 門兩側的八字影壁

건축 문 양측에 각각 설치된 영벽으로 양쪽 영벽이 서로 대립되거나 외부로 펼쳐졌을 때 팔자형으로 보이는 것을 나타내어 문 양측의 팔자영벽(八字影壁)이라고 한다.

문 양측의 팔자영벽

곤돈석 滾墩石

곤돈석의 주요 작용은 목영벽, 소형 석영벽과 몇몇 수화문(垂花門)에 사용되며 기둥을 고정시키고 영벽 상부를 안전하게 세우는 받침판이다. 형상은 주택 문 앞에 설치하는 복고석(抱鼓石)과 매우 비슷하다. 왜냐하면 그 앞

과하영벽

뒤는 모두 외부로 노출된 부분이기 때문에 정교하게 조각한 복고석 형식을 이루지만 주택문 외부 이외의 부분은 복고석의 형태를 이루지는 않기 때문이다.

곤돈석

회음벽 回音壁

회음벽(回音壁)은 벽체를 따라 소리가 전달되는 고리형의 담을 가르킨다. 북경 천단(天壇)과 청동릉(淸東陵) 등에 회음벽이 있으며, 특히 천단(天壇) 내의 회음벽은 유명하다.
그럼 회음벽(回音壁)은 어떻게 소리를 전달할까? 주요한 이유 중 하나는 벽체를 수마전대봉(水磨磚對縫)의 방법으로 쌓아 벽면이 깨끗하며 벽체의 연결부분 또한 세밀하고 고르게 한다. 게다가 원형 벽체의 안쪽 공간이 넓어 특별한 효과를 낸다. 오늘날 건축음성학에서 볼 때 특별한 현상은 아니지만 과학기술이 발달하지 않았던 고대인들에게서는 매우 신기한 일이었다.

회음벽

북경 천단회음벽 北京天壇回音壁

북경 천단(天壇) 황우궁(皇穹宇)의 외벽에는 청전(靑磚)으로 쌓은 직경 60m의 원형울타리가 있다. 벽체내부는 매끄럽고 깨끗하여 벽체를 따라 소리를 전달할 수 있다. 남쪽면에 3개의 출입문이 있어 이곳에서 두 사람이 서로 닿지 않는 곳에 사이를 두고, 한 사람이 벽면에 작은 소리를 내면 다른 쪽의 사람이 귀를 벽에 대면 그 소리를 들을 수 있다. 그러나, 공기 중에서는 듣지 못한다. 이것은 벽체의 음성 원리를 이용한 것으로 벽체구조와 공간이 소리의 전달을 발생시켜서 나타나는 현상이다.

북경 천단 회음벽

마전대봉 磨磚對縫

마전대봉(磨磚對縫)은 간파장신(幹擺墻身)이라 하며, 벽신(壁身)을 만드는 방법 중 가장 중요한 방법 중에 하나이다. 청전(靑磚)을 반복해서 갈아 매끄럽고 윤이 나게 한 후 연결하여 쌓아 마전대봉이라 한다. 이 방법은 비교적 중요하고 특수한 건축물에 쓰이며 소리를 전달하는 회음벽(回音壁), 영벽(影壁)의 벽심(壁心), 혹은 함장(檻墻)과 벽의 하견(下肩) 등에 자주 사용되었다.

마전대봉

간파 幹擺

마전대봉(磨磚對縫)의 기법을 쓸 때 전돌을 나열하고 진흙을 사용하여 연결하는 것을 간파(幹擺)라 한다. 경우에 따라서 접착제를 쓰지 않고 쌓을 때도 있다.

간파

일정일순 一丁一順

일정일순(一丁一順)은 벽체 쌓는 방법을 지칭하는 전문용어로 정횡괴(丁橫拐), 매화정(梅花丁)이라 한다. 벽체를 쌓을 때 건물 가로방향으로 쌓은 전돌을 순전(順磚), 건물 세로방향으로 쌓는 전돌을 정전(丁磚)이라 한다. 일정일순(一丁一順)은 하나의 정전(丁磚)과 하나의 순정(順磚)을 연결하여 번갈아 쌓는 것을 말한다.

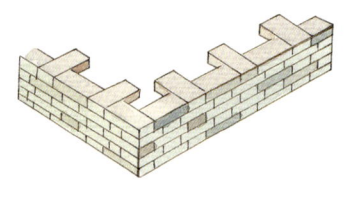

일정일순

일정삼순 一丁三順

일정삼순(一丁三順)은 벽체 쌓는 방법을 지칭하는 용어이며, 정전(丁磚) 한 개와 순전(順磚) 세 개를 번갈아 쌓아 설치하는 형식을 말한다.

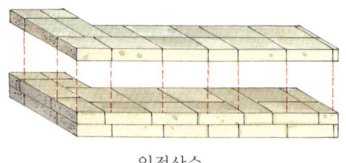

일정삼순

일정오순 一丁五順

일정오순(一丁五順)은 벽체 쌓는 방법을 지칭하는 용어이며, 정전(丁磚) 한 개와 순전(順磚) 다섯 개를 번갈아 쌓아 설치하는 형식을 말한다.

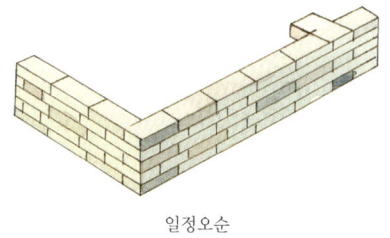

일정오순

다층일정 多層一丁

다층일정(多層一丁)은 벽체 쌓는 방법을 가리키는 용어지만, 일정일순, 일정삼순 등과는 크게 다르다. 일정일순, 일정삼순, 일정오순 등은 각 층 마다 순전(順磚)과 정전(丁磚)이 있지만, 다층일정(多層一丁)은 한 개의 층이 완전히 순전(順磚)으로만 구성되며, 이것을 다시 여러 층으로 쌓고, 그 위에 다시 한 층의 정전으로만 쌓는 것으로, 각 층마다 순전(順磚)과 정전(丁磚)이 없다. 당송(唐宋) 시대의

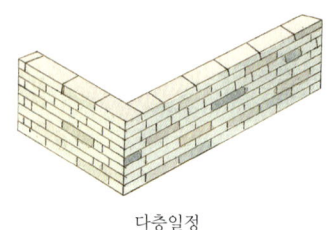

다층일정

전탑에는 다섯 층의 순전(順磚)을 쌓고 그 위에 한 층의 정전(丁磚)을 쌓았다.

평전정체착봉 平磚丁砌錯縫

평전(平磚)은 전돌을 눕혀서 설치하는 것, 정체(丁砌)는 건축물의 세로방향으로 쌓는 것, 착봉(錯縫)은 상하층 전돌의 틈을 교차하며 쌓는 것을 말한다. 평전정체착봉(平磚丁砌錯縫)은 전돌을 건축물 세로방향으로 눕혀서 쌓는 것을 말하며, 동시에 상하층 전돌의 교차를 뜻하기도 한다. 이러한 방법으로 쌓은 벽체는 비교적 두꺼웠으며, 전국시대(戰國時代)에 이미 출현했다.

평전정체착봉

평전순체착봉 平磚砌順錯縫

평전순체착봉(平磚砌順錯縫)은 평전정체착봉(平磚丁砌錯縫)과 비슷하지만, 설치 시 건축물 가로방향으로 전돌을 나열한다. 이런 종류의 벽체는 평전정체착봉보다 얇아 안정성이 약하여 높게 쌓지 못한다.

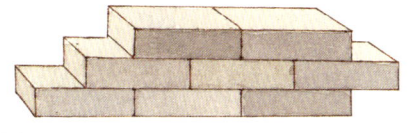

평전순체착봉

측전순체착봉 側磚砌順錯縫

측전순체착봉(側磚砌順錯縫)은 전돌을 건축물의 가로방향으로 상하 교차하며 쌓는 것인데 이와 동시에 전돌의 측면을 세워서 쌓는 방법을 말한다. 이 종류의 축성법은 벽체가 얇고 안정성이 약하여, 하중을 견디는 벽에는 쓰이지 못한다. 그러나, 재료를 절감할 수 있어 하중의 부담이 없는 벽체에 쓰기에는 매우 적합하다.

측전순체착봉

제 3 장

대기(台基, 기단)

대기(台基, 기단)는 단독으로 봤을 때 지면에서 우뚝 솟은 대자(台子)이며, 건축물과 결합했을 때는 건축물의 받침이 된다. 대기(台基)의 외부는 모두 돌로 쌓으며, 내부는 대부분 흙으로 채운다. 표면은 포만전석(鋪墁磚石, 바닥에 깔 때 사용하는 전돌이나 석판) 으로 견고하고 튼튼하며, 형태는 비교적 방형을 띠고 있다. 대부분의 중국 고대건축은 대기(台基)를 축조했으며, 등급이 높은 건축일수록 대기(台基)는 확실히 높고 크다. 일부 주요 건축에서는 정교하고 아름다운 수미좌(須彌座)를 대기(台基)로 삼았으며, 북경 고궁 내 3대전(大殿) 대기(台基)가 이에 해당된다.

기록에 따르면, 대기(台基, 기단)는 노예사회 이전부터 나타났다. 『한비자(韓非子)』에 "요당숭삼척(堯堂崇三尺)", "제사토계(第蠟土階)" 라 하였다. 이는 삼황오제(三皇五帝) 중 요제(堯帝)가 기거하던 궁실 대기(台基)가 1m 정도의 높이에 흙으로 구성된 것을 뜻한다. 이것은 구체적인 규정이 아니며 단지 전해져 오는 기록이다. 상대적으로 송(宋)『영조법식(營造法式)』과 청(淸)『공정주법(工程做法)』의 자료에 따르면 대기(台基)의 형태와 규정이 비교적 명확하게 나타난다.

예를 들어, 청대의 규정은 공후(公侯) 이하, 3품 이상인 사람은 집의 대기(台基, 기단) 높이가 2척, 4품 이하 및 선비와 백성 집의 대기 높이는 1척이라 기록되어 있다. 그러나, 실제 대기의 높이는 규정에 의해 만들어 지지 않았으며 상황에 따라 변화가 많았다.

여의답타 如意踏跥

계단에서 사람이 밟는 각각의 계석(階石, 계단)을 가리켜 답타(踏跥)라 한다. 송대에는 답도(踏道)라 불렀다. 여의답타(如意踏跥)는 답타의 한 종류로 양쪽 측면의 수대석(垂帶石, 소맷돌)이 없고, 계석 양 측면이 바로 답타하고 맞물려져 있는 형태이다. 일반적인 여의답타는 각각의 입면에서 볼 때, 위로 갈수록 답타의 길이가 짧아진다. 이 밖에 형식을 자유롭게 만든 계석도 있으며 원림과 주택 건축에서 볼 수 있다.

여의답타

천연석 여의답타 天然石如意踏跥

천연석 여의답타(天然石如意踏跥)는 여의답타(如意踏跥)의 한 종류로 양 측면의 수대(垂帶, 소맷돌)가 없어 일반적인 여의답타와는 다르다. 자연석에 조각을 새기지 않고 천연석 그대로를 쌓아 구성하여, 자연스러움을 나타낸다. 일반적인 주택과 원림에 사용되며 특히, 자연산수(自然山水)를 표방하는 원림에 적합하다.

천연석 여의답타

수대답타 垂帶踏跺

여의답타와는 달리 양변에 수대석(垂帶石, 소 맷돌)을 설치한 답타를 수대답타(垂帶踏跺) 라 한다.

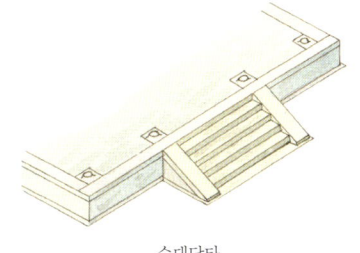

수대답타

강사 礓磋

만도(慢道, 비교적 평탄한 길이나 계단)의 일 종으로, 전석이나 돌 등의 모서리가 위로 향 하게 만든 길로 톱니형태를 보인다. 비교적 단정·깔끔하고 솟아나 있어 일반적인 계단 과는 달리 사람이 지나다닐 수 있을 뿐만 아 니라 마차도 편리하게 이용할 수 있다. 일반 건축에 사용한 강사(礓磋) 외에도 성벽 위의 마도(馬道)에도 강사형식을 사용하여 성을 오르내릴 때 운송을 편리하게 하였다.

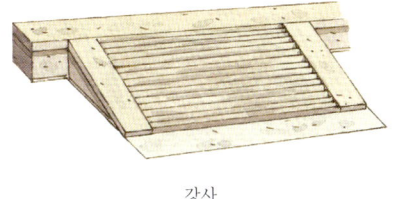

강사

연도 輦道

연도(輦道)는 경사가 있는 도로의 일종이다. 경사가 비교적 완만하여 수레와 말이 통행할 수 있었다. 당송(唐宋) 시대 벽화 중에 답타 (踏跺) 사이에 연도를 놓았다. 이후 연도 위 에 물, 구름, 용들의 장식을 조각하면서 점차 어로로 변하였고 길 자체의 기능을 잃게 되 었다.

연도

용미도 龍尾道

경사진 길의 거리가 비교적 길 때, 이 경 사진 길의 거리를 평평한 형식으로 만들 수 있다. 이러한 길고 상승하는 느낌의 경 사진 길은 마치 기복이 있는 용꼬리 모습 을 하여 용미도(龍尾道)라 부른다. 용미도 는 실제 약 100m 정도로 매우 길다. 용미 도는 궁전건축의 전방에 사용하여, 위계를 나타낸다. 용미도는 당대(唐代) 대명궁(大 明宮) 함원전(含元殿)의 복원도에서 볼 수 있다. 위에서부터 아래까지 7개의 절(折,

단)과 좌·중·우 3개의 길로 구성되어 있으며, 그 중 중앙은 임금의 길인 어도이고, 양측은 관리들이 오르는 통로이다.

만도

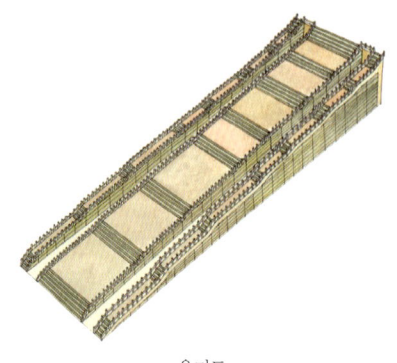
용미도

폐석 陛石

어로를 설치할 때의 석괴를 폐석(陛石)이라 하며, 일반적인 돌이 아닌 한백옥(漢白玉, 일종의 백색 대리석)이나 대리석 종류의 귀한 돌을 사용했다. 석괴의 표면은 용·구름·산·바다 등 각종 아름다운 문양을 조각하였다.

폐 陛

『희훈(羲訓)』에 "폐승고계야(陛升高階也)"라고 되어있어, 특별히 높이 솟아 있는 대계(台階, 층계)를 가리켜 폐(陛)라 한다. 황제가 활동하는 궁전의 대기(台基, 기단)는 가장 높아 그 건물 앞의 계단을 "폐(陛)"라 한다. 신하가 황제를 폐하라 칭하는 것은 신하 스스로 대계 아래서 황제를 향해 업무를 보고한다는 것을 의미하기도 한다.

폐석

만도 慢道

비교적 평탄한 길이나 계단을 가리켜 만도(慢道)라 한다. 만도는 직선도로처럼 뻗어 있어 완만한 느낌을 준다. 송(宋)『영조법식(營造法式)』에 따르면, 당(堂) 앞의 만도는 높이와 길이의 비례가 1: 4, 성문의 만도는 1: 5로 규정하고 있다.

폐

어로 御路

"노(路)"라고도 불리는 어로(御路)는 등급이 높은 궁전이나 사묘(寺廟) 등 대형건축에 쓰인다. 계단 중간 부분을 가늘고 긴 돌로 쌓지 않고 한백옥(漢白玉, 일종의 백색 대리석)이나 대리석 등의 대형 석괴들을 이용하여 계단의 경사진 방향으로 놓여져 있다. 이 석재면의 상부는 용문양 등의 도안을 새겨 신성함을 나타내기 때문에 사람들이 이용할 수 없다.

부조(淺浮雕, 얇게 만드는 부조) 방법을 이용하여 조각 장식하였다. 중앙에 위치한 용문은 돌출되게 조각하여 생동감을 준다. 고궁(故宮) 보화전(保和殿) 북쪽 계단의 어로폐석은 길이 약 16m, 무게 200여 톤에 이르는 것으로 고궁 어로 중 최고라 할 수 있다. 표면의 구룡희주(九龍戱珠, 아홉 마리의 용이 여의주를 갖고 노는 모양) 도안은 구름 위를 휘감아 돌아 올라가는 모습으로 매우 정교하고 특이하다.

어로

북경고궁 보화전어로

북경고궁 보화전어로 北京故宮保和殿御路

북경 고궁의 주요건물 앞과 뒤의 계단 중간 부분은 모두 어로(御路)가 있다.(태화전(太和殿), 중화전(中和殿), 보화전(保和殿) 등). 어로는 3조각의 큰 돌로 구성되어 있으며, 각각의 석괴 한 조각이 한 계단을 나타낸다. 어로 표면의 주요조각은 용문(龍紋)이며, 보산문(寶山紋, 신선이나 도사가 기거하는 산을 표현한 문양)과 운문(云紋, 구름문양)이 조각되어 있다. 용은 구름과 안개, 보산(寶山) 사이를 유희하듯 보일 듯 말 듯 하며, 양변에는 저

계 階

계(階)는 단 하나하나가 점점 상승하는 사다리 모양의 구조형식을 가진 보도를 가리킨다.

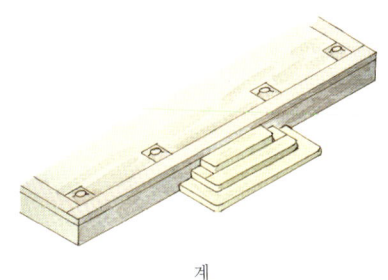

계

세 칸에 회랑이 딸린 건축대기
三開間帶迴廊建築台基

중국 고대건축 중에 대형건축이나 등급이 높은 건축은 수미좌식 대기(台基, 기단)와 일반적인 전석 대기(台基)를 사용한다. 아래 그림은 세 칸 규모에 회랑이 있는 건축의 대기(台基)로 평면은 비교적 방형에 가깝다. 수미좌식 대기(台基, 기단)와 가장 다른 점은 대기(台基)의 입면에 속요(束腰) 및 일반 장식이 없다는 것이다. 이 형식은 대기의 구성요소인 답타(踏跺), 계타석(階條石), 두판석(陡板石), 금변(金邊), 토친(土襯) 등을 모두 포함하고 있어 중국 고대건축의 일반적인 대기의 표본이라 할 수 있다.

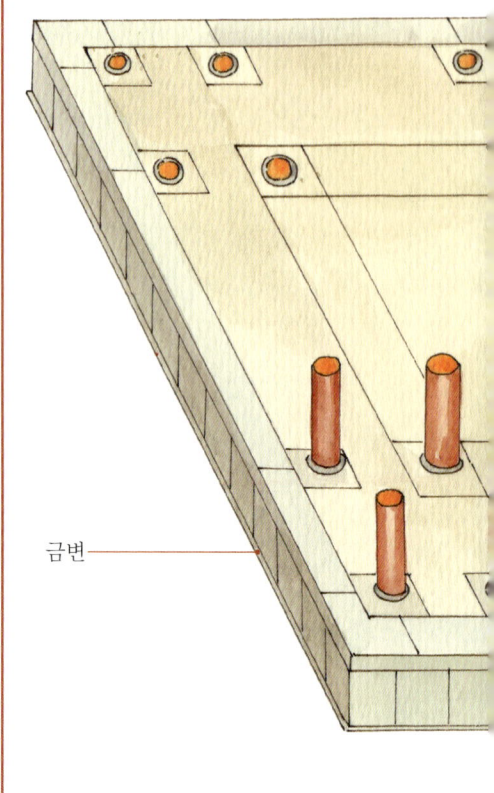

금변

1. 금변(金邊)

금변(金邊)은 토친석(土襯石)의 바깥부분이다. 토친석 너비가 대기(台基, 기단) 밖으로 나간 부분을 가리키며, 대략 2~3촌(寸) 정도이다. 이 3촌의 토친석의 변을 금변이라 한다.

2. 계타석(階條石)

계타석(階條石)은 압난석(壓闌石)라 한다. 압란석은 송식(宋式) 명칭으로, "길이 3척, 넓이 2척 두께 6촌"이라는 규정이 있다.

3. 연와석(硯窩石)

계단 답타(踏跺) 중 맨 마지막, 지면과 닿는 부분을 연와석(硯窩石)이라 한다. 연와석은 지면보다 대략 1~2촌(寸) 정도 높아 토친석(土襯石)과 평행하다.

4. 회수(回水)

4면이 회랑을 가지고 있는 건축 중에 처마의 길이가 4/5 정도 나온 길이 즉, 첨(檐, 서까래) 끝 부분에서 대기(台基, 기단)쪽으로 1/5 정도 되는 길이의 바닥면을 회수(回水)라 부른다.

5. 답타(踏跺)

답타(踏跺)는 계단에 설치되는 하나하나의 계석(階石, 계단석)으로 사람이 발을 디디는 부분을 가리키며, 답도(踏道)라고도 부른다.

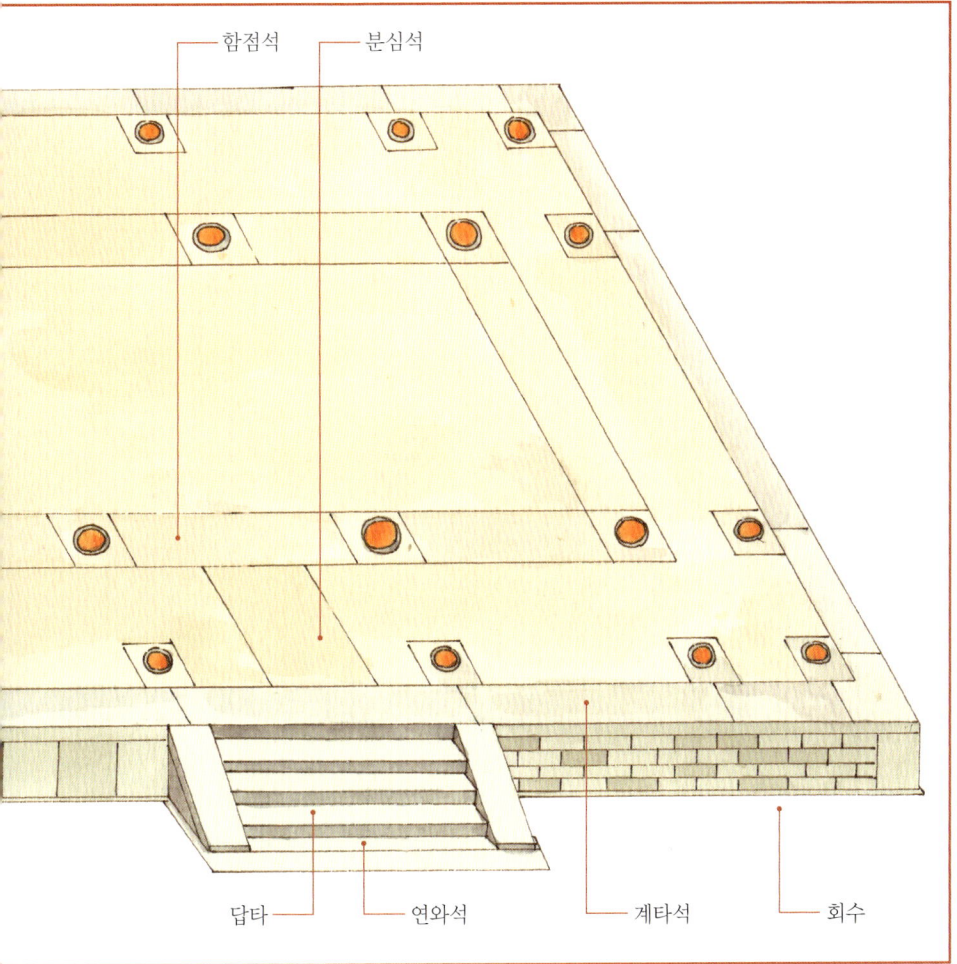

6. 함점석(檻墊石)

문함(門檻) 하부에 까는 돌을 가리켜 함점석(檻墊石)이라 한다. 문함이 깔림에도 불구하고 함점석 표면과 대기(台基, 기단) 바닥 면의 높이 차이가 없다. 건물의 횡 방향과 같이 가로로 놓인다.

7. 분심석(分心石)

대형건축이나 예의건축(禮儀建築, 위계 및 등급이 높은 종교 및 제사건축)을 나타내는 건물 중, 평면 정 중앙 부분의 계타석(階條石)과 함점석(檻墊石) 사이의 돌을 가리키며, 세로방향으로 설치한다.

좌우계 左右階

궁전, 묘우(廟宇), 고급주택 등 주요 전당(殿堂)의 앞쪽 계단은 좌, 중, 우 3개의 열로 되어 있다. 중간계단은 사람이 왕래하지 못하며 윗면에 조각 장식했다. 사람이 지나다닐 수 있는 양 측면의 계단을 좌우계(左右階)라 하며, 우 측변을 우계(右階), 좌 측변을 좌계(左階)라 한다. 주대(周代)에 다음과 같은 좌우계 사용에 관한 규정이 있다. "좌계는 주인이 다니는 길이며 우계는 손님이 다니는 길이다." 이런 제도는 한대(漢代) 시기에 유행했으며 송대 이후에 점차 사라졌다.

좌우계

각석 角石

각석(角石)은 송식(宋式)의 대기(台基, 기단)에 사용되던 부재로 각주석(角柱石) 위, 압란석(壓闌石) 아래에 위치해 있으며, 각주석보다 큰 정방형 석재이다. 각석 위에는 용, 봉황, 사자 등의 조각이 있다. 그러나, 청대의 대기(台基)에는 이런 유형의 부재가 없다.

각석

두판석 斗板石

두판석(斗板石)은 대기(台基, 기단)의 토친석(土襯石) 위, 계조석(階條石) 아래에 위치하며, 좌우 각주(角柱) 사이에 평평하게 쌓아 올린 석재이다. 두판석(斗板石)은 일반적으로 석재를 쌓아 얻어진 명칭이다. 만약 사용 가능한 석재가 없을 경우 전돌로 대신하기도 하여 두판석(陡板石)이라고도 한다.

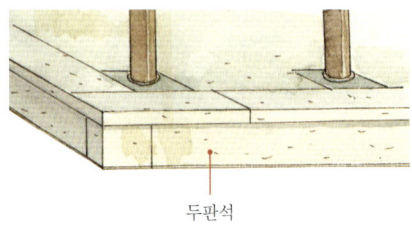

두판석

토친석 土襯石

토친석(土襯石)은 대기(台基, 기단) 중 노출되어 평평하게 깔린 석판을 가리킨다. 석판의 표면은 대략 지면보다 1-2촌(寸) 가량 높으며, 이런 석판을 토친석이라 한다. 또한 대기(台基)와 지면 사이에 덧댄 석판을 가리키기도 한다.

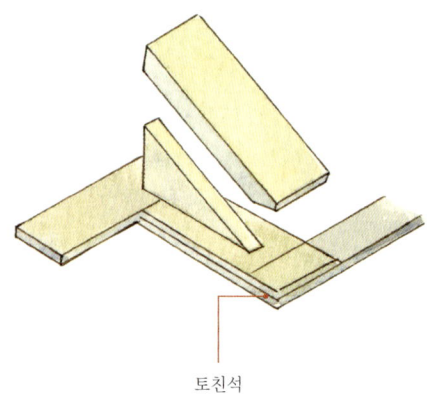

토친석

각주석 角柱石

각주석(角柱石)은 대기(台基, 기단)의 각 모서리에 있는 석재를 말한다. 송『영조법식(營造法式)』의 따르면 "각주의 제작방법은 그 각주석의 높이로 계(階)의 높이를 알 수 있고, 각 세로가 1척이면 가로는 4촌이 되고 높이를 늘릴 경우, 가로변을 1척 6촌까지 늘릴 수 있다. 그 석재 상부와 각석이 연결되는 부분이 꼭 맞아 떨어져 각석과 평행을 이룬다."고 한다. 각주석(角柱石)의 치수와 비례를 명확하게 나타내고 각석 아래에 위치해 있음을 설명하고 있다. 청대에는 대기의 높이가 낮아져서 각주가 계주석 바로 아래에 위치하여 각석(角石)이 불필요하게 되었다.

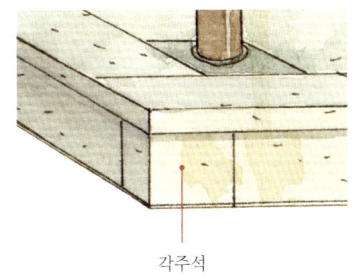

각주석

계조석 階條石

계조석은 대기(台基, 기단)의 4변에 접해 평행하게 깔려 있는 부재로 대부분 장방형이며 형태를 보고 취한 이름이다. 대기의 가장자리 표면을 누르는 듯한 모습의 부재이기 때문에 압면석(壓面石)이라고도 한다.

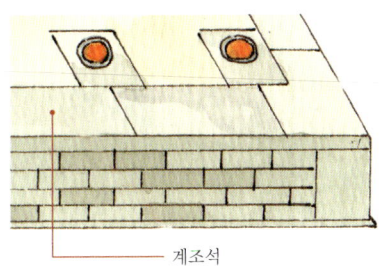

계조석

수대석 垂帶石

수대석(垂帶石)은 수대(垂帶)라고도 불리며, 송대 명칭은 부자(副子)이다. 대기답타(台階踏跺) 양측에 연결되어 계단 경사도에 따라 설치된 부재로서 대부분 일정한 규격을 가지며 표면이 매끄러운 장방형의 석판을 쌓아 구성한다.

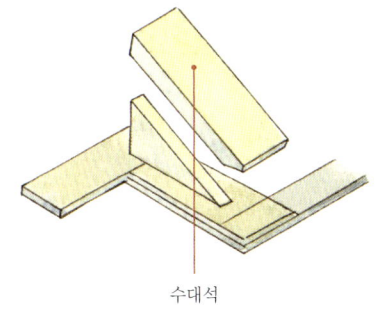

수대석

상안 象眼

상안(象眼)은 계단 측면에 있는 삼각형의 부분을 가리킨다. 송대의 상안은 층층이 안으로 오목한 형식이다. 송(宋)『영조법식(營造法式)』에 따르면 "상안의 오목한 부분은 3층이며, 각층의 오목한 부분은 반촌(寸)에서 1촌(寸) 사이이다." 청대의 상안은 대부분 경사진 형식이며 표면이 평평히 하거나 조각 및 상감도안 장식을 했다. 이외에 청식(淸式) 상안에서 다층 첩삽(疊澁)형식은 송대의 영향을 받은 것이며 계단 이외에 건축에서 직삼각형 부분을 상안이라고도 한다.

* **첩삽(疊澁)**
첩삽은 고대의 전석(磚石) 구조를 결구하는 기법이다. 전돌, 돌, 나무 등을 이용하여 겹겹이 쌓아 밖이나, 혹은 안으로 들어가게 하는 것으로 밖으로 돌출 시에는 상층의 중량을 받을 수 있게 하는 방법이다.

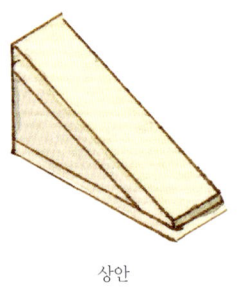

상안

여의 금강주자 如意金剛柱子

수미좌 금강주자의 일종으로 기둥 상하 양단에 여의류(如意類)의 장식을 한 것이다.

여의 금강주자

수미좌 須彌座

수미좌(須彌座)는 원래 인도에서 전해져 온 불교 조각상의 저좌(底座, 대좌)이다. 수미(須彌)는 불교 상에서 세상의 중심인 수미산(須彌山)을 가리키며, 불교 조각상의 저좌는 부처의 위대한 수미산을 나타낸다. 수미좌가 중국으로 전래된 이후 비교적 등급이 높은 건축인 궁전, 사묘(廟宇) 등의 대전에 사용하였다. 수미좌는 규각(圭角), 하효(下枭), 속요(束腰), 상효(上枭), 상방(上枋) 등으로 구성된다.

마제주자 馬蹄柱子

마제주자(馬蹄柱子)는 수미좌의 속요 모서리 처리 방식의 일종으로 마노주자(馬瑙柱子)라고도 한다. 이 방식의 특징은 먼저 상하를 3단으로 분리하여 3단 사이에 구슬모양의 연결띠로 장식한 것이다. 상하 양쪽 장식을 보고 이름 지어진 것이다.

수미좌

마제주자

금강주자 金剛柱子

수미좌의 속요(束腰) 모서리부분을 둥글게 마모시키거나 특별한 경우 장식을 첨가하여 만들기도 한다. 이 중 각주석(角柱石)을 사용하여 처리한 것을 금강주자(金剛柱子)라고 한다.

금강주자

마노주자 瑪瑙柱子

마노주자(瑪瑙柱子)는 마제주자(馬蹄柱子)의 별칭이다.

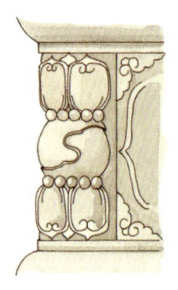

마노주자

궁전건축의 수미좌 宮殿建築的須彌座

궁전건축 하부의 수미좌는 대부분 한백옥석(漢白玉石)을 쌓아 구성했다. 높이가 크고 희며 모양이 웅장하다. 북경 고궁 3대전의 수미좌 역시 한백옥석이며, 황와홍장(黃瓦紅牆, 황색 기와와 붉은 담)으로 처리하여 특별히 강렬하고 웅장하게 보인다. 고궁 3대전의 수미좌는 조각이 비교적 적다. 속요의 완화결대문(椀花結帶紋) 이외에 하효(下梟), 상효(上梟), 상방(上枋), 하방(下枋)은 조각이 거의 없어 간결하고 소박하다. 3대전 이외 다른 건축의 수미좌 장식도 비교적 화려하다.

는 속요(束腰) 및 그 내부에 모두 연화판(蓮花瓣)으로 조각되어 있다. 대부분 속요에서 시작하여 위아래에 걸쳐 앙부판(仰俯瓣) 형식으로 불교조각상 기좌에 사용하였다.

속요대 조각의 수미좌 束腰帶雕刻的須彌座

수미좌(須彌座)마다 각기 독특한 조각을 가지고 있으며 조각의 수량 및 모양이 각양각색이다. 조각이 적은 수미좌는 속요(束腰) 이외의 다른 부분에는 조각을 하지 않았다.

속요대 조각의 수미좌

궁전건축의 수미좌

연화 수미좌 蓮花須彌座

연화 수미좌(蓮花須彌座)는 연화문을 수미좌에 조각한 것으로 연화형태가 매우 특이하다. 연화는 주로 하효(下梟), 상효(上梟)에 조각되어 있으며, 궁전건축이나 불교조각상의 기좌(基座, 받침)에 쓰인다. 특별한 연화 수미좌

속요부분의 완화결대 束腰處的碗花結帶

수미좌(須彌座) 속요부분에 완화결대문(椀花結帶紋)이 종종 조각된다. 완화결대문은 화초(花草)가 양끝에서 말려 들어와 교차되어 마치 댕기나 술모양(가마, 기(旗), 끈, 띠, 책상보, 옷 따위에 장식으로 다는 여러 가닥의 실)을 구성하는 문양이다. 선모양이 부드럽고 기품이 있으며 장식성이 매우 강해 보인다.

연화 수미좌

속요부분의 완화결대

속요 및 상하방대조각의 수미좌
束腰和上下枋帶雕刻的須彌座

조각이 있는 수미좌(須彌座) 중에서 비교적 복잡한 수법은 속요(束腰)와 상방(上枋), 또는 속요나 상방, 하방(下枋)에 각각 구별하여 조각을 한다.

리(碑額)부분, 전각기둥과 계단에 소조하거나 이수형의 화문(花紋)을 소조하거나 조각하여 장식 하였다. 건축 하부의 대기(台基, 기단) 바깥부분, 즉 난간 아래쪽에 설치한다.

속요 및 상하방대조각의 수미좌

대기 위 이수

전면을 조각 장식한 수미좌
全面雕飾的須彌座

조각이 있는 수미좌(須彌座) 중 속요(束腰)에 조각이 있거나, 속요 및 상방(上枋), 하방(下枋) 3곳 모두에 조각이 있는 형식 이외에 수미좌 전체에 조각이 있는 형식도 있다. 속요, 하효(下梟), 상효(上梟), 상방, 하방에 조각이 있으며, 수미좌 조각 중 매우 복잡한 형식으로 장식성과 예술성이 뛰어나다.

전체를 조각 장식한 수미좌

대기위 이수 台基上的螭首

이(螭)는 전설 속에서 뿔이 있는 용을 나타낸다. 이수(螭首)는 용머리이며 고대의 비석머

고궁 3대전 대기 이수
故宮三大殿台基上的螭首

북경 고궁 외조(外朝) 3대전의 한백옥(漢白玉) 대기(台基, 기단) 외부 즉, 수미좌와 난간 사이의 각석(角石)에 돌출 조각된 짐승머리를 이수(螭首)라 한다. 전반적인 이수의 모습은 입체적이며, 위엄이 있으며 입이 벌어져 윗입술이 높게 들려져 있다. 눈 부분은 깊게 들어가 있으나 눈동자 및 이마는 튀어나와 있고, 머리 위에 두 개의 뿔이 있다. 용비늘 및 수염이 뚜렷하게 보이며 선의 윤곽이 부드럽고 힘이 있어 강인해 보이는 동시에 익살스러워 보이기도 한다.

3대전 수미좌의 망주(望柱) 아랫 부분에는 모두 이수(螭首)가 있으며, 3대전의 3층으로 구성된 대기에 1000여 개의 이수가 있다. 수많은 이수 중 대기 모서리의 이수는 다른 측면의 이수보다 크고 특별해 보인다. 이 부분의 이수는 장식적인 기능 이외에 비가 왔을때 대기 위의 빗물을 배출하는 역할을 한다.

고궁 3대전 대기 이수

특이한 백석(白石) 이수는 한백옥(漢白玉), 망주난간(望柱欄杆) 및 수미좌와 잘 어울린다.

흠안전 대기 이수

천단 기년전 대기 이수
天壇祈年殿台基上的螭首

이수(螭首)는 용두(龍頭)라고도 하며, 일반적으로 모두 용머리 형태이다. 그러나 북경 천단(天壇) 기년전(祈年殿) 대기(台基, 기단)은 3층으로 구성되어 있으며, 각층의 이수는 상층의 용, 중층은 봉황, 하층은 구름의 형태를 이루고 있다.

천단 기년전 대기 이수

흠안전 대기 이수 欽安殿台基上的螭首

외조(外朝)의 3대전 이외에 내정 3궁, 어화원(御花園) 흠안전(欽安殿) 등의 대기(台基, 기단)에는 특이한 이수들이 조각되어 있다. 형세가 외조의 이수에 비교할 수는 없지만 우천 시에는 폭포수와 같은 아름다운 경관을 자아낸다. 흠안전 대기의

제 4 장

주(柱, 기둥)

주(柱/柱子, 기둥)는 건축물 상부의 무게를 받치는 대를 지칭한다. 기둥은 대부분의 건축 구조체처럼 종류가 다양하고 체계적인 발전 과정이 있었다.

위치에 따라 분류하면 첨주(檐柱, 처마 기둥), 금주(金柱, 내부 기둥), 중주(中柱), 동주(童柱), 과주(瓜柱), 각주(角柱), 낭주(廊柱) 등이 있고, 단면 형태에 따라 분류하면 원주(圓柱), 방주(方柱), 육각주(六角柱), 팔각주(八角柱) 등이 있다. 또한, 재료에 따라 분류하면 목주(木柱, 나무기둥), 석주(石柱, 돌기둥)등이 있으며, 장식에 따라 분류하면 조룡주(雕龍柱, 용조각 기둥), 유칠주(油漆柱, 칠을 입힌 기둥), 소면무장주(素面無裝柱, 장식이 없는 기둥) 및 기둥 한 개를 단독으로 세운 경우와 기둥 두 개를 바짝 붙여 세운 것 등이 있다.

기둥은 여러 시기별로 끊임없이 발전해 왔다. 방주(方柱, 사각 기둥)는 진대(秦代)에 출현하였으며, 한대에 이르러 팔각형주(八角形柱), 속죽식주(束竹式柱), 인상주(人像柱) 등이 추가로 사용되었다. 당대(唐代) 중기 이후 드물게 방주(方柱)를 사용하였고, 송대에는 원주(圓柱)와 팔각주(八角柱)가 주류를 이루었다. 또한 많은 종류의 기둥들이 역할과 위치는 같지만 시대별로 다른 이름을 가지고 있었다. 과주(瓜柱)의 경우 송대에는 촉주(蜀柱), 주유주(侏儒柱)였으며, 명대(明代) 이후에는 과주(瓜柱)라고 불렀다.

주초 柱礎

건축물의 나무기둥을 받치는 받침돌을 주초(柱礎, 초석) 혹은 주정석(柱頂石)이라 한다. 주초의 주기능은 상부에 무게를 전달하여 중량을 견디게 하고 지면의 습기로 인한 나무기둥의 부식을 방지하는데 있다. 주초는 지하에 감춰진 부분과 지면에 돌출된 부분으로 나뉜다. 일반적으로 주초는 지상부분에 돌출된 것을 나타낸다. 이른 시기에는 고경(古鏡), 복분(覆盆) 등으로 가공 형식을 취했으며 상부에 조각을 한 경우와 단순하게 처리한 것도 있었다. 끊임없는 발전을 통해 동물문(動物紋), 연화문(蓮花紋), 용문(龍紋), 봉문(鳳紋), 어문(魚紋), 수문(水紋), 기타 화초문(花草紋) 등으로 다양한 형식과 조각이 나타났다. 다양한 화문(花紋)장식 외에 일부 조각장식이 없는 경우도 있다.

주초

주초 양식 柱礎式樣

주초(柱礎, 초석)는 시대 및 나라별로 각각의 특징을 가지고 있어 각 시대를 특징짓는 건축구조물로 여겨진다. 은상대(殷商代)에는 대부분 자연석이였으며 한대(漢代)에 이르러 원형(圓形), 복두형(覆頭型) 및 부분적으로 동물문(動物紋)이 나타났다. 불교가 성행한 남북조(南北朝)에는 연화판형(蓮花瓣型), 당송(唐宋) 시기에는 대부분 복분식(覆盆式)이고, 화양(花樣, 꽃문양)이 조각된 것이 많았다. 원대(元代)에는 소작(素作, 무늬가 없는 것) 초석이 많았다. 명청 시대 북방건축의 관식주초(官式柱礎)로는 고경식(鼓鏡式)이 많았으며 다양한 형식이 함께 존재했다. 남방지역은 비가 많고 습도가 높아 초석 대부분은 비교적 높은 고장석돈(鼓狀石墩)을 사용하였으며 이것을 고등(鼓蹬)이라고 했다.

지면에 노출되었으며, 평면형이 원형이거나 방형인 것으로 기둥과 맞물리는 4면을 매우 촘촘하게 가공한 것이다. 명대 이후 북방건축의 주초는 대부분 이 형식을 사용했다.

고등 鼓蹬

주초(柱礎, 초석)의 상단이 북 모양의 석돈인 것으로 곡선형(弧形)으로 된 측면에 화초문(花草紋)을 얇게 조각한 고형 석돈을 가리켜 고등(鼓蹬)이라 하며, 기후가 습한 지역의 건축에서 나타난다. 고등(鼓蹬) 상부가 지면에 돌출된 부분의 높이는 일반적으로 기둥 직경의 7/10 정도이며, 어떤 경우는 기둥 직경과 맞먹는다. 간혹 기둥 직경에 1.5배인 경우도 있다.

주초 양식

고경 鼓鏡

고경(鼓鏡)은 고경(古鏡)이라고도 불린다. 주초(柱礎, 초석) 상부의 볼록 튀어나온 부분이

복분 覆盆

고등(鼓蹬)과 같은 뜻이며, 주초(柱礎, 초석)의 발전된 형식 중에 하나로 당송대(唐宋代)

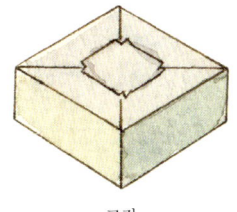

고경

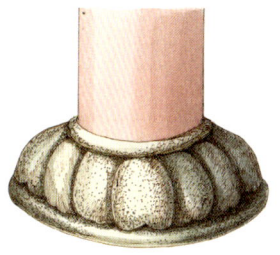

복분

에 많이 보인다. 주초의 상부를 바늘땀처럼 선모양으로 촘촘히 가공하여 윗부분이 넓고 밑부분이 좁은 형태로 마치 그릇을 뒤집어 놓은 모양이다.

소복분 素覆盆

장식이 없는 복분(覆盆) 주초를 가리킨다.

소복분

연판주초 蓮瓣柱礎

주초(柱礎, 초석) 표면에 연화판(蓮花瓣)을 장식한 것으로 주초형식들 중에서 매우 아름답다. 앙연형식(仰蓮形式)과 앙부형식(仰俯形式)이 있으며 앙연형식이 더 많다. 연판(蓮瓣, 연 꽃잎)이 가득하고 조각이 세밀하지만 전당(殿堂) 건축의 수미좌(須彌座)에 새긴 연판보다는 조각의 예술성이 떨어진다.

연판주초

운봉주초 云鳳柱礎

주초(柱礎, 초석) 표면에 봉황이 날개 짓 하여 구름이 흩어지는 듯한 모습을 새겨 매우 고아한 기풍을 나타낸다. 봉황을 조각한 주초 대부분은 지방(地方) 수법에서 쓰며, 관식(官式) 수법에서는 쓰이지 않는다.

운봉주초

합연권초의 중층주초 合蓮卷草重層柱礎

합연(合蓮)은 부연(俯蓮, 연꽃이 아래로 느려 뜨린 것)을 가리키는 것으로 연화판(蓮花瓣, 연 꽃잎)은 아래로 향해 있다. 권초(卷草)는 덩굴풀의 아름답고 부드러운 선을 지칭하며 중국 고대건축 조각에 자주 보인다. 합연권초 중층주초(合蓮卷草重層柱礎)는 2층으로 조각 되어 있으며 상층에는 합연화판(合蓮花瓣), 하층에는 권초문(卷草紋)이 아름답게 조각되어 있어 장식성과 예술성이 돋보인다.

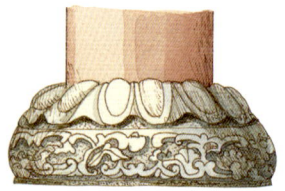

합연권초의 중층주초

각사주초 刻獅柱礎

사자(獅子)는 중국 고대 건축 중 자주 보이는 모양으로 궁전 앞, 능묘, 주택 내부, 다리 난간의 망주(望柱) 등에서 각기 다른 사자의 모습을 볼 수 있다. 주초(柱礎, 초석)에 조각된 사자의 형태는 많지 않지만 일정한 수로 정해져 있다. 주초 대부분은 부조수법을 쓴다. 그리고 일부 입체적 수법으로 완전한 모양을 갖춘 사자를 조각하여 기둥 4면에서 사자의 형태를 볼 수 있게 한다.

각사주초

여의형 주초 如意形柱礎

주초(柱礎, 초석) 평면이 여의(如意) 형태로 만들어진 것으로 길상의 의미를 나타내며 그 예가 많지 않다. 표면에 조각하거나 하지 않는 경우도 있으며, 조각을 하지 않아도 형태 및 선이 매끄럽고 시원하여 예술성이 돋보인다.

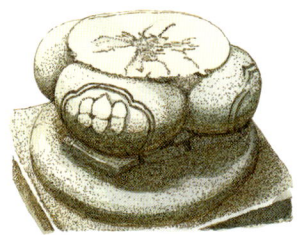

여의형 주초

다층 연판주초 多層蓮瓣柱礎

주초(柱礎, 초석) 조각 도안에는 연화판(蓮花瓣)이 많거나 앙연(仰蓮) 및 부연(俯蓮)이 있고 단층 연(蓮) 및 다층 연(蓮)인 경우도 있다. 다층 연판주초(蓮瓣柱礎)는 주초 표면 조각에 다층으로 연화판을 조각한 것으로 기능성과 예술성 및 장식성이 풍부하다. 이런 장식조각 주초가 단층앙(單層仰) 및 부연(俯蓮) 형식보다 적게 보이는 것은 공예 기법이 복잡하기 때문이다. 또한 주초의 기능성이 중요하기 때문에 다층 연판 형식을 조각하더라도 그 견고성을 중시하여, 조합된 연판의 하층 면적은 넓게하고 상층 면적은 좁게 한다.

다층 연판주초

부조 화초주초 浮雕花草柱礎

주초(柱礎, 초석)는 조각의 유무와 형태를 다르게 조각하는 등 종류가 다양하다. 부조(浮雕) 화초주초(花草柱礎)는 주초 표면에 화초 문양(花草紋樣)을 조각한 것이다. 형태는 일정한 형식이 없어 방(方), 원(圓), 육각(六角), 팔각(八角) 등을 쓸 수 있다.

부조 화초주초

과릉문 주초 瓜楞紋柱礎

주초(柱礎, 초석) 표면에 과릉문(瓜楞紋, 박과 식물의 통칭)을 조각한 것으로 동시에, 주초의 평면 형태에도 영향을 준 형식이다. 일부 과릉문 주초는 표면에 과릉문으로 장식 했기 때문에 다른 화문 도안을 조각하지 않았고, 일부 또 다른 과릉문 초석 표면에는 다른 문양을 조각 장식하여 주초의 아름다움을 더 나타냈다.

과릉문 주초

원조 인물주초 圓雕人物柱礎

비교적 복잡한 주초(柱礎, 초석) 형식으로 주초 표면에 인물상을 입체적으로 표현하여 장식성을 나타내고 있다. 때로는 주초 중단 부분을 요대(束腰, 허리띠) 형식처럼 오목하게 만들어, 마치 수미좌(須彌座) 형식을 취해 요대 부분에 인물상을 조각하여 상방(上枋) 부분이 손이나 머리로 받치는 모양을 하고 있다. 이런 조각 방식은 매우 아름다우나 중단 부분을 가늘게 하여 상부 부분을 떠받치는 기능을 약하게 하는 단점이 있다.

원조 인물주초

화병식 주초 花瓶式柱礎

형태가 꽃병으로 조각된 주초(柱礎, 초석)를 화병식 주초(花瓶式柱礎)라고 한다. 윤곽이 매끄럽고 자연스러워 전형적인 꽃병처럼 보인다. 표면에 조각을 한 것과 하지 않은 것이 있다.

화병식 주초

제형주초 梯形柱礎

입면이 사다리꼴 혹은 계단식으로 된 주초로 윗부분이 좁고 아랫부분이 넓은 것을 제형주초(梯形柱礎)라고 한다. 비교적 견고하여 기둥 하중의 부담이 많은 건축에 적합하다. 때로는 외관을 아름답게 하기 위해 표면에 장식을 하기도 한다.

제형주초

연반주초 聯辦柱礎

연반주초는 두 개의 주초(柱礎, 초석)를 연결하여 하나의 석괴로 보이게 만든 것이다. 궁전 건축에서는 연반주초(聯辦柱礎)를 자주 사용하며, 주초와 개조석(階條石)을 한 개의 석괴로 만들어 사용한 경우도 있다. 대부분 연랑주(連廊柱) 밑에 사용한다.

제4장 주

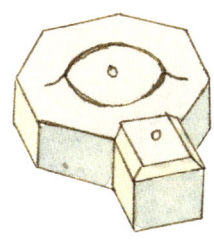

연반주초

첨주 檐柱

건축물의 외부 처마 서까래를 받치고 있는 기둥을 첨주(檐柱) 또는 외주(外柱)라고도 한다. 첨주는 건축물 앞면과 뒷면의 처마 서까래 밑에 모두 있다.

도 있다. 대형 건축물에서는 대부분 여러 열의 금주(金柱)가 있고, 일반적으로 전후 각각 2열로 되어 있다. 앞뒤와 상관이 없이 그 중 평주와 가까운 것을 외금주(外金柱), 비교적 먼 것을 이금주(里金柱)라 한다. 또는 4열의 금주가 있는 건축 중에서 실내 전반부 2열의 금주 중 앞쪽을 외금주(外金柱) 뒤쪽 열을 이금주(里金柱)라 하며, 실내 후반부 2열 금주 중 앞쪽을 이금주(里金柱), 뒤쪽을 외금주(外金柱)라고도 한다. 중국 고대건축물에서 한 개의 건물 안에 4개 열의 금주를 초과하는 건물은 없다. 현존하는 북경 고궁 태화전도 이 경우를 넘지 않는다.

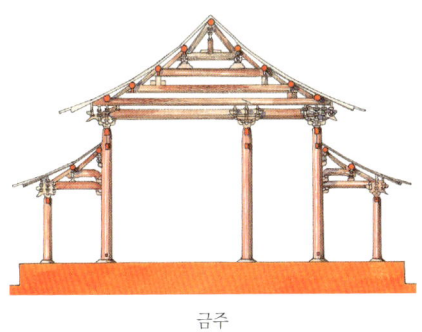

금주

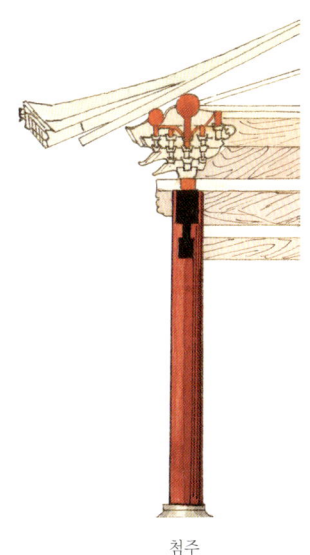

첨주

이금주 里金柱

규모가 큰 건축물은 종종 여러 열의 내부 기둥을 사용하였다. 평주와 먼 거리에 있는 금주(金柱)를 이금주(里金柱)라 한다.

금주 金柱

건축물의 평주 안쪽, 즉 건축물의 축선 상에 있는 기둥 외의 기타 다른 기둥을 모두 금주(金柱,내부 기둥)라 한다. 일반적인 소형 건축물의 경우 금주(金柱)가 있거나 없는 경우

이금주

외금주 外金柱

외금주(外金柱)는 건축물 중 여러 개의 금주(金柱)가 배열된 모습에서 나타난 명칭으로 이금주(里金柱)의 상대적인 말이다. 여러 개의 금주열 중 이금주 이외의 것을 외금주라 하며, 혹은 평주와 가깝게 위치한 금주를 외금주라 한다.

외금주

중첨금주 重檐金柱

중첨정(重檐頂, 이중 처마)을 가진 건축물의 금주 중 윗부분의 서까래를 받치고 있는 기둥을 중첨금주(重檐金柱)라고 한다.

중첨금주

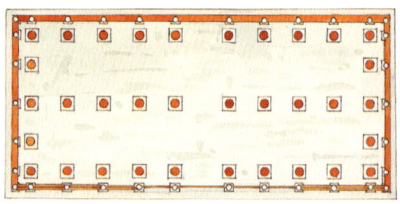

중주

뇌공주 雷公柱

무전정(無殿頂, 우진각 지붕)과 찬첨정(攢尖頂, 모임 지붕)에 쓰이는 비교적 작은 기둥 형태이다. 뇌공주(雷公柱)는 무전정 산면(山面)의 돌출된 척름(脊檁, 종도리)을 받치며, 태평량(太平梁) 상부에 위치한다. 찬첨정(攢尖頂, 모임 지붕)에서는 보정(寶頂) 밑에서 바로 걸려 있어 지지대 역할을 한다. 뇌공주 하부의 머리는 보통 늘어뜨린 연꽃 모양으로 만들어 진다. 대형 찬첨정(攢尖頂, 모임 지붕)은 일반적으로 뇌공주 하부에 태평량이 설치되며, 유창(由戧)의 하중 부담을 감소시키는 역할을 한다.

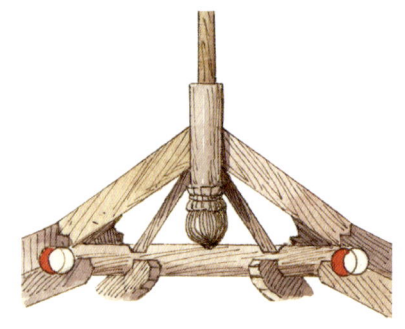

뇌공주

중주 中柱

중주(中柱)의 위치는 건축물 축선에서 지붕의 지붕마루에 있으며, 산장(山牆) 내부에는 없는 기둥이다.

산주 山柱

위치는 산장(山牆)에 있으며, 산장에서 외부로 드러나 있지 않는 경우가 많은 기둥을 산주(山柱)라 한다.

각주 角柱

산장(山牆)의 양쪽 끝, 건축물 외부 모서리 기둥을 가리켜 각주(角柱)라 한다.

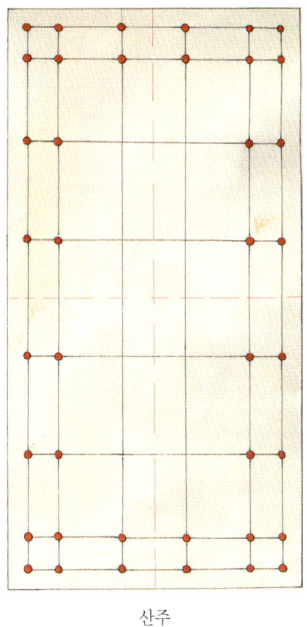

산주

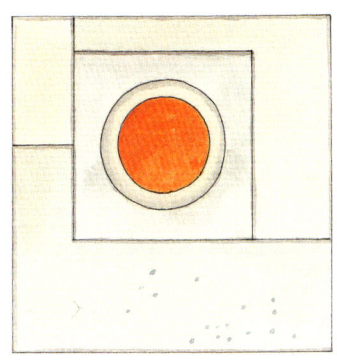

각주

동주 童柱

동주(童柱)는 하부가 지면에 닿지 않는 짧은 기둥이다. 밑부분은 직접 양(梁)이나 방(枋) 위에 세워져 있으며, 첨주(檐柱, 처마 기둥)나 금주(金柱, 내부 기둥)의 기능과 같다.

과주 瓜柱

과주(瓜柱)는 비교적 짧은 기둥이다. 내부 가구(架構)에서 양(梁)과 양(梁)사이 혹은 름(檁)과 름 사이에 위치하는 기둥으로 형태가 작기 때문에 송대(宋代)에는 주유주(侏儒柱)나 독주(蜀柱)로 불렀다.

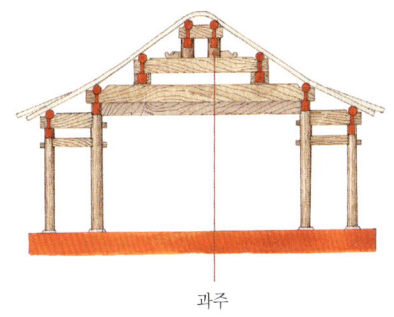

과주

촉주 蜀柱

촉주(蜀柱)는 과주(瓜柱)라 하며 송식(宋式) 건축에서 쓰이는 명칭이다.

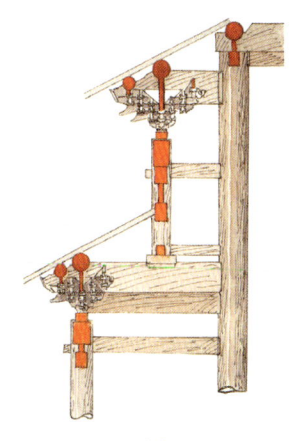

동주

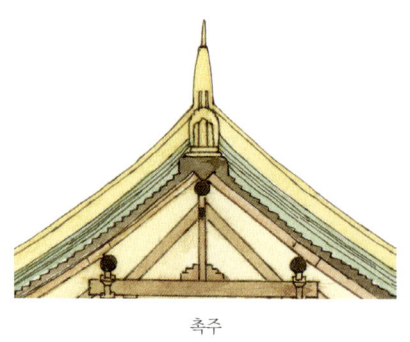

촉주

연랑주 連廊柱

연랑주(連廊柱)는 낭주(廊柱)의 일종이다. 복도를 가지고 있는 건축물 중 복도의 기둥머리가 유랑(游廊) 쪽에 연결된 곳의 낭주를 연랑주라 한다.

연랑주

금과주 金瓜柱

과주(瓜柱)의 일종으로 금름(金檁, 중도리) 하부의 과주(瓜柱)를 가리킨다.

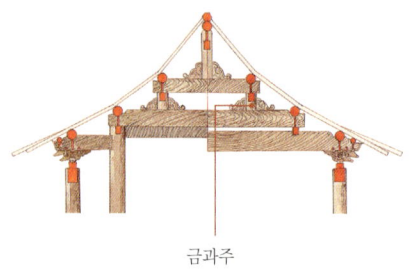

금과주

부계주 副階柱

부계주(副階柱) 역시 낭주(廊柱)로 불린다. 송식 명칭은 부랑주(副廊柱)이다.

부계주

척과주 脊瓜柱

과주(瓜柱)의 일종으로 척름(脊檁, 종도리) 바로 밑의 과주(瓜柱)를 가리킨다

낭주 廊柱

낭주(廊柱)는 낭첨(廊檐, 회랑 쪽 서까래)을 받치는 기둥이다. 낭주는 단독 건축의 유랑(游廊)이나 건물 주위의 회랑(回廊)에 위치한 모든 기둥을 포함한다. 그러나, 일반적으로 낭주는 건물 주위의 회랑 혹은 앞뒤 랑(廊)에 있는 기둥을 가리킨다. 중국 고대의 수많은 건물 즉, 황가(皇家) 궁전에서부터 일반주택에 이르기까지 모든 건축물의 몸체 외부에 회랑 혹은 앞뒤 주랑(走廊)을 설치 했으며, 이런 낭자(廊子)의 서까래를 받치는 기둥을 낭주(廊柱)라고 했다.

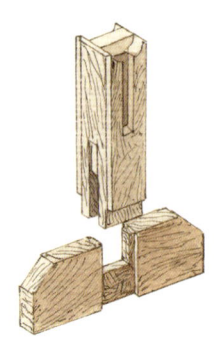

척과주

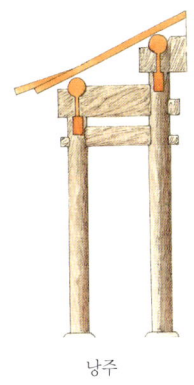

낭주

통주 通柱

건축물에서 지면에서 지붕까지 연결된 기둥을 통주(通柱)라 한다.

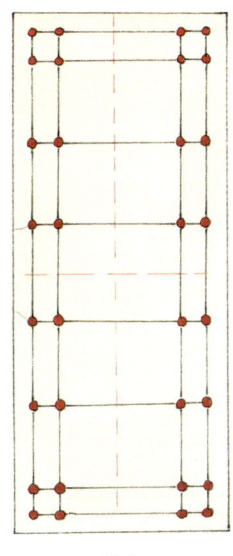

평주

두접주 頭接柱

두접주(頭接柱)는 본래 한 통으로 된 목재가 아닌 2단 혹은 3단의 나무 재료를 하나로 연결한 기둥을 가리키며, 연결부위는 암순(暗榫, 목구조 부재를 서로 연결하는 촉 혹은 나무조각)으로 잇는다. 일반적으로 긴 목재가 요구될 때나 현장에서 긴 목재가 없을 경우에 대부분 두접주를 사용한다.

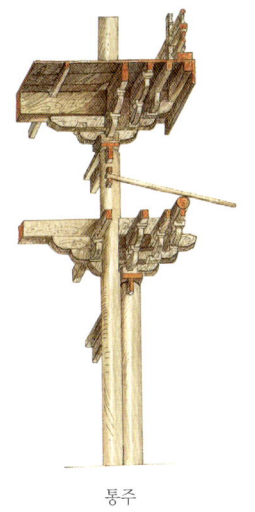

통주

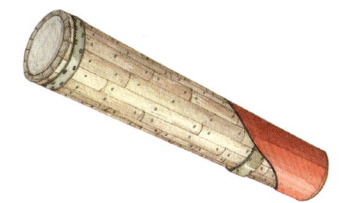

두접주

평주 平柱

건축물 중 명간(明間, 어칸) 좌우의 첨주(檐柱)를 평주라 한다. 송식(宋式) 건축에서는 첨주(檐柱, 처마기둥) 중에 가장 짧은 기둥을 가리킨다.

모각주 抹角柱

모각(抹角)은 모서리의 각을 없애는 것을 말한다. 사각형 기둥의 모서리 부분을 잘라낸 것으로 방주(方柱)나 원주(圓柱)와는 다르며, 변화가 다양하다. 비교적 명청(明淸) 건축에 많이 보인다.

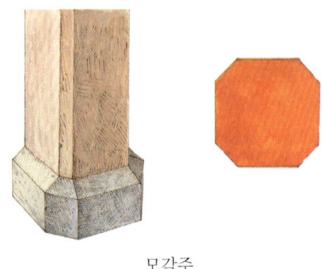

모각주

사주 梭柱

사주(梭柱)는 양끝이 가늘고 중간이 굵은 형태의 기둥을 말하며, 직물을 짤 때 쓰는 사(梭)와 비슷하여 유래된 말이다. 비교적 이른 시기의 기둥 채택 방식이며, 송대 이후에는 극히 드물게 보인다. 송(宋)『영조법식(營造法式)』의 규정에 따르면 "사주(梭柱)는 상중하로 나뉘며, 중단은 곧게, 상하단은 권쇄(梭殺)시켜 폭을 더 좁게 한다." 상단을 권쇄한 것을 상사주(上梭柱), 상하단 모두 권쇄한 것을 상하사(上下梭)라 한다.

사주

포양주 包鑲柱

기둥 중심에 큰 목재의 중심 기둥이 있고, 외부 4방향에는 비교적 작은 목재로 둘러싼 기둥을 포양주(包鑲柱)라 한다. 포양주 중심의 심주(心柱, 중심 기둥)는 비교적 크나 규모가 큰 건축물에서는 심주(心柱) 하나로는 튼튼하지 못하기 때문에 이런 방법을 썼으며, 청대(淸代)에 많이 보인다.

포양주

매화주 梅花柱

매화주(梅花柱)는 사각기둥의 네 모서리를 두 개의 매화판 형식으로 구분한 것으로 각각의 모서리를 안으로 오그라 들게 하는 것을 말한다. 이 기둥의 단면 형태가 매당화(梅棠花)와 유사하여 청대(淸代)에는 매당판(梅棠瓣)이라 불렀다.

매화주

와각주 訛角柱

와각주(訛角柱)는 매화주와 같은 형태이다. 명청(明淸) 시대에 사용한 기둥 형식 중 하나이다.

와각주

과릉주 瓜楞住

일반적인 원형기둥 외부를 다변형으로 만들어 박과식물 모양과 비슷한 기둥을 과릉주(瓜楞住)라 한다. 원기둥의 변형된 형식으로 일반적인 원기둥보다 아름답고 변화 많다.

과릉주

조용주 雕龍柱

조용주(雕龍柱)는 기둥을 휘감는 듯한 용을 조각한 것으로 대부분 부조수법을 이용하여 형태가 돋보인다. 그 중 가장 아름다운 것은 고부조 수법(高浮雕, 모양이나 형상을 나타낸 살이 매우 두껍게 드러나게 한 부조)으로 조각한 용주(龍柱)로 용의 문양은 입체감과 생동감이 있다. 대만의 녹항(鹿港) 용산사(龍山寺) 오문전(五門殿) 앞의 천번지복용주(天翻地覆龍柱)가 이에 해당된다.

조용주

감주조 減柱造

중국 초기 건축의 기둥 배열은 가로 세로가 모두 정연하였으며, 요대(947-1125년) 중엽 이후 감주조(減柱造) 방식이 출현했다. 감주조(減柱造)는 내부에 불필요한 기둥을 제거한 것으로 이는 그 중에 전금주(前金柱)나 후금주(后金柱)를 없앤 것 등 다양하고 구체적인 기법들이 존재한다. 감주조는 건축물의 안전성을 손상시키지 않는 선에서 실내 사용 공간의 확장을 증가시킨다. 감주조는 금원(金元) 시기(1115-1368년)에 보편적으로 사용 되었으며, 명청(明淸) 시대에는 빈도가 줄었다.

* 실제로 그 이전인 당오대(唐五代)에 작은 규모의 불전에서 이미 내부 기둥이 없어지는 감주조(減柱造)가 출현했었다. 여기서는 전감조나 후감조의 예를 설명하고 있다.

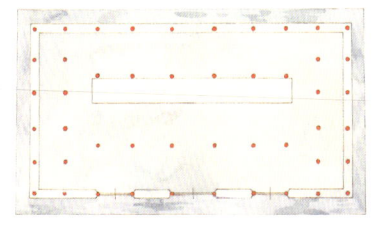

감주조

제 5 장

난간(欄杆)

난간(欄杆)은 원래 "난간(闌杆)"으로 쓰여졌다. 본래 나무로 엮은 차단막을 지칭했지만 이후 석재, 전돌, 유리(琉璃) 등 다양한 재료로 만들어진 난간으로 발전되었다.

난간은 이미 주대(周代)에 설치되었으며, 주대(周代) 명기(明器) 문식(紋飾, 기물에 그리거나 주조해낸 도안이나 무늬) 중에 남아있는 난간을 확인할 수 있다. 한대(漢代)에 이르러 난간의 사용은 매우 보편적이었으며, 동시에 심장(尋杖), 화반(華板), 망주(望柱), 지복(地栿) 등의 부재가 출현하였다. 남북조(南北朝) 시기에 이미 후세에 난간이라고 불리는 형태가 갖추어졌으며, 이후 끊임없는 발전을 통해 명청 시대에는 난간의 장식이 더욱 더 복잡하고 다양해졌다.

난간을 재료로 분류하는 것 외에도 구조에 따라 심장난간(尋杖欄杆), 화난간(花欄杆) 등의 형식으로 세분화 할 수 있다. 난간은 중국 고건축의 외부 장식 중 중요한 분류에 속하며 건축의 대기(台基, 기단), 주랑(走廊, 회랑), 지수변(池水邊, 물가 주변)에서는 모두 난간의 모습을 볼 수 있다. 심지어 청당(廳堂), 가옥(居室), 정(亭), 누(樓), 수사(水榭, 물가에 지은 정자) 등의 건축에서도 난간이 설치된다. 특히, 난간은 원림 중의 풍경이나 조경 등에서 중요시 되어 설치되었다.

난간은 최초에 차단물이었으며 점점 발전하고 변화되면서 다양한 양식과 아름다운 조각 등이 가미된 중요한 장식적 위치에 이르렀다. 원림에서의 난간은 경치를 차단하거나 연결시켜주는 작용을 하는 누창(漏窓)의 기능과 동시에 화장(花牆)의 모습도 지닌다.

심장 난간 尋杖欄杆

심장난간(尋杖欄杆)은 순장난간(巡杖欄杆)이라고도 하며, 비교적 흔히 볼 수 있는 난간형식이다. 심장(尋杖), 화반(華板), 망주(望柱), 지복(地栿) 등의 부재로 이루어졌으며, 맨 위층에 있는 심장(尋杖)으로 인해서 심장난간이라고 한다. 심장난간은 남북조 시대에 이미 기본적인 형태가 만들어졌다. 심장난간은 원래 나무재질로 만들어졌으나 후에 석제난간(石制欄杆)이 나타났으며, 재료는 변했으나 형태적으로는 심장난간을 모방한 것이다.

심장 난간

수대 난간 垂帶欄杆

수대난간(垂帶欄杆)의 명칭은 대계(台階, 계단)의 답수(踏跺) 양쪽 수대 위에 설치된 난간이기 때문에 이름 지어졌으며, 부재 역시 난간과 같이 끊임없는 발전과 변화를 보인다. 현재 흔히 볼 수 있는 수대난간 역시 심장(尋杖), 화반(華板), 망주(望柱) 등의 부재로 구성된다. 수대난간과 일반적인 난간의 차이점은 전체 형태가 수대(垂帶)와 같이 경사지게 있다는 것이며, 각각의 부재 역시 수대와 같이 평행 선상에 있다. 가장 아래쪽에 있는 망주(望柱) 앞에는 일반적으로 복고석(抱鼓石)이 설치된다.

수대 난간

직령난간 直棂欄杆

직령난간(直棂欄杆)의 조형은 비교적 간단하고 심장(尋杖)과 지복(地栿) 사이에는 화반(華板) 등의 부재가 없으며, 대체적으로 직립으로 된 나무로 설치한다. 만약, 직령난간의 높이가 높을 경우 심장(尋杖)의 기능인 손잡이나 팔걸이 등의 기능을 잃어버려 차단의 작용이 더욱 강해진다.

첨자난간 櫼子欄杆

직령이 윗쪽의 심장(尋杖)을 뚫고 지나가면 이러한 형태의 직령난간은 첨자난간(櫼子欄杆)이 된다. 따라서 첨자난간은 직령난간의 한 종류이며, 송대(宋代)에는 궤마차자(柜馬叉子)라 불렀다. 첨자난간의 직령 상부를 종종 날카롭게 깎아 화살형태로 만들어 건축물을 보호하는 기능을 더욱 높여준다.

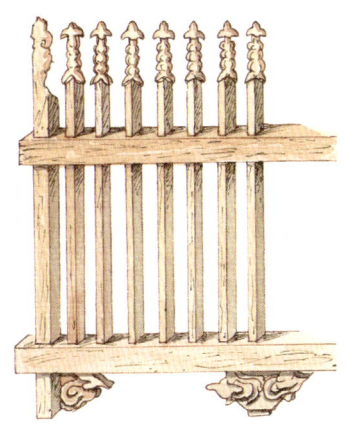

첨자난간

좌등 난간 坐凳欄杆

난간의 주요 기능은 차단과 단절 그리고, 장식이지만 일부 난간에 약간의 변화를 주어 새로운 기능을 만들어 낸다. 좌등난간(坐凳欄杆)이 이런 난간에 속한다. 좌등난간은 일반적으로 높이가 작은 난간으로 난간 상부에 평평한 목판을 설치하여 언뜻 보기에 등받이가 없는 의자를 만들어 낸다. 사람들이 여기에 앉아 휴식을 취할 수 있어서 좌등난간이라 한

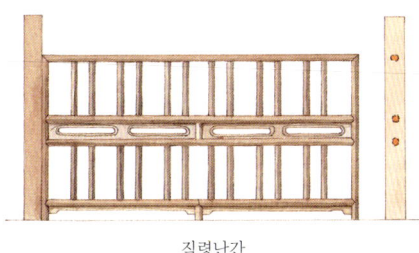

직령난간

다. 좌등난간에서 사람들이 앉아 휴식을 취할 수 있는 기능을 고려하여 대부분 원림에 많이 사용되었다. 그리고 감상하는 사람들이 여기에 앉아 휴식을 취하였으며, 이는 난간의 기능과 의자의 기능을 동시에 수행하여 매우 실용적인 역할을 하였다. 최초의 좌등난간은 주대(周代) 동기문식(銅器紋飾)에 나타나며 역사가 매우 오래된 난간이다.

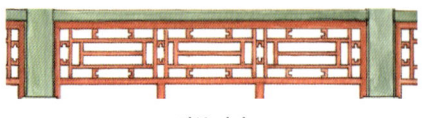

좌등 난간

고배 난간 靠背欄杆

고배난간을 "미인고(美人靠)" 또는 "오왕고(吳王靠)"라고도 하며, 좌등난간의 형식을 확장 시킨 난간이다. 이 난간은 좌등난간과 비교하여 좀더 뚜렷한 기능을 가진다. 사람들이 위에 앉아 뒤쪽으로 기댈 수 있어 사용 면에서 매우 안정감이 있다. 간단하게 말하면, 고배난간은 좌등난간의 상부 평판 외부에 작은 난(欄)을 밖으로 약간 경사지게 설치는 것을 말하며 이 작은 난(欄)을 고배(靠背)라고 한다. 고배를 밖으로 경사지게 하는 것 외에 본체 자체가 대부분 굴곡이 있어 사람들이 뒤쪽으로 기대기에 적합하다. 고배난간과 좌등난간은 같은 형식으로 대부분 원림(園林) 건축에 사용된다. 특히 물가에 세워진 정(亭), 사(榭), 각(閣), 창청(敞廳)에 사용되어 원림을 유람하는 사람들이 몸을 기대어 경치를 감상하거나 앉아서 휴식을 취하기가 편리하다.

고배난간의 고배조각 靠背欄杆的靠背雕刻

고배난간(靠背欄杆)의 고배(靠背)는 직선과 곡선 모양일 뿐만 아니라 일반적으로 조각장식이 되어 있어 변화가 많고 정교하다. 고배난간은 원림의 정취에 맞게 설치되어 자연스러움을 높여주며, 기능성 외에 예술 경관을 만들어 낸다.

고배난간의 고배조각

화식 난간 花式欄杆

화식난간(花式欄杆)은 화난간(花欄杆)이라 하며, 면적의 큰 부분이 조각된 격자로 이루어져 얻어진 명칭이다. 화식난간의 구조는 망주(望柱)와 화격영조(花格楹條)가 있고 대부분 심장(尋杖)이 없고, 간단한 횡목이 있으며, 횡목 아래 부분이 화격영조(花格楹條)로 이루어져 있다. 화격자의 화문(花紋)은 매우 다양하고 변화가 많으며, 반장문(盤長紋), 운문(雲紋, 구름), 빙렬문(冰裂紋, 얼음), 등롱광문(燈籠框紋), 만자문(萬字紋), 귀배금문(龜背錦紋, 거북 등껍질), 규화문(葵花紋, 해바라기) 등이 있어 매우 아름답다.

* 화문(花紋)
  물체 표면에서 들어나는 일종의 무늬나 결의 일종으로 그 종류가 다양하다.

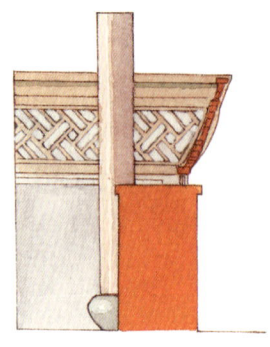

고배 난간

화식 난간

병식 난간 瓶式欄杆

병식난간(瓶式欄杆)은 직령난간(直棂欄杆)에서 변형된 형식이며 직선으로 된 직령 즉 격자가 서양식 화병으로 이루어져서 얻어진 명칭으로 "서양 병식난간(西洋瓶式欄杆)"이라고도 한다. 이런 난간은 비교적 간단하지만 직령식 난간에 비해서 다양한 의미를 가지며 형태의 변화가 있다. 이 난간 형식은 청대(淸代) 건축에서 흔히 볼 수 있다.

병식 난간

난판 난간 欄板欄杆

난간 중에 망주(望柱)와 기둥 사이의 난판(欄板)만 있고, 심장(尋杖)과 같은 부류의 부재가 없는 난간을 난판난간(欄板欄杆)이라 한

난판 난간

다. 난판난간의 난판에는 조각이 있거나 없는 경우도 있다. 화문(花紋)은 투조(透雕, 뚫린 형식)나 부조(浮雕) 조각 기법을 사용하여 난간의 예술성과 감상성을 높여준다. 또한 조각이 없는 소면난간(素面欄杆)은 아름답지 않지만 단아한 멋이 있어 운치가 있다.

나한 난간 羅漢欄杆

나한난간(羅漢欄杆)은 망주(望柱)가 없고 난판(欄板)만 있는 난간을 가리킨다. 난판난간(欄板欄杆)보다 더 간결하고 소박하며 난간 양쪽 끝은 복고석(抱鼓石)으로 마감되어 있다.

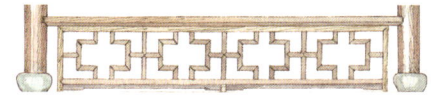

나한 난간

단구 난간 單鉤欄杆

송대(宋代)에는 난간을 구란(鉤欄)이라고 불렀다. 송대의 석난간(石欄杆)은 단구난간(單鉤欄杆)과 중대구난(重台鉤欄) 2종으로 나뉜다. 단구난간은 단층만 있는 화판난간을 가리키며 상대적인 난간이 중대구난이다. 송(宋) 『영조법식(營造法式)』에 기재되어 있는 단구난간은 "각 단의 높이는 3척5촌, 길이는 6척, 윗 층에는 심장(尋杖)이 있으며, 중간에는 분순(盆脣), 아래층에는 지롱(地壟)이 있다. 분순 아래와 지롱 윗부분에는 투공식(透雕式)이나 투공식이 아닌 각종문양 장식이 있으며,

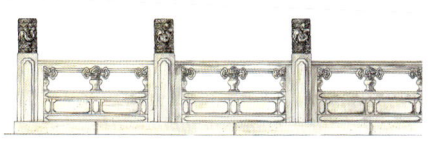

단구 난간

그 중 만자문(萬字文)이 많다. 만일 심장의 길이가 길면, 비워져 있는 부분에 지주(支柱)를 설치하여 받친다."라고 하는 규정이 있다.

난판 欄板

난판(欄板)은 난간의 주요 구성부분이며, 난간의 각종 부재 중 장식이 가장 빼어난 부분이다. 난판에 사용되는 화문(花紋)은 조각장식이 많이 사용되어 매우 아름답고 화려하기 때문에 "화판(華板)"이라 부르기도 한다. 난판은 망주(望柱)와 망주 사이에 설치되며, 단면 상으로 봤을 때 윗부분은 좁고, 아랫부분이 넓은 형식이다. 난판의 양식은 난간양식의 끊임없는 발전에 따른 것으로, 그 중 선장난간(禪杖欄杆)을 흔히 볼 수 있으며, 선장난간은 심장난간(尋杖欄杆)이라 한다. 장식조각으로 볼 때 투병난간(透瓶欄杆)과 속련난간(束蓮欄杆)으로 나뉠 수 있으며, 이 중 투병난간이 흔히 볼 수 있는 형식이다.

자(池子)라고 부르며, 윗부분에는 조각장식되어 있다. 난판의 중간부분은 선장과 면방을 연결시켜주는 정병(淨瓶)이 있다. 표준형의 투병난판은 정병 윗부분이 연잎(荷葉), 운문(雲紋, 구름)으로 되어 있으며, 면방은 조각이 되어 있지 않다. 변화된 형식은 면방 상부의 도안장식이 변할 뿐, 정병의 형식은 일반적으로 변하지 않는다. 그래서, 이 난판은 정병 때문에 얻어진 명칭이다.

투병난판

투병난판의 정병 透瓶欄板中的淨瓶

정병(淨瓶)은 실제로 꽃병 형식의 장식이다. 아랫부분은 병의 몸체, 윗부분은 연잎, 구름송이 형태 등의 문양이 있다. 일반적으로 양쪽 망주(望柱) 사이에는 3개의 정병이 있다. 중간부분에는 완전한 형태의 병모양이고 망주에 이어져 있는 곳은 반쪽 짜리 정병이다. 모퉁이 쪽도 대부분 2개로 구성되며 모두 반쪽 짜리 정병이다.

난판

투병난판 透瓶欄板

투병난판(透瓶欄板)은 선장(禪杖), 정병(淨瓶), 면방(面枋) 등의 몇 개의 부분으로 구성된다. 선장은 난판 윗부분에 있으며 횡방향으로 길게 늘어뜨린 막대기이다. 난판의 아랫부분은 면방이며, 상, 중, 하로 나뉘는 상심(上心), 중심(中心), 하심(下心) 부분 모두를 지

투병난판의 정병

속련난판 束蓮欄板

속련난판(束蓮欄板)은 심장난판(尋杖欄板)의 한 종류이다. 속련난판이 투병난판과 다른 점은 난판 중간부분이 선장과 면방의 정병이 속련(束蓮, 연꽃이 묶여져 있는 모습) 형태로 되어 있는 것이며, 속련의 상·하 형태가 앙복연화(仰俯蓮花)로 되어 있으며 중간부분은 묶여져서 있는 속대(束腰) 형식이다. 일부 앙복연판(仰俯蓮瓣, 꽃잎의 형태)은 수미좌(須彌座) 형태처럼 조각되어 있다. 표준적인 속련난판은 정병 부분의 변화가 있을 뿐 기타 다른 부분의 변화는 없다. 변화된 양식은 연화 몸체 이외에 아랫부분이 생략된 경우로 면방에서 속련 장식이 아래까지 직접 닿는 경우이다.

망주

속련난판

망주 望柱

망주(望柱)는 난간에서 난판(欄板)과 난판(欄板) 사이에 서 있는 기둥으로 망자(望子)라고도 한다. 망주는 머리부분과 몸체 2부분으로 나뉜다. 몸체 부분은 비교적 간단하며 대부분 방형석주를 쓰고 조각이 없다. 망주는 머리부분을 다르게 표현하여 변화를 준다.

망주 머리조각 望柱頭雕刻

망주는 망주 머리 부분의 변화에 따라 다르게 분류된다. 비교적 흔히 볼 수 있는 형식은 연판두(蓮瓣頭, 연꽃잎), 복연두(复蓮頭, 이중 연꽃잎), 석류두(石榴頭), 24절기두(二十四節氣頭), 운문(雲紋), 수문(水紋), 용봉문(龍鳳紋) 등이 있다. 특이한 것은 지방풍격과 민간건축의 기둥 머리는 더욱 더 다양해서 과일, 동물, 인물고사, 그리고 거문고, 바둑, 서적, 그림 등 여러 가지 장식소재가 있다. 이러한 문양 역시 망주 머리에 조각 된다.

망주 머리조각

중대구난 重台鉤欄

중대구난(重台鉤欄)은 송식(宋式) 난간의 일종이다. 이 난간의 특성은 상, 하 2부분으로 이루어지며, 화판(華板)으로 연결되어 있다. 중대구난의 형태와 구조는 송(宋)『영조법식(營造法式)』에 비교적 상세하게 설명되고 있는데 " 각 단의 높이는 4척, 길이는 7척, 심장(尋杖) 아래에는 운공(雲栱), 영항(癭項), 분순(盆脣), 중간부분에는 속요(束腰), 아랫부분에는 지롱(地櫳): 분순(盆脣) 아래 부분과 속요(束腰) 윗부분에는 큰 화판을 설치 하였으며 속요(束腰) 아래와 지롱(地櫳) 윗부분에는 작은 화판을 설치했다. 화판에는 정교하고 아름다운 화문(花紋)을 조각하여 매우 화려하다."라고 하였다.

1. 심장(尋杖)

심장은 순장(巡杖)이라고도 하며 난간 상부에 가로 방향으로 길게 놓여 있는 부재이다. 한대(漢代)에 난간의 심장이 최초로 사용된 기록이 있으며 초기에는 원형이었다. 이후 발전을 거듭하여 방형, 육각형과 기타 특별한 형태로 나타났다.

2. 운공(雲栱)

송대(宋代) 석조 난간 중, 심장(尋杖) 밑에 위치하여 심장을 직접 받치는 부재를 가리키며 구름모양 혹은 공(栱, 두 손으로 떠받치는 모양)과 비슷하여 운공(雲栱)이라 불렀다. 운공(雲栱)은 영항(癭項)과 함께 사용된다.

3. 영항(癭項)

영항(癭項)은 아래와 윗부분은 작으며, 중간 부분은 원형으로 된 북모양으로 마치 부풀어 오른 목의 형태이다. 목에 생긴 혹과 비슷하여 영(癭, 목덜미에 생기는 혹)이라 하였으며, 그래서 이 부재를 영항(癭項)이라 불렀다. 영항은 상부의 운공(雲栱)을 직접 받는다.

4. 분순(盆脣)

분순(盆脣)은 영항 아래 부분, 화판 윗부분에 있는 부재로 심장과 평행을 이루고 심장과 같은 모습을 하고 있다. 분순은 아래쪽의 모서리 부분을 아치형으로 처리하여 원형의 곡선처럼 보인다. 그래서 분순은 마치 입술의 테두리처럼 생겨 얻어진 명칭이다.

제5장 난간

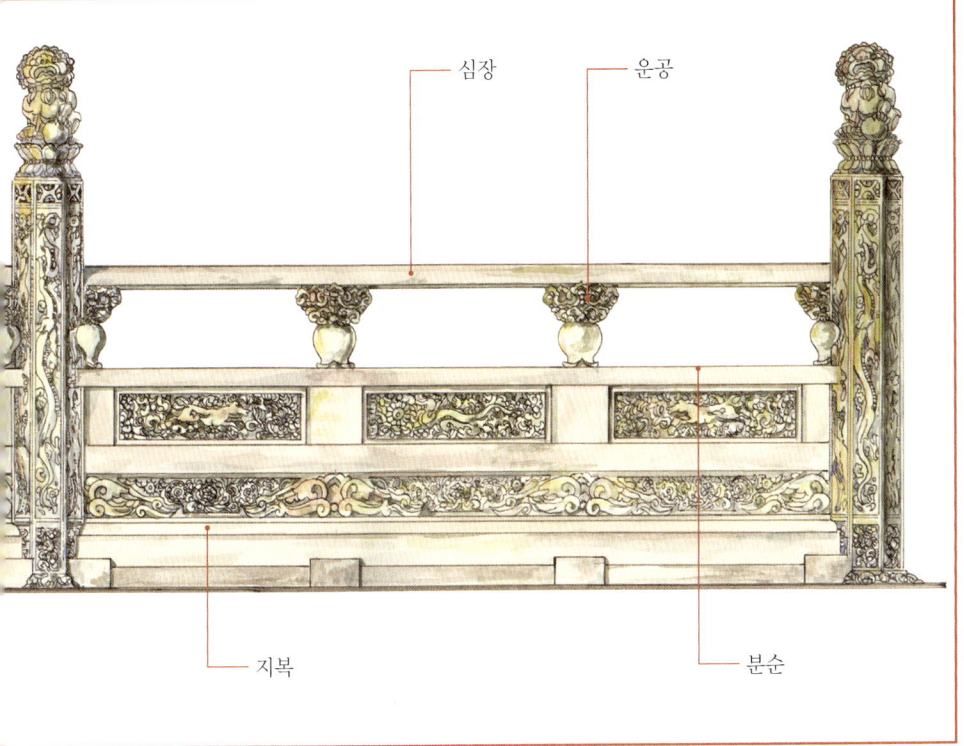

5. 화판(華板)

화반(華板)은 송대(宋代) 명칭이며 명청대에는 난판(欄板)이라 불렀다. 어떤 경우에는 이 난판에 장식조각이 없는 경우도 있지만 대부분 각종 화문(花紋) 장식이 사용되어 매우 아름다워 화반이라 불렀다. 송대 중대구난(重台鉤欄) 중에 윗부분에 있는 화반을 대화반(大華板)이라 불렀다.

6. 지하(地霞)

지하(地霞)는 송대(宋代) 중대구난(重台鉤欄)의 아래쪽에 있는 화반을 가리키며, 소화반(小華板)이라고도 한다. 여기에는 각종 장식 조각이 설치된다. 소화반은 지복(地栿)이나 지면에 바짝 붙어 있기 때문에 대부분 구름모양의 조각장식이 있어 지하(地霞)란 명칭을 얻게 되었다.

7. 지복(地栿)

지복(地栿)은 난간 맨 아래 부분에 있는 부재로 계조석(階條石) 윗부분의 횡방향 석재이다. 송(宋) 『영조법식(營造法式)』에는 지롱(地櫳)이라는 명칭으로 기록되어 있다.

망주 머리 조각등급 望柱頭雕刻的等級

망주 머리 조각형식은 매우 다양하며 실제 사용할 때 망주를 중요하게 여겼기 때문에 망주도 역시 등급의 높고 낮음이 있다. 예를 들어 같은 건축에서도 지방색이 강한 망주 머리는 다양한 양식을 사용할 수 있어서 자연스러운 느낌을 주지만 관식건축(官式建築)에서는 한가지 양식만 사용할 수 있어 매우 엄격하게 적용했다. 이밖에 용봉(龍鳳) 장식의 망주 머리는 궁전 건축에서만 사용이 가능 했다. 규제 이외에도 건축 환경에 따라 망주 머리의 쓰임이 달랐다.

망주 머리 조각등급

연화 망주머리 蓮花望柱頭

연화 망주머리(蓮花望柱頭)는 연화 형태 혹은 연화문 조각으로 된 망주(望柱) 머리를 가리킨다. 연화 망주머리는 꽃모양, 혹은 변화된 형식이 있고 대부분 원림에 응용되었으며 연판(蓮瓣), 연봉(蓮蓬), 앙복연(仰俯蓮) 등이 있다.

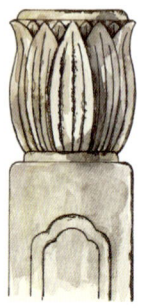

연화 망주머리

석류 망주머리 石榴望柱頭

석류 망주머리는 석류 형태로 망주(望柱) 머리를 만든 것을 말한다. 표준형태의 석류 망주머리는 궁전 건축과 원림 건축에서 많이 사용되었다. 그러나 변형된 석류 망주머리는 원림에서 많이 사용했다.

석류 망주머리

24절기 망주머리 二十四節氣望柱頭

24절기 망주머리는 24개의 선이 있는 무늬를 조각한 것으로 1년 중의 24절기를 상징한다. 이 망주머리는 대부분 황가(皇家) 건축에 사용된다. 특히, 자연과 관련이 있는 건축 또는 석교(石橋) 등에 쓰이며 천단(天壇), 지단(地壇) 등에 이 망주머리가 있다.

24절기 망주머리

소방 망주머리 素方望柱頭

소방 망주머리(素方望柱頭)는 비교적 간결하고 세련되게 만드는 기법으로 망주머리에 장식 조각이 없다. 이로 인해 기둥 머리와 몸체의 방형 석주가 돌출되어 있는 것을 서로 구별할 수 있다.

소방 망주머리

난간중의 포고석 欄杆中的抱鼓石

포고석(抱鼓石)은 비교적 장식성이 강한 부재이다. 표면에 풀, 새, 동물, 길상도안 등 장식조각의 소재가 풍부하다. 예를 들어 연화(蓮花), 목단(牡丹), 보상화(寶相花), 권초(卷草), 사자곤수구(獅子滾繡球)와 기린와송(麒麟臥松), 서우망월(犀牛望月), 송학연정(松鶴延年) 등의 조각이 있어 정교하고 아름답다. 포고석은 난간과 문에 자주 사용된다. 난간에서 포고석이 사용되는 곳은 수대난간(垂帶欄杆)의 가장 하부, 또는 맨 앞쪽에서 사용된다. 한 덩어리의 큰 돌에 원고형(圓鼓形, 원형 북모양)이나 구름문양으로 이루어져 수대난간 가장 하부에서 망주 아랫부분을 받쳐 안정성을 높여 고정하는 역할을 한다 하여 포고석(抱鼓石)이라고 한다. 이밖에 나한난간(羅漢欄杆)의 양쪽에도 사용된다.

* 기린와송(麒麟臥松)
  상서로운 기운이 영원히 존재한다는 뜻
* 서우망월(犀牛望月)
  길고 오래가는 것을 간절히 바란다는 뜻

난간중의 포고석

주택 문 앞의 포고석 宅門前的抱鼓石

포고석(抱鼓石)이 있는 위치는 주택에서 문 앞 양측이다. 난간에 사용되는 포고석은 대부분 원형(圓形)의 고자(鼓子, 북)이며, 주택 입구에 서 있는 포고석은 원형고자 이외에 방형고자도 사용된다. 방형이나 원형 포고석은 모두 문침석(門枕石)과 이어져 있으며, 문침석은 문 안쪽, 복고석은 문 바깥쪽에 위치하여 양쪽은 문함(門檻)으로 경계가 나뉘진다. 원형 포고석은 대부분 중·대형주택에 사용되며 방형포고석은 원형보다 약간 작아 대부분 규모가 작은 주택문에 사용된다. 일반적으로 문 앞에 위치하는 포고석은 상, 하부분으로 나뉜다. 윗부분은 포고석 전체 높이의 2/3를 차지하는 고자(鼓子, 북)이며, 아

주택 문 앞의 포고석

랫부분은 수미좌(須彌座)다. 방형 포고석의 고자(鼓子)를 "복두"(幞頭, 남자가 쓰는 두건의 일종)라 한다.

원형 포고석 圓形抱鼓石

원형고자(圓形鼓子)는 대부분 중·대형 주택의 문에 사용되며, 일반적으로 상, 하 부분으로 나뉜다. 윗부분은 원형 고자(鼓子) 부분으로 포고석 전체 높이의 2/3를 차지하며, 한 개의 큰 북모양과 2개의 작은 북모양으로 구성된다. 큰 북모양 중심에는 장식무늬가 있으며, 양쪽에는 고정(鼓釘, 고정하는 못)이 있고, 북면에는 금변(金邊, 테두리)이 있다. 2개의 작은 북은 큰 북 아래쪽의 연잎 형태가 소용돌이 모양을 한 요고(腰鼓) 부분이다. 원형고자는 측면에는 단화형식(團花形式, 둥근 자수 무늬)의 장식이 되어있으며, 화문(花紋), 초문(草紋), 동물문(動物紋), 신수문(神獸紋), 그리고 길상문양(吉祥紋樣) 등 소재가 풍부하고 다양하다. 그 중에 전각연화(轉角蓮花)가 자주 보인다. 원형고자의 정면 부분은 일반적으로 여의초(如意草), 하화(荷花), 보상화(寶相花) 등의 도안이 있다. 고자(鼓子)의 하부는 일반적인 수미좌(須彌座) 형태로 일반적인 수미좌와 그 형태가 같아 상방(上枋), 하방(下枋), 상효(上梟), 하요(下梟), 속요(束腰), 규각(圭角) 등으로 이루어져 있다. 일반적인 것과 다른 점은 수미좌에서 3단으로 이루어진 입면에는 아래로 늘어뜨린 포보각(包袱角)이 정교하고 아름답게 조각되어 있다.

* 요고(腰鼓)
  허리에 차고 양쪽을 두드리는 원형통으로 생긴 북의 일종

주택문 앞 포고석의 사자
宅門前抱鼓石上的獅子

주택 문 앞의 포고석(抱鼓石) 윗부분에는 특이한 장식이 있다. 고자(鼓子, 북)의 상부에 엎드리거나, 누워 있거나, 쪼그려 앉아 있는 등 다양한 모습의 사자형태가 조각 되어 있다. 엎드려 있는 사자모양이 기본적인 모양이고 앞에 위치해 있는 사자 머리만 약간 치켜든 모양도 있으며, 이것은 포고석(抱鼓石) 전체 입면에서 차지하는 높이가 그다지 높지 않다. 누워있는 사자모양은 엎드려 있는 사자 모양보다 약간 높으며, 쪼그려 있는 사자의 앞다리는 일어선 모습이고, 뒷다리는 누워 있는 모습으로 머리는 높게 치켜든 형태이다. 누워 있는 사자가 차지하고 있는 전체 높이보다 더 높다.

원형 포고석

주택문 앞 포고석의 사자

방형 포고석 方形抱鼓石

방형 포고석(方形抱鼓石)은 원형보다 약간 작아 대다수 규모가 작은 주택 문인 여의문(如意門), 수장문(隨牆門) 등에 사용된다. 방형고자는 복두(幞頭)와 수미좌(須彌座) 2개 부분으로 구성되며 복두 윗부분에는 누워있는 사자모양이 조각되어 있다. 복두는 방형 포고석의 주요 부분으로 복두고자(幞頭鼓子)라고도 한다. 방형고자의 북면은 방형이어서 원형보다 장식 제한이 없기 때문에 윗부분의 조각장식들은 더 활동적이고 변화가 많다.

소재는 상부 고자의 조각 내용과 대부분 일치하거나 비슷하며 꽃, 새, 풀, 동물, 길상문양 등으로 나타난다.

주택문 앞 포고석의 포보각

방형 포고석

주택문 앞 포고석의 포보각
宅門前抱鼓石的包袱角

고자(鼓子)의 하부는 수미좌(須彌座) 형태로 일반적인 수미좌와 그 형태가 서로 같다. 상방(上枋), 하방(下枋), 상효(上梟), 하요(下梟), 속요(束腰), 규각(圭角) 등으로 이루어져 있다. 일반적인 것과의 차이는 수미좌에서 3단으로 이루어진 입면에 포보각(包袱角)이 있으며 대략 3각형 모습으로 표면에 정교하고 아름다운 조각이 있다는 점이다. 조각된

제 6 장

포지(鋪地, 바닥)

포지(鋪地, 바닥)는 한가지 재료나 여러 가지 재료를 써서 건물 내·외부의 바닥을 가공 처리하는 것을 말하며, 지면에 사용하여 실용성과 미관성을 동시에 추구 하였다. 이른 시기 중국에서는 사람들이 땅바닥에 앉았으며, 실·내외에 대부분 마루를 깔았다. 이후 가구(家具) 발달에 의해 무릎을 꿇던 오랜 습관들이 점차적으로 변해, 바닥에 더이상 마루를 깔지 않게 되었다. 그래서 점점 자연형식의 바닥을 원해 지면을 가공하여 아름답게 만들었다. 이것이 "포지(鋪地, 바닥)"이다.

포지(鋪地)는 전만지(磚墁地) 기법이 주류를 이루며, 방전류포지(方磚類鋪地)와 조전류포지(條磚類鋪地)로 나뉘며, 전포지(磚鋪地, 바닥이 전돌로 된 형식) 이외에 석포지(石鋪地, 바닥이 돌로 된 형식), 분토지(夯土地, 바닥이 흙으로 된 형식)가 있다. 그러나, 분토지는 현재 설명하고 있는 일반적인 포지(鋪地)는 아니다. 또한 현존하는 고건축 중 분토지의 실례를 찾기가 매우 어렵다. 그래서, 여기에서는 포지(鋪地)를 전돌(磚)과 돌 두 종류로 설명하고, 일반적으로 자주 볼 수 있는 전(磚), 석(石), 기와류 등의 혼합류도 같이 설명한다.

전만지(磚墁地)는 세만지면(細墁地面), 창백지면(淌白地面), 금전포지(金磚鋪地), 조만지면(糙墁地面) 등으로 구별된다.

세만지면 細墁地面

이 기법은 전돌을 인공 가공한 후에 전체 규격을 통일 시킨 것이다. 전돌 면을 매끄럽게 하여 지면을 평탄하고 깔끔하게 하여 미관상 돋보이게 하였으며, 또한 약간의 견고성도 갖추고 있다. 이 기법은 실내에 많이 사용되었으며, 좀 더 중요시 되었던 건축물에는 세만전포지(細墁磚鋪地)가 실외에도 사용되었다.

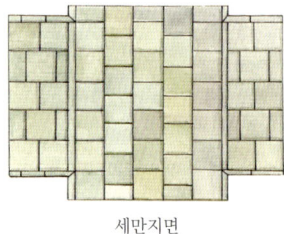

세만지면

창백지면 淌白地面

창백지(淌白地)는 세만지면(細墁地面)보다 조금 간단한 기법으로, 전돌 재료의 정밀도가 약간 떨어진다. 전돌 바닥면이 세만지면(細墁地面)의 외관과 비슷하다.

창백지면

조만지면 糙墁地面

매우 거칠고 정리되지 않는 표면을 보여 조만지면(糙墁地面)이라 한다. 전돌을 가공을 하지 않아 표면이 거칠 뿐 만 아니라 전돌과 전돌 사이의 틈이 매우 넓다.

조만지면

석자로 石子路

석자로(石子路)는 미관상 아름다운 바닥 마감으로 알려져 있다. 이 중에는 장식무늬가 있거나, 전돌 사이에 기와편을 끼워 넣거나, 여러 가지 색의 돌을 끼워 넣은 무늬를 이루어 색채가 다채로워 매우 아름답다. 이런 종류의 포지는 원림(園林)에 많이 사용된다.

석자로

전와석 혼합포지 磚瓦石混合鋪地

전돌, 기와, 돌 등의 재료를 공통적으로 설치해서 만든 바닥 마감이다. 일반적으로 이런 혼합지면은 전돌, 기와, 돌 등의 재료들을 작은 조각으로 부수어서 이용한다. 비교적 작은 면적 내에서 도안이나 화문(花紋)을 분별하거나 분명하게 설치하려는 목적이 있다. 이 혼합포지의 가장 큰 장점은 재료가 다양하며, 재설치하는 과정을 거쳐서 변화가 많아 일괄된 무늬를 보이지 않아 장식성이 강하다.

* 화문(花紋)
  물체 표면에서 들어나는 일종의 무늬나 결의 일종으로 그 종류가 다양하다.

전와석 혼합포지

금전포지 金磚鋪地

세만포지(細墁地面)보다 좀 더 발전된 형식이다. 금전(金磚)은 황금으로 만들어진 전돌이 아니며, 매우 잘 가공된 전돌을 뜻한다. 바닥에 설치하기 전 표면을 매우 매끄럽게 가공하며, 설치 후에도 밀랍을 입혀 빛이 나게 했다. 이런 종류의 전돌은 황가(皇家)에서 공장(工匠)들에게 매우 특별히 명하여 만든 것으로, 대부분 황가 건축에서 중요한 궁전의 실내바닥에 사용된다.

금전포지

아란석포지 鵝卵石鋪地

아란석포지(鵝卵石鋪地)는 아란석 즉, 자갈을 써서 지면을 만든 것으로 옛날부터 중국에서는 소도시의 도로(街道), 원내(院內), 문앞, 심지어는 역참(驛道) 등에도 이런 종류의 바닥을 사용했다. 또한 현재 일부 농촌의 실내·외에 이런 아란석을 사용한 바닥이 있어 매우 자연적인 느낌과 생활의 흥취를 느낄 수 있다.

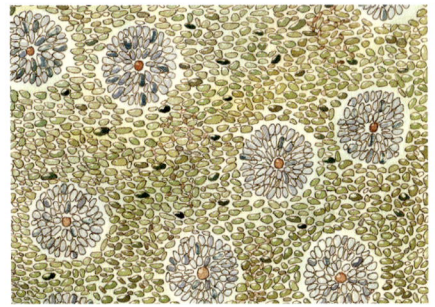

아란석포지

산수포지 散水鋪地

산수(散水)는 건물의 전후 첨(檐, 처마), 산장(山牆), 대기(台基, 기단) 등 4면에 설치된 지면과 접해 있는 것을 가리킨다. 건축물 4면의 지면 중 작은 일부분을 산수(散水)라 한다. 산수포지는 산수가 위치하는 곳에 깐 포만전석(鋪墁磚石)을 가리키거나, 특별한 의미로 설치된 전돌과 돌 등을 가리킨다. 산수포지는 건축물을 아름답게 만들기 위한 지면(地面)인 동시에, 지면이 비와 눈 등에 침식 당하는 것을 방지하는 기능을 가지고 있다.

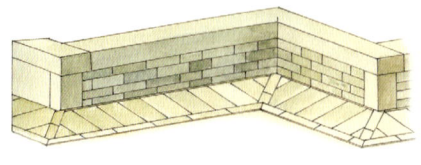

산수포지

용로포지 甬路鋪地

용로(甬路)는 용로포지(甬路鋪地)를 가리킨다. 주택정원 내의 주요도로에 종종 방전포만 형식을 사용한다. 용로를 설치할 때 전돌의 세로 줄 수를 1, 3, 5, 7, 9등의 홀수로 사용한다. 줄 수는 일반적으로 건축 등급에 의해 정해진다. 용로는 편리함과 건축 등급을 나타내기 위해 설치했지만, 후에는 점차 예술성을 첨가한 용로가 나타났다. 표면에 조각한 전돌, 기와조각 장식을 끼워 넣거나 도자기 파편, 깨진 돌들을 장식하여 미관성이 있는 조화용로(雕花甬路)를 만들었다.

* 조화용로(雕花甬路)
  여러 가지 도안이나 무늬를 조각한 용로

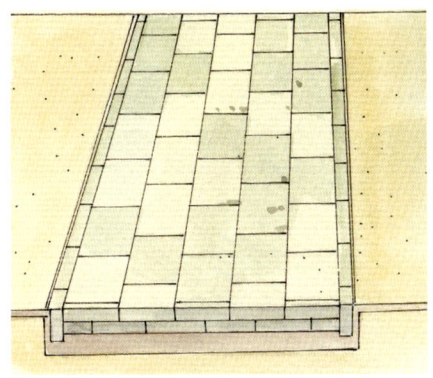

용로포지

해만포지 海墁鋪地

해만포지(海墁鋪地)는 주택 내의 용로(甬路)를 제외하고 지면이 전포만(轉鋪滿) 형식으로 된 것을 가리킨다. 해만포지는 일반적으로 조만 형식으로 깔아 용로 형식처럼 정돈된 느낌을 주지 않는다. 해만지면(海墁地面)에 전돌을 까는 방법은 특별한 규칙이 없으며, 일반적으로 비가 올 때 배수를 위한 기능을 주로 담당한다.

해만포지

원림포지 園林鋪地

원림포지(園林鋪地)는 원림 내에 포지(鋪地, 바닥)를 설치한 것을 말한다. 원림포지의 구성은 매우 다양하고 형식이 역동적이며 격식 또한 우아하여 원림의 분위기와 잘 어우러진다. 돌, 전돌, 석괴, 자갈, 정전(整磚, 표면이 매끄러운 전돌), 깨진 전돌 등의 재료를 썼으며, 재료의 색깔로 봤을 때 비교적 다양하여 홍색, 녹색, 남색, 백색, 흑색 등이 있다. 문양은 인자문(人字紋), 갈대문, 마름모꼴문, 반장(盤長) 및 각종 동물문양과 화초문, 인물문 등이 있다.

원림포지

민거원락포지 民居院落鋪地

대부분의 민거(民居) 원락(院落)에 사용된 바닥은 원림포지(園林鋪地) 보다 소박한 경향을 나타낸다. 문양도 상대적으로 적게 사용되며, 집주인의 기호에 따라 매우 특이하게 나타난다. 그래서, 일부 민거에 나타난 바닥은 원림포지보다 매우 다양하게 나타난다. 일반적으로 보통 민거 원락의 바닥은 대부분 천연 자갈이나 집을 지을 때 생기는 재료의 일부를 재활용하여 사용한다. 또한 격식이 있는 민거(民居)의 경우에는 길상문양이나 조합된 문양인 오복봉수(五蝠捧壽), 사채일탕(四菜一湯) 등을 사용한다.

* **사채일탕(四菜一湯)**
  두 가지 뜻이 있다. 첫번 째는 '네 종류의 요리와 한 종류의 국'으로 일반적이고 간단한 접대를 말하며, 두번 째는 과도한 공급 낭비를 막기 위해 마련한 연회 규모의 규정이다.

민거원락포지

당대연화문포지전 唐代蓮花紋鋪地磚

당대(唐代)에는 연화문(蓮花紋)이 매우 성행했다. 수많은 장식 도안 중에도 연화문이 많았다. 당시 바닥에 사용된 전돌에도 연화문이 조각되었으며, 선이 매끄럽고 꽃의 형태가 충만하여 당대(唐代)의 장식예술 특징을 잘 나타냈다. 연화문의 외곽선은 보통 권초문(卷草紋)과 보주문(寶珠紋)으로 둘러 졌으며, 조각이 세밀하고 예술성이 뛰어났다.

당대연화문포지전

파문식포지 波紋式鋪地

파문식포지(波紋式鋪地)는 결함이 있는 전돌이나 남는 기와를 사용해서 만든 바닥이다. 각도나 두께에 따라 평평하게 깔아서 특정한 문양의 길이나 도안을 만들거나 또는 물결식 문양의 길을 만든다. 이런 바닥 형식은 대부분 원림이나 정원에 사용된다.

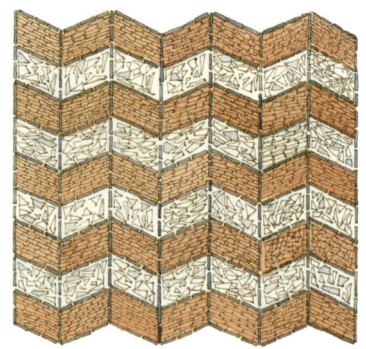

파문식포지

구문식포지 球門式鋪地

구문식포지(球門式鋪地)는 파문식포지(波紋式鋪地)와는 달리 조금 더 완전하고 균일한 기와재료를 사용한다. 먼저, 기와를 세워 구문(球門, 둥근 형태) 모양을 만든 다음, 동그란 모양 안에 아란석을 넣는다. 구체적인 무늬는 주인의 기호에 따라 결정된다. 구문식포지도 일반적으로 원림이나 정원에 사용된다.

구문식포지

육방식포지 六方式鋪地

육방식포지(六方式鋪地)는 기법상 구문식포지(球門式鋪地)와 매우 비슷하다. 먼저, 전돌을 세워 하나의 틀을 만들며, 이때 구문(球門, 둥근 형태)으로 만드는 것이 아니라 육각형으로 만든다. 이후 중심부에 아란석이나 기와편으로 장식하여 하나의 바닥 무늬를 만든다. 만일 틀이 8각형이면 팔방식포지가 된다. 이 밖에 육방식과 팔방식의 변형 형식도 있지만, 모두 육방식과 팔방식의 범주 안에 포함된다.

육방식포지

반장문포지 盤張文鋪地

반장은 원래 불교 팔보(八寶, 불교건축 중에 항상 사용되는 표현재료)로 라마교 불교 사원 건축에 많이 사용되어 매우 종교적인 의미가 강하다. 반장(盤張)이 불교 중에서 의미하는 것은 구불구불 돌아 완전히 통한다라는 뜻이다. 반장문포지(盤張文鋪地)도 원림이나 정원에 사용되며 그 실례가 많다. 바닥에 사용된 반장의 의미는 불교의 교리를 알리는 동시에 행복과 안락한 생활을 표시하는 것으로 끝이 없고 영원히 사라지지 않는 것 등 사람들이 안락한 삶을 원하는 것과 길상의 의미도 함께 가지는 바닥 형식이다.

* 팔보(八寶)
불교건축 중에 항상 사용되는 표현재료로 라마교 불교 사원 건축에 많이 사용되어 매우 종교적인 의미가 강하다. 팔보는 룬(輪:법룬(法輪)-바퀴), 라(螺:법라(法螺)-나선형), 산(傘:보산(寶傘)-우산), 개(盖:백개(白盖)-덮개), 화(花:연화(蓮花)-연화), 관(罐:보관(寶罐)-항아리), 어(魚:금어(金魚)-물고기), 장(長:반장(盤長)-빙빙돌다)으로 옛 명칭은 불팔보(佛八寶)라 하였다.

반장문포지

해당화포지 海棠花紋鋪地

해당화(海棠花)는 홍색이나 분홍색 색깔로 아름다우며 형태가 귀엽고 작은 꽃이다. 꽃잎은 4개가 십자형태로 대칭을 이룬다. 꽃잎의 외곽선은 각이 없는 원형으로 매끈하여 전체적인 형태가 귀엽고 정교하다. 해당화문포지(海棠花紋鋪地)는 돌이나 깨진 전돌 등의 재료를 사용하며, 바닥에는 해당화문 형태로 나타낸다. 대부분 4변이 연속적인 형태로 지면이 꽉 차게 무늬가 나타나고 매끈하며 아름다워 자연적인 느낌이 난다.

해당화포지

빙열문포지 冰裂紋鋪地

빙열문(冰裂紋)은 자연계에서 얼음무늬의 퍼지는 형태를 문양으로 나타낸 것이다. 빙렬문을 바닥에 사용하면 아름다울 뿐만 아니라 사람들에게 자연적인 느낌의 의미를 전달한다. 이런 바닥을 걷다 보면 대자연 중의 유쾌한 기분에 젖어 들게 한다. 대부분 원림에 사용된다.

빙렬문포지

투전문포지 套錢紋鋪地

투전문포지(套錢紋鋪地)는 형식이 아름답고 좋은 의미를 가지고 있는 바닥이다. 기와편, 도자기편, 아란석 등의 재료를 써서 바닥을 투전형식으로 만드는 것을 말한다. 투전(套錢) 중의 "전(錢)"은 중국 고대에서 사용된 가운데 구멍 뚫린 엽전을 말한다. 투전(套錢)은 엽전을 서로 연결하여 사용한 것이다. 투전문을 설치 할 때는 단독으로 사용되기도 하고, 기타 다른 문양과 혼합해서 사용되기도 한다.

투전문포지

수자문포지 壽字紋鋪地

수자문포지(壽字紋鋪地)는 여러가지 재료를 써서 "수(壽, 장수의 의미)"자를 만들어 바닥 장식을 해서 까는 것을 말한다. 수자문포지는 정원, 원림에서 볼 수 있으며 특히 황가 원림(皇家園林)에서 많이 보인다.

만자문포지 萬字紋鋪地

"卍"자문은 "만(萬)"자와 같다. 중국 고대에서 자주 사용한 문양이며, 길상의 의미인 "만수(萬壽)", "만복(萬福)", "만년장존(萬年長存)"의 뜻을 담고 있다. 만자문(萬字紋)은 전돌, 기와, 돌 등을 깔아 "卍"자 형태의 도안을 만든다.

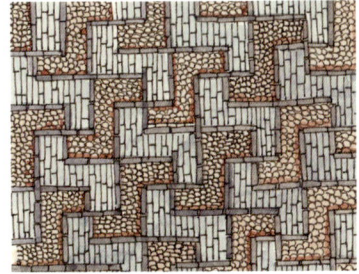

만자문포지

수자문포지

학문포지 鶴紋鋪地

학문포지(鶴紋鋪地)는 돌, 전돌, 기와 등의 재

학문포지

료를 써서 바다에 학 모양을 만드는 것을 말한다. 고대에서 학은 비범한 조류로 여겨졌으며, "장수(長壽)"의 의미를 지녀 항상 소나무와 같이 사용되어 송학연년(松鶴延年)을 표현했다. 설치할 때 일반적인 학의 형상 그대로 사용하며 대부분 1마리 학이 단독으로 표현된다.

길상도안포지 吉祥圖案鋪地

바다 문양은 정원, 원림을 아름답게 꾸미는 기능 외에 사람들이 염원하는 길상의 의미도 있다. 그래서 바다 문양 중에 길상 도안이 많다. 예를 들어 5마리 박쥐가 "수(壽)"자문을 둘러 쌓고 있는 오복봉수(五蝠捧壽), 학과 사슴이 같이 표현된 학록동춘(鶴鹿同春), 꽃병 안에 나뭇가지 3개를 펼친 평승삼급(平升三級) 등이 있다.

* 오복봉수(五蝠捧壽)
  5섯 마리의 박쥐와 목숨수(壽)자 혹은 5섯 마리의 박쥐와 복숭아 형태의 도안이 조합된 문양. 나이가 많고 덕이 있는 사람이 축원한다는 내용이 주를 이룬다.
* 학록동춘(鶴鹿同春)
  고대에서 학은 신성한 조류, 사슴은 상서로운 짐승으로 여겼으며 이 두 동물의 수명이 길어 장수의 의미를 나타낸다.
* 평승삼급(平升三級)
  고대 관원의 품계를 나타내는 것으로 위진 이후 관원의 품계는 9등급이었다. 평승삼급은 한 사람의 관직 운이 좋아 한꺼번에 3등급이 오른 것을 말한다. 청대에 많이 보이는 도안이다.

기하문포지 几何紋鋪地

기하문포지(几何紋鋪地)는 문양 중에서 비교적 간단하고 깔끔한 바다 형식이다. 기하문포지의 재료도 전돌, 기와, 돌 등으로 바다을 설치 할때 문양을 사각, 원형, 육각형, 마름모형 등의 기하문이나 기하문의 조합형식으로 만들어 우아하고 고상한 느낌을 준다.

기하문포지

식물문포지 植物紋鋪地

연화(荷花, 연꽃), 해당화(海棠花), 권초(卷草) 등의 화초나 나뭇잎 등으로 구성된 바다을 식물문포지(植物紋鋪地)라 한다. 이 바다은 더욱더 자연의 기운을 주어 사람들에게 신선하고 쾌적한 느낌을 준다.

* 해당화(海棠花)
  장미과의 낙엽 활엽 관목. 높이는 1~1.5미터이며, 잎은 어긋나고 우상 복엽, 잔잎은 긴 타원형이고 잎 뒤에 선점과 잔털이 있다.

길상도안포지

식물문포지

인자문포지 人字紋鋪地

인자문포지(人字紋鋪地)는 대부분 매끈한 전돌을 사용하며, 전돌의 모서리쪽을 직각으로 교차하거나 나열하여 전체적인 구조가 인자(人字) 형태인 것을 인자문포지라 한다. 이 바닥은 깔끔하고 간결하여 우아한 느낌을 준다.

인자문포지

귀배금포지 龜背錦鋪地

귀배금포지(龜背錦鋪地)는 바닥의 문양 형태를 거북 등껍질 문양으로 만든 것을 말한다. 귀배금포지는 대부분 연속된 육각형이며 육각형 외곽에 전돌을 세로로 세우고 틀 안 쪽에 자연스럽게 아란석, 깨진 기와편 등을 넣는다. 같은 색의 깨진 기와나 아란석을 쓰거나 다른 색깔의 깨진 기와나 아란석을 썩어서 설치하기도 한다.

귀배금포지

동물문포지 動物紋鋪地

동물문포지(動物紋鋪地)는 바닥의 문양 형태가 동물인 것을 말한다. 학, 사슴, 나비, 박쥐 등이 있으며, 도안의 형태가 식물문포지보다 더 활발하고 생동감이 있다.

동물문포지

만자지화포지 萬字芝花鋪地

만자지화포지(萬字芝花鋪地)는 깨진 전돌, 기와편, 작은 아란석을 사용하며, 만자문과 지화문 도안을 바닥에 설치한다. 지화문(芝花)은 십자형태로 만들며, 만자문의 중심에도

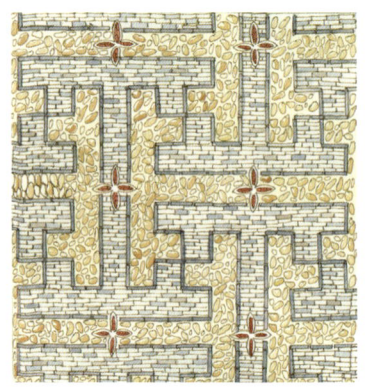

만자지화포지

십자형태로 넣어 상호간을 돋보이게 한다. 만자문은 대부분 연속적으로 끊어지지 않게 하며, 서로 연결되는 부분도 길게 혹은 짧게 할 수 있다. 또한 지화문은 대부분 단독 형태이며, 만자문 중간을 교차하여 서로간에 통일된 문양을 만들어 각각의 특성을 잘 표현한다.

어린포지 魚鱗鋪地

어린포지(魚鱗鋪地)는 바닥의 문양이 물고기 비늘형식인 것을 말한다. 이 바닥의 외형 틀은 대부분 기와로 경계를 만들고, 틀 내부는 깨진 기와편으로 구성한다. 큰 규모의 어린포지를 자세히 살펴보면 한조각 한조각이 물고기 비늘모양이며, 문득 보면 마치 파도 물결무늬로 보여 선이 우아하고 아름답다.

어린포지

암팔선포지 暗八仙鋪地

암팔선포지(暗八仙鋪地)는 중국고건축에서 항상 이용되는 장식재료이다. 적자(笛子, 피리), 운판(雲板), 연화(荷花), 산자(扇子, 부채), 어고(漁鼓, 목어), 화람(花籃, 바구니), 호로(葫蘆, 호리병), 보검(寶劍)등으로 전설상에서 팔선들이 사용하는 법기로 이는 팔선(八仙)을 대표하는 상징물이다. 법기를 사용한 팔선들은 한상자(韓湘子), 조국구(曹國舅), 하선고(荷仙姑), 한종리(漢鍾離), 장과로(張果老), 남채화(藍采和), 철괴리(鐵拐李), 여동빈(呂洞賓)이다. 바닥지면에 암팔선 장식을 쓴 것을 암팔선포지(暗八仙鋪地)라 한다. 암팔선포지(暗八仙鋪地) 중에 암팔선 도안을 직선으로 분포시키거나 원형으로 설치하기도 한다. 원형으로 배치 된 도안의 구성이 완결성이 더 강하다.

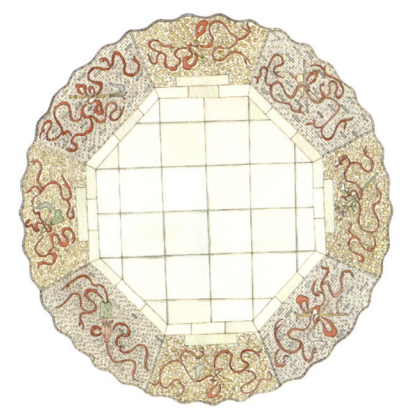

암팔선포지

제 7 장

와편(瓦片, 기와)

원시사회에서는 아직까지 기와가 생산되지 않았다. 하상(夏商) 시대에는 이미 원시사회를 벗어나 노예사회로 진입했다. 건축 기술과 예술의 발전은 점차 발전해 갔지만 한 순간에 크게 발전하지는 않았다. 또한 기와가 아직까지 출현하지 않은 제왕의 궁실도 이전과 다름없는 토축초복(土築草覆)으로, 비교적 등급이 낮고 원시적이었다. 그러나 건축 구조상으로는 완전한 형태로 나아가고 있었다.

주(周)대의 발전 이후 춘추전국 시대는 기와가 궁전건축에서 광범위하게 사용되었다. 동시에 각 제후·패왕이 높은 대(台) 위에 궁실을 짓기 시작했다. 예를 들어 전국시대의 제나라 도성인 임치성(臨淄城)과 조나라 도성인 한단성(邯鄲城)에는 높은 대(台)가 있는 궁실 유적이 있었다. 대(台)는 항토(夯土)로 만들었으며, 대(台) 위에는 목조 가구식(架構式) 건축과 기와를 사용한 지붕이 있었다. 이것이 바로 궁실건축이 마침내 원시적인 토옥 형태를 벗어난 것이다.

기와의 생산은 비교적 이른 시기였으며, 『사기(史記)』에 보면 알 수 있다. 『사기·염파린상여열전(史記·廉頗藺相如列傳)』에 " 진군이 출정준비로 북을 치고 열병할 때 무안에 있는 가옥의 기와가 줄곧 흔들렸다(秦軍鼓譟勒兵, 武安屋瓦盡振…)."라고 묘사되어 있다. 이것은 전국시대에 이미 기와를 보편적으로 사용했다는 증거를 나타낸다. 이후 건축기술의 끊임없는 발전을 통해 청와(靑瓦), 동와(銅瓦), 금와(金瓦), 명와(明瓦) 등 다양한 재료와 형태를 가진 기와가 나타났다.

* **토축초복(土築草覆)**
  흙으로 쌓고 풀로 덮는 형식
* **항토(夯土)**
  흙이나 회석을 층층이 쌓아 다져서 만드는 기법

청와 青瓦

청와(靑瓦)는 보통의 청회색 기와에 유약을 칠하지 않은 것을 말한다. 청대 관식(官式) 명칭의 포와(布瓦)로 일반적으로 편와(片瓦)라고 부른다. 청와는 진흙을 구워서 만들며 판와(板瓦, 암기와) 형식뿐만 아니라 통와(筒瓦, 숫기와) 형식으로도 만든다.

청와

금와 金瓦

금와(金瓦)는 동으로 만든 기와에 순금을 입힌 기와이며 물고기 비늘형태로 지붕의 망판(望板)에 못질하여 설치한다. 금와는 청대 라

마묘 건축에서 자주 사용되었으며, 『구당서 · 왕보전(舊唐書·王普傳)』에 따르면: "오대산 금각사에는 금을 입힌 동편 기와가 있어 산골짜기를 밝게 비춘다(五台山有金閣寺, 鏤銅為瓦, 塗金於上, 照耀山谷)"라고 나온다. 이것은 금와를 사묘(寺廟)에서 사용했다는 것을 보여준다. 이밖에 동편과 철편기와 역시 묘우(廟宇)에 쓰였으며 민가에서는 잘 쓰지 않았다.

금와

명와 明瓦

명와(明瓦)는 일종의 특수 형태의 기와이다. 굴이나 대합 조개류의 껍질을 갈아 문질러서 얇은 편으로 만들어 창호나 천장에 끼워 넣어 빛을 밝게 통과시키게 하여 채광에 이롭게 한다.

명와

판와 板瓦

중국의 기와는 재질에 따라 청와, 동와, 금와, 철와, 명와 등으로 나뉘지만 형태에 따라 판와(板瓦, 암기와)와 통와(筒瓦, 숫기와) 2개로도 나뉜다. 판와와 통와 이 두 종류는 청와(青瓦)로 만든다. 판와는 보기에 비교적 평평한 기와이다. 정확하게 말하면 판와의 횡단면이 반형의 곡선 형태이며, 앞쪽이 뒤쪽보다 약간 폭이 좁은 모습이다. 고증에 따르면, 서주(西周) 시대의 판와는 직경 55㎝, 너비 30㎝, 청대(清代)의 판와는 길이와 너비가 20㎝ 전후로 크기가 점차 작아져 시공이 편리하고 파손 되었을 때 교체하기 쉬운 실용적인 형태로 바뀌었다.

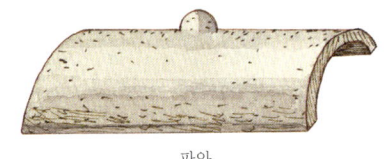

판와

통와 筒瓦

통와(筒瓦, 숫기와)와 판와(板瓦)의 가장 큰 다른 점은 횡단면의 반원형에 있다. 건축물에서 기와를 깔 때, 판와의 오목한 면을 기와의 경사면에 순차적으로 쌓아둔다. 밑에 깔린 기와 위에 기와의 7/10정도 길이가 되는 곳에 윗면의 기와를 쌓는다. 그러면 자연적으로 윗면과 아랫면에 골이 생긴다. 이런 식으로 한 개의 열에서 골과 골 사이의 열이 생기고, 골과 골 사이는 자연적으로 이음새 혹은 틈새가 있는 모습이 된다. 예를 들어 소식와작(小式瓦作)에서는 이 틈새에 판와(板瓦, 암기와)를 덮으며, 대식와작(大式瓦作)에서는 통와(筒瓦, 숫기와)로 덮는다.

현존 자료에 따르면 숫기와의 출현시기가 암기와보다 늦다. 봉건사회의 등급제는 매우 엄격했으며 기와의 사용 역시 엄격한 규정이 있었다. 다만 상등관(上等官, 고위 관료)이나 상등관의 가옥보다 높은 건물에서만 숫기와 사용이 가능했으며 보통 민가에서는 암기와만 사용이 가능했다. 봉건말기에는 이러한 현상이 변하였다.

석판와 石板瓦

석판와(石板瓦)는 원래 기와가 아닌 돌 조각이었으며 건축물 지붕에 기와편처럼 쓰여 기와와 같은 작용을 하여 기와(瓦)라 불리었다. 석판와는 작고 규격이 있는 얇은 돌조각을 건축물 지붕에 순서 있게 배열하는 것으로 일종의 민간건축에 사용된 기와이다. 석판와를 설치한 건축물을 가리켜 석판방(石板房)이라 한다.

통와

석판와

어린와 魚鱗瓦

어린와(魚鱗瓦)는 기와편(瓦片)의 형태가 물고기 비늘과 비슷한 것을 말한다. 일반적으로 방형이나 장방형의 기와와는 다르며 기와의 윤곽이 아름답다. 어린와(魚鱗瓦)가 깔려 있는 건축지붕은 가지런하고 질서 정연하여 눈에 확연히 들어온다. 어린와(魚鱗瓦)가 설치된 건물은 그 수가 많지 않다. 하북(河北) 승덕(承德) 피서산장(避署山庄) 외팔묘(外八廟) 중 수미복수지묘(須彌福壽之廟) 내의 중심 불당인 묘고장엄전(妙高莊嚴殿) 지붕에 어린와가 깔려 있다. 이 어린와는 동편 재질(銅青)에 금박을 입힌 것이다.

대식와작 大式瓦作

대식와작(大式瓦作)은 건물에 기와를 설치할 때 쓰는 기법의 하나이며, 대부분 궁전, 묘우(廟宇) 건축 등에 쓰인다. 대식와작의 특별한 점은 숫기와로 이음을 한다는 것이다. 지붕 위에 특별한 척와(脊瓦, 마루에 사용하는 기와)가 있으며 동시에 지붕 마루 위에 문수(吻獸, 취두와 잡상) 등의 장식 부재들이 있

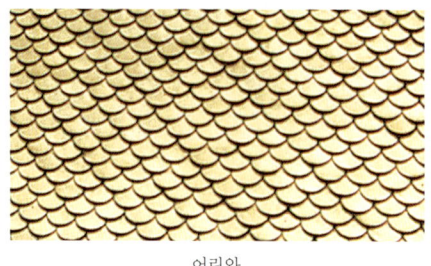

어린와

대식와작

다. 대식와작은 재료의 측면에서 청와(靑瓦) 이외에 유리와(琉璃瓦)도 사용이 가능하다.

소식와작 小式瓦作

소식와작(小式瓦作) 역시 건물 기와 기법중의 하나이며 대식와작과 반대되는 말이다. 소식와작은 주요 건물이 아닌 일반 건물에 사용한다. 소식와작의 특징은 대부분 암기와로 이음새를 마감하는 것이다. 합와(合瓦)를 사용하며, 아주 드물게 숫기와를 사용한 합와(合瓦)도 있다. 건축 지붕 마루에 문수(吻獸), 취두와 잡상) 등의 장식 부재들이 없다. 소식와작은 재료로 봤을 때 청와(靑瓦)만 사용이 가능하며 흑활(黑活)이라고도 한다.

소식와작

앙와 仰瓦

앙와(仰瓦)는 기와를 건축물 지붕에 설치할 때 기와 면의 오목한 면이 위로 향하게 설치하는 것을 말하거나 오목한 면이 위로 설치된 기와를 가리켜 앙와(仰瓦)라 한다. 앙와는 일반적으로 숫기와 형식을 쓰지 않는다.

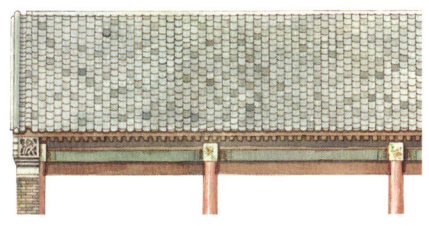

앙와

합와 合瓦

합와(合瓦)는 앙와와 상대되는 말로 기와 설치 시 오목한 면이 밑으로 향하게 하는 것을 말한다. 합와는 건물 내부 나무재질의 내부 가구(架構)에 비가 침입하는 것을 방지하기 위해 기와의 상하 양쪽 면의 틈새 위를 덮는다. 합와는 암기와도 사용하며 숫기와도 사용 가능하다. 그러나 건축 등급에 따르면 보통 백성의 경우 일반적으로 암기와만 썼으며 상등관의 집이나 황실궁전에서만 암기와와 숫기와를 모두 사용하였다.

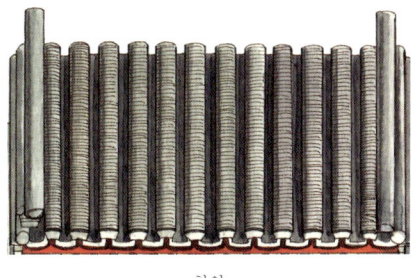

합와

면와 緬瓦

면와(緬瓦)는 중국 운남 서쌍판나(西雙版納)의 태족민거(傣族民居)나 사묘(寺廟)에 사용하는 기와이다. 면와의 특징은 단면이 거의 일직선이며 평면은 방형에 가깝다.

면와

앙합와 仰合瓦

앙합와는 앙합와개와정(仰合瓦蓋瓦頂)이라고도 불린다. 형태가 암기와나 숫기와, 암기와나 암기와가 서로 대립되게 설치되는 것으로 서로 잘 합치되는 모습을 보인다. 기와 설치는 먼저 앙와의 오목한 부분을 점배(苫背)나 서까래 위에 열 지어 놓으며 이후 앙와(仰瓦)와 앙와(仰瓦) 사이의 틈을 기와로 덮는다. 이것을 합와라 한다. 앙와(仰瓦)와 합와를 합친 것을 앙합와(仰合瓦)라 한다.

* 점배(苫背)
  마른풀, 가마니, 거적, 멍석 따위로 지붕을 덮고 석회나 진흙을 바르는 것

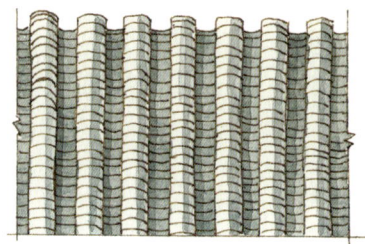

앙합와

조선족와 朝鮮族瓦

조선족 기와는 조선족 민거 등의 건축에서 사용하는 기와이다. 일반적으로 한족 기와형태와 비슷하다. 조선족 기와를 설치할 때 종종 창척(戧脊, 추녀마루)과 정척(正脊, 용마루)에 층층이 기와를 쌓으며 형태를 높게 하여 지붕마루의 끝을 특이하게 하여 형상이 매우 독특하다.

와당 瓦當

건축물 지붕 숫기와나 암기와의 맨 아래쪽에 있는 원형이나 반원형 형태의 끝머리 장식을 와당(瓦當)이라 하며, "와당(瓦璫)" 혹은 "구두(勾頭)"라고도 한다. 와당은 서주(西周) 말기에 처음 나타났으며, 끊임없는 발전과 변화를 통해 다양한 형태의 기와가 생산되었다. 전국시대(戰國時代) 도성 유적지 중에 반원형 형태의 화문(花紋) 와당이 발견 되었으며, 그 화문 중에는 동물문, 식물문도 있었다. 진한(秦漢) 시대에는 와당이 흔히 보였으며 형태는 원형이고 문양은 더욱 풍부해져 용, 물고기, 사슴 등의 동물 문양과 화초 등의 식물문과 여의문(如意紋), 만수무강(萬壽無疆), 연년익수(延年益壽) 등의 문자문도 있었다. 남북조(南北朝) 시대에는 문자문이 주류를 이루었고 또한 연화문(蓮花紋)도 많이 사용되었다. 이것은 남북조 시대에는 불교가 성행하여 연꽃과 불교가 밀접한 관계가 있음을 나타낸다. 당대(唐代)의 화문(花紋)은 연화문(蓮花紋) 위주였으며, 남북조 시대의 연화문보다 더욱 화려했다. 당대(唐代) 이후 문자문은 점점 감소했으며 또한 용, 봉, 화초문(花

조선족와

와당

草紋)이 증가하였다. 명청 시대의 화문(花紋)은 더욱 다채롭고 풍부해졌다.

* 화문(花紋)
  물체 표면에서 들어나는 일종의 무늬나 결의 일종으로 그 종류가 다양하다.
* 연년익수(延年益壽)
  전국시대(戰國) 초나라(楚) 송옥(宋玉)의 『고당무(高唐賦)』에 처음 등장하며 "수명을 늘리다"라는 뜻이 있다.

사신문 와당 四神紋瓦當

역대 왕조의 와당 문양 중 한대(漢代)의 사신문(四神紋)이 가장 유명하다 할 수 있다. 동시에 한대 와당 중 조형이 가장 아름다운 문양이다. 사신은 청룡(靑龍), 백호(白虎), 주작(朱雀), 현무(玄武)로서 전설 속의 동물 모양이다. 사신문은 고대에서 항상 방향을 나타내는데 사용했으며 좌청룡(左靑龍), 우백호(右白虎), 전주작(前朱雀), 후현무(后玄武) 혹은 동청룡(東靑龍), 서백호(西白虎), 남주작(南朱雀), 북현무(北玄武)로 나뉜다.

사신문 와당

문자 와당 文字瓦當

문자와당(文字瓦當)은 와당 상부에 문자(文字)를 새긴 것을 말한다. 고고학에서 초기에 출토된 와당 중에는 문자 와당이 흔히 보인다. 문자 와당은 문자와 도안, 윤곽선 등으로 결합되어 있으며 조형미가 있고 고풍스럽고 순박하게 보인다. 문자와당은 1개의 와당에 1개의 문자가 있는 경우인 진대의 공자(空字) 와당과 2개 혹은 4개의 문자가 있는 경우가 출토된 예도 있다.

문자 와당

송대 와당 宋代瓦當

송대(宋代) 초기의 와당 문양은 수당(隋唐)의 와당을 계승했으며 대부분 연화문(蓮花紋)이다. 연화문에서 연화 꽃잎은 초기에는 돌출된 겹꽃잎이었으나 점점 낮고 평탄한 단꽃잎으로 변해 갔다. 송대 초기에 이미 연화꽃이 길게 변했으며 연화문 외에도 송대 와당 문양

송대 와당

은 기타 다양한 형식이 있었다. 예를 들어 매화문(梅花紋) 바깥 틀에 보주(寶珠)를 첨가한 것, 화초를 그린 것, 흉악스런 인물상이 있는 것 등이 있다.

진대 와당 秦代瓦當

진대(秦代) 와당은 원형 혹은 반원형의 와당 가장자리를 다시 내부나 외부의 원으로 나누거나 좌우로 분할하는 형태를 가지고 있다. 진대의 문양은 사슴, 새, 곤충 등의 동물문과 길상어 등이 전서(篆字, 한자 서체의 하나)로 표현되어 있다. 그 중 주요 문양은 구름문양이지만 구름문양의 표현이 부드러우면서도 딱딱한 느낌이 나는 특징이 있다. 이것은 상주(商周) 시대(B.C 17C- B.C 221년) 청동기(靑銅器)의 장식을 계승한 것이다.

수당 와당

진대 와당

명청 와당 明靑瓦當

명청(明靑) 시기 와당의 화문(花紋)을 이전 왕조의 것과 비교해서 보면 그 종류가 훨씬 풍부하고 다채롭다. 그 중 용(龍), 봉(鳳), 화초문(花草紋)이 흔히 보이며 황가건축(皇家建築)에서는 대부분 용문(龍紋) 와당을 사용했다.

명청 와당

수당 와당 隋唐瓦當

수당(隋唐) 와당 중 특히 당대의 와당은 대부분 충만한 원형 형태이며, 진대(秦代)의 반원형 와당이 극히 일부분만 남아 있었다. 수당 와당의 특징은 표면의 문양과 장식 조각에 있다. 이 시기의 문양은 연화문(蓮花紋) 위주이고 연화문 꽃잎의 돌출이 매우 높고 겹꽃잎 형태이다. 당대 대명궁(大明宮) 유적에서 나온 와당이 이런 형태이다.

와롱 瓦壟

지붕 위의 기와를 설치하면 기와의 오목한 부분이 아래로 놓이면 상대적으로 양쪽에 조금 솟은 부분이 위로 올라가게 되는 곳에 합와(合瓦)가 연접하게 된다. 앙와는 자연적으로 지붕에서 하나의 골을 만들게 되는데 이것을 와롱(瓦壟)이라 한다.

화변와 花邊瓦

소식와작(小式瓦作) 건축물은 적수(滴水)의 형태가 대부분 약간 끝이 말리는 화변와(花邊瓦)이다. 적수의 전체적 형태가 여의형이거나 화변와에서 벗어나 명청(明淸) 시대 표면의 문양은 매우 다양했다.

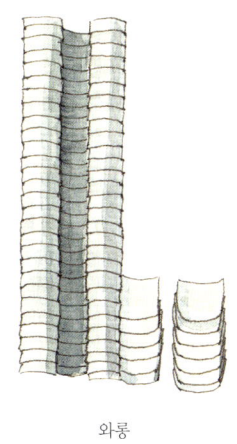

와롱

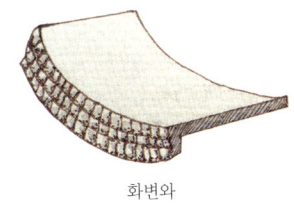

화변와

적수 滴水

건축물 지붕에서 앙와를 형성하는 기와 중 맨 아래쪽 특수 형태의 기와를 가리켜 적수(滴水, 암막새 기와)라 한다. 초기 적수의 형상은 당대(唐) 회화나 석각에서 볼 수 있으며, 송요 시기 적수는 중순판와(重脣板瓦)가 대부분이며 명청(明靑) 시기에 점점 변화 발전하여 여의형적수(如意形滴水)로 되었다.

* **중순판와(重脣板瓦)**
  서까래 끝부분에 위치하며 판와를 겹겹이 눌러 기와의 머리 부분이 짧은 곡선의 오목한 형태를 나타낸다. 기와 머리의 표면에는 승문(繩紋, 밧줄 문양), 연주문(繩珠紋, 구슬을 연결한 문양), 거치문(鋸齒紋, 톱날 문양)등의 문양이 새겨져 있다.

구두 勾頭

구두는 와당(瓦當)이다. 와당은 원대 이전의 명칭이고 명청(明淸) 시기에는 구두(勾頭, 숫막새 기와)라 불렀다. 구두(勾頭) 끝단의 문양과 내용은 매우 다양하다. 각 시대별로 각각의 특징이 있으며 문양의 종류는 일정한 발전과 변화가 있다. 구두(勾頭) 문양을 근거로 생산 시기를 판단할 수 있다.

구두

적수

배산구적 排山勾滴

배산구적(排山勾滴)은 건축 산장(山牆) 위 부분에 구두(勾頭)나 적수(滴水)를 두는 것을 말한다. 이곳은 헐산식(歇山式, 팔작지붕),

현산식(懸山式), 경산식(硬山式) 건축 측면의 박풍판(博風板) 상부에 구두와 적수를 배열하여 놓는다. 이것은 수척(垂脊, 내림 마루) 부분과 정각형을 이루는 것을 말한다. 다시 말해 이들의 배열과 형태는 지붕 마루에 수직 및 교차하는 형식이고 수척(垂脊, 내림 마루)에 늘어 놓거나 수평으로 놓는 형식은 아니다. 이곳의 구두와 적수를 가리켜 배산구적(排山勾滴)이라 하며 배산구두(排山勾頭)와 배산적수(排山滴水)의 합성어이다.

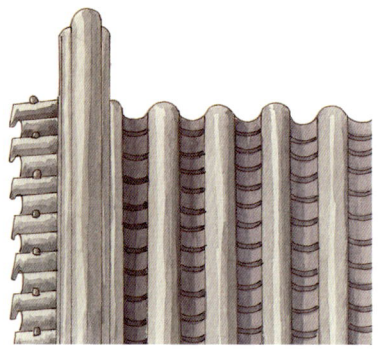

배산구적

제 8 장

양가결구(梁架結構)

대부분의 중국 고대건축은 양(梁, 보)을 사용하여 가구(架構)를 만드는 목가구(木架構) 형식이다. 일반적인 목가구 형식은 대량식(抬梁式), 천두식(穿頭式), 대량천두결합식(抬梁穿頭結合式) 등이 있으며, 그 외의 목가구에는 간란식(幹欄式), 정간식(井幹式)이 있다. 건축의 규모, 평면조합, 외관형식 등에 따라 결구법과 재료특성에 제약을 받는다. 일반적으로 대량식과 천두식을 사용한 민가는 건축규모와 평면 변화로 볼 때 간란식과 정간식보다 뛰어나다. 다양한 목가구 중 "가(架)"를 이루는 부재는 매우 많으며, 위치와 기능에 따라 그 이름이 다르다. 주요 부재명으로 양(梁, 보), 방(枋), 름(檩, 도리), 연(椽, 서까래) 등이 있다.

* **목구가(木構架)**
  나무로 짜 맞춘다는 의미로 목가구(木架構)와 의미가 유사하다.

복(栿)은 보를 가리키며 4개 구간의 서까래를 받치는 보를 4연복四椽栿이라 한다)을 받치며, 양(梁) 위에 다시 2개의 동주(童柱, 동자주)를 놓아 평량(平梁, 종보)을 받친다. 대량식(抬梁式) 구가(構架)는 복잡하고 세밀한 가공이 요구되지만 매우 단단하고 내구성이 있다. 또한 내부 공간이 비교적 크고 형태가 웅장하며 모습 또한 아름답다.

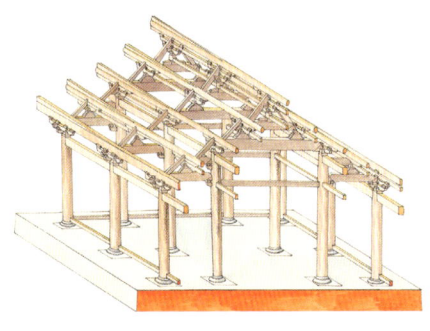

대량식 구가

대량식 구가 抬梁式構架

첩량식 구가(疊梁式構架)라고도 하며 중국고대 건축 중 가장 보편적인 목가구(木構架) 형식이다. 주자(柱子, 기둥) 위에 양(梁, 보)을 놓고 그 양 위에 짧은 기둥을 놓은 다음 다시 짧은 양을 쌓아 겹집히 위로 올린 것으로, 양(梁)의 양쪽 끝에 다시 름(檩, 도리)을 놓고 연(椽, 서까래)을 받치는 형식이다. 건물 앞뒤로 첨주(檐柱, 처마 기둥)를 놓아 4연복(四椽栿, 중국 고건축 송식(宋式) 건축 명칭이다.

천두식 구가 穿頭式構架

천두식 구가(構架)의 특징은 기둥이 가늘고 밀집되어 있으며, 각각의 주(柱, 기둥) 상부에 름(檩, 도리)이 놓여 있다. 또한 주(柱)와 주(柱) 사이를 나무로 줄지어 연결하여 전체를 구성한다는 것이다. 비교적 작은 재료를 사용하여 큰 건축물을 만들 수 있으며, 그물식 구조를 가져 매우 단단하다. 그렇지만 주(柱)와 방(枋)이 많아 실내를 하나의 큰 공간으로 만들 수 없다.

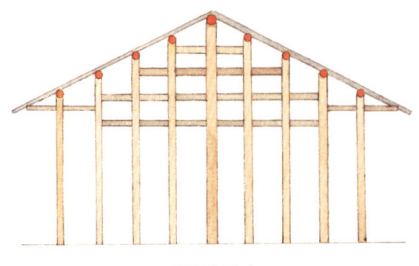

천두식 구가

간란식 구가

혼합식 구가 混合式構架

사람들이 점점 대량식 구가(抬梁式構架)와 천두식 구가(穿頭式構架)의 장점을 발견한 이후 두 가구(架構)를 결합하여 사용한 건물이 나타났다. 양 측면의 산장(山牆)은 천두식 구가를 사용하고, 중간부분은 대량식 구가를 사용하여, 실내공간 사용을 늘렸으며 건물 전체에 대형 목재를 사용할 필요가 없다.

정간식 구가 井幹式構架

정간식 구가(井幹式構架)는 원목을 사용해 나무를 끼워 맞춰 틀을 만들고 층층히 쌓아 올려 벽체를 만드는 것으로 상부의 지붕 또한 원목을 사용해 만든다. 이런 결구법은 비교적 간단하여 만들기가 쉬우나 건물이 초라하게 보이고 목재의 낭비가 심하다. 이 결구 형식은 고대의 우물 보호벽과 난간 형상에서 얻어진 명칭이다.

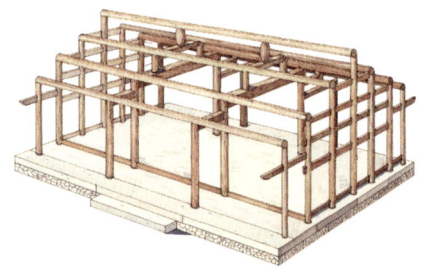

혼합식 구가

간란식 구가 幹欄式構架

간란식 구가(幹欄式構架)는 먼저 기둥을 사용하여 저층부에 높은 대(台)를 만들고 그 대 위에 양(梁, 보)과 포판(鋪板, 널판)을 놓은 다음 다시 그 위에 건물을 짓는 형식이다. 이러한 건축물은 지면보다 높아 습기의 침입을 방지할 수 있다. 후기 간란식 구조는 실제로는 천두식 구조로 되어 있으며 저층부를 막지 않고 비워놓은 것을 말한다.

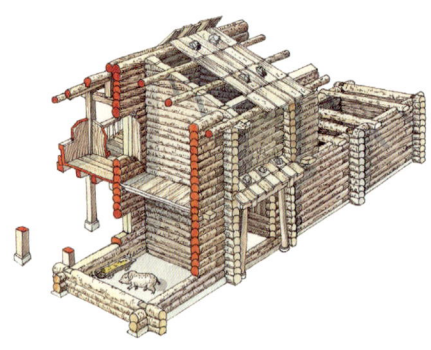

정간식 구가

양 梁

양(梁, 보)은 중국 건축 목구조 중에 중요한 부재이다. 일반적으로 종단면이 직사각형을 띠는 부재로 명청(明淸) 시기에는 기본적으로 방형(方形)에 가깝다. 중국 남방지역에서는 대다수 원형 단면을 사용했으며 이것은 나무 재료를 절약할 수 있다. 양(梁)은 건축물 상부 구조 중 지붕 전체의 무게를 받는 부재로 건축 상부 가구(架構) 중 매우 중요한 부재이다. 양(梁)은 위치와 형태, 구체적인 기능 등이 다르며 명칭 또한 틀리다. 칠가량(七架梁), 육가량(六架梁), 오가량(五架梁), 사가량(四架梁), 삼가량(三架梁), 쌍보량(雙步梁), 단보량(鋪步梁), 포두량(抱頭梁), 모각량(抹角梁), 순팔량(順扒梁), 십자량(十字梁), 도첨량(桃尖梁), 태평량(太平梁) 등 대부분 양(梁)의 방향은 건축물의 종단면과 일치한다.

양(梁)의 하부를 받치는 주요 부재는 기둥이다. 대형 건축물의 경우에는 두공(斗栱, 공포) 상부에 보가 놓이며 공포 아랫 부분에는 주(柱, 기둥)가 놓인다. 소형 건축물에서는 양(梁)이 직접 기둥 머리 위에서 연결된다.

포두량

조첨량 挑尖梁

대식건축(大式建築)에서 첨랑(檐廊, 회랑 또는 통로)이 있는 건축물 중 대부분의 양(梁, 보)은 금주(金柱, 내부 기둥)를 받친다. 이것 외에 부차적인 기능을 하는 양(梁)이 있다. 금주(金柱, 내부 기둥)와 첨주(檐柱, 처마 기둥)를 연결하는 양(梁)은 길이가 짧고, 양(梁)의 머리 부분은 복잡한 구조를 가진다. 이런 양(梁)을 조첨량(挑尖梁)이라 부른다. 조첨량은 무게를 받치는 기능을 하지 않고 연결 작용만 한다. 소식(小式) 건축에서의 포두량(抱頭梁)과 같다.

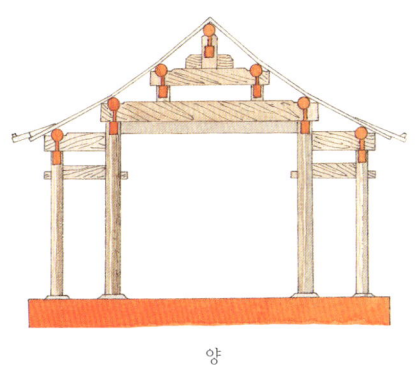

양

포두량 抱頭梁

소식 대목작(小式大木作) 구가(構架) 중 첨주(檐柱, 처마 기둥)와 금주(金柱, 내부 기둥) 사이의 짧은 양(梁, 보)을 포두량(抱頭梁)이라 부른다. 양(梁)의 한쪽 머리는 첨주(檐柱) 위에 있으며, 다른 한쪽은 금주(金柱)에 끼운다.

조첨량

태평량 太平梁

태평량은 일반적으로 무전정(廡殿頂, 우진각 지붕) 건축에서 투산주법(推山做法)을 쓸 때 사용한다. 양쪽 측면이 밖으로 향하므로 그에 따라 척름(脊檁, 종도리)이 길어지면서 척름(脊檁)이 뻗어 나온 부분이 허공에 매달려 있게 된다. 그런데, 허공에 떠 있는 부분의 윗 쪽은 정문(正吻, 취두)이나 기와 등이 있어 척름(脊檁)이 뻗어 나온 부분의 하중이 늘어난다. 그래서 안전성과 내구성을 위해 척름(脊檁) 밑 부분에 하중을 견디는 부재를 둔다. 이 부재는 일반적으로 한 개의 기둥과 한 개의 양(梁)으로 구성되며, 기둥은 "뇌공주(雷公柱)", 양(梁)을 "태평량(太平梁)"이라 부른다. 또한 무전정(廡殿頂) 외에 규모가 큰 찬첨정(攢尖頂, 모임지붕) 건축에서 뇌공주(雷公柱) 하부에 설치된 짧은 양(梁) 또한 태평량(太平梁)이라 부른다.

를 가리는 가림막의 일종으로, 좌우의 좁은 공간은 통로로 이용할 수 있다. 이 통로 윗쪽에 장식하는 것을 원보량(元寶梁)이라 한다. 형태가 원보(元寶)와 비슷하게 생겨 원보량이라 불려진다. 원보량은 장식 미화작용을 하며, 무게를 지탱하는 기능은 하지 않는다. 원보량의 중심부에는 도안이 집중적으로 되어 있고 도안의 대부분은 한 개의 원보가 도안 구조의 중심을 이룬다. 모양은 아이가 쇄편(鎖片)을 걸고 있는 형태, 또는 여의 형태이며 전체적으로 여의(如意), 길상, 부귀를 나타낸다.

* **원보(元寶)**
  중국 고대 때 사용했던 화폐의 종류
* **쇄편(鎖片)**
  아이들이 액막이를 하기 위해 금, 은, 동으로 만들어 목에 거는 부적

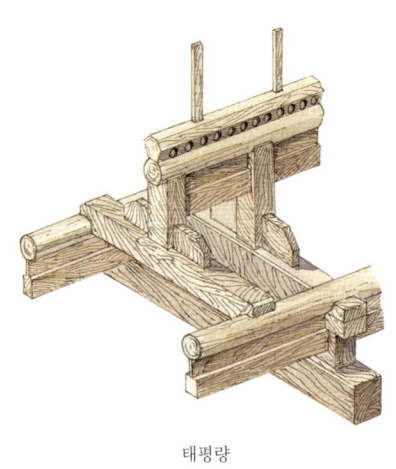

태평량

원보량

원보량 元寶梁

원보량(元寶梁)은 휘주(徽州) 지역 옛 민가에서 사용하는 특이한 장식의 양(梁, 보)이다. 휘주지역 민가 천정(天井, 마당) 뒤쪽 당옥(堂屋) 정면에 설치되는 태사벽(太師壁)은 앞뒤

각량 角梁

건축 지붕 위에서 수척(垂脊, 내림마루) 부분, 예를 들어 지붕의 정면과 측면이 만나는 부분의 최하층에서 기둥 밖으로 기울어져 뻗어 나

온 양(梁, 보)을 각량(角梁)이라 한다. 일반적으로 2개 층으로 구성되며, 아래 쪽 양(梁)의 송식(宋式) 명칭은 대각량(大角梁, 추녀), 청식(淸式) 명칭은 노각량(老角梁)이라 한다. 각량의 윗 부분 양(梁)의 명칭은 자각량(仔角梁, 사래) 혹은 자각량(子角梁)이라 한다.

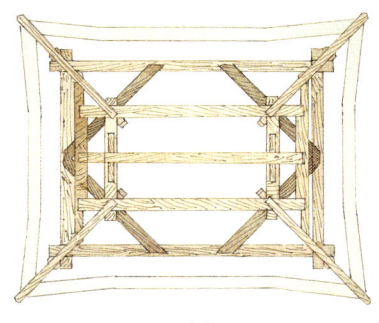

각량

보가 步架

청식(淸式)건축 목가구 중에서 2개의 름(檁, 도리)과 름(檁) 사이의 수평 거리를 보가(步架)라 한다. 보가(步架)는 그 위치에 따라 낭보(廊步), 금보(金步), 척보(脊步) 등으로 나뉜다. 쌍척름 권붕건축(雙脊檁卷棚, 종도리가 2개인 권붕식 지붕)에서의 최상층의 보가(步架)를 정보(頂步)라 한다. 같은 건물 안에서 낭보와 정보의 척도(尺度)만 변화가 있으며, 기타 다른 보가(步架)의 척도는 기본적으로 같다.

단보량 單步梁

단보량(單步梁)은 내부 구가(構架) 중 쌍보량에서 과주(瓜柱, 동자주) 위의 짧은 양(梁, 보)을 가리킨다. 길이가 일보가(一步架)에 지나지 않아 단보량이라 불린다.

쌍보량 雙步梁

건축물 구가(構架) 중에서 금주(金柱, 내부 기둥)와 첨주(檐柱, 처마 기둥) 사이의 조첨량(挑尖梁)은 일반적으로 하중을 견디는 기능이 없다. 그러나, 첨주(檐柱)와 금주(金柱) 사이의 거리가 길어질 때 조첨량 위의 중앙에 과주(瓜柱, 동자주)를 놓아 상부에 양(梁)과 름(檁, 도리)을 놓으며, 이때의 조첨량은 하중을 견디는 구체적인 기능을 한다. 이 때 양(梁)의 명칭이 바뀌어져서 쌍보량(雙步梁)이라 하며, 송대(宋)에는 유복(乳栿)이라 불렀다.

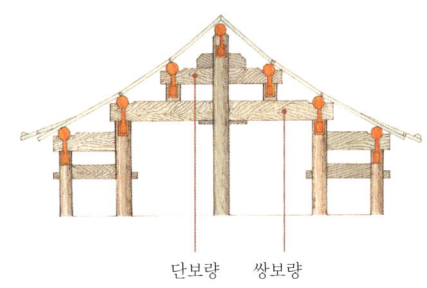

단보량   쌍보량

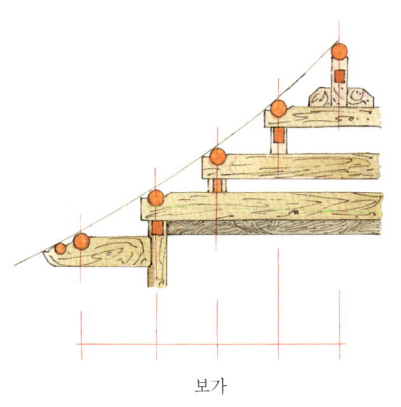

보가

삼가량 三架梁

청식(淸式) 건축 중에서 상부에 름(檁, 도리)을 3개 받치고 있는 양(梁, 보)을 가리켜 3가량(三架梁)이라 하며, 송대(宋代)에는 평량(平梁, 종보)이라 불렀다. 이에 따라 상부에 5

개의 름(檁)을 받치고 있는 양(梁)을 5가량(五架梁)이라 불렀으며, 송식(宋式)에서는 4연복(四椽栿)에 해당한다. 7개의 름(檁)을 받치고 있는 양(梁)을 7가량(七架梁), 역시 송식(宋式)의 6연복(六椽栿)에 해당한다. 양(梁)의 송식(宋式) 명칭을 복(栿)이라 한다.

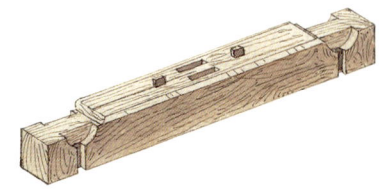

삼가량

월량 月梁

월량은 2가지 개념으로 나뉜다. 첫째는 청식(淸式) 권붕정(卷棚頂, 무량각) 건축 가구(架構) 중 최상층에 있는 양을 월량(月梁) 혹은 정량(頂梁)이라 한다. 둘째는 초승달 형식으로 만든 양(梁, 보)을 가리키며, 양(梁)의 양쪽 끝을 곡선으로 만들고 중간 부분을 약간 솟아나게 만들어 전체적으로 구부러진 형태의 초승달 모양으로 만든 것을 월량(月梁)이라 한다. 한대(漢代)에는 이런 월량을 홍량(虹梁)으로 불렀으며 매우 형태적인 명칭이다. 월량의 측면은 때로 조각이 새겨졌으며, 문양은 부드러운 곡선 형태로 세밀하고 아름답다. 송대(宋代) 이전의 대형 건축 중 겉에 드러난 양(梁)에 이 수법을 사용했으며, 명청(明淸) 시기 관식건축에서는 사용하지 않았다. 그러나 강남 민가건축에서는 비교적 잘 볼 수 있다.

월량

순량 順梁

순량(順梁)의 형태와 역할은 일반적으로 양(梁, 보)과 같다. 단지 놓이는 방향이 양(梁)과 상반되거나 일반적인 양(梁)이 놓이는 위치와 수직을 이룬다. 즉, 순량(順梁)은 건축 가로 방향과 평행을 이루는 것으로 수직을 이루는 것은 아니다. 무전정(无殿頂, 우진각 지붕)과 헐산정(歇山頂, 팔작지붕) 건축에 사용하며, 하금방(下金枋) 밑에 위치한다.

배량 扒梁

배량(扒梁)은 팔량(趴梁)이라고도 한다. 배량과 순량과 방향은 같지만, 배량의 양 끝단이 기둥머리와 직접 연결되지 않고 름(檁, 도리) 위에 걸쳐 있거나 일반적인 보의 윗부분에 있다. 배량은 양(梁, 보)과 방(枋)의 기능을 가지고 있으며, 어떤 경우에는 방(枋) 그 자체를 의미하기도 한다.

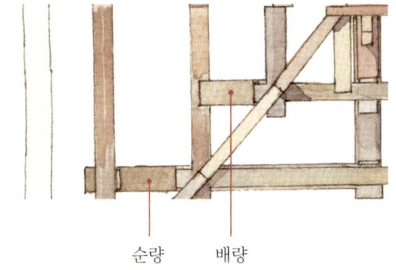

순량   배량

순배량 順扒梁

전통 목구조 부재 중의 하나이며, 무전정(庑殿頂, 우진각 지붕)과 헐산정(歇山頂, 팔작지붕) 건축의 산면(山面)에 많이 쓰인다. 일반적으로 외부는 산면의 첨름(檐檩, 처마 도리)이나 정심형(正心桁, 주심도리) 위에 걸려 있다. 내부 쪽은 양(梁, 보)의 몸체에 직접 걸리거나, 내부 양가(梁架)의 타둔(柁墩)이나 과주(瓜柱, 동자주)에 장부 맞춤을 한다.

* **타둔(柁墩)**
  보와 보 사이에서 상부에 있는 보를 받치는 부재로 송식(宋式) 명칭이다.

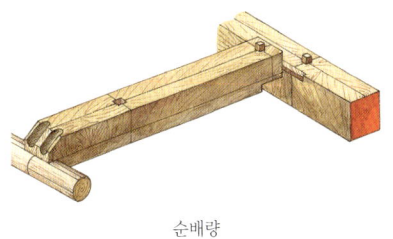

순배량

타 柁

일부 지방에서 양(梁, 보)과 복(栿, 보)을 타(柁)라 부르기도 한다. 또한 양(梁)의 위치가 높고 낮음에 따라 대타(大柁), 이타(二柁), 삼타(三柁) 등으로 나뉜다. 그 중 가장 길고 최하층에 있는 양(梁)을 대타(大柁), 2번째 층의 비교적 짧은 양(梁)을 이타(二柁), 최 상층의 가장 짧은 양(梁)을 삼타(三柁)라 한다.

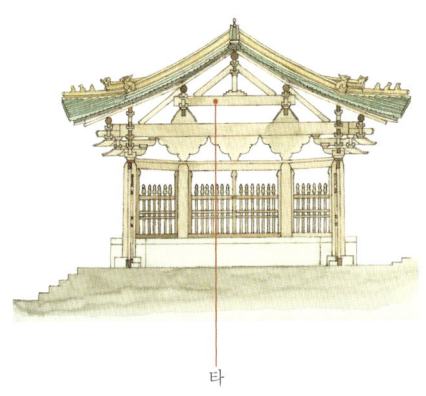

타

평판방 平板枋

평판방은 청식(淸式) 건축 명칭으로, 송식(宋式) 건축의 보백방(普柏枋)이다. 송대 이후 난액(闌額, 창방)이 두꺼워짐에 따라 보백방

역시 점점 두껍고 너비가 좁아졌으며, 명대 이후에 너비가 난액과 거의 같게 되었다. 이후 청대에는 대액방(大額枋) 혹은 액방(額枋, 창방)과 너비가 좁게 되어 동시에 명칭도 평판방(平板枋)이라 불렀다.

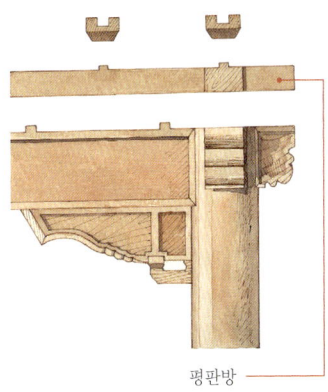

평판방

대액방 大額枋

청식(淸式)건축 구조 중 방(枋)의 명칭이다. 비교적 대형 건축물에서 때로는 2개 층으로 액방(額枋)을 구성하며, 그 중 상부에 있는 액방이 커서 대액방(大額枋)이라 부르며, 송식 명칭은 난액(闌額, 창방)이다.

소액방 小額枋

청식(淸式)건축 구조 중 방(枋)의 명칭이다. 비교적 대형 건축물에서 때로는 2개 층으로 액방(額枋)을 구성하며, 그 중 하부에 있는 액방을 가리켜 소액방(小額枋)이라 부르며, 송식 명칭은 유액(由額)이다.

대액방   소액방

방 枋

방(枋)과 양(梁, 보)은 주(柱, 기둥) 사이나 주(柱) 위에 위치하는 횡목으로 방(枋)은 양(梁)과 놓여지는 높이가 비슷하다. 그러나, 양(梁)과의 매우 큰 차이점은 양(梁)은 전후 금주(金柱, 내부 기둥) 혹은 금주(金柱)과 첨주(檐柱, 처마 기둥) 사이에 위치하는 횡목이지만, 방(枋)은 첨주(檐柱)와 첨주(檐柱), 금주(金柱)와 금주(金柱), 혹은 척주(脊柱, 동자주)와 척주(脊柱) 사이에 놓이는 횡목이다. 간단하게 말하면, 대부분 양(梁)은 건축 종단면 방향으로 놓이며, 방(枋)은 위치가 다르다. 액방(額枋), 금방(金枋), 척방(脊枋) 등이 있다.

1. 액방(額枋, 창방)

액방(額枋)은 첨방(檐枋)이라고도 불리며, 송대(宋代) 이전에는 난액(闌額, 창방)으로 불렸다. 액방의 위치는 첨주(檐柱, 처마기둥)와 첨주(檐柱) 사이이며, 서로 연결작용을 하는 짧은 횡목이다. 남북조(南北朝) 시기 이전에는 대부분의 액방이 주(柱, 기둥) 위에 놓였으며, 수당(隋唐) 이후에 점점 주(柱) 사이에 놓였다. 당대(唐代)에는 단면의 높이와 너비는 대략 2:1 이었으며, 측면이 곡선형으로 되어 금면(琴面)이라 불렸으며, 전각부(轉角處, 평면에서 모서리각)에서는 끝부분이 돌출되지 않았다. 송대(宋代) 이후 높이와 너비의 비는 3:2였으며, 전각부(轉角處)에서 끝부분이 돌출되었다. 돌출된 부재는 일반적으로 날카로운 모습이거나 후대의 패왕권(霸王卷) 형식과 비슷하다. 명청대(明淸代)에는 단면형이 방형에 가까우며, 튀어나온 부분은 패왕권 형식이다. "패왕권(霸王拳)"이란 중간부분이 3개의 요철(凸) 부분으로 된 반원형 형식이며, 양쪽 끝부분은 오목(凹)한 반원형 형식이다. 이것들을 연결 구성한 것을 화장두식(花狀頭式) 양방방두장식(梁枋枋頭裝飾)이라 한다.

액방

2. 금방(金枋)

금방(金枋)은 청식(淸式) 가구(構架) 명칭 중 하나로 방(枋)의 한 종류이다. 방은 양쪽 양(梁, 보)의 끝부분 아래에 위치하며, 주(柱, 기둥) 머리와 주(柱) 머리 사이의 횡목이다. 양(梁)과는 수직방향으로 놓이며 건축 입면 방향과 평행하다. 액방(額枋)의 위치는 첨주(檐柱, 처마 기둥)과 첨주(檐柱) 사이의 방(枋)이지만 금방(金枋)은 금주(金柱, 내부 기둥)와

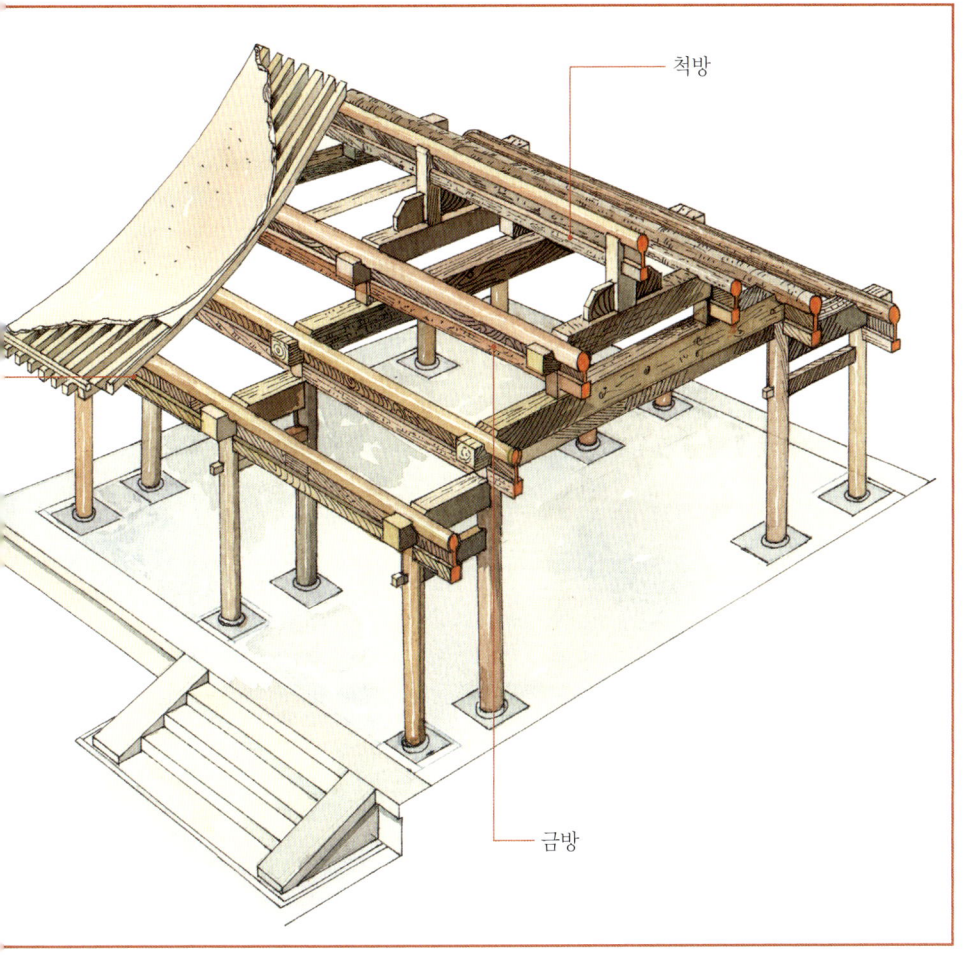

금주(金柱) 사이의 방(枋)이다. 금방(金枋)은 상, 중, 하 위치에 따라 상금방(上金枋), 중금방(中金枋), 하금방(下金枋)으로 구별된다.

3. 척방(脊枋)

척방(脊枋) 역시 청식(淸式) 가구(架構) 명칭 중 하나로 방(枋)의 한 종류이다. 방(枋)은 양쪽 양(梁, 보)의 끝부분 아래에 위치하며, 주(柱, 기둥) 머리와 주(柱) 머리 사이의 횡목이다. 양(梁)과는 수직방향으로 놓이며, 건축 입면 방향과 평행하다. 척방 역시 척주(脊柱)와 척주(脊柱) 사이에 놓이는 방(枋)이지만 일부 건축물에는 척주가 없다. 그래서, 척과주(脊瓜柱)와 척과주(脊瓜柱) 사이의 방(枋)을 가리키기도 한다. 통상적으로 척방은 방(枋) 중에 가장 높은 곳, 건축물 옥척(屋脊)에 위치하여 척름(脊檁, 종도리)과 함께 건축물 골격을 형성한다.

보백방 普拍枋

송식(宋式) 건축 구조 중 방(枋)의 명칭이며, 청식(淸式) 건축의 평판방(平板枋, 평방)과 대응된다. 보백방(普拍枋, 평방)의 주요 기능은 두공(斗栱, 공포)을 받치는 역할이다. 보백방(普拍枋)의 위치는 난액(闌額, 창방)과 주(柱, 기둥) 머리 위에 있으며, 또한 주(柱) 머리 위 두공(斗栱)은 보백방 위에 위치한다. 이것은 자연적으로 주(柱)와 액방(額枋)과의 연결을 단단하게 해 준다. 두공(斗栱)은 끊임없이 발전하면서 건축에서의 운용이 점점 증가 되었다. 특히, 보간포작(補間鋪作, 주간포)의 증가는 난액의 하중부담을 증가 시켰다. 보간포작(補間鋪作)에는 촉주(蜀柱, 동자주)나 인자공(人字栱)이 사용되지 않고, 대두(大斗, 주두)가 사용되었다. 그러나, 상대적으로 얇고 좁은 액방(額枋, 창방)이 대두(大斗)를 받치지 못해 그 결과로 보백방(普拍枋)이 나타나게 되었다.

보백방

형 桁

형(桁, 도리)은 름(檁)이라 불린다. 름(檁, 도리)은 소식대목(小式大木) 건축에서 형(桁)이며, 방(枋)의 상부에 위치한다. 간단히 말하면, 형(桁)은 내부 가구(架構)에서 양(梁, 보)의 머리 사이 혹은 주(柱, 기둥) 머리 위의 두공(斗栱, 공포)과 두공(斗栱) 사이에 있는 횡목이다. 형(桁)의 단면은 대부분 원형으로 방(枋)과 다른 양상을 가진다. 형(桁)은 위치에 따라 첨형(檐桁= 첨름檐檁), 금형(金桁= 금름金檁), 척형(脊桁= 척름脊檁)으로 나뉜다. 중국 남방에서는 일반적으로 형(桁)과 름(檁)을 "형조(桁條)", "름조(檁條)"라고 한다. 형(桁)의 송식(宋式) 명칭은 "단(槫)"이다.

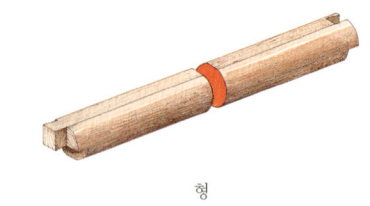

형

정심형 正心桁

두공(斗栱, 공포)을 가진 건축 중에서 정심방(正心枋) 위에 있는 형을 정심형(正心桁, 주심도리)이라 하며, 정심(正心)은 두공(斗栱) 양측 중심선의 위치를 가리킨다. 소식대목(小式大木) 건축에서는 정심형을 첨름(檐檁, 주심도리)이라 한다.

금형 金桁

정심형(正心桁, 주심도리)과 척형(脊桁, 종도리) 사이의 모든 형(桁)을 금형(金桁, 중도리)이라 한다. 금형(金桁)은 놓이는 위치에 따라 상금형(上金桁, 상중도리), 중금형(中金桁, 중중도리), 하금형(下金桁, 하중도리)으로 나뉜다. 상금형은 척형(脊桁)과 거리가 가장 가까운 금형(金桁)이며, 하금형(下金桁)은 정심형, 혹은 첨형(檐桁)과 가장 가까운 금형(金桁)이고, 중금형은 상금형(上金桁)과 하금형(下金桁) 사이의 금형(金桁)을 가리킨다. 같은 말로 소식대목(小式大木)에서는 금형(金桁)을 금름(金檁)이라고도 하며, 위치에 따라 상금름(上金檁, 상중도리), 중금름(中金檁, 중중도리), 하금름(下金檁, 하중도리)으로 나뉜다.

제8장 양가결구

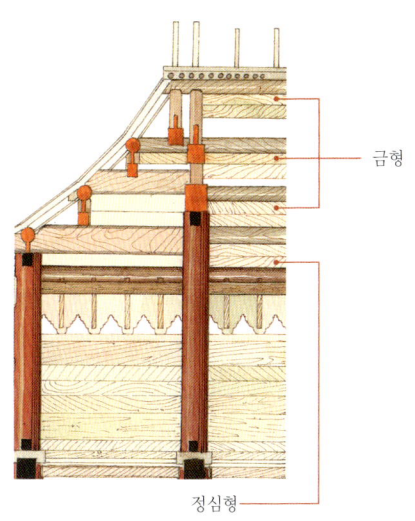
금형
정심형

연(椽)은 형(桁, 도리) 위에 직각으로 교차하여 밀집되게 놓이며, 양(梁, 보)이 놓여지는 방향과 같게 되어 방(枋), 형(桁)과 교차된다. 또한 양(梁)은 보통 수평으로 놓여 지면과 평행하지만, 연(椽)은 건축물 지붕에서 경사지게 놓여 지면과 평행하지 않다.

연(椽, 서까래)의 크기와 길이는 방(枋), 형(桁, 도리)과 같이 모두 건축물 전체 규격에 의해 결정된다. 일반적으로 방(枋), 형(桁)에 비하여 굵기가 작은 이유는 연(椽, 서까래)이 방(枋)이나 도리(桁) 위에 위치하고 밀집되게 나열되게 되는 것과 관계가 있다. 만약 크기가 큰 연(椽)을 설치할 경우, 지붕 밑 가구(架構)의 하중부담이 커져 건축물의 견고성에 불리하기 때문이다.

양(梁, 보)·방(枋)·형(桁, 도리) 등의 부재들은 위치에 따라 비교적 명확하게 그 명칭이 다르다. 특히, 거리에 따라 방(枋)은 액방(額枋), 금방(金枋), 척방(脊枋) 등으로 분리되며, 형(桁, 도리)의 경우 정심형(心桁), 금형(金桁), 척형(脊桁)으로 나뉜다. 그러나 연(椽, 서까래)의 상·하는 건축물 옥척(屋脊, 마루)에서 첨주(檐柱, 처마 기둥)까지 하나의 목부재로 연결된 것처럼 보인다. 그러나, 연(椽) 역시 상, 하 위치에 따라 명칭이 달라 뇌연(腦椽), 화가연(花架椽), 첨연(檐椽), 연두(椽頭), 비연(飛椽) 등으로 나뉜다.

척형 脊桁

척형(脊桁, 종도리)은 척과주(脊瓜柱, 대공) 위에 위치하는 형(桁)으로 척방(脊枋) 위쪽에 놓인다. 척형(脊桁)은 목가구(木架構) 골격 중 최상부에 위치하는 형(桁)으로, 소식대목(小式大木)에서는 척름(脊檁, 종도리)이라고 부른다.

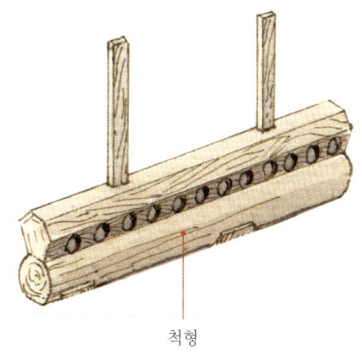
척형

연 椽

연(椽, 서까래)은 연자(椽子)라고도 부른다.

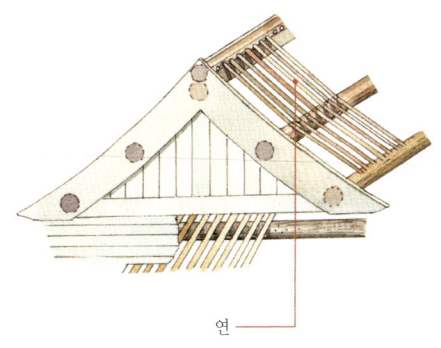
연

화가연 花架椽

화가연(花架椽, 중연)은 청식(淸式) 건축에서 연(椽, 서까래)의 명칭 중 하나이며 평연(平椽)이라고도 한다. 화가연(花架椽)은 금형(金桁, 중도리) 위에 위치하며, 또한, 뇌연(腦椽)과 첨연(檐椽) 사이의 연(椽, 서까래)도 여기에 해당된다. 화가연의 모양은 금방(金枋), 금형(金桁) 등의 부재와 같으며, 건축물 횡 방향 및 보가(步架)의 크기에 따라 상화가연(上花架椽), 하화가연(下花架椽) 등으로 부른다.

뇌연 腦椽

뇌연(腦椽, 단연)은 청식(淸式) 건축 중 연(椽, 서까래) 명칭의 하나이며, 연(椽)의 최상부인 척형(脊桁, 종도리)에서 상금형(上金桁, 상중도리) 사이의 연(椽) 부분을 일컫는다. 뇌연(腦椽)의 상부 끝부분은 부척목(扶脊木)에 끼우고, 하단 끝부분은 금형(金桁, 중도리) 윗 부분에 못질 한다.

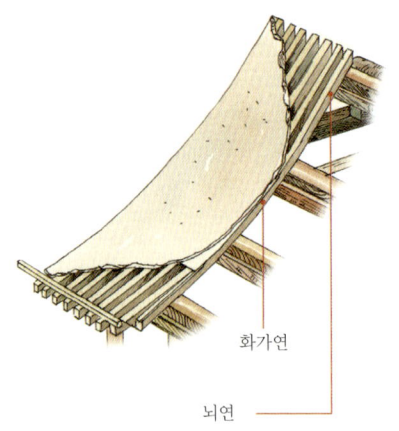

화가연

뇌연

첨연 檐椽

하금형(下金桁, 하중도리)에서 정심형(正心桁, 주심도리)까지의 연(椽, 서까래) 부분을 첨연(檐椽, 장연)이라 부른다. 첨연(檐椽)의 끝부분을 첨두(檐頭)라 한다.

비연 飛椽

대식(大式) 건축 중 건물 첨(檐, 처마) 부분을 깊게 하여 길이가 더 길어진 경우, 원래 원형 단면의 첨연(檐椽) 바깥쪽 부분에 단면이 방형인 연(椽, 서까래)을 못질하여 덧댄다. 이것을 비연(飛椽, 부연), 비첨연(飛檐椽)이라고 하며, 송대에는 비연(飛椽), 비자(飛子)라 불렀다. 비연(飛椽)의 길이는 처마(飛椽)의 깊이에 따라 자연적으로 결정된다.

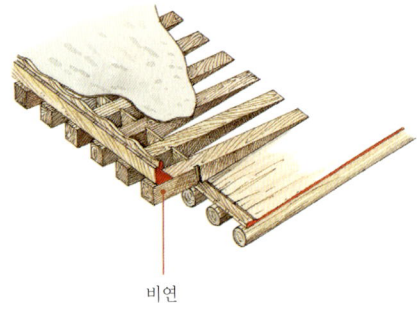

비연

부척목 扶脊木

척형(脊桁, 종도리) 위에 척형(脊桁)와 비슷한 형상의 횡목으로 척형(脊桁)과 바싹 붙어 있고 단면이 육각형이다. 건축물 밑으로 향하는 면에 작은 구멍이 일렬로 뚫려 있어 뇌연(腦椽, 단연)의 상부 끝부분이 이 부분에 끼여

부척목

받쳐있는 모습을 하고 있다. 이것을 부척목(扶脊木)이라 하며 청식(淸式) 명칭이다.

연완 椽椀

연완(椽椀)은 형(桁, 도리) 위에서 연(椽, 서까래)의 머리 부분을 받치는 것으로 형(桁, 도리)과 평행을 이루며 붙어 있고, 길이 또한 형(桁)과 비슷하다. 연완(椽椀)은 연(椽)을 조밀하게 설치하기 위해 일련의 구멍에 끼워져 고정된다. 일반적으로 연완(椽椀)은 부척목(扶脊木)을 제외하고 형(桁) 위에서 구멍이 있는 횡목으로 부척목(扶脊木)과 연완은 위치만 다를 뿐 그 기능은 거의 같다.

일부 건축물의 경우 연완(椽椀)을 사용하지 않으며 단지 척형(脊桁, 종도리) 위에 부척목(扶脊木)만 사용하고 기타 다른 형(桁, 도리) 위의 연(椽, 서까래)은 못을 사용하여 직접적으로 형(桁) 위에서 못으로 고정시킨다.

연완

차수 叉手

차수(叉手)는 송식(宋式)의 건축 부재 명칭이다. 대량식(抬梁式) 구가(構架) 중 최상층의 짧은 양(梁, 보)에서부터 척(脊, 마루)의 척름(脊檁, 종도리) 사이에서 기울어져 설치되는 부재를 차수(叉手)라 한다. 차수의 주요 기능은 척(脊)을 부축하는 역할을 한다. 당대(唐代)와 당대(唐代) 이전의 대량식 구가(構架)에서는 차수만 있고 촉주(蜀柱, 대공)는 없었다. 송대 이후 차수와 촉주가 같이 사용되었으며, 명청(明淸) 시기에는 차수(叉手)가 더 이상 사용되지 않았다.

> *차수(叉手)
> 한국 고건축의 솟을재와 유사한 단어이며, 중국 고건축에서는 솟을대공, 솟을합장으로 구분하지 않고 시대 특징으로만 보고 있다.

탁각 托脚

탁각(托脚)은 송식(宋式) 대목(大木) 부재의 명칭이다. 탁각(托脚)과 차수(叉手)의 기능은 비슷하지만 위치에 따라 구별된다. 차수(叉手)의 위치는 최상층 짧은 양(梁, 여기서는 종보를 가리킴)와 척(脊, 마루)의 "단(槫)" 사이에 기울어져 설치 되지만, 탁각(托脚)은 최상층에 설치되는 양(梁, 보) 외의 기타 다른 양(梁)에서 기울어져 설치되므로 "단(槫)" 사이에 비스듬히 설치되는 목부재이다.

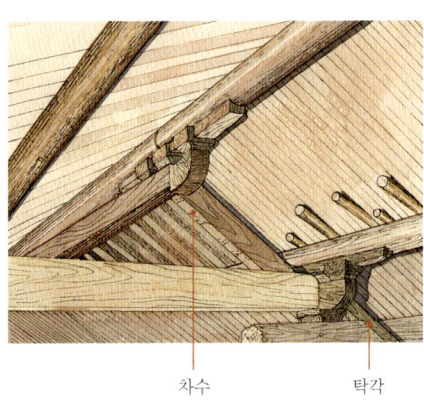

차수   탁각

유창 由戧

유창(由戧)은 청식(淸式) 명칭으로 무전정(廡殿頂, 우진각 지붕)의 정면과 측면이 만나는 지점에서 골격을 이루는 부재이다. 또한 4개의 수척(垂脊, 내림마루) 골격구조 즉, 양쪽 산면(山面) 각각의 름(檁, 도리)과 전후를 이어주는 각각의 름(檁)이 교차하는 위치에 있는 부재를 가리킨다. 이밖에, 찬첨정(攢尖頂, 모임지붕) 중 약간 기울어져 뇌공주(雷公柱)를 떠받치는 짧은 목재도 유창(由戧)이라 한다.

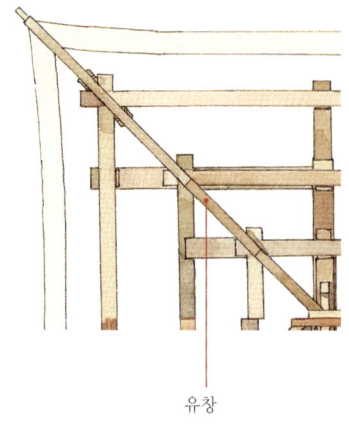

유창

추산 推山

추산(推山)은 무전정(廡殿頂, 우진각 지붕) 건축에서 쓰는 지붕 처리방식을 말한다. 추산(推山)은 지붕 양쪽 측면이 밖으로 향하는 것을 말하며 이런 수법은 건축물 정척(正脊, 용마루)의 길이를 연장하여 양쪽 지붕면을 가파르게 만든다. 추산(推山) 기법을 사용함에 따라 건축물 수척(垂脊, 내림마루)의 교차점이 더 이상 직선형태가 아닌 곡선형으로 변화되어 지붕부의 풍부한 곡선미를 보여준다.

철상명조 徹上明造

실내 천장에 천화판(天花板, 천정)을 사용하지 않거나 조정(藻井)이 없어 내부 가구(架構)가 완전 드러나 명확하게 보일 경우, 이러한 실내 천장 구조 형식을 철상명조(徹上明造, 연등천장) 또는 철상로명조(徹上露明造)라고도 한다.

철상명조

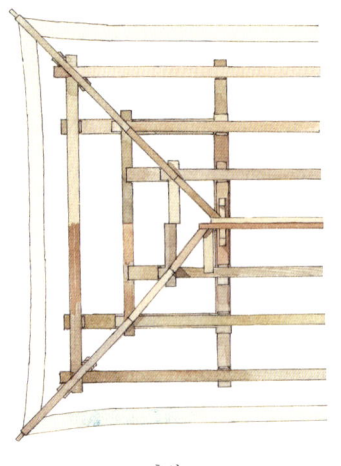

추산

제 9 장

채화(彩畫, 단청)

채화(彩畫, 단청)는 중국 고대건축 중 매우 특색 있는 장식으로 색깔 및 도료를 써서 내부 가구(架構), 두공(斗栱, 공포), 주(柱, 기둥), 천화판(天花板, 천정) 등에 화문(花紋)이나 인물고사 등의 도안을 제작하여 칠을 하거나 장식물을 그린다. 이렇게 그림이 나온 각종 색깔 문양과 도안을 채화(彩畫)라 한다. 채화는 구체적인 장식작용 외에 목재가 부식되는 것을 방지하거나 해충으로부터 보호하는 역할도 한다.

중국 춘추(春秋) 시대에 채화의 최초 형태가 나타났으며 진한(秦漢) 시기에 용, 구름 등의 문양이 나타나면서 큰 발전이 있었고, 남북조(南北朝) 시기에 불교의 영향을 받아 채화에 권초(卷草), 연화(蓮花), 보주(寶珠), 만자(萬字) 등의 문양이 첨가 되었다. 끊임없는 발전을 통해 내용이 더욱 다양해져 화법(畫法)과 명칭이 더욱 많아졌고 명청(明淸) 시대에 이르러 제도가 점차 확립되었다.

명청(明淸) 시기의 채화는 이미 성숙한 발전을 보인 단계였으며, 건축의 색채로 이미 조화가 잘된 상태로 발전 하였다. 명청 시대의 전체적인 색채 배열은 매우 연구할 만 한 가치가 있다. 특히, 유리와(琉璃瓦) 중에서도 밝은 황색(黃色) 유리와는 비교적 사용되는 곳이 많았으며 색채에 있어서도 매우 특이했으며 조화를 잘 이루어 아름다웠다. 송대(宋代) 이전에는 첨(檐, 처마) 밑의 장식을 따뜻한 색

위주로 하였으며 이후 차가움을 주는 청녹색 위주로 변화되었다. 그래서, 일반적으로 청대(淸代)의 채화를 청록채화(靑綠彩畫)라 한다. 청록채화와 황금색의 유리(琉璃) 기와 지붕은 주홍색의 기둥과 조화를 이루어 건축의 휘황찬란하고 웅장한 느낌을 더욱 들게 했다.

* 화문(花紋)
  물체 표면에서 들어나는 일종의 무늬나 결의 일종으로 그 종류가 다양하다.

청식채화 淸式彩畫

오늘날에 보는 북경 고궁(故宮, 자금성) 안의 채화는 모두 청식채화(淸式彩畫)다. 청식채화는 크게 화새채화(和璽彩畫), 선자채화(旋子彩畫), 소식채화(蘇式彩畫)의 3부분으로 나뉜다. 각각의 채화는 모두 고두(箍頭), 방심(枋心), 조두(藻頭) 등으로 구성되어 있다. 화새채화(和璽彩畫)는 명청건축(明淸建築) 채화 중에 등급이 가장 높아 고궁 건축에서 흔히 볼 수 있다. 비교적 돋보이는 곳은 태화전(太和殿)과 건청궁(乾淸宮)이다. 이곳은 청색과 녹색 위주이며 이곳의 주요 특징은 조두(藻頭)기 옆으로 누운 M형이며 고두(箍頭), 조두(藻頭), 방심(枋心)에 모두 제왕을 상징하는 용문양이 있다.

선자채화(旋子彩畫)는 주요 등급이 아닌 궁전(宮殿)이나 배전(配殿), 기타 건축에 사용한

것으로 화새채화와 다른 점은 조두(藻頭) 부분이 일종의 선자도안을 쓰는 것이다. 고궁(故宮) 영수궁(寧壽宮) 서무(西廡) 첨랑(檐廊)의 채화가 선자도안이다.

영수궁(寧壽宮) 화원의 정(亭), 대(台), 루(樓), 각(閣) 등의 건축에는 대부분 소식채화(蘇式彩畵)를 사용했다. 소식채화는 용, 봉황 등의 도안을 쓰지 않으며 각종 인물, 산수(山水), 화초(花草), 충조(虫鳥, 곤충과 새) 등을 사용하여 구성에 융통성과 변화가 많다. 청색, 녹색 외에 홍색, 황색도 사용하여 더욱 다양하고 생동감이 있다.

이 밖에 이런 화새(和璽), 선자(旋子), 소식(蘇式) 3가지의 채화형식 외에도 도안을 혼합한 형식도 있다. 표현 기법이 더욱 생동감이 있지만 3종류 채화의 범주 안에 들어가지 않아 이런 채화를 가리켜 잡식채화(雜式彩畵)라 한다.

심(枋心) 2부분으로 구성되며, 정밀하고 다양하며 길상의 의미를 지닌다. 송대의 초기 채화는 대부분 당대(唐代) 채화의 세밀하고 아름다움을 계승하였으며, 제재(題材)에는 권초(卷草), 풍조(鳳鳥, 극락조), 비천(飛天, 천녀) 등이 많았다.

* **오채편장(五彩遍裝)**
  송식채화 중의 한 종류로 등급이 가장 높다. 청색, 녹색, 붉은색, 황색, 백색을 써서 액방(額枋, 창방)과 공포에 색칠하는 것을 말하며 빈 공간을 남기지 않는다.

송식채화

청식채화

송식채화 宋式彩畵

송식채화(宋式彩畵)는 송대(宋代) 때 건축에 쓰인 채화이다. 송식 채화는 북송(北宋) 채화를 지칭하며 건축의 등급에 따라 차이가 있다. 오채편장(五彩遍裝), 청록채화(靑綠彩畵), 토주쇄식(土朱刷飾)의 3부분으로 나뉘며 그 중 오채편장의 등급이 가장 높다. 채화는 양(梁, 보), 방(枋), 천화(天花) 등에 쓰이며 그 중 양방채화 대부분은 여의두(如意頭)와 방

화새채화 和璽彩畵

화새채화(和璽彩畵)는 청대(淸代) 건축 채화의 한 종류이며, 인자형(人字形) 곡선이 화살촉처럼 꿰뚫는 모양이다. 주요 장식 제재(題材)는 제왕을 상징하는 용문(龍紋)으로 청색과 녹색을 주로 쓴다. 고두(箍頭), 방심(枋心), 조두(藻頭) 등 3개 부분으로 구성되고 조두(藻頭)가 옆으로 누운 M자형이며 고두(箍頭), 조두(藻頭), 방심(枋心)에 용 그림을 균등하게 사용한다.

청대 건축 채화 중 가장 등급이 높으며 고궁 제일 대전인 태화전(太和殿)의 양(梁), 방(枋)이 모두 화새채화로 되어 있으며 청색, 녹색과 금색 용문양은 지붕의 유리기와와 결합하여 휘황 찬란하다. 또한 붉은색 낭주(廊柱, 회랑 기둥), 문창(門窓)과 서로 대비되어 건축 전체 형태를 정밀하고 아름답게 만들어 웅장한 맛을 낸다.

용문양이 주를 이루며 일부분에서는 변화가 있다. 그래서 이 채화를 세분화하면 금용 화새채화(金龍和璽彩畫), 용봉 화새채화(龍鳳和璽彩畫), 용초 화새채화(龍草和璽彩畫) 등으로 나뉜다. 화새채화의 주요 문양과 선은 모두 금을 입히며 금색선은 백색선을 한겹 대거나 동시에 퇴훈법(退暈法)을 사용한다. 전체적인 색깔이 매우 찬란하고 밝다.

화새채화

용봉 화새채화 龍鳳和璽彩畫

용봉 화새채화(龍鳳和璽彩畫)는 금용 화새채화(金龍和璽彩畫)와 상대되는 말로 주요 문양을 용 대신 봉황으로 사용하는 것을 말한다. 용은 전설 상의 신물로 중국고대 제왕은 항상 스스로를 용이라 지칭했으며, 용은 황가(皇家) 궁전 안에서 황제를 대표한다. 봉황 역시 전설상의 신물로써 황가 궁전 안에서 황제의 황후를 나타낸다. 용봉 화새채화는 금용 화새채화와 같은 존귀(尊貴)를 나타내며 동시에 채화 중에서도 가장 등급이 높다.

용봉 화새채화(龍鳳和璽彩畫)는 방심(枋心), 조두(藻頭), 고두(箍頭)에 용문과 봉황문이 서로 교환된 도안이다. 일반적으로 방심(枋心), 조두(藻頭), 고두(箍頭)의 청색부분은 용을 그리며 녹색 부분은 봉황을 그린다. 또한 같은 위치에 있는 방심(枋心), 고두(箍頭)에서는 용 혹은 봉황, 조두(藻頭)에서는 봉황 혹은 용이 그려지며 실제적으로 서로 교환하여 그려져 제작된다. 이밖에 같은 방심(枋心) 안에서 1마리 용과 1마리 봉황, 조두와 고두에는 용 혹은 봉황이 그려진다. 만일 방심(枋心)에 2마리 용이 그려지면 이용희주(二龍戱珠), 2마리 봉황이 그려지면 쌍봉소부(雙鳳昭富), 1마리 용과 1마리 봉황이 그려지면 용봉정상(龍鳳呈祥)이라 한다.

* **용봉정상(龍鳳呈祥)**
  부부가 서로 아끼고 사랑하며 공경 속에서 서로 의지하고 도와 오랜 세월 동안 함께한다는 의미를 지니고 있다.

용봉 화새채화

용초 화새채화 龍草和璽彩畫

용초 화새채화(龍草和璽彩畫)는 고두(箍頭), 조두(藻頭), 방심(枋心)에 용과 큰 풀을 서로 교환하여 사용한 도안을 가리킨다. 일반적으로 녹색부분은 용이며 붉은색 부분이 풀 부분으로 용봉 화새채화(龍鳳和璽彩畫)와는 많은 차이가 있다. 그 중 큰 풀 형상은 종종 법륜(法輪)과 함께 나타나 법륜길상초(法輪吉祥草), 고록초(軲轆草)라 일컫는다.

* **고록초(軲轆草)**
  차륜형상 풀

용초 화새채화

금용 화새채화 金龍和璽彩畫

금용 화새채화(金龍和璽彩畫)는 주요 도안이 다양한 모습의 용이 조성된 채화 도안으로 고두(箍頭), 조두(藻頭), 방심(枋心)부분이 모두 용문양이다.

방심(枋心)에는 일반적으로 이룡희주(二龍戲珠) 도안이 그려지며, 청색 부분과 녹색 부분도 모두 이와 같다. 조두(藻頭) 부분은 승룡(升龍)과 강룡(降龍)이 있으며 청색 부분이 승룡(升龍), 녹색 부분에 강룡(降龍)이 그려진다. 만일 조두(藻頭) 부분이 상대적으로 길면 대부분 승강용(升降龍) 이용희주(二龍戲珠)로 표현된다. 고두(箍頭) 부분은 좌룡(坐龍)으로 표현되며 좌룡(坐龍) 외곽부분을 기하문으로 외곽틀을 만들며 이것을 합자(盒子)라 한다.

각종 형태의 용문양 주위에 운문(雲紋)과 화염문(火焰紋, 불꽃)을 덧대어 용의 형상을 더욱 생동감 있게 하고 등운가무(騰雲駕霧)의 느낌을 준다. 또한 마치 용이 안개 속을 거닐면서 불꽃이 튀어오르듯 한 느낌을 줘서 범상치 않은 기운을 느끼게 한다.

금용 화새채화(金龍和璽彩畫) 중 금룡(金龍)은 용문 중에 금박을 입힌 것을 가리키며 용문 전체에 금박을 입혔을 뿐만 아니라 주요 선 부분의 외곽부분도 금박을 입혀 금빛이 찬란하고 눈부시게 화려하여 존귀하고 휘황찬란한 기운을 느끼게 한다.

* **승룡(升龍)**
  고건축 채화도안이다. 화새채화(和璽彩畫)에 사용되는 주요 표현이다. 대부분 명청(明淸) 황궁의 양방(梁枋)과 천화(天花, 천정)에 사용되며 형태는 솟아오르는 모양이다.

* **강룡(降龍)**
  고건축 채화도안이다. 화새채화(和璽彩畫)에 사용되는 주요 표현이다. 머리는 아래를 향하고 아래를 향해 이동하는 듯한 형상이다. 일반적으로 조두(藻頭) 부분에 사용된다.

* **좌룡(坐龍)**
  대부분 양방채화(梁枋彩畫), 유리조벽(琉璃照壁), 전석조각(磚石雕, 전돌이나 돌에 조각), 두공판(斗栱板)에 사용되며, 전체적으로 단룡(團龍, 용이 둥글게 몸이 서린 모양) 형상이지만 용머리는 앞을 향해서 나아가는 모습이다.

* **등운가무(騰雲駕霧)**
  구름과 안개를 타고 하늘을 날다.

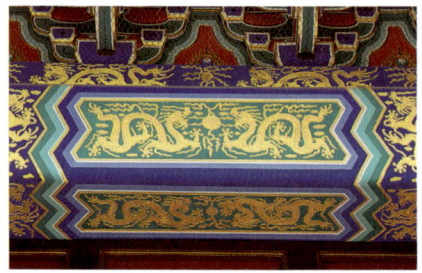

금용 화새채화

선자채화 旋子彩畫

선자채화(旋子彩畫) 역시 대체적으로 청대(淸代)를 대표하는 채화 중에 하나이다. 이 채화는 화새채화 다음의 등급을 가지며 일반적으로 궁전(宮殿)의 주요 등급 다음 건물인 배전(配殿), 기타 건축에 쓰인다. 선자채화가 화새채화와 구별되는 중요한 특성은 조두(藻頭) 부분이 일종의 선자도안이 그려지는 것이다. 선자도안은 실제적으로 원형의 끊어진 선을 기본으로 하여 일정한 규격을 갖는 기하문으로 구성된다. 외형의 소용돌이 형태를 화판(花瓣)이라 하며 중심부분은 화심(花心), 또는 선안(旋眼)이라 한다. 선자도안을 보면 한 송이 꽃과 같은 느낌이 들어 매우 아름다우나 다른 한편으로는 간결한 의미를 나타내기도 한다. 선자채화는 원대(元代)에 나타났으며 명청(明淸) 시대에 이르러 성숙되었다. 선자채화도 역시 금의 용량과 색깔의 복잡하고 간단한 정도에 따라 등급이 나눠져 금탁묵석년옥(金琢墨石碾玉), 연탁묵석년옥(烟琢墨石碾玉), 금선대점금(金線大点金), 묵선대저금(墨線大点金), 아오묵(雅伍墨) 등으로 분류된다.

선자채화

금탁묵석년옥 선자채화
金琢墨石碾玉旋子彩畫

금탁묵석년옥(金琢墨石碾玉)은 선자채화의 한 종류다. 이 채화의 주요 특성은 조두(藻頭) 부분에 선자 도안을 그린다는 것이다. 이 채화와 다른 채화와의 차이점은 다음과 같다. 금탁묵석년옥 선자채화의 주요 윤곽선과 세부 문양장식은 모두 금으로 윤곽을 그리며 금박을 입히는 곳에는 역분(瀝粉)으로 먼저 처리하거나 금박을 입히지 않으면 직접 금칠을 바른다. 즉 이런 채화는 대부분 선의 윤곽과 화심(花心), 능지(菱地) 부분에 금이 사용되며 그 양도 많다. 게다가 선화 화판(花瓣)과 윤곽선 외의 주요선에도 청녹색 첨훈주법(疊暈做法)을 쓴다.

금탁묵석년옥 선자채화의 방심(枋心), 조두(藻頭), 합자(盒子)에는 용, 봉황이 그려지며 이것은 화새채화의 주요 문양과 같다. 그래서 이 채화는 화새채화와 거의 같은 최고의 등급을 지니며 화려하고 웅장하여 화새채화에 거의 필적할만한 채화이다.

* **역분(瀝粉)**
  고건축 채화의 전통 공예 중에 하나이다. 흙가루, 청분(靑粉), 동물성 아교 등의 재료를 섞어 죽처럼 생긴 풀을 특별한 역분용 공구를 통해서 채화 문양 장식을 향해 손으로 압력을 주면 풀을 따라 문양 장식이 생긴다. 이때의 평면이 凸하게 돌출된 반부조식의 입체 화문(花紋)을 말한다.

* **첨훈주법(疊暈做法)**
  고건축에서 쓰는 채화 화법이다. 여러 가지 색깔을 썩어서 2종류 이상의 색채를 만들어 부재에 순서대로 윤곽선을 그려 깊거나 얇은 느낌을 주게 구성하는 기법이다.

금탁묵석년옥 선자채화

연탁묵석년옥 선자채화
烟琢墨石碾玉旋子彩畫

연탁묵석년옥(烟琢墨石碾玉)은 선자채화의 한 종류이며 금탁묵석년옥(金琢墨石碾玉) 보다 등급이 낮은 채화이다. 연탁묵석년옥 선자채화(烟琢墨石碾玉旋子彩畫)의 주요 윤곽선과 세부 문양장식은 모두 금탁묵석년옥 선자채화(金琢墨石碾玉旋子彩畫)와 같다. 조두(藻頭) 부분의 선안(旋眼)과 능지(菱地), 방심(枋心), 고두(箍頭)의 문양에는 역분(瀝粉)으로 금박하거나 금을 칠한다. 주요선과 선화화판(旋花花瓣)은 청녹색 첨훈주법(靑綠色疊暈做法)을 쓰며 단지 선화(旋花) 외부선에 검은색 선을 쓰거나 금의 양을 적게 한다. 이밖에 연탁묵석년옥 선자채화의 방심부분에도 용문양이 그려지나 어떤 경우는 도안이 그려지지 않아 공방심(空枋心)이라 한다.

연탁묵석년옥 선자채화

금선대점금 金線大点金

금선대점금 선자채화(金線大点金旋子彩畫)는 채화 중의 선자도안을 금으로 윤곽선을 그리고 화심(花心)과 능지(菱地)에 금박을 하거나 금칠을 한다. 주요선 가장자리 역시 역분(瀝粉)으로 금박하거나 금칠을 한다. 선 안쪽은 청록색 첨훈수법(靑綠色疊暈做法)을 쓴다. 방심(枋心) 부분에는 대부분 용문(龍紋)과 금문(錦紋)을 그리며 두 개를 서로 혼합하여 용금방심(龍錦枋心)이라 한다. 또한 용문양만 쓰고 금문을 쓰지 않는 경우도 있다. 고두(箍頭) 부분에는 대부분 좌룡(坐龍)이나 서반연(西番蓮) 도안을 쓴다.

* 금문(錦紋)
  고건축에서 쓰는 예술 도안이다. 채화 중에서 연속적인 느낌을 주어 끊어지지 않는 기하문을 나타낸다.
* 서반연(西番蓮)
  달리아 또는 천축모란

금선대점금

묵선대점금 墨線大点金

묵선대점금(墨線大点金)의 선자도안은 조두(藻頭) 부분에 역시 선자도안을 그린 것을 말한다. 또한 방심(枋心) 부분에 세부장식을 그리지 않거나 또는 용문(龍紋)과 금문(錦紋)을 그리기도 하며 혹은 일통천하(一統天下)란 글을 써서 넣기도 한다. 조두(藻頭) 부분에는 대부분 사합자(死盒子)로 구성하며 이는 조두 부분에 방형이나 원형 등의 기하문이 없는 합자를 지칭한다. 또한 대부분 직접적으로 사판화(四瓣花, 네 변의 꽃잎 문양)의 기하문으로 구성되며 이런 형식은 대부분 등급이 낮은 선자도안 중에 하나이다.

묵선대점금(墨線大点金)의 주요 특징은 금(金)과 묵(墨)의 사용에 있다. 선자도안의 선안(旋眼), 능지(菱地) 등에는 역분(瀝粉)으로 금박하거나 금칠을 하며 만약 방심(枋心) 부분에 용, 금문을 그린다면, 부분 혹은 전체적으로 금박을 입히거나 금칠을 한다. 또한 금 부분 외의 주요선 부분인 선화(旋花) 등에는 청녹색 바탕에 검은색으로 외곽선을 그리며 테두리에는 백색선을 덧그려 묵선대점금(墨線大点金)이라 한다.

* 사합자(死盒子)
  경합자(硬盒子)라고도 한다. 합자 도안의 외곽선이 대부분 직선인 것을 가리킨다.

묵선대점금

금선소점금 金線小点金

선자채화 중에 금선으로 외곽선을 사용하고 선자(旋子)의 화심(花心) 부분에 금을 붙인 종류를 금선소점금(金線小点金)이라 한다. 금을 사용하는 비율이 매우 적다. 금선소점금 도안의 방심(枋心) 부분은 대부분 기룡문(夔龍紋), 화훼(花卉) 등이 사용되며 2가지를 썩어 혼합하기도 하여 기용(夔龍) 혹은 화방심(花枋心)이라 한다. 이 밖에 대다수가 공방심(空枋心)으로 되며 조두(藻頭) 부분은 일반적으로 사합자(死盒子)로 구성된다.

* 기룡문(夔龍紋)
  권초(卷草) 도안을 구성할 때 추상화 과정의

용문(龍紋)을 가리키며 초롱(草龍)이라고도 한다. 이 문양은 상(商)서주(西周) 시대의 청동제 기물이나 옥그릇에 자주 사용되었다.

금선소점금

묵선소점금 墨線小点金

묵선소점금(墨線小点金)은 금선소점금(金線小点金)보다 금을 사용하는 비율이 더욱 적다. 묵선소점금은 금선소점금과 같이 선자(旋子)의 화심(花心) 부분에 금을 붙인다. 그러나 외곽선에는 금색선을 사용하지 않아 금의 사용 비율이 매우 적다. 묵선소점금 선자채화(墨線小点金旋子彩畵)도 방심(枋心)과 고두(箍頭) 부분에 장식을 하며 이는 금선소점금 선자채화(金線小点金旋子彩畵)와 같다.

묵선소점금

웅황옥 雄黃玉

웅황옥(雄黃玉) 역시 선자채화(旋子彩畵)의 한 종류로 황색 위주의 색깔을 쓴다. 선화(旋花)는 비교적 옅은 청녹색 퇴훈(退暈)이며 화판(花瓣)의 윤곽선은 묵선(墨線)을 사용한다. 또한 선을 금선(金線) 또는 묵선(墨線)으로 사용할 수도 있다. 만일 금색으로 선을 쓰면 금선웅황옥(金線雄黃玉)이라 하며, 선 전체를 묵선으로 사용하면 묵선웅황옥(墨線雄黃玉)이라 한다.

웅황옥 선자채화(雄黃玉旋子彩畵)는 선자채화 중 비교적 등급이 낮은 것으로 방심(枋心)이 대부분 공방심(空枋心) 형식이며 고두(箍頭)는 대부분 사합자(死盒子) 형식이다. 이 채화를 다른 선차채화와 색깔로 볼 때 가장 큰 차이는 주요 부분의 색깔이 웅황(雄黃)과 같은 엷은 색깔을 쓰며 청색과 녹색을 쓰지 않는다는 것이다.

* **퇴훈(退暈)**
  고건축 채화기법이다. 색채에 깊고 옅은 효과를 써서 입체감을 강하게 표현하는 기법이다.

웅황옥

아오묵 雅伍墨

아오묵 선자채화(雅伍墨旋子彩畵)는 문양 장식과 세부 기법이 소점금(小点金)과 매우 비슷하다. 그러나 금을 사용 비율에 따라 아오묵은 등급이 가장 낮다. 아오묵은 선자 채화 중에 가장 등급이 낮아 전체적으로 금을 사용하지 않으며, 퇴훈 기법이 없고 외곽선과 화반(花瓣) 등에 모두 묵선(墨線)을 사용한다. 전체적으로 흑색, 백색, 청색, 녹색의 4가지 색깔만 있다.

아오묵

석년옥 石碾玉

석년옥(石碾玉)은 선자채화 중에 가장 화려하고 중요한 종류이다. 이 채화의 특성은 첫째, 각각의 화변의 청녹색이 모두 같이 깊거나 얇은 훈(暈)의 기법을 보이며 색의 조화가 자연스러워서 우아한 느낌을 준다. 둘째, 화심(花心), 능지(菱地)에 역분(瀝粉)으로 금박을 입히거나 금칠을 한다.

석년옥

능각지 菱角地

선자채화(旋子彩畵) 중 조두(藻頭) 부분에 있는 각각의 선자(旋子) 사이에 약간 틈이 있는 부분을 능각지(菱角地) 또는 능지(菱地)라고 한다.

능각지

대선 大線

대선(大線)은 금방선(錦枋線)의 약칭으로 양방채화(梁枋彩畵)의 간격인 방심(枋心), 조두(藻頭), 고두(箍頭) 3부분의 선을 말한다. 그 중 방심선(枋心線), 피조선(皮條線), 고두선(箍頭線), 차구선(岔口線), 합자선(盒子線)을 가리켜 오대선(五大線)이라고 한다.

* **피조선(皮條線)**
  고건축 채화 도안이다. 조두(藻頭) 부분을 구성하는 구성 성분이며 화새채화(和璽彩畵)와 선자채화(旋子彩畵)에 쓰이는 화법으로 보통 "Σ", "〈" 형태로 나타난다.

대선

역분첩금 瀝粉貼金

건축에 사용되는 채화 중 채화에 화려함을 높이거나 등급을 높이기 위해 일반적으로 채화의 중요 부분에 금박을 입히는 것을 말한다. 또한 특별한 금박의 효과를 위해 먼저 금박을 입히기 위한 부분에 역분(瀝粉)으로 기초를 다진다. 이후 다시 이와 상응하는 접착제를 금박을 붙이는 윗면에 사용한다. 이런 기법을 역분첩금(瀝粉貼金)이라 한다.

역분첩금

일정이파 一整二破

선자채화의 조두(藻頭) 부분에 선자도안(旋子圖案)을 그린 것을 말한다. 일정이파(一整二破)는 조두(藻頭) 부분에 1개의 원형 선자도안과 2개의 반쪽 원형선자를 가리킨다. 일정이파는 선자채화 중 비교적 기본적인 선자도안 형식이다.

일정이파

일정이파가일로 一整二破加一路

일정이파가일로(一整二破加一路)는 선자채화 도안 중에 하나이다. 선자채화 중 때로 조두(藻頭) 부분이 비교적 길어 1개의 원형 선자도안과 2개의 반쪽 원형선자를 그린 후 원형 선자와 반쪽 원형 선자 사이의 틈에 화판(花瓣)으로 구성된 연속적인 꿰미 문양을 연접해서 그려 넣는다. 이런 화판의 도안을 가리켜 "일로(一路)"라 한다. 그래서 이런 조두(藻頭) 부분의 도안 형식을 가리켜 일정이파가일로(一整二破加一路)라 한다.

일정이파가일로

일정이파가이로 一整二破加二路

선자채화 중 일정이파의 기본적인 도안에서 일로(一路)를 더한 이후 조두(藻頭) 부분에 빈 공간이 남을 때 일로(一路)를 이로(二路)의 화판(花瓣)으로 만든다. 이런 형식을 가리켜 일정이파가이로(一整二破加二路)라고 한다. 만일 조두(藻頭) 부분이 길어 노(路)의 갯수를 더할 경우의 명칭도 이런 방법으로 유추한다.

일정이파가이로

희상봉 喜相逢

선자채화의 선자 도안 형식으로 "일정이파(一整二破)", "일정이파가일로(一整二破加一路)", "일정이파가이로(一整二破加二路)" 외에 2개의 일정이파(一整二破)가 서로 연결되어 있는 형식을 가리켜 희상봉(喜相逢)이라 한다.

희상봉

소식채화 蘇式彩畵

청식채화(淸式彩畵)의 3대 채화 중 소식채화(蘇式彩畵)는 화새채화와 선자채화보다 등급이 낮다. 그래서 소식채화가 사용된 건축의 등급은 상대적으로 낮은 편에 속한다. 소식채화는 소주편(蘇州片)이라 하며 기원은 소주(蘇州)에서 얻어진 명칭이다.

일반적으로 소식채화(蘇式彩畵)는 원림에서 사용되며 이것은 사가원림(私家園林)뿐만 아니라 황가원림(皇家園林)도 포함됨다. 원림 중에 정(亭), 대(台), 낭(廊), 각(閣), 수사(水榭) 등의 양(梁), 보), 방(枋)에 항상 각종 양식의 소식채화가 그려져 원림의 아름다움과 예술성, 감상성을 더해 준다. 원림 건축 이외에 일부 민거에서도 자주 소식채화를 사용한다. 건축 중에 소식채화가 그려지는 곳은 처마 서까래 부근의 액방(額枋, 창방)이나 내부 가구(架構) 위 두 곳에 그려진다.

소식채화

북방 소식채화 北方蘇式彩畵

북방 소식채화(北方蘇式彩畵)는 사합원(四合院)의 수화문(垂花門)을 포함하여 사가원림(私家園林)의 정(亭), 대(台), 낭(廊), 각(閣), 수사(水榭) 등의 건축 양(梁, 보), 방(枋) 외에 황가(皇家) 원림의 부차적인 건축과 원림의 작은 건축에 사용된다. 소식채화는 남방의 소주(蘇州)에서 북방으로 전파되면서 변화가 생겨났다. 특히, 궁궐에 들어와 관식채화(官式)의 한 종류가 된 후 채화의 구성 도안과 세부 문양 장식 등이 완전히 북방화(北方化), 관식화(官式化)가 되어 소식채화(蘇式彩畵)의 정취와는 많은 차이가 있다.

북방 소식채화

남방 소식채화 南方蘇式彩畵

남방 소식채화(南方蘇式彩畵)는 도안의 분포, 구도와 색깔의 설계운용, 공예기법 등으로 볼 때 지역적 특성이 매우 강하다. 전체적인 예술 풍격으로 봤을 때 남방 소식채화는 북방 소식채화보다 우아한 느낌이 더욱 강하다. 재제(題材)나 회화의 내용으로 볼 때 남방식 채화는 남방의 지역 특성과 분위기에 알맞다. 이런 까닭은 소식채화가 남방에서 비롯되었기 때문이다.

남방 소식채화의 특성은 그것이 사용되는 위치에 있다. 남방의 기후가 비교적 눅눅하고 비가 많아 건축 외부에 일반적으로 채화를 그리지 않는다. 채화는 보통 건축의 내부 가구(架構)에 사용되며 외부에는 대부분 목조 조각이나 석조를 조각하여 장식한다. 왜냐하면 이런 조각 장식은 채화보다 부식성이 적기 때문이다.

남방 소식채화

금탁묵소화 金琢墨蘇畵

금탁묵소화(金琢墨蘇畵)는 소식채화 중 가장 아름다운 채화의 한 종류로 공예적으로도 연구할 만한 가치가 있다. 주요 특성은 금을 많이 사용하며 심지어 금박을 충분하게 사용하여 덧댄 것으로 와금지(窩金地)라고도 한다. 또한 퇴훈(退暈) 기법을 써서 층수가 많으며 7겹에서 9겹까지 여러 층으로 사용되고 최고 13겹까지 구성할 수 있다. 각각의 겹 사이의 연운(烟雲) 구도를 연연운(軟烟雲)과 경연운(硬烟雲)을 교차 사용하여 다른 느낌과 시각적인 효과를 발생시켜 채화를 보다 풍부하게 변화시킨다. 포복(包袱) 안의 회화 내용 또한 매우 정교하다. 포복(包袱) 안의 내용과 바깥의 내용 중 중요 도안의 대부분은 퇴훈(退暈) 화문(花紋)의 외곽선에 역분(瀝粉)으로 금박하고 사용한 윤곽선을 첨가하여 그림이 멋있고 우아하다.

* **연운(烟雲)**
  얇거나 깊은 색의 단계를 구성하는 문양의 조형을 말한다. 경연운(硬烟雲, 직선과 면으로 구성된 연운)과 연연운(軟烟雲, 곡선과 곡선면으로 구성된 연운) 등으로 나뉜다.

5겹에서 7겹이며 윤곽선 안은 또 다시 퇴훈으로 처리하지 않는다.

* **활고두(活箍頭)**
  채화 고두(箍頭) 중의 하나로 고두 선 사이를 곡선 문양으로 구성한 것을 말한다.
* **사고두(死箍頭)**
  소고두(素箍頭)라고도 한다. 채화 고두(箍頭)의 하나로 고두선 사이가 복잡하지 않은 문양을 말한다.

금선소화

금탁묵소화

금선소화 金線蘇畫

금선소화(金線蘇畫)는 비교적 흔히 보이는 소식채화이며 이름에서 볼 수 있듯이 소식 채화 중에 금색선의 사용이 많은 채화이다. 그림 중 주요 선인 고두선(箍頭線), 포복(包袱)의 윤곽선, 취금선(聚錦線) 등은 모두 역분(瀝粉)을 금박한다. 고두(箍頭)와 잡자(卡子) 역시 대부분 역분에 금박으로 되어 있다. 금선소화의 고두(箍頭)는 대부분 활고두(活箍頭)이며, 고두는 연주문(連珠紋)이나 만자문(萬字紋)으로 되어 있고, 청녹색 퇴훈(退暈) 기법을 사용한 고두를 사고두(死箍頭)라 한다. 이 밖에 금선소화의 연운(烟雲)의 퇴훈은

황(묵)선수화 黃(墨)線蘇畫

황선소화(黃線蘇畫)와 묵선소화(墨線蘇畫)의 명칭으로 금선소화(金線蘇畫)의 명칭과 같다. 선의 색깔은 황선(黃線)과 묵선(墨線)이 비교적 많으며 둘 다 모두 역분(瀝粉)으로 금박하지 않은 소식채화이다. 그 중 고두 안쪽은 대부분 단색 퇴훈으로 되어 있으며 연운(烟雲) 퇴훈(退暈)은 일반적으로 5겹을 초과하지 않는다. 고두(箍頭) 부분이 청색이면 향색(香色) 경잡자(硬卡子)를 같이 쓰고 고두가 녹색이면 붉은색이나 자주색의 연잡자(軟卡子)를 같이 구성한다.

황(묵)선수화

포복식소화 包袱式蘇畫

소식채화 중 양(梁, 보)와 방(枋)에 단독으로 그림 도안이 그려지는 경우와 큰 윤곽의 도안을 양(梁, 보), 방(枋)에 결합 시키는 형식이 있다. 이렇게 하나의 도안에 보와 방을 결합한 것을 소식채화 주법(蘇式彩畫做法) 또한 포복식 소식(包袱式蘇式)이라 한다. 포복식 소화(包袱式蘇畫)의 주요 부분은 포복(包袱)이며 포복의 외곽은 퇴훈(退暈)의 연운(烟雲), 탁자(托子) 내부는 소화(蘇畫)의 내용을 가지며 고사(故事), 인물, 풍경, 화조(花鳥) 등이 있다. 포복(包袱)의 양변은 일반적으로 선으로 이루어진 잡자(卡子) 도안이 있다.

훈

1. 훈(暈)

"훈(暈)"은 엷은 것에서 짙은 것으로 밝은 것에서 어두운 것, 혹은 이와 반대 되는 변화의 과정을 뜻해 일종의 중첩의 느낌을 준다. 이것이 퇴훈(退暈)이 갖고 있는 중첩감이다. 훈(暈)은 이런 색채의 변화과정을 지칭할 뿐만 아니라 동시에 퇴훈 중에서 각 층의 색채를 나타낸다.

2. 퇴훈(退暈)

건축 채화 중 종종 한가지 색을 이루는 곳에 색감의 깊음과 옅음이 있어 층을 나타내는 곳이 있다. 이런 형상은 자연스럽게 표현된 깊이감으로 그 순서가 분명하여 보는 사람으로 하여금 요철감 (凹凸) 또는 입체감을 준다. 이렇게 층감을 주어 색감의 깊이를 주는 방법을 "퇴훈(退暈)"이라고 한다. 송대까지는 "첩훈(疊暈)"이라고 했다. 퇴훈은 정확한 비율과 일정한 규격을 갖는다.

그림에 표현된 퇴훈에 관한 기록은 『남조불사지(南朝佛寺志)』에서 볼 수 있다. 당시 양나라의 저명한 화가인 장승요(張僧繇)가 일승사(一乘寺)에서 그린 화문(花紋)에는 "주(朱, 붉은색)와 청녹(靑綠)이 합쳐져 있을 경우 멀리서 보면 훈(暈)은 요철감 (凹凸)을 주며 가까이서 보면 평평하다." 라고 하여 회화

제9장 채화

퇴훈   연운과 탁자   탑복자

중에 퇴훈 기법이 가져오는 효과를 설명하고 있다. 이미 송대에 퇴훈의 제작 방법이 어느 정도 완성되었으며, 청대에 이르러 퇴훈 기법이 더욱 숙련되었다.

3. 연운과 탁자(烟雲和托子)

소식채화의 포복(包袱) 선은 여러 층의 퇴훈(退暈)으로 구성되어 있으며, 그 중 안쪽 층을 가리켜 연운(烟雲)이라 하고 바깥층을 가리켜 탁자(托子)라 한다. 직선으로 구성된 연운을 경연운(硬烟雲), 곡선으로 이루어 진 것을 연연운(軟烟雲)이라 한다. 연운의 퇴훈은 청색(靑), 자색(紫), 흑색(黑)의 3가지가 주류를 이룬다. 탁자의 퇴훈은 황(黃), 녹(綠), 홍(紅)의 3가지색이 주류를 이룬다.

4. 탑복자(搭袱子)

소식채화 중 름(檁, 도리), 방(枋), 점판(墊板, 받침판) 3개 부분의 방심(枋心)에 한 개의 회화를 그려 만든 것을 탑복자라 한다. 전체적인 배치에 따라 그림의 내용이 결정되며 회화 부분은 반원형 안에서 그려진다. 이런 채화 형식을 가리켜 탑복자(搭袱子)라 하고 통상적으로 포복(包袱)이라 한다.

잡자 卡子

소식채화 중 조두(藻頭) 부분에서 고두(箍頭) 부분에 가까운 곳에 대부분 일정한 규격이 있는 기하문이 표현되어 있다. 구체적인 형상은 언뜻 보기에 권초문(卷草紋)과 비슷하며 이것을 잡자(卡子)라 한다. 잡자(卡子)의 형상 중 전체적인 선의 형태가 직선이면 경잡자(硬卡子), 전체적인 선의 형태가 곡선이면 연잡자(軟卡子)라 한다. 일반적으로 청색 부분에는 경잡자(硬卡子), 녹색 부분에는 연잡자(軟卡子)를 써서 경청연녹(硬靑軟綠)이라 한다.

잡자

향색 香色

향색은 대색(大色)을 배합시켜 사용하여 구성한다. 좋은 석황(石黃)에 소량의 은주(銀朱, 진사)와 불청(佛靑, 군청)을 섞는다. 향색의 특성은 고색고향(古色古香, 고색 창연함)하다. 그래서 대색(大色)은 바로 원색을 뜻하며 일반적으로 건축 채화 중 전체 면적의 바탕은 솔로 칠한다. 그리고 안쪽의 흰색은 섞지 않아 단순한 원색을 뜻한다.

향색

* 대색(大色)
채화 중 양을 비교적 많이 써서 색깔이 대체적으로 깊다. 소색(小色, 색깔의 깊이가 낮다)과 반대 되는 말이다.

해만소화 海墁蘇畫

해만소화(海墁蘇畫)는 대부분 건축의 부차적인 위치에 사용되며 방심(枋心)과 포복(包袱)을 구성하지 않는다. 심지어 조두(藻頭) 역시 생략하며 어떠한 그림의 윤곽틀이 없다. 단지 조두(藻頭)만 있으며 대부분 조두 안쪽의 1개의 잡자(卡子)만 남아 있다. 그리고 비교적 간단한 화문(花紋)으로 그려진다. 해만소화는 방심식소화(枋心式蘇畫)와 포복식소화(包袱式蘇畫)와 상대적인 것으로 해만식 소화와의 방심(枋心)은 포복식 소화보다는 구성 도안에 격식이 없으며 그림의 제재(題材) 역시 방심식소화와 포보식소화 보다 중요시 되지 않아 소화(蘇畫) 중에서 등급이 일반적으로 낮다.

해만소화

해만소화의 화문 海墁蘇畫花紋

해만소화(海墁蘇畫)의 그림 제재(題材)는 대부분 간단한 화문(花紋)으로 권초문(卷草紋), 복경문(蝠磬紋), 유운문(流雲紋), 흑엽자화문(黑叶子花紋) 등이 있다. 그림의 바탕색은 대부분 청(靑), 녹(綠) 혹은 홍(紅)이다. 일반적으로 청색 바탕에는 유운(流雲), 녹색 바탕에는 흑엽절지화(黑叶折枝花), 바닥의 홍색 바탕에는 삼람탁타문(三藍拆垛紋)이 그려진다. 그래서 홍지면삼람탁타화(紅地面三藍拆垛花)는 붓끝을 이용하여 남색을 찍으며 붓털 몸통에 흰색을 찍어 그림의 홍색 바탕에는 각종 화문이 생긴다.

해만소화의 화문

상오채 上五彩

소식채화에서 도안의 구성에 따라 분류하는 것 외에 색깔이 복잡하거나 간단한 것, 재료의 좋음과 나쁨, 제작의 세밀함 등으로도 분류 할 수 있다. 일반적으로 3등분으로 나눠 상오채(上五彩), 중오채(中五彩), 하오채(下五彩)로 실질적으로 상·중·하의 등급을 가진다. 상오채(上五彩)는 3가지 등급 중 최고의 등급을 가지며 색깔이 복잡·다양하고 문양은 금문(錦紋)으로 이루어 진다. 또한 색의 퇴훈(退暈)과 역분(瀝粉)으로 금박한다. 그래서 상오채는 장식의 등급이 비교적 높은 건축에 사용한다.

상오채

중오채 中五彩

중오채(中五彩)는 상오채(上五彩)보다 등급이 낮다. 중오채는 색깔이 상오채보다 비교적 간단하고 화문(花紋) 도안도 화초(花草) 위주이다. 5색의 퇴훈(退暈)이 있으며 평평한 곳에 금을 장식하며 역분(瀝粉)은 쓰지 않는다.

중오채

하오채 下五彩

하오채(下五彩)는 소식채화의 상·중·하채 중 가장 등급이 낮다. 하오채의 화문(花紋) 도안 및 윤곽틀은 묵선(墨線)으로 처리 하고 그림에 윤곽선이 없으며 금으로 장식 하지 않는다. 퇴훈(退暈)도 비교적 적어 일반적으로 2겹으로 처리된다.

하오채

내첨양가의 소식채화 內檐梁架蘇式彩畫

내부 구가(構架) 위에 위치한 소식채화는 구도 형식은 항상 화새채화(和璽彩畫)와 선자채화(旋子彩畫)와 같아 방심(枋心), 조두(藻頭), 고두(箍頭) 3개의 큰 부분으로 나뉜다.

내첨양가의 소식채화

외첨액방의 소식채화 外檐額枋蘇式彩畵

액방(額枋, 창방)에 위치한 외첨소식채화(外檐蘇式彩畵)는 대부분 세밀하게 분류하지 않으며 1개의 방(枋)과 름(檩, 도리) 등의 방심(枋心), 조두(藻頭), 고두(箍頭)로 이루어진다. 그리고 뚜렷하게 나타나는 중앙 부분이 한 개의 커다란 반원형의 포복(包袱)으로 구성된다. 첨방(檐枋), 첨름(檐檩, 처마 도리), 방름(枋檩) 사이의 첨점판(檐垫板) 3개가 하나의 방심(枋心)으로 합쳐짐. 포복의 양쪽 변인 조두(藻頭)와 고두(箍頭) 부분 또한 그림의 제재(題材)가 매우 다양하다.

외첨액방의 소식채화

포복 包袱

포복(包袱)은 소식채화 방심(枋心) 부분의 형식을 가리킨다. 포복은 양(梁, 보)의 아래 부분에서 양(梁, 보)의 측면을 따라 위로 향해 휘감듯한 모습으로 일반적으로 반원형이다. 곡선의 외곽선을 가진 반원형과 주름이 있는 선으로 구성된 반원형이 있다. 전체적으로 포복(包袱, 보자기)을 연상 시키므로 얻어진 명칭이다. 또한 대부분의 포복이 금문(錦紋)의 도안이 그려져 금복(錦袱) 혹은 포복금(包袱錦)이라 한다.

포복

포복의 윤곽 包袱的輪廓

포보(包袱)의 윤곽선은 약간 연속적으로 접혀진 선으로 구성되어 있다. 안쪽은 청(靑), 녹(綠), 홍(紅) 등의 퇴훈(退暈)이 쓰이며 퇴훈은 일반적으로 3겹에서 9겹으로 이루어진다. 퇴훈의 굽은 각도와 윤곽선의 곡선 각도는 일치한다. 선의 굽은 정도는 비교적 강직한 90도를 이루는 형식이며 비교적 부드러운 1겹 1겹의 곡선이 원형과 연접해 있는 형식이다. 일부 곡선에 연접된 첨각(尖角, 삐쭉 솟은 모양)이 외부로 향해 있는 즉, 포복(包袱)의 외변은 전체적으로 봤을 때 여의두(如意頭)와 비슷하여 매우 아름답고 길상의 의미도 갖고 있다.

포복의 윤곽

포복안의 도안 包袱內的圖案

소식채화의 중심부분인 포복(包袱)은 채화 중 가장 정밀하고 아름다운 부분이다. 소수의 도안을 사용하지 않는 청수당(淸水堂) 형식 외에 대다수 각종 도안이 그려지며 이 곳의 도안은 모두 완결한 형태의 도안들이다. 도안의 주요 내용은 산수풍경(山水風景), 화조충어(花鳥虫魚, 꽃·새·곤충·물고기), 인물고사(人物故事) 등으로 내용의 제재와 운용이 다양하여 화조 포복(花鳥包袱), 인물 포복(人物包袱), 선파투경 포복(線法套景包袱) 등으로 구별된다.

포복안의 도안

화조 포복 花鳥包袱

소식채화 중 방심 부분 포복(包袱) 형식의 내용이 화조(花鳥, 꽃, 새)로 그려져 있는 것을 화조포복(花鳥包袱)이라고 부른다.

화조 포복

인물 포복 人物包袱

소식채화 중 방심 부분 포복(包袱) 형식의 내용이 인물이나 인물고사(人物故事)로 그려져 있는 것을 인물포복(人物包袱)이라 부른다.

인물 포복

선파투경 포복 線法套景包袱

소식채화 중 방심 부분 포복(包袱) 형식의 내용이 산수풍경(山水風景)으로 그려져 있는 것을 선파투경포복(線法套景包袱)이라 부른다.

선파투경 포복

세한삼우도안 채화 歲寒三友圖案彩畫

세한삼우(歲寒三友)는 소나무(松), 대나무(竹), 매화(梅)를 가리키며 이 세가지는 매우 추운 겨울에도 의연하게 용모를 튼튼히 하여 이들을 세한삼우(歲寒三友)라 한다. 이는 건축 중에 흔히 보이는 장식 제재(題材)로 단아함을 추구하는 청대(淸代) 건축에서 자주 사용했다. 일부 소식채화(蘇式彩畫)에 자주 세한삼우를 사용하여 이런 채화를 가리켜 세한삼우도안 채화(歲寒三友圖案彩畫)라 불렀다.

세한삼우도안 채화

제 10 장

두공(斗拱, 공포)

두공(斗拱, 공포)은 중국 건축의 특별한 부재로 건물 지붕과 건물 몸체 사이에 놓인다. 중국 고대 목구조 및 방목(仿木) 건축 중에서 아주 특별한 부분이다. 또한 두공은 봉건사회의 엄격한 등급제도와 중요한 건축 척도의 판단 근거로써 등급이 높은 관식(官式) 건축이나 황가(皇家) 건축에서 많이 쓰였다. 두공의 발생 기원을 거슬러 올라가면 주대(周代, B.C. 11세기- B.C. 226년) 말기부터 진대(秦代, B.C. 221년- B.C. 206년)까지는 그 기록이 적고, 한대(漢代, B.C. 202년- A.D. 220년) 이후부터 응용이 많이 되어 두공은 수 많은 건축물에서 중요한 목부재로 쓰였다. 한대(漢代)의 두공은 첨(檐, 처마)뿐만 아니라 평좌(平座)도 받쳤으며, 결구 기능도 여러 측면에서 쓰여 건축 형상에서 중요한 부분을 이루었다. 또한, 두공의 조성 부재는 한대(漢代)에 이미 완성 되었다. 두공은 수평으로 놓여지는 두(斗)와 승(升), 직사각형 형태의 공(拱)과 사선의 앙(昂) 등으로 구성된다.

두구 斗口

청대(淸代)에 두공(斗拱, 공포)이 있는 건축물의 위치와 부재 척도는 두구(斗口)를 기본 모수로 삼는다. 사실 두공 또한 건축척도를 판단하는 기준이 된다. 두구는 두공의 주두(坐斗, 맨 아래층의 두斗) 위에 과공(瓜拱)과 두 층의 교(翹, 송대의 화공華拱)의 십자형 홈 구멍을 가리킨다.

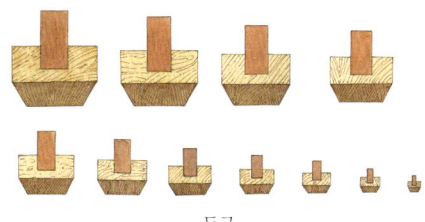

두구

두 斗

두(斗)는 두공(斗拱, 공포) 중에서 공(拱)을 받치는 부재(앙昂)의 방형 목재 토막이다. 쌀의 무게를 재는 두(斗)에서 얻어진 명칭이다.

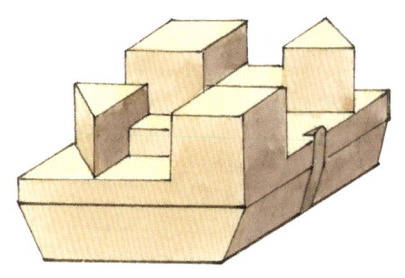

두

공 拱

공(拱)은 직사각형 단면의 짧은 목재로 외형은 대략 활처럼 생겼다. 과공(瓜拱), 만공(萬拱), 상공(廂拱) 등으로 구별된다.

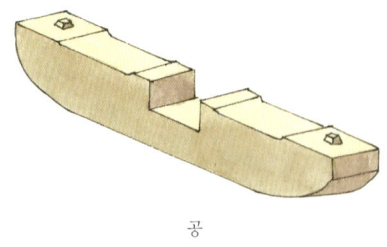

공

승 升

공(拱)의 양쪽 끝에서 상하 2층의 공(拱) 사이에 끼여 상층의 방(枋)이나 공(拱)을 받치는 두(斗) 형상의 나무 부재로 승(升)이라 한다. 일종의 작은 두(斗)이다.

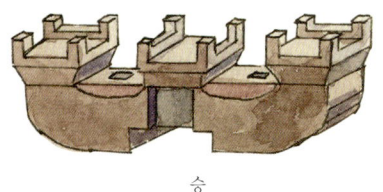

승

앙 昂

앙(昂)은 공포의 앞뒤 중심선 상에서 전후 종방향으로 뻗어 나와 공포의 안쪽과 바깥쪽을 연결한다. 앞쪽은 뾰쪽한 사선 모양으로 아래로 향하며 뒷부분은 위로 펼쳐져 내부로 향한다.

교 翹

교(翹)는 청대(淸代) 명칭으로 공포 부재 중의 하나이다. 교(翹)는 공(拱)과 형태는 같으나 방향이 공(拱)과 다르다. 청식(淸式) 두공(斗拱, 공포)의 공(拱)은 가로방향을 향해 좌우로 뻗어나가는 직사각형태의 작은 나무이며 교(翹)는 종방향으로 향하며 앞뒤를 향해 치켜 올라가는 모습의 짧은 나무로 그 형상에서 얻어진 명칭이다. 사실 교(翹)는 송대에는 일종의 공(拱)이었으며, 화공(華拱) 또는 초공(抄拱)이라고 했다.

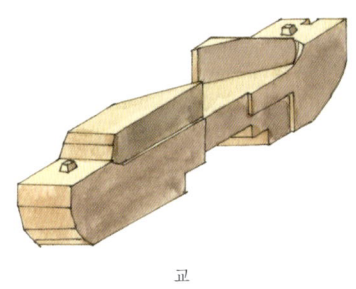

교

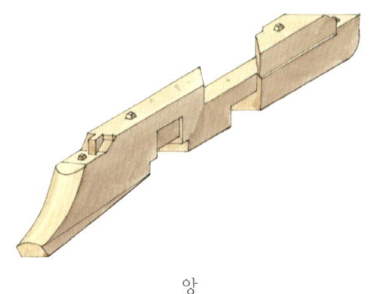

앙

주두 坐斗

1타(朵) 혹은 1찬(攢) 두공의 최하층에 위치하여 직접 정심과공(正心瓜拱)과 교(翹) 및 앙(昂)을 받치는 부재를 주두(坐斗, 주두) 또는 대두(大斗)라 한다. 주두의 송대(宋代) 명칭은 노두(櫨斗)이다.

주두

십팔두 十八斗

교(翹)나 앙(昂)의 양쪽 상부에서 한층의 교(翹)나 앙(昂) 혹은 공(拱)의 두(斗)를 받치는 것을 십팔두(十八斗, 사갈소로)라고 한다. 십팔두(十八斗)의 형태는 주두(坐斗)와 같으나 주두보다는 작다. 길이가 8두구(斗口)이며, 이것은 송대 재(材)의 제도에 따르면 18분(分)과 같아 십팔두(十八斗)라 불린다. 십팔두(十八斗)의 송대(宋代) 명칭은 교호두(交互斗)이다.

십팔두

평반두 平盤斗

평반두(平盤斗, 접시소로)는 두(斗)의 일종으로 각과두공(角科斗拱, 귀포)에 많이 쓰인다. 일반적으로 두이(斗耳)가 없어 양쪽 방향의 공(拱)이나 보병(寶瓶)을 받치는데 쓰인다.

평반두

두이 斗耳

두이(斗耳)는 두(斗)의 상부에 돌출된 부분을 가리키며, 형태가 짧은 다리의 탁자를 뒤집어 놓았을 때의 다리 모습과 유사하며 하부의 1층 부분은 탁자의 평평한 부분과 비슷한 두의 하부이다. 두이(斗耳)의 높이는 두(斗) 전체 높이의 2/5이며, 송대(宋代)에는 이(耳)라고 불렸다.

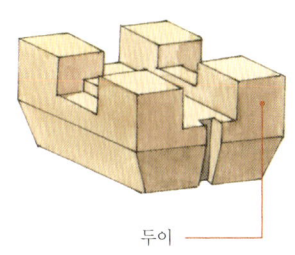

두이

유앙 由昂

각과(角科, 귀포) 45° 선상에서 사두(耍斗)와 평행한 앙(昂)을 "유앙(由昂)"이라 한다. 그림은 청식(淸式) 단교단앙오채각과두공(單翹單昂五踩角科斗拱) 중의 앙(昂)이다.

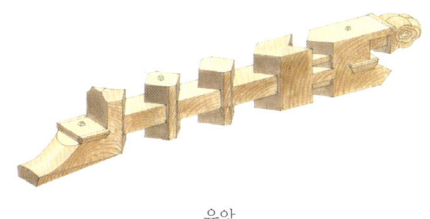

유앙

만공 萬拱

과공(瓜拱) 위에서 정심방과 방을 받치는 공을 만공(萬拱)이라 한다. 만공은 공(拱) 중에서 가장 길다.

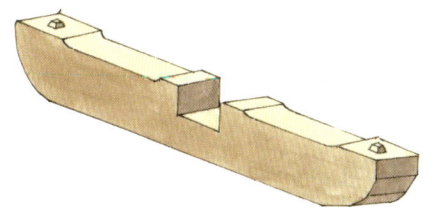

만공

하앙 下昂

공포 중 종방향으로 비스듬하게 설치된 앙(昂) 종류의 부재로 화공(華拱)과 기능이 같으며, 하중의 전달 기능이 있다. 이런 앙을 가리켜 하앙(下昂)이라 한다. 일반적으로 앙(昂)이라 하면 하앙을 가리킨다.

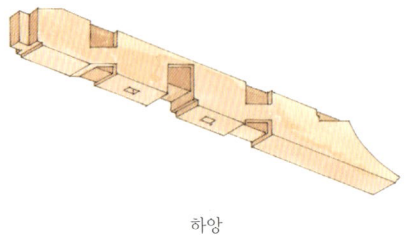

하앙

만공 慢拱

송식(宋式) 두공(斗栱, 공포)부재 명칭으로 청식(淸代)에서는 만공(萬拱)과 대응된다.

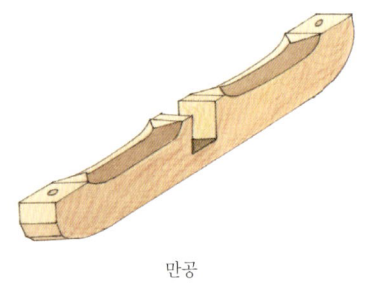

만공

상공 廂拱

두공(斗栱, 공포) 중 가장 외곽의 도첨방(挑檐枋)을 받치거나 내부 안쪽의 천화판(天花板)을 받치는 공(拱)을 상공(廂拱)이라 한다. 상공(廂拱)은 가장 상층의 앙(昂)이나 교(翹) 위에 위치한다. 상공(廂拱)의 송식 명칭은 영공(令拱)이다.

과공 瓜拱

과공(瓜拱)은 두공(斗栱, 공포) 중 제일 짧은 공(拱)으로 맨 아래쪽에 위치한다. 일반적으로 과공(瓜拱)과 만공(萬拱)을 서로 겹쳐 쌓아 사용하며 과공(瓜拱)이 만공을 받친다. 과공의 송식(宋式) 명칭은 과자공(瓜子拱)이다.

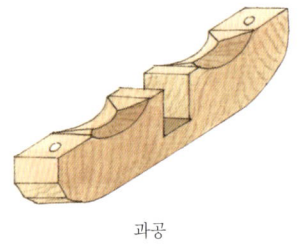

과공

정심과공 正心瓜拱

두공의 중심선 상 즉, 첨주(檐柱, 처마기둥) 중심선상의 과공(瓜拱)을 가리켜 정심과공(正心瓜拱)이라 한다.

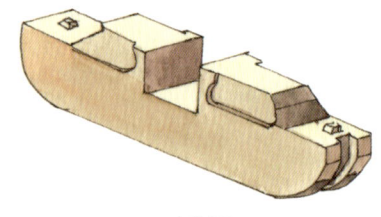

정심과공

니도공 泥道拱

송식(宋式) 공포 부재 명칭으로 청식(淸式) 공포 부재인 정심과공(正心瓜拱)에 상응한다. 송대에는 공포와 공포 사이에 간격이 비

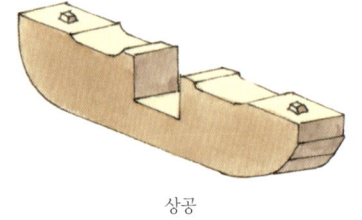

상공

위 있어 공안벽(拱眼壁)이라 불렸으며 이것은 당시에 점토로 메워져 니도공(泥道拱)이라고 이름이 붙었다.

권살 卷殺

권살(卷殺)은 중국 건축 목부재의 윤곽선 가공 형식을 말한다. 예를 들어 내부 가구(架構) 중의 양(梁, 보)은 월량(月梁) 형식, 두공(斗拱) 중 공(拱)의 양쪽 끝을 곡선으로 깎는 형식, 원래 원형이나 방형의 기둥을 준주(棱柱) 형식으로 만드는 것 등은 모두 권살 방법에 의한 것이다.

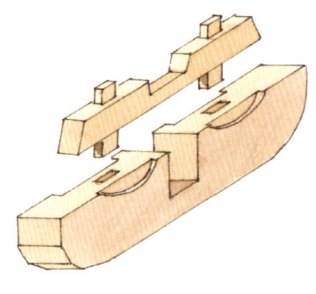

니도공

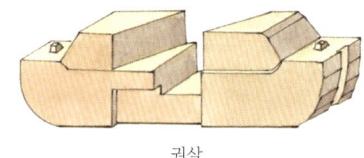

권살

화공 華拱

송식(宋式) 공포 부재 명칭으로 청식(淸式)에서 교(翹)와 같다. 송식 공포 중 오직 종방향으로만 설치되는 공(拱)이다.

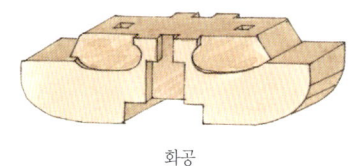

화공

마엽두 麻叶斗

마엽두(麻叶斗)는 교(翹)나 앙(昂)의 뒷부분을 장식하는 것이다. 마엽두의 선 모양은 매우 온화한 느낌을 주며 입면상으로 볼 때 구름 모양으로 아름다운 장식 작용을 한다.

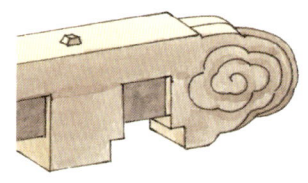

마엽두

사두 耍斗

공포의 앞뒤 중심 선상의 교(翹) 또는 앙(昂) 위에 2층으로 된 교(翹)나 앙(昂)과 평행한 부재 중 아래쪽의 부재를 사두(耍斗)라 한다. 사두(耍斗)는 수당(隋唐) 시대(隋代(581~618年), 唐代(618~907年))에 출현했으며 양식이 비교적 다양하고 조각이 있거나 없는 경우도 있다.

삼재승 三才升

단재공(單材拱)의 양끝 단 위 부분의 한 층의 공(拱)이나 방(枋)을 받치는 승(升)을 삼재승(三才升)이라 한다. 송대(宋代)에서는 산두(散斗)에 포함된다.

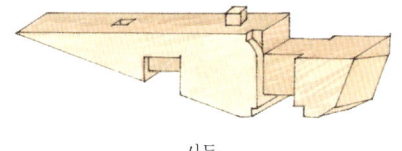

사두

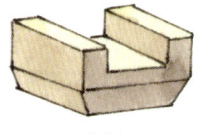

삼재승

과 科

과(科)는 청대(清代)에 각각의 찬(攢)에 있는 두공(斗拱)을 가리키는 명칭이다. 예를 들어 주두과(柱斗科)는 기둥 머리에 있는 두공을 지칭하며, 평신과(平身科)는 2개의 주두과(柱斗科)와 주두과(柱斗科) 사이에 있는 두공(斗拱, 공포)을 가리킨다.

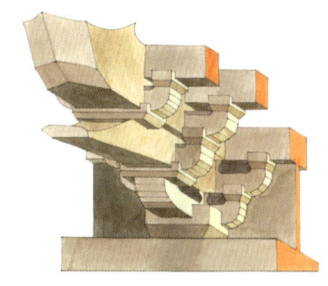

과

포작 鋪作

포작(鋪作)은 송식(宋式) 건축에서 각 타(朵)의 공포를 지칭하는 것이며, 공포의 최하층을 시작으로 각 포에 한 층의 부재를 첨가하는 것을 포작(鋪作)이라 한다. 송(宋)『영조법식(營造法式)』에 따르면 "1도가 나오면 4포작, 5도가 나오면 8포작이라 하였다. (出一跳謂之四鋪作, 出五跳謂之八鋪作) 대체로 최하층의 두구(斗口) 내에서 하나의 공(拱)이나 앙(昂)이 튀어나오면 이것이 출1도(出一跳)이다. 일반적으로 출5도(出五跳)가 가장 많이 출도(出跳)한 것이다.

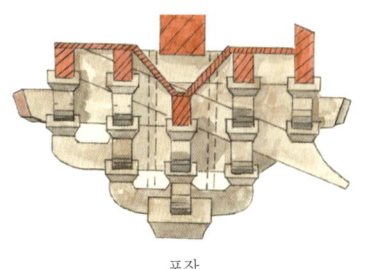

포작

단교단앙오채두공 單翹單昂五踩斗拱

공포의 규격은 3채(三踩), 5채(五踩), 7채(七踩), 9채(九踩)와 단교단앙(單翹單昂), 단교중앙(單翹重昂), 중교중앙(重翹重昂) 등으로 구별된다. 단교단앙5채두공(單翹單昂五踩斗拱)은 교(翹) 1개와 앙(昂) 1개를 사용하여 주두 위의 두구(斗口)에서 내외 양쪽으로 2채(二踩)가 나와 중심상의 1채(一踩)를 더해 모두 5채(五踩)를 나타낸다.

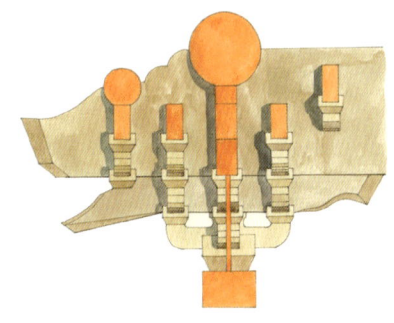

단교단앙오채두공

출채 出踩

출채(出踩)는 청식(清式) 명칭으로 공포 중에서 교(翹)나 앙(昂)이 중심선 상에서 건물 외부나 내부로 돌출되어 나온 것을 가리킨다. 예를 들어 정심(正心, 공포의 중심)은 1채(踩), 외부와 내부로 1채식 나와 합하면 3채(踩)가 된다. 이것이 출3채(出三踩)다. 또한 정심 즉,

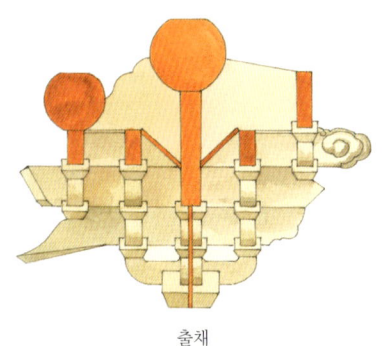

출채

공포 중심은 1채, 외부와 내부로 2채식 나와 합하면 5채가 되어 출5채(出五踩)가 된다. 이런 식으로 9채(九踩)까지 가능하고, 어떤 경우는 11채(十一踩)까지도 나온다. 각각의 채(踩)와 채(踩) 간격은 3두구(斗口)이다.

출도 出跳

출도(出跳)와 출채(出踩)는 의미가 같다. 출도는 송식(宋式) 명칭이다. 송식 두공의 출1도(出一跳)는 청식 두공의 출3채(出三踩)와 같고 출5도(出五跳)는 출11채(出十一踩)와 상응한다.

출도

재 材

당대(唐代: 618-907년)에 두공(斗栱, 공포)의 양식은 이미 통일되어 갔으며 또한 공(拱)의 높이는 양(梁, 보)와 방(枋)의 비례를 정하는 기본척도가 되었다. 이후 이런 기본 척도가 점차 발전하여 세밀한 모수제(模數制)

로 되었다. 송(宋)『영조법식(營造法式)』에는 모두 재(材)로 설명한다. 재는 크기에 따라 8등급으로 나뉘며, 또한 재는 15분(分), 너비는 10분(分)으로 분류된다. 건물을 영조할 때 재의 등급을 먼저 정하고 기타 상관된 부재를 재의 표준에 따라 결정한다. 이러한 재료 추산법과 노동력을 예정에 맞추어 시공하여 공사 속도를 높이 수 있었다. 사실 당대(唐代)나 송대(宋代)의 건축 표준척도를 제정한 것은 최고의 시공효율 뿐만 아니라 공사 진행 시 재료의 낭비를 줄이기 위한 목적도 있었다. 청대(淸代)『공정주법측례(工程做法則列)』도 동일한 목적을 가지고 있다.

재

두공의 작용 斗拱的作用

명대(明代: 1368-1644년) 이전의 두공(斗拱, 공포)은 구조부재로 존재했으며, 건축구조의 주요 부분인 하중을 부담하는 작용과 장식작용을 동시에 가지고 있었다. 명대 이후 공포의 하중을 부담하는 기능은 점차 장식성으로 변해 갔으며, 청대(淸代: 1644-1911년)에는 기본적으로 장식부재로만 삼았다. 그리고, 궁궐, 묘우(廟宇) 등에 사용된 공포는 황궁이나 신불(神佛, 부처)의 위엄이나 존귀를 나타냈다.

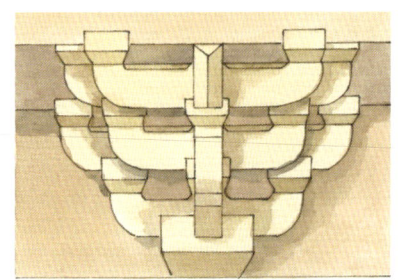

두공의 작용

제 11 장

작체(雀替)

작체(雀替)는 기둥 상단 끝에 놓여 기둥과 함께 상부의 압력을 받는 부재이다. 작체의 위치는 양(梁, 보)과 주(柱, 기둥), 방(枋)과 기둥이 이어지는 곳에 놓이며 무게를 받치는 기능 외에 양(梁, 보), 방(枋)의 거리를 좁혀 주거나, 양(梁) 끝부분의 전단능력을 증가 시켜준다.

작체는 청식(淸式) 명칭이며, 송(宋)『영조법식(營造法式)』에서는 작막(綽幕)이라 나온다. 자료에 근거하면 작체와 같은 종류의 부재는 북위(北魏) 운강석굴에서 가장 이른 시기의 모습을 볼 수 있다.

원대(元代) 이전에는 대부분 작체가 내부에 쓰였으며 원대 이후, 특히 청대의 작체는 대부분 외부처마, 액방(額枋, 창방) 밑에 쓰였으며, 청대 작체에 대한 길이 규정은 정면 칸과 칸 사이 거리의 1/4이었다. 명청(明淸) 시대의 작체는 기둥의 머리 부분에 가깝게 시공되며 삼복운(三幅雲)이나 공두(拱頭)를 받친다. 일반적인 작체 형식 외에 기마작체(騎馬雀替), 화아자작체(花牙子雀替) 등의 변형 형식이 있다.

* **삼복운(三幅雲)**
고건축 대목작 공포 부재로 청식(淸式) 명칭이다.『청식영조측례(淸式營造則例)』에 따르면 삼복운(三幅雲)은 작체(雀替)나 앙(昂)의 꼬리 위 두구(斗口)에서 밖으로 뻗어진 일종의 구름 모양 장식이라 설명한다. 현재 대부분 삼복운이라 말하며 청대 관식(官式) 건축의 특징으로 구조적인 의미는 없다. 산서성 태원에 있는 송대 진사(晉祠) 성모전(聖母殿)에서 최초의 형식을 볼 수 있다.

* **공두(拱頭)**
공의 끝머리를 나타낸다. 송(宋)『영조법식(營造法式)』의 규정에 따르면 관식 건축 공(拱)의 끝머리 구성에서 상부는 상류(上留), 하부는 하살(下殺)로 나눈다고 되어 있다.

송원시기의 작체 宋元時期的雀替

송원(宋元) 시기에는 답두작막(榙頭綽幕)과 선두작막(蟬肚綽幕)이 비교적 유행했다. 답두작막은 장식이 아주 간단한 작체로 끝단 조각을 2-3단형태로 만들어서 몇 개의 판(瓣, 물체가 자연스럽게 나뉘어진 모양)이 있는 모습이다. 선두작막은 답두작막에 비해 약간의 조각이 증가 되어 있다. 특징은 끝단 조각을 연이어서 곡선의 형태로 만들어 외관상 매미 배양으로 생겨 선두작막이라 불린다. 이 2개의 작체 형태는 비록 조각은 있지만 매우 간단하다. 그러나 원대 이후의 작체 장식은 점점 다양해 진다.

송원시기의 작체

명대 작체 明代雀替

명대(明代)의 작체는 여전히 선두작막(蟬肚縧幕)의 흔적이 남아있으며 자연스럽게 나뉘어진 조각 형태가 비교적 균등하게 나타난다. 각 판(瓣)의 권쇄(卷殺) 모습이 앞쪽은 경사졌으며 뒤쪽은 완만한 형태이다. 그러나, 이미 완전한 송원(宋元) 시대의 작체 모습은 아니다.

명대 작체

청대 작체 淸代雀替

청대(淸代)의 작체는 시간의 변화에 따라 두(肚, 복부)의 곡선 형태가 감소하였다. 두(肚)의 면적이 점점 줄어들고 머리부분이 점점 더 커져서, 보는 이로 하여 아래로 처지는 느낌을 주어 외관상의 변화가 매우 명확하다.

청대 작체

작체문양 雀替紋樣

작체(雀替)의 문양과 조각은 점차적으로 증가 했을 뿐만 아니라 시간이 지남에 따라 끊임없는 발전을 통해 정교하고 아름다워졌다. 특히, 청대(淸代)에 이르러 종류가 다양하고 정교해졌으며, 건축 상에서 거의 순순한 장식성 부재로 변해갔다. 명대(明代) 이전의 작체는 채화(彩畫) 외에는 장식이 거의 없었으나 명대부터 운문(雲紋), 권초문(卷草紋) 등의 장식 조각이 많아졌으며, 청대 중기 이후에는 용(龍)이나 새와 짐승 등의 동물문 등으로 조각하여 매우 다양하게 변했다.

작체문양

기마 작체 騎馬雀替

대부분의 기마 작체는 건축의 초칸(稍間, 제2협칸)이나 진칸(盡間, 퇴칸), 혹은 낭자(廊子, 회랑) 등에 쓰이며, 이 공간은 상대적으로 협소하거나 기둥 간의 거리가 짧아 2개의 작체를 하나로 연결하여 마치 한 개의 큰 작체처럼 만든 것을 말한다. 전체적으로 두 기둥 사이를 뛰어 넘는 듯한 모습을 보여 기마작체(騎馬雀替)라고 이름 지어졌다.

기마 작체

용문 작체 龍門雀替

용문 작체(龍門雀替)는 일반적인 작체형태 외에 장식성 부재의 성격이 강한 것을 말한다. 예들 들어 운둔(雲墩), 삼복운(三幅雲), 마엽두(麻叶頭), 재광(梓框) 등은 모두 순수한 장식성 부재들이다. 이런 장식 부재들이 증가함에 따라 원래 수평방향으로만 발전되던 작체가 수직방향 형태로도 발전했다. 이 역시 용문 작체의 특색으로 남아 있다.

* 마엽두(麻叶頭)
 고건축 대목작(大木作) 공포 부재로 청식(淸式) 명칭이다. 『청식영조측례(淸式營造則例)』에 따르면 마엽두(麻叶頭)는 교앙(翹昂)의 뒷부분을 장식하는 기법의 한 종류라 한다.

용문 작체

대작체

대작체 大雀替

대작체(大雀替)는 작체 구성의 한 기법으로 면적이 큰 작체를 말하는 것은 아니다. 대작체는 2개의 작체를 서로 연결한 것으로 마치 기마작체(騎馬雀替)와 비슷하지만, 실제적으로는 차이가 많다. 기마작체는 2개의 기둥 사이를 서로 연결하여 작체를 구성하지만, 대작체는 기둥 한 개에서 좌우로 나뉘어 서로 연결한 작체를 말한다. 동시에 기둥 좌우에서 양쪽의 작체를 연결한 후 조립된 모습은 각각의 작체는 기둥 위쪽과 기둥을 통과하지 않고 기둥 역시 작체를 통과하지 않는다.

통작체 通雀替

통작체(通雀替)의 형상은 보기에는 대작체와 비슷하지만 실제적으로는 같지 않다. 대작체는 기둥 위의 부근, 기둥의 머리부분에서 서로 연결되어 위치한다. 그러나, 통작체는 기둥 위에 있지 않고 기둥 위에 끼여 상부의 선이 기둥 윗 면과 평행을 이룬다. 또한 통작체는 대작체에 비해 기둥 상에서 보면 전체적인 위치가 낮다.

통작체

화아자 작체 花牙子雀替

화아자 작체(花牙子雀替)는 작체의 한 종류로 화아자(花牙子)라고도 불린다. 이 작체는 다른 작체에 비해 비교적 순수한 장식적 부재이며 일반적으로 주택이나 원림에 사용된다. 화아자 작체의 도안은 대부분 작은 격자 부재를 연결하여 구성하거나 권초문(卷草紋)으로 조각한다. 비교적 간결, 유연해 보이며 민첩하고 시원스럽다.

화아자 작체

어형 작체 魚形雀替

건축 장식물 중에서 물고기가 사용되는 곳은 민간 건축의 용마루나, 헐산식(歇山式, 팔작지붕), 현산식(懸山式, 맞배 지붕) 건축의 산화(山花, 합각) 부분에 쓰인다. 용마루에 사용된 장식 부재를 오어(鰲魚)라 부르고, 산화(山花) 부분에 위치하는 부재를 현어(懸魚)라 부른다. 그러나 작체 부분의 물고기 도안, 특히 완전한 물고기 형태는 매우 적게 나타나며 민간건축의 장식 형식으로 쓰인다.

어형 작체

회문 작체 回紋雀替

회문 작체(回紋雀替)는 수 많은 작체 조각문양 중 비교적 쉽게 볼 수 있는 형태이다. 이 작체는 방형의 꺾은선 형태의 문양을 연속해서 끊어시지 않게 회문을 만들어 신복(辛福, 행복), 희사(喜事, 기쁜 일) 등의 뜻을 상징한다. 회문은 대부분 장식 부재의 가장자리 도안으로 만들어지지만, 회문 작체는 완전히 회문(回紋)만으로 만들어지는 조각이다.

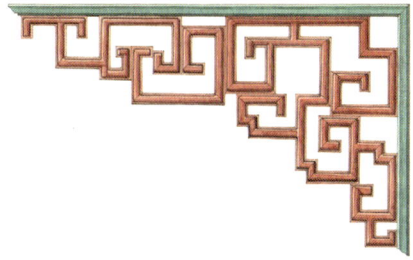

회문 작체

매죽문 작체 梅竹紋雀替

매화는 추위에 강하고, 녹색의 대나무는 항상 푸르다. 매화는 중국 고대 건축장식 중 자주 사용되는 재료이다. 특히 문인의 집은 매화와 대나무 등의 식물 문양의 장식이 대부분 사용되어 자연의 깨끗함과 고아함을 나타낸다. 매화문 작체(梅竹紋雀替)는 매화와 대나무 문양의 조각이 있는 것을 말한다.

매죽문 작체

목단화 작체 牡丹花雀替

목단화 작체(牡丹花雀替)는 작체 도안을 목단(牡丹)으로 만든 것이다. 목단은 봉황과 결합하여 봉아목단(鳳穿牡丹) 도안, 화병과 결합하여 만든 부귀평안(富貴平安) 도안이 있다. 단독으로 장식 도안한 목단은 부여전아(富麗典雅, 아름답고 화려하다)를 상징하지만, 작체를 운용함에 있어서는 대부분의 꽃줄기를 우아한 곡선으로 만든다. 화초를 볼 때 이러한 꽃줄기와 꽃 봉우리는 목단화와 결합하여 사람에게 감동을 고취시킨다.

목단화 작체

만초회문 작체 蔓草回紋雀替

만초문(蔓草紋)은 곡선과 뻗어나감, 이어져서 끊어지지 않는 특징이 있으며 길게 이어져 우아한 맵시를 나타낸다. 회문(回紋) 역시 선회 왕복하며 끊어지지 않는 특징이 있다. 2개의 문양이 결합한 작체는 자연스럽게 이어져 끊어짐이 없는 완전한 의미를 나타낸다. 동시에, 회문의 윤곽선은 사각형이고 권초(卷草)는 둥둥 떠서 흩어지는 모양으로 문양의 형태가 서로 대비되어 풍부한 문양 형식을 나타낸다.

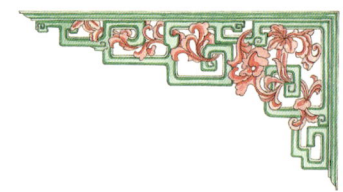

만초회문 작체

권초문 작체 卷草紋雀替

권초는 만초(蔓草, 덩굴풀)라고도 불린다. 당대(唐代)에는 매우 유행한 장식 문양으로 사람들은 당초(唐草)라고도 불렀다. 작체 중에 사용된 권초 문양은 권초의 온유함과 둥둥 떠서 흩어지는 특색이 작체에 결합되어 매우 앙증스럽다.

호로문 작체 葫芦紋雀替

호로(葫芦, 호리병박)는 원래 일상적인 식물이지만 형태가 매우 귀엽고 위아래의 둥근 호로의 몸체와 중간부분이 "아아(ㄚㄚ)"자 모습과 흡사하여, 아아호로(ㄚㄚ葫芦)라고도 불린다. 고대 전설 중 수 많은 선인들은 호로에 술을 보관했으며, 팔선(八仙) 중 하나인 철괴이(鐵拐李)는 항상 큰 호로를 등에 지고 다녔다. 그리하여 호로는 일종에 신선의 의미를 지닌다. 중국 고대 장식 도안 중 호로는 자손만대(子孫萬代)를 나타내며 작체에 사용된 호로 역시 같은 의미를 나타낸다.

* 자손만대(子孫萬代)
  자손 만대까지 행복을 누린다는 의미

호로문 작체

초용 작체 草龍雀替

초용 작체(草龍雀替)는 작체에 초용 문양을 사용한 것으로 실제로 용과 풀을 가리키는 것이 아니며 용과 풀이 결합하여 변형된 도안을 가리킨다. 초용 도안의 중심부분은 용머리 형상과 용 몸체를 지니고 꼬리 모양은 권초 형

권초문 작체

초용 작체

태로 나타난다. 초롱은 용의 정신과 기세를 나타내고 권초는 둥둥 떠서 흩어지는 우아함을 나타낸다.

복수 작체 福壽雀替

작체 도안 중 박쥐와 복숭아 도안을 가리켜 복수 작체(福壽雀替)라 말한다. 박쥐는 중국 고대에서 "복(福)"을 상징했으며 복숭아는 선도(仙桃), 복도(福桃)라고도 불러 항상 장수의 의미를 나타냈다. 그러므로 박쥐와 복숭아를 결합한 도안을 가리켜 복수도(福壽圖)라 한다.

복수 작체

제 12 장

천화(天花, 천정)

건축물 중 특히, 주택 건축에서는 일반적으로 실내에 모두 천정이 설치된다. 천정은 실내를 아름답게 만들며 깔끔하고 정리된 느낌을 주는 동시에, 내부 가구(架構) 등에 붙어 있는 회토가 떨어지지 않게 방지한다. 비교적 지붕이 간단하거나 육중하지 않는 건축물의 천장은 겨울에는 온화하게 해주며, 여름에는 열기를 차단해주는 기능이 있다. 이러한 것들을 현대인들은 정붕(頂棚)이라 하여 설치하며 중국 고대에서는 천화(天花)라 하였다. 송대에는 평기(平棋), 평암(平闇)이라 하고 청대(淸代)에는 정구천화(井口天花)라 불렸다. 천화(天花)의 기법은 매우 연구 할만한 가치가 있으며, 표면에 색깔을 칠하거나 조각을 하는 등의 장식 외에 매우 연구 가치가 높은 독특한 형식의 조정식 천화(藻井式天花)가 있다. 이는 장식과 등급에 따라 일반적인 천화와 매우 다르다.

평기(平棋), 평암(平闇), 정구천화(井口天花) 등은 시대마다 명칭만 달리 표현되었고 조정과는 차이가 있지만 그 차이는 크지 않다.

천화의 작용 天花的作用

천화(天花, 천정)는 기본적으로 건축물 내의 양(梁, 보) 윗부분을 가리는 동시에 먼지를 막는 기능이 있다. 현대 건축물의 정붕(頂棚)은 고대의 천화(天花) 보다 비교적 간단하지만 실제적으로 그 용도는 비슷하다. 천화의 기법과 장식은 연구할 만한 가치가 있으며 등급도 서로 다르다.

천화의 작용

천화의 기본형식 天花的基本形式

천화(天花, 천정)의 기본 형식은 나무막대로 일정한 규격을 만들어 상면에 격자형식 이루게 하여 각종 장식을 만든다. 색을 입히거나 조각을 하여 매우 아름답다.

천화의 기본형식

평기방격의 형식 平棋方格的形式

이른 시기의 평기방격(平棋方格)은 매우 컸으며 사용된 나무막대 역시 비교적 굵었다. 또한 대부분의 사각형 격자는 장방형이었다. 요송대(遼宋代)에서 명대(明代) 까지, 평기는 장방형이었으며 이후 사각형 격자는 점점 작아졌고 또한 사각형 자체가 변화되어 청대(淸代)에 이르러 대부분 정방형(正方形) 격자로 바뀌었다.

* 역분첩금(瀝粉貼金)
고건축 채화 공예 중에 하나이다. 아교와 토분을 합성한 것으로 도안에 아교를 칠한 다음, 금박을 붙여 도안의 입체감을 살리는 기법이다.

천화판

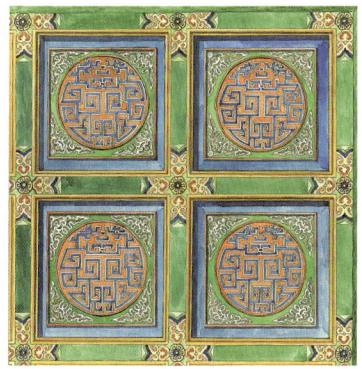

평기방격의 형식

천화판 天花板

명청(明淸) 시대 궁전 내에는 지붕부에 많은 천화 형식이 만들어졌다. 송대에는 평기(平棋), 청대에는 정구천화(井口天花)로 일종의 목조 골격으로 만들어진 천정이었다. 나무막대를 가로와 세로로 교차시켜 격자를 만든 다음 천장부분에 설치하여 격자 내에 목판을 끼운 것으로 천화판(天花板)이라 부른다. 천화판에 용, 봉황, 온갖 꽃 등의 도안을 넣었으며, 구체적인 도안 형태는 건축 등급에 따라 결정되었다. 대부분 청색과 녹색을 바탕색으로 사용하였고 비교적 등급이 높은 일부 건축물에는 역분첩금(瀝粉貼金)을 사용 사용하였다.

평기 平棋

송대(宋代) 천화의 한 종류로 나무 막대를 연접하여 사각형 격자를 이룬 것이다. 평기는 큰 방형의 격자로 구성되며 보기에 바둑판처럼 생겨 얻어진 명칭이다. 평기(平棋)의 명칭은 송대의 천화 명칭이다.

평기

평암 平閤

송대(宋代) 천화의 한 종류이다. 평기는 큰 방형 격자로 이루어진 것을 말하며 평암은 작고 밀집형태의 격자를 말한다. 평암(平閤)의 명칭 역시 송대의 천화 명칭이다.

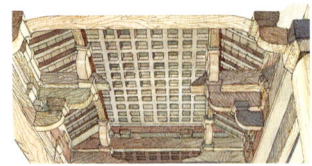
평암

정구천화 井口天花

청대(淸代) 천화의 한 종류이다. 정구천화의 기법은 틀을 이어 맞추는 것이 아니라 가로로 교차하는 나무막대기를 첩량(貼梁) 위에 직접 연결해서 붙이며 이 같이 구성된 틀을 여러 개 만들어 방형 격자를 만든다. 이후 각각의 방형 격자 내에 한 개의 천화판을 끼운다. 겉으로 들어난 부분은 모두 색을 칠한다.

정구천화

해만천화 海墁天花

평기(平棋), 평암(平闇), 정구천화(井口天花) 등 목조 막대기를 이용하여 만드는 사각형 격자의 천화 외에 또 다른 형식인 해만천화(海墁天花)가 있다. 대부분 비교적 작은 방에 사용되며 목조 막대를 이용하여 방형틀을 만들지 않고 하나의 윤곽틀을 사용하여 틀 내에 판자를 깔거나 종이를 댄다. 또한 직접적으로 판자나 종이 위에 간단하게 채화를 하며 도안

은 대부분 수초(水草) 종류로 대체로 간단하며 연구할 가치가 그리 높지 않다.

해만천화

첩량 貼梁

첩량(貼梁)은 천화를 구성하는 구조틀 부근에 있는 목재로써 천화를 고정시킨다. 청식건축(淸式建築)의 첩량은 천화의 부속품 중 하나이다.

첩량

조정 藻井

천화는 건축 내 지붕부분의 부재를 가리는 것으로 건물 내에 궁륭 형태의 천화를 가리켜 조정(藻井)이라 한다. 이런 형태의 천화는 각각의 방형이 하나의 정(井)을 이루어 화문(花紋)이나 조각, 채화(彩畫)를 장식하며 옛 명칭으로 조정(藻井)이라 한다. 최초로『한부(漢賦)』라는 문헌에서 볼 수 있다. 청대(淸代) 조정은 중심부분에 용장식이 많아 용정(龍井)이라고도 불렀다. 이 밖에 심괄의『몽계필담·기용(夢溪筆談·器用)』에 조정에 대한 기록이 전한다.

"옛사람이 이르길 기정(綺井), 조정(藻井), 또는 복해(覆海)라고 불렀다 (…古人謂之綺井, 亦曰藻井, 又謂之覆海..)."

조정(藻井)과 일반적인 천화는 모두 실내 장식의 일종이지만 조정은 등급이 매우 높은 건축물, 상신불(像神佛) 및 제왕의 보좌 위에 사용된다. 당대(唐代)에는 왕공(王公, 천자의 형제) 이외의 주거에는 중공(重栱)의 조정을 설치할 수 없다는 명확한 규정이 있다.

* **화문(花紋)**
  물체 표면에서 들어나는 일종의 무늬나 결의 일종으로 그 종류와 형태가 다양하다.
* **중공(重栱)**
  대목작(大木作) 공포 구조의 한 기법이다. 2층이나 그 이상으로 횡공(橫栱, 일반적으로 니도공(泥道拱)을 뜻함)을 겹겹이 쌓는 형식을 말한다.

장식한다. 조정의 내부는 용휘금형식(龍渾金形式)으로 조각하며 모든 조각에 용 장식을 하지만 그 형태는 각각 다르다.

조정의 형식

헌원경 軒轅鏡

북경 고궁(故宮) 태화전(太和殿)과 양성전(養性殿)의 조정은 또아리를 튼 용 입에 걸려져 있는 큰 원형구슬이 있다. 이 큰 원형 모양의 구슬을 헌원경(軒轅鏡)이라 한다. 전설에 따르면 헌원황제가 발명하여 이 같은 이름이 지어졌다고 한다. 그러나, 같이 걸려 있는 헌원경이라고 해도 조형상으로 매우 다르다. 태화전에 설치된 헌원경은 양성전보다 매우 화려하며 중앙의 큰 구슬 이외에 4변에 6개의 작은 구슬로 둘러 쌓여져 있다. 태화전은 외조(外朝)의 제일 큰 대전인 동시에 자금성에서 가장 큰 대전으로 궁성 내의 다른 전당(殿堂)에 비할 수 없는 특수한 지위를 가지고 있어 조정 장식 또한 최고 높은 등급을 나타낸다.

조정

조정의 형식 藻井的形式

조정(藻井)은 4방(方), 8방(方), 원형 등의 형식으로 구조가 복잡하다. 어떤 조정은 각 층 사이에 두공(斗栱, 공포)이 사용되어 매우 화려하고 정교하여 강한 장식성을 가진다. 또 어떤 조정은 두공(斗栱) 장식을 사용하지 않으며, 목판층을 층층이 쌓아 외관이 간결하고 자연스럽게 보인다.

고궁 태화전(太和殿), 양심전(養心殿), 흠안전(欽安殿), 황극전(皇極殿) 등의 주요 대전 내 황제 보좌나 공공신불감(供奉神佛的龕, 벽감 혹은 닷집)의 위쪽 천화 중간부분에 조정을

헌원경

옛날부터 헌원경은 침대의 머릿맡에 걸어서 벽사(辟邪, 사악한 것을 물리침)의 의미를 지니거나 사물이 매우 밝고 깨끗한 것을 상징했다. 황제의 보좌 위에 높게 걸려 있는 것은 벽사(辟邪)의 의미도 있지만, 명경고현(明鏡高懸)의 뜻으로 판결의 처사가 공정함을 뜻하기도 한다.

방형조정 方形藻井

평면이 사각형인 것을 말하지만 방형(方形)은 외관을 가리키며, 내부는 대부분 원형이다.

방형조정

원형조정 圓形藻井

조정은 건축내부 천장의 중심부가 위로 향할수록 줄어드는 것으로, 대부분 같은 원형의 조정 형식을 따른다.

원형조정

팔각조정 八角藻井

팔각조정은 이름 그대로 평면이 팔각인 조정(藻井)을 가리키며 그 수량 또한 매우 많다.

팔각조정

용봉조정 龍鳳藻井

용봉조정(龍鳳藻井)은 조정의 형태를 나타내는 것이 아니라 조정의 화문(花紋)이나 조각 장식 중에 용과 봉황의 형태를 사용하거나 용과 봉황 형태의 모티브를 사용한 것을 말한다. 용봉조정은 대부분 황가 궁전(皇家宮殿) 건축에 많이 볼 수 있으며 북경 천단(天壇)의 기년전(祈年殿) 조정이 용봉조정이다.

용봉조정

팔괘조정 八卦藻井

팔괘조정(八卦藻井)은 팔괘형태의 조정을 가리키며, 일반적으로 도교궁관(道敎宮觀)건물에 사용된다. 산서(山西) 영락궁(永樂宮) 삼청전(三淸殿)의 조정이 팔괘조정이다. 외형은 방형이고, 내부는 원형으로 중심부에는 금색에 휘감아져 있는 용이 있다. 용 주변에는 구름이 있어 구름 사이를 날아오르는 듯한 형상을 나타내어 매우 생동감 있다. 조정의 우화하고 화려한 느낌을 주어 소박한 느낌에서 벗어나 있다.

팔괘조정

고궁 양성전 조정 故宮養性殿藻井

북경 고궁 양성전(養性殿) 내부의 황제 보좌 위에는 천장 중심부 쪽에 화려한 조정이 있다. 내부에는 금색을 입힌 휘감긴 용이 있으며 용에는 큰 구슬을 입에 머물고 있어 매우 빛나 헌원경이라 한다.

고궁 양성전 조정

고궁 태화전 반용조정 故宮太和殿蟠龍藻井

북경 태화전(太和殿) 보좌 위 천장 중심부에 장식된 조정이 있다. 4각틀, 8각틀 형태와 원형 틀이 하나씩 안쪽으로 향해 배열되어 있고 각 층 사이에는 작은 공포대가 위를 받치고 있다. 맨 안쪽의 원형 틀 안 중심부에 휘감아져 있는 용이 있으며, 보주를 물고 6개의 작은 구슬이 중앙의 큰 구슬을 감싸고 있다. 중성봉월(眾星捧月) 즉, 여러 사람이 한 사람을 추대한다는 뜻이 있어 조정의 화룡점정을 나타낸다. 이 조정은 표면에 모두 금박을 입혀 더욱 더 온화하고 점잖으며 귀한 분위기를 나타낸다.

대각사 반용조정 大覺寺蟠龍藻井

대각사(大覺寺) 대웅보전 삼세불(三世佛) 위의 천정에 설치된 조정이다. 가장 외곽은 방형이고, 안쪽은 팔각형이며, 팔각형 안에 다시 원형을 둔 형식이다. 중심부에 휘감아져 있는 용이 있어 반룡조정(蟠龍藻井)이라고 부른다.

고궁 태화전 반용조정

대각사 반용조정

두팔조정 斗八藻井

두팔조정(斗八藻井)은 8면이 서로 교차하며, 내부는 위로 향하면서 궁륭형 천장을 이루는 형식을 가리킨다. 이 조정은 송요(宋遼) 시대에 비교적 많이 사용된 형식이다. 북경 계대사(戒台寺) 계단전(戒壇殿)에 두팔조정이 있다. 조정의 상부는 원형, 하부는 방형의 형식으로 하부의 방형부 주변에 작은 불감을 설치할 수 있는 입구가 있고, 그 속에 금박을 입힌 나무 재질의 작은 불상은 장식이 매우 정교하다. 또한 상부 원형 중심부에는 단룡(團龍)이 있으며, 입은 벌려진 형태를 하고 머리는 밑을 향하여 계단전 내의 불상을 바라보고 있다. 단용 주변에는 8개의 승룡(升龍)이 있어 구룡호정(九龍護頂)의 경관을 구성한다.

* 단룡(團龍)
  용의 몸이 둥글게 하고 있는 모양
* 승룡(升龍)
  하늘로 올라가는 듯한 형태
* 구룡호정(九龍護頂)
  아홉 마리의 용이 보호하는 모습

두팔조정

연화동의 연화조정 蓮花洞中蓮花藻井

용문석굴(龍門石窟)의 연화동(蓮花洞)에 매우 아름다운 연화조정(蓮花藻井, 연꽃 조정)이 있다. 석굴 내부의 연화조정은 매우 일반적인 것이지만, 연화동의 연화조정은 매우 거대한 부조형태의 도안으로 정교하고 특색 있어 매우 드문 형태이다. 연화가 활짝 핀 형태로 3단으로 구성되어 있다. 가장 많이 돌출된 1층 부분은 연봉(蓮蓬) 형태이며, 2층은 이중의 연판(蓮瓣) 형태이고, 가장 외곽부분은 2단으로 구성된 연속적인 인동문(忍冬紋, 인동 덩굴)을 조성하여 원형의 조정을 돋보이게 한다.

연화동의 연화조정

반용희주 조정 盤龍戲珠藻井

하북(河北) 승덕(承德) 외팔묘(外八廟)에 있는 보락사(普樂寺) 욱광각(旭光閣) 내부에 반룡희주 조정(盤龍戲珠藻井)이 있으며 용봉조정(龍鳳藻井)이라고도 부른다. 조정 중심에는 용이 보주를 지니고 있으며, 주변에는 용과 봉황, 구름 등의 도안이 있다. 이 조정은 3중교앙9채두공형식(三重翹昂九踩斗拱)이며, 안팎으로 총 7층이다. 내부는 위로 올라 갈수록 폭이 좁아지며, 외부에서 내부로 차례대로 구름과 용, 공포, 용, 봉황, 쌍중두공(雙重斗拱), 단룡희주(團龍戲珠) 등으로 구성된다. 전체적으로 금색을 띠며 외팔묘 중 최고의 아름다움을 나타낸다.

반용희주 조정

길상도안 조정 吉祥圖案藻井

길상도안(吉祥圖案) 조정(藻井)은 조정 내부의 장식이 길상만의(吉祥寓意)의 의미를 지닌 조정을 가리킨다. 외형은 특별히 정해진 것 없으며 사각형, 팔각형 등으로 다양하고 그 수는 많지 않다. 일반적으로 민간건축이나 사묘(寺廟)건축 중에 수성(壽星), 매화록(梅花鹿), 마고봉수도(麻姑捧壽桃)로 구성되어 수비남산(壽比南山)의 뜻을 담고 있다.

* 길상만의(吉祥寓意)
  상서롭고 길하다.
* 수비남산(壽比南山)
  복여동해 수비남산(福如東海 壽比南山)의 뜻으로 동해가 큰 것처럼 다복(多福)하고 종남산(終南山)이 장구한 것처럼 장수하길 빈다라는 뜻이다.

이화원 낭여정조정

길상도안 조정

이화원 낭여정조정 頤和園廊如亭藻井

이화원(頤和園) 낭여정(廊如亭)의 천장 내부에는 구조가 복잡하고 장식이 정교한 조정이 있다. 조정의 외곽은 붉은색 원기둥으로 지탱하고 외부는 8각형, 내부는 변형된 4변형이며 다시 그 안쪽은 8각형으로 구성되고 그 안은 다시 4변형으로 구성되어서 매우 복잡한 6층 구조를 가진다. 외부 중앙은 모임지붕으로 정자형 지붕에 적합하다. 조정 각각의 방(枋)과 액(額)에는 아름다운 채화가 있으며 선자(旋子) 도안이 주류를 이룬다. 액방(額枋, 창방)과 채화는 홍색, 금색, 녹색, 엷은 남색 등으로 서로 교대로 사용되어 다양한 모습을 나타낸다.

단용 평기 團龍平棋

단룡 평기(團龍平棋) 또한 평기의 한 종류로 평기 내의 장식이 단룡(團龍) 문양으로 이루어진 것을 가리킨다. 용은 중화민족의 상징이며 중국 봉건시대에는 천자(天子)를 뜻했다. 그래서, 용문이나 용문양이 주류를 이르는 장식 문양은 일반적으로 황가(皇家) 건축 또는, 대형 사묘(寺廟) 건축에 사용되어 일반 백성들은 이 문양을 함부로 쓰지 못하였다.

단용 평기

권초화훼 평기 卷草花卉平棋

권초화훼 평기(卷草花卉平棋)는 건축물 내부에 평기 천화(平棋天花)를 만들고 평기 내의 장식문양을 권초 화훼문으로 만든 것을 가리킨다.

권초화훼 평기

들의 희문악견(喜聞樂見)을 평기 장식 내용에 담고 있다.

* 희문악견(喜聞樂見)
  기쁜 마음으로 듣고 보다.

단학 평기

오복봉수 평기 五福捧壽平棋

박쥐(蝙蝠)와 수(壽)는 중국 고대건축 장식 중 자주 사용되던 문자로서 두 가지를 합쳐 길상의 의미인 복수(福壽, 행복과 장수)를 나타낸다. 오복봉수(五福捧壽)는 목숨 수(壽)자의 주변에 5마리의 박쥐를 배치한 도안을 가리킨다. 오복봉수 평기의 평기 문양은 박쥐와 목숨 수(壽) 자가 주류를 이룬다.

오복봉수 평기

단학 평기 團鶴平棋

단학 평기(團鶴平棋)는 천화판을 평기 형식으로 만들어 이 평기에 학문양을 넣은 것을 가리킨다. 학과 박쥐는 모두 길상의 의미를 가지고 있다. 박쥐는 복(福), 학은 장수의 의미를 지닌다. 학이 사용된 평기 문양은 사람

제 13 장

문(門)

문(門)은 내부와 외부를 구분짓는 출입구로 건축물에 필수적이며, 주거 건축에 없어서는 안될 중요한 구성요소이다. 문면(門面), 문검(門臉)이라고도 불리며, 이는 문에 대한 관심을 나타내는 것으로 문의 기능이 단순히 출입에만 있지 않다는 것을 나타낸다. 보호시설 중 하나이며, 문을 닫아 외부인이 실내를 보는 것을 방지한다. 문을 달아 출입을 통제하고, 거주 영역의 안전을 확보한다.

문의 또 다른 기능은 공간의 경계를 설정하는 것으로 연결점으로써 내외 공간을 명확히 분리한다. 이는 중국 고대건축에 있어 가장 뛰어난 표현 방식에 해당된다. 중국 고대건축에서 차용한 것은 평면에서 횡방향으로 확장된 군체(群體) 구성 방식을 이루는 방식으로 단체(單體) 건축의 원락(院落)을 조성하고, 원락은 건축군을, 건축군은 거리를 이루고 하나의 완전한 도시를 조성하게 된다. 이러한 전개 방식에서 경계와 연결 기능을 하는 것이 문이며, 방문(房門), 원문(院門), 방문(坊門), 성문(城門) 등이 있다.

중국의 문은 두 부류로 나눌 수 있다. 하나는 영역을 분리하는 문이고, 다른 하나는 건축물 자체의 구성 요소로써의 문이다. 구역을 구획하는 문은 대부분 단체 건물 형식으로 성문(城門), 대문(台門), 옥우식 대문(屋宇式大門, 지붕식 대문), 문루(門樓), 수화문(垂花門), 편방문(牌坊門) 등이 해당된다. 그리고 건축 자체에 있는 문은 건축 구조의 한 부분으로 실탑문(實榻門), 기판문(棋盤門), 병문(屛門), 격선문(隔扇門) 등이 있다.

문의 건축 형식과 수량은 사회적 등급질서와 관계가 있으며, 고대에는 명확한 예의(禮儀) 제도에 따라 설치되었다. 그래서 문은 신분과 지위를 상징하고, 심지어 문 위의 장식까지도 건축의 등급과 직접적인 관계가 있다.

문의 종류를 구체적으로 보면, 대문(大門), 이문(二門), 원문(院門), 수화문(垂花門), 영성문(欞星門), 편방문(牌坊門), 전권문(磚券門), 성문(城門), 궐문(闕門) 등이 있다. 이러한 문은 설치되는 위치에 따라 이름이 정해지고, 건축물 자체 혹은 독립적으로 문의 이름을 사용한다.

대문 大門

대문(大門)은 건축물의 중요한 출입구로 집 벽의 문동(門洞) 혹은 대형 건축물의 문루(門樓)에 설치된다. 대문에 쓰이는 재료는 견고하고 중량감이 있다. 보통 문판(門板)은 격선문(隔扇門)이 아닌 실판(實板)으로 제작되어 투과나 차단, 보호 기능을 향상시킨다. 목재나 철재 등의 단일 부재를 사용하거나 목재에 철, 동, 또는 금박을 함께 사용하기도 한다.

대문의 문선(門扇, 문짝)을 고정시키기 위해 문선과 문주(門柱) 사이에 문광(門框, 문틀)

을 덧댄다. 문선의 너비는 문주의 사이 간격보다 작으며, 문광의 증가는 부재의 증가를 수반한다. 대문은 겉으로는 단순하게 보이지만 실제로 많은 세부 장식을 갖고 있다.

실탑대문 實榻大門

송대(宋代)에 사용되어 전래된 판문(板門)을 실탑대문(實榻大門)이라 한다. 실판대문은 판문의 일종으로 기둥 사이에 설치하였으며, 일반적으로 궁전이나 왕부 등 비교적 높은 등급의 건축물 입구부에 사용된다. 넓은 의미에서 대문의 문선(門扇)은 실탑대문과 기판문(棋盤門) 두 종류이며, 서로 다른 제작 방법을 사용한다. 구체적으로 사용된 부재를 보면, 대문의 외부 면에 머리가 큰 장식물인 문발(門鈸)이나 광두정(廣頭釘)을 많이 붙이고, 내부에 빗장을 끼운다. 한층 발달된 방법은 문판(門板)에 도료를 칠하는 것이고, 그 중 주홍칠(朱紅漆)은 최고의 등급을 나타낸다. 이 외에 관료의 주택과 황가 궁전 건축의 문판에는 다양한 장식용 문정(門釘, 판문용 철재 부재)을 사용하고, 일반적으로 5줄에서 11줄까지 차등을 주어 건축의 등급을 엄격하게 구별한다. 문심판(門心板)과 대변(大边)이 동일한 두께로 제작되어 문판 전체가 견고하고 단단하게 보인다.

대문

판문 板門

판문(板門)은 판으로 문선(門扇, 문짝)을 제작한 것이다. 불투명의 넓고 큰 나무 목재를 사용하며, 격선문(隔扇門)과는 다르다.

판문

실탑대문

기반문 棋盤門

기반문(棋盤門) 역시 판문(板門)의 일종이지만 실탑대문(實榻大門)과는 제작법이 다르다. 기반문은 먼저 주변에 설주를 이용한 큰 틀을 만들어 구조를 잡은 후, 문판(門板)을 붙인다. 문판 위아래의 말두(抹頭) 사이에 띠를 덧대고, 그 사이에 여러 개의 목재판을 가로 방향으로 연결한다. 이는 격자 모양을 형성하여, 마치 바둑판처럼 보여 기반문이라 부른다. 그 중 경면반문(鏡面盤門)은 일반적인 기반문의 제작법과 달리 외부로 향하는 면이 빈틈없이 평평하여 어떤 흔적도 없이 거울처럼 보인다는 뜻에서 붙여진 이름이다.

기반문

대변 大邊

대문의 문선의 틀에서 세로로 양변에 서있는 목재를 대변(大邊, 울거미)이라 하며, 대변은 격선(隔扇) 틀의 변정(邊挺)과 같다.

대변

원문 院門

건축군에서 원락을 출입하는 대문을 일컬어 원문(院門)이라 한다. 북경의 사합원과 환남(皖南, 안휘성 양자강 이남 지역)의 천정원(天井院, 정원이 있거나 중정이 있는 주택) 등에서 볼 수 있다.

원문

광량대문 廣亮大門

광량대문(廣亮大門)은 북경 사합원 대문의 기본 형식으로 각종 사합원 대문 중에서 가장 등급이 높다. 과도(過道, 대문에 붙어있는 한 칸 또는 반 칸짜리 실(室)가 문선을 기준으로 안팎으로 반씩 붙어있다. 귀족층만 사용하였고, 청대(清代)에는 7품 이상 관료의 주택에서만 사용하였다. 이웃 주택과 비교해 보면, 대문의 깊이가 깊고, 기단 역시 높다. 이는 건축 자체의 규모와 상관없이 대문만으로도 신분이 높음을 나타내는 효과가 있다.

광량대문

옥우식 대문 屋宇式大門

옥우식 대문(屋宇式大門)은 대문 형식 중 중요한 위치에 있다. 독립적인 가옥건축의 형식으로 문(門)과 옥(屋)의 특징을 동시에 갖는다. 쉽게 볼 수 있는 대문 형식으로 황제의 궁실에서부터 일반 백성의 주택에 이르기까지 비교적 광범위하게 사용되었다. 두 가지 형식이 있다. 그 중 하나는 완전히 독립된 단체(單體) 건축식 문옥(門屋)이고, 다른 하나는 도좌(倒座, 사합원에서 정방(正房)과 마주하는 남쪽 건물)와 출입구가 연결된 문숙(門塾)이다.

의 수대석(垂帶石)은 광량대문과는 달리 정면과 좌우 세 방향으로 출입이 가능한 계단이 있다.

금주대문

옥우식 대문

금주대문 金柱大門

금주대문(金柱大門)은 북경 사합원 대문의 일종으로 광량대문(廣亮大門)보다 등급이 약간 낮다. 금주대문의 문선(門扇)이 중간의 기둥과 외첨주(外檐柱, 처마 쪽의 기둥) 사이에 있는 외금주(外金柱, 내부 기둥 중 외부 기둥과 가까운 기둥) 위치에 부착되어, 문선 바깥쪽 길의 폭은 좁고 안쪽 길의 폭은 깊다. 금주대문의 옥척(屋脊, 지붕마루)은 평초(平草) 옥척을 사용하였고, 정척(正脊, 용마루)의 양 끝에는 화초 조각의 판과 위로 치켜든 코 모양으로 장식하였다. 대문 앞 계단 양 옆

만자문 蠻字門

만자문(蠻字門)은 북경 사합원 대문의 일종으로 금주대문(金柱大門)보다 등급이 낮다. 문선(門扇)은 바깥쪽 처마 아래에 부착되고, 그 위엄은 광량대문(廣亮大門)이나 금주대문에 미치지 못한다. 그러나 문 안쪽 공간이 넓어 물건을 놓는 등 활용도가 높다. 만자문 앞의 계단은 강사(礓磋) 형식으로 수레가 다니는 통로로 쓰기에 용이하다.

만자문

여의문 如意門

북경 사합원에서 쉽게 볼 수 있는 여의문(如意門)은 만자문(卍字門)에 비해 한 등급 낮다. 정면은 문선(門扇) 이외의 부분을 벽돌로 쌓아 막는다. 초기의 여러 여의문은 광량대문(廣亮大門)을 개조해 만든 것으로 평민이 귀족의 저택을 구입했으나, 감히 그 형식을 그대로 쓸 수 없어 변형한 것이다. 여의문 위에 놓인 장식을 전두방석란판(磚頭仿石欄板)이라 하고 처마 아래에 놓는다. 여의문의 주요 장식 부분으로 면에는 아름다운 도안으로 조각하여 특색을 나타낸다.

제외하고도 속요(束腰, 허리) 형식의 문판(門板)을 양 옆에 덧댄다.

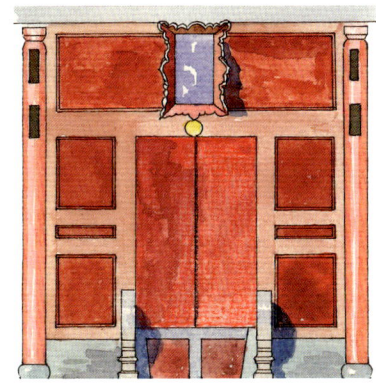

장군문

여의문

장군문 將軍門

장군문(將軍門)은 고대의 귀족 주택, 사찰, 궁관(宮觀, 도교와 관계된 건축의 총칭)에 사용되던 형식 중 하나로 문의 형태와 분위기는 상당히 웅장하다. 사용된 재료가 비교적 많고, 형식 역시 다양하다. 문선(門扇)은 정간(正間, 어칸)의 척형(脊桁, 종도리) 아래에 놓는다. 액방(額枋)은 문선 위에 놓고 기둥과 연결한다. 액방 위에 문잠(門簪)을 설치하고 문편(門匾)을 걸어올린다. 문 하부에 있는 문함(門檻)은 문당(門擋)이라고도 하며, 전체 문의 약 4분의 1을 차지할 정도로 높다. 뿐만 아니라 문의 폭도 넓어 중앙의 두 짝 문을

수화문 垂花門

수화문(垂花門)은 수주(垂柱, 기둥 상부에 돌출되어 수련두(垂蓮頭, 수주의 머리 장식) 부분을 포함하여 아래로 늘어뜨린 짧은 기둥) 장식이 있는 문을 뜻한다. 일반적인 대문 양옆 기둥은 마치 첨주(檐柱, 처마 기둥)처럼 위로는 문첨(門檐, 문 부분의 처마)을 떠받치고, 아래로 문 앞쪽 기단이나 지면을 향해 있

수화문

는 하중을 견딘다. 그러나 수화문 앞 수주는 지면에 닿지 않고, 짧은 마디로 문첨 아래 양측에 걸어 아래로 떨어뜨린다. 기둥 머리 부분은 꽃잎이나 열매가 매달린 형상으로 제작되어 수화(垂花)라는 명칭을 쓴다. 수화문은 문 기둥에 장식성을 가미하는 것 외에도 기둥 사이의 방액(枋額, 기둥과 기둥 사이를 연결시키는 부재)에 꽃 모양을 새기거나 채화로 제작한다.

병문 屛門

병문(屛門)은 일반적으로 내첨명칸(內檐明間, 내부 어칸)의 후금주(後金柱) 사이에 사용되거나 대문과 수화문의 후금주 사이에 쓰인 것을 말한다. 이는 일반적 의미의 대문과는 차이가 있으며, 외부형이 아니라 내부형 문이다. 문의 틀에 여러 개의 목판을 꽉 끼워 문선(門扇)을 만들며, 보통 4개 이상의 문선으로 구성된다. 또한 개방 가능한 병풍형 칸막이와 같아 병문이라 하고, 차단 기능을 하며, 북경 사합원의 수화문(垂花門) 안쪽 문이 이에 해당된다. 병문은 기본적 형태인 방형(方形) 외에도 원형, 육각형, 팔각형 등 비교적 특색 있는 형태들이 있고, 이러한 형식은 원림이나 비교적 작은 민가에 나타난다.

병문

오두문 烏頭門

중국 고대 건축의 다양한 문 중, 양쪽 두 개의 기둥 상부에 횡방형 부재 하나를 연결하고, 검은색으로 물들인 기둥 머리를 가진 것을 오두문(烏頭門)이라 한다. 오두문이라는 이름은 『당육전(唐六典)』과 『송사(宋史)』 등에서 "6품 이상이 오두문을 썼다"는 기록에서 보여지며, 등급을 나타내는 대문임을 알 수 있다. 『책부원구(冊府元龜)』에서는 "2개의 기둥이 1장(丈) 거리로 떨어져 있고, 기둥 끝에는 와통(瓦筒), 묵염(墨染), 호두염(號頭染) 등을 놓아 오두문과 관계 있는 형상을 묘사했다."고 하며, 송대(宋代) 『영조법식(營造法式)』에서도 오두문의 명칭과 관계된 내용이 기록되어 있다.

오두문

삼관육선문 三關六扇門

삼관육선문(三關六扇門)과 같은 문의 형식은 사합원의 정방(正房)이나 이방(耳房)의 중앙에 개폐형으로 설치된다. 기둥을 중심으로 좌, 중, 우 삼단으로 나뉘어 매 단마다 두짝의 문이 있고, 모두 개폐가 가능하여 삼관육선문이라 부른다. 그 중간의 문짝은 목재의 판문(板門)으로 처리하고, 양변의 두 문짝들은 격선문(隔扇門)으로 처리한다. 판문은 출입구로서 수시로 열고 닫는데 반해, 격선문은 개폐의 빈도가 적어 채광과 통풍구로 쓰인다.

삼관육선문

영성문 欞星門

영성문(欞星門)이 오두문(烏頭門)형식에서 비롯되었다는 것은 이미 송대(宋代)『영조법식(營造法式)』에 기재되어 있는 "오두문은 세 가지 이름이 있다. 첫째, 오두대문(烏頭大門), 둘째, 표갈(表碣), 셋째는 벌열(閥閱)이라 하고, 오늘날에는 영성문이라 한다."라는 내용을 통해 알 수 있다. 영성문이 오두문에서 변형된 것이지만 명청(明淸) 시대 이후에는 오두문보다 영성문이라는 명칭을 더 많이 사용하였다. 영성(欞星)은 천전성(天田星 농사를 주관하는 신(神)을 받드는 별)이기도 하여 영성(靈星)이라고도 하였다. 한대(漢代) 고조 시기부터 영성에 제사를 지내기 시작하였고, 이후 대부분 하늘에 제사를 지내기 전 먼저 별에 제사를 지냈다. 이에 영성문은 단묘(壇廟) 건축과 능(陵)앞에 사용되었다. 천단(天壇), 지단(地壇) 등 단묘와 명십삼릉(明十三陵) 등 황제의 능 앞에서 볼 수 있으며, 건축의 크기와 등급에 따라 규모와 양식이 다르다.

천단영성문 天壇欞星門

북경의 천단(天壇)과 지단(地壇) 주위 벽 중간에 영성문(欞星門)을 하나씩을 세우고, 출입구로 사용하였다. 사방으로 설치된 문의 두 축선은 대칭 구도로 서한(西漢)시대부터 내려오는 예제(禮制)건축 평면 배치의 특징이 되었다. 천난과 지단의 정면은 삼문동영성문(三門洞欞星門, 3개의 입구로 되어 있는 영성문)이 놓였고, 나머지 삼면은 각기 일문동영성문(一門洞欞星門, 1개의 입구로 되어 있는 영성문)이 놓여있다. 영성문은 순백의 한백옥석(漢白玉石)으로 조각하여 좌우의 홍색 벽과 선명한 대비를 이룬다. 영성문의 문주(門柱) 역시 상제(上帝)가 지나가는 엄숙한 곳임을 나타내는 화표(華表, 고대 궁전이나 능묘 등 대형 건축물 앞

영성문

천단영성문

에 놓이는 장식용 거대 돌기둥) 형식으로 되어 있다. 꼭대기 부분의 주두(柱頭, 기둥머리)는 석류 모양이고, 기둥 하단의 양측은 포고석(抱鼓石)을 끼워 넣으며, 기둥 사이는 방(枋)을 가로로 연결한다.

청동릉영성문 淸東陵欞星門

청대(淸代) 황제의 청동릉(淸東陵) 앞 신도(神道)에 있는 영성문(欞星門)은 천단(天壇) 등의 영성문보다 정교하고 화려하며, 용풍문(龍風門)이라고도 한다. 이 문은 6개의 기둥으로 구성된 3개의 문동(門洞, 중국 건축의 대문 안쪽에 지붕이 있는 입구 및 통로)으로 구성되어 있고, 문동과 문동 사이는 유리벽(琉璃壁)이 있어 기둥들을 연결한다. 유리벽의 상부는 황색 유리와(琉璃瓦) 처마이고, 하부는 문양을 새긴 영벽(影壁) 형식으로 조성되어 있다. 이들 벽과 지붕 처마는 같은 류의 재료와 색상을 사용하며, 녹색 유리 화문(花紋)으로 장식한다. 바닥은 백색의 수미좌(須彌座)로 처리하여 전체적으로 화려하고 세밀하며, 선명한 색감을 나타낸다.

공묘(孔廟)의 첫째가는 대문이라 할 수 있으며, 공자묘의 중심 축선상에 있다. 초기 영성문은 명대(明代) 영락제(永樂帝) 13년(1415)에 목구조로 세워졌으나 청대(淸代) 건륭제(乾隆帝) 19년(1754)에 석재로 중건됐다. 양(梁, 보)의 상부에 12개의 용머리 벌열(閥閱 또는 伐閱)을 주조해 놓고, 문 중에서 대형 주홍색 책란(柵欄) 문선 6개를 놓았다. 4개의 원형 석주로 영성문 전체를 지지하고, 기둥 아래에 고석(鼓石)을 서로 끼워 넣었으며, 꼭대기에는 앉은 자세의 사대천왕상(四大天王像)이 눈을 부릅뜨고 용맹스런 기세로 보는 듯한 조각을 해놓았다. 영성문의 기둥 사이에 각각 단층의 액방(額枋)을 걸고, 중앙 부분의 액방만 아래 위 2층으로 되어있다. 그 중 상부는 화문(花紋)으로, 하부는 건륭 황제가 직접 쓴 '영성문(欞星門)'이라는 글자가 조각되어 있다. 영성문은 가로 13m, 높이 10m 정도이다. 석재 패방(牌坊)과 같은 형식으로 조성하였고, 재료와 구조는 비교적 간단하다. 문 양측에 연결된 황색 기와와 홍색 담벽은 색채가 화려하고 장중하여 영성문의 우아함과 간결미를 돋보이게 한다.

청동릉영성문

곡부공묘영성문

곡부공묘영성문 曲阜孔廟欞星門

앙성문(仰聖門) 뒤 첫 대문인 영성문(欞星門)은 형상의 의의 측면에서 곡부(曲阜)에 있는

권문 卷門

권문(卷門)은 공권문(控券門)이라고도 한다. 공권(控券)은 전석(磚石)을 이용하여 쌓아 올

린 것이고, 권문 역시 전석을 쌓아 반원형이나 기타 곡선으로 조성한 것이다. 공권은 일반적으로 아치형을 뜻하는 공권(拱圈)이라고도 한다. 쉽게 각각의 공(拱, 아치)을 일컬어 공권(拱圈)이라 하며, 단독의 권(圈)을 일컬어 권(卷)이라고도 한다. 공권은 공권문 혹은 아치형 건축의 중심 하중을 받치는 부분으로 대부분 원형이며, 크거나 작고 뾰족한 아치를 이루기도 한다. 형태 자체가 아름답고, 문동(門洞) 가장자리 부분의 앞면에는 장식성 조각이 새겨져 있다.

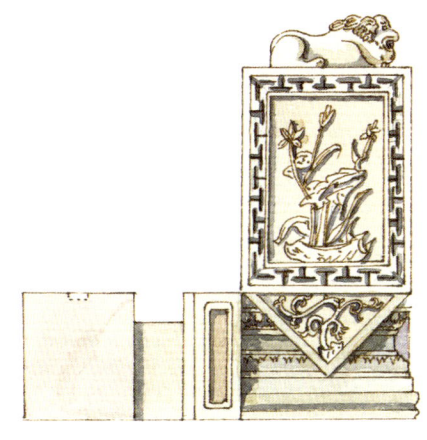

문침

문잠 門簪

문잠(門簪)은 중함(中檻)과 연영(連楹)을 잠그는데 쓰이는 목구조 부재로 대목연정(大木鎖釘, 목구조에 쓰이는 자물쇠와 못)이라 할 수 있으며, 관련 부재와 같이 연결된다. 문잠은 조각한 것과 하지 않은 것이 있다. 조각한 문잠은 조각 부위가 주로 잠두(簪頭, 비녀장)의 정면에 있다. 사계절을 상징하는 모란, 연화, 국화, 매화 등을 새겨 풍요와 상서로움을 상징하거나, 단수(團壽), 복(福), 길상(吉祥) 등의 글자를 새겨 문잠에 붙인다.

권문

문침 門枕

건축물의 문동(門洞)에 문선(門扇)을 부착하기 위해 문 아래 양쪽 하첨(下檻, 문지방이나 문턱류)에 돈대(墩臺, 둔덕)를 놓고, 돈대 위에 홈을 내어 문축(門摺, 손잡이류)을 설치한다. 이렇게 문선을 받치기 위한 문축의 돈대를 일컬어 문침(門枕)이라 한다. 문침은 목재, 석재인 것이 있으며 석재로 된 것이 많다. 석재의 문침을 문침석(門枕石)이라 부르기도 한다. 문침석(門枕石)은 문선 안과 밖으로 나뉘고, 문선 밖에 있는 부분에 종종 장식을 한다. 이는 북경 사합원의 대문 앞 포고석(抱鼓石)에서 볼 수 있다.

문잠

풍문 風門

주로 주택이나 큰 저택에서 천정(天井)을 대하는 부분이나 정원의 건물에서 2겹으로 구성된 문 중 외부쪽 문을 일컬어 풍문(風門) 혹은 방문(房門)이라 한다. 풍문은 높이 약 2m, 가로 약 1m 정도 되는 단선문(單扇門)으로 판문(板門)이 아닌 격자살을 연결한 차단성이 있는 격선문(隔扇門)으로 조성된다. 풍문은 겹문 중에서도 외부 쪽 문이기 때문에 문선(門扇) 대부분이 외부를 향하고 있어 출입에 용이하다.

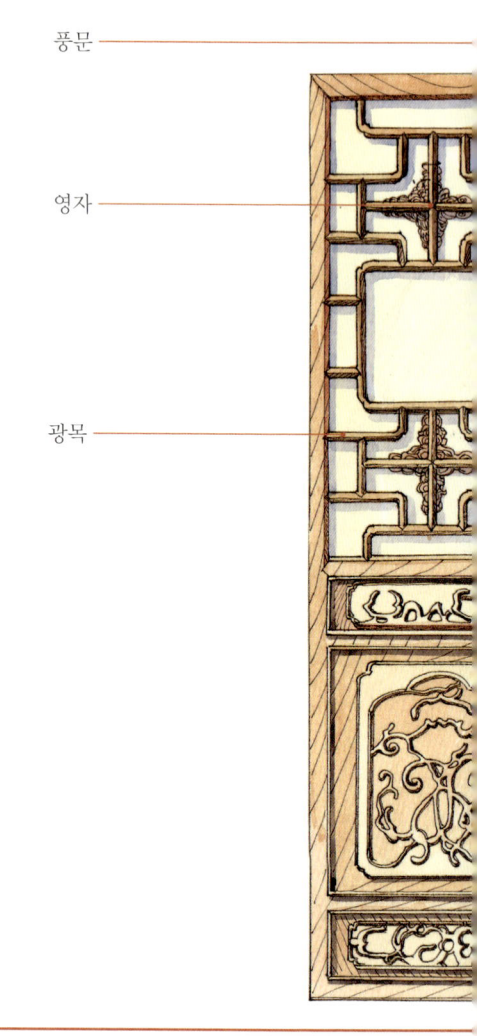

1. 풍문(風門)

풍문(風門)은 2겹의 문선으로 된 문 자체를 뜻하거나, 바깥쪽 문선을 뜻한다.

2. 영자(欞子)

영자(欞子)는 간단히 영(欞)이라고 한다. 여기서는 격선(隔扇)의 격심(隔心)을 의미하며, 난간, 창호 등의 중심부분을 이루는 영격(欞格)을 가리키기도 한다. 작은 목재를 이용해 표현한 각종 도안에 사용되며, 기하문, 능화문(菱花紋, 마름꽃 문양)을 비롯해 동물, 식물, 인물 등에 쓰이기도 했다. 영조(欞條)는 격선문(隔扇門)에서 격자의 중심 부분인 영격을 조성하는 작은 부재이다.

3. 광목(框木)

광목(框木)은 단순하게는 변광(邊框, 격자형 문 중 영자(欞子) 부분 외의 나머지 부분)이라고도 할 수 있다. 청대(淸代)에는 수직 부분을 변정(邊梃), 가로 부분을 말두(抹頭)라 하였고, 송대(宋代)에는 정(程)이라 하였다.

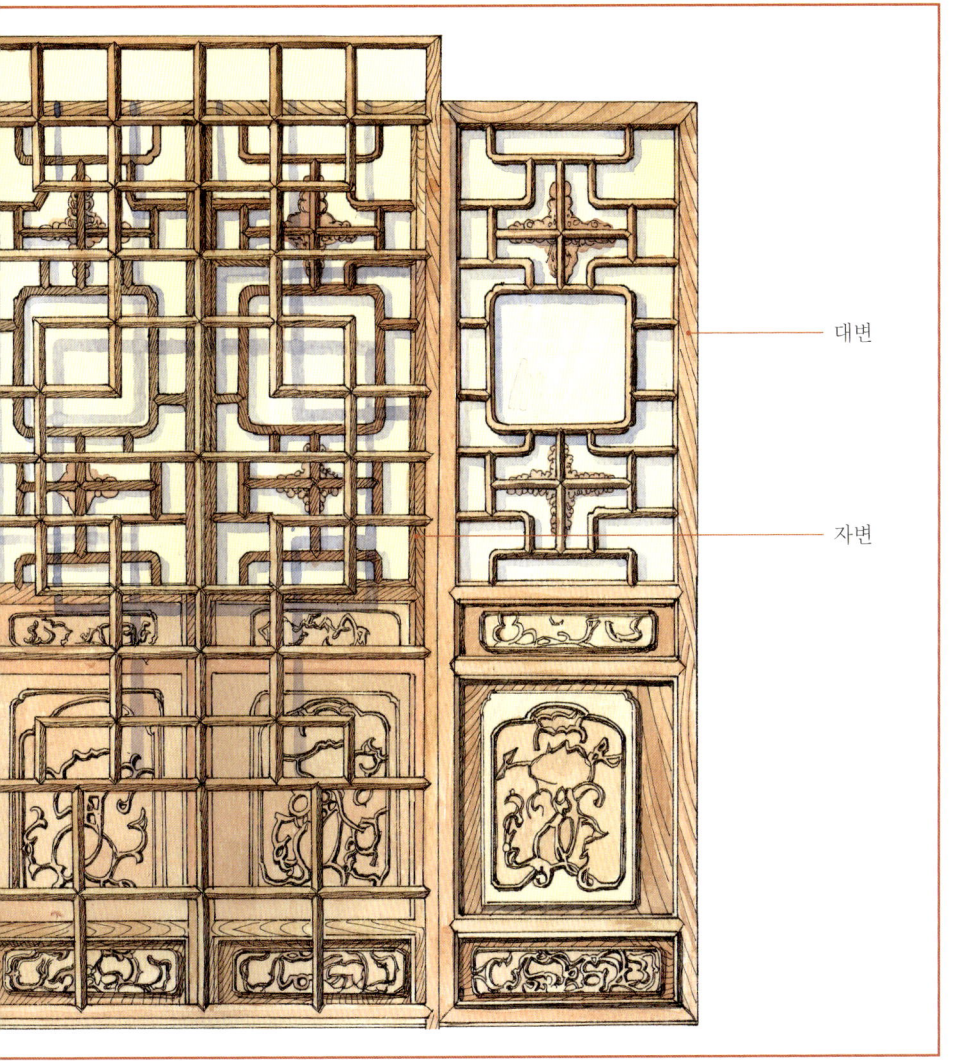

4. 대변(大邊)

문선(門扇)의 테두리 부분 중, 양변에 세워진 목재를 일컬어 대변(大邊)이라 하고 때에 따라 변정(邊梃)을 뜻하기도 한다.

5. 자변(仔邊)

자변(仔邊)은 격선문(隔扇門)의 변광(邊框) 중 가장 안쪽에 둘러쳐진 것으로 바깥에는 틀과 말두(抹頭)로 조성된 외광(外框)이 있다. 자변은 대변(大邊)의 안쪽에 있기 때문에 상대적으로 많이 도드라지지 않아 "仔"의 의미를 차용해 부르게 되었다.

문발 門鈸

건축의 소통과 단절은 문선(門扇)의 개폐에 달려있고, 문선의 여닫이는 납수(拉手, 손잡이)에 달려 있다. 납수의 실질적인 기능은 문을 두드리는데 사용되는 것으로 실용성뿐만 아니라 예술성과 심미성이 점차 고려되어, 더욱 아름다운 외관을 갖게 되었다. 실용성과 장식성이 강한 문발(門鈸)은 납수와 문판의 연결부위로써 저좌(底座, 밑받침) 위에 놓인다. 문발은 그 형상이 민간 악기 중에 발(鈸, 자바라-놋쇠로 만든 타악기)과 유사하여 붙여진 이름이다. 금속으로 제작하며 평면은 원형, 육각형이다. 중간에 볼록 튀어나온 부분은 마치 그릇을 엎어놓은 듯한 모양으로 원형 손잡이 같으며, 동그란 고리나 금속판을 물고 있는 형상이다. 그 주위 부분을 권자(圈子)라 하고, 상부 조각은 화문(花紋)이나 길상(吉祥) 등의 문양을 투각하며 장식적 효과를 더한다. 문발의 가장 특색 있는 부분으로 포수(鋪首, 손잡이 머리 부분)를 꼽을 수 있으며, 문발의 품격을 나타내거나 잡귀를 물리치는 뜻을 담고 있는 전통적인 문의 장식으로 보기도 한다.

포수 鋪首

포수(鋪首)는 문발(門鈸)의 일종으로 대부분 동(銅) 재질로 되어 있으며 짐승 얼굴을 하고 있다. 짐승의 형태는 둥그런 눈을 부라리거나 이빨을 드러내놓고 커다란 고리를 물고 있다. 출토된 한대(漢代) 그림을 통해 이미 이러한 문 장식이 있었음을 알 수 있다. 또한 한대의 문학 작품에서도 포수를 묘사한 부분이 있었고, 사마상(司馬想)이 쓴 『장문부(長門賦)』에서 "아름답고 멋진 문을 열고자 금포(金鋪)를 두드리니 그 소리가 마치 종소리 같다."고 표현하기도 하였다. 포수의 짐승 얼굴은 용인 듯 용이 아니고, 사자인 듯 사자가 아닌 형상이다. 용의 9명 아들 중 하나인 초도(椒圖)의 얼굴로 꽤나 폐쇄적인 성격을 뜻한다고 전해지기도 한다. 명대(明代) 양신(楊愼)이 기록한 『예림벌산(藝林伐山)』에서 "초도는 그 형상이 소라(螺螄) 따위와 같고, 성격이 폐쇄적이어서 문에 붙여둔다."는 기록이 있는 것으로 보아 포수의 원형은 소라 조개류로도 볼 수 있다. 또한 『풍속통의(風俗通義)』에서는 "옛날에 공이 물을 운반하다 조개를 발견하고 그것이 반짝이자 꺼내어 속을 열려 하였으나, 조개가 끝끝내 열지 않고 속을 감추었다."라고 기록하여 조개의 형상을 대문에 두어 견고하면서도 안전함의 상징으로 여겨 사용하게 되었다고도 전해진다.

문발

포수

문정 門釘

문정(門釘)은 본래 실용적인 목적을 갖고 문판에 붙이는 것으로 못의 대가리와 몸통으로 구성되어 있다. 외부로 돌출된 못의 대가리는 버섯 모양으로 다듬어져 있으며, 점차 미관용 장식품으로 바뀌었다. 문정은 고대엔 부구정(浮漚釘)이라고도 하였다. 부구(浮漚)는 수면의 기포라는 뜻으로 문판 위의 문정을 마치 수면 위로 떠오른 기포로 표현한 것이다. 초기에는 문정의 개수나 적용에 관한 규정이 없었으나 청대(淸代)에 이르러 궁궐 문에 가장 많은 수를 사용하고 9행 9열의 문정을 사용하는 등 규정이 명확해졌다. 친왕부(親王府), 군왕부(郡王府), 묘우(廟宇)와 같은 건물에는 등급에 따라 좀 더 적은 수의 문정을 사용하였고, 일반 민가에서는 문정 사용이 금지되었다. 장식적 효과 외에도 사람들 눈에 길상의 물체로 보이기도 하며, 『장안객화(長安客話)』, 『안정풍속(眼睛風俗)』등의 책에서는 "문정이 병을 내쫓고 아들을 얻는 풍속을 나타낸다."고도 기록하고 있다.

문정

문환 門環

문환(門環)은 문발(門鈸) 위에 있는 고리형 물체로 움직일 수 있다. 주로 문을 두드리는 용도로 쓰이거나 미달이 문선(門扇)의 손잡이로도 사용된다.

문환

격선문 隔扇門

격선문(隔扇門)은 격자형 문선(門扇)으로 이루어진 문의 형식을 말한다. 대략 송대(宋代)부터 출현했고, 이후 고건축에서 흔히 볼 수 있게 되었다. 격선문은 일반적으로 방목(方木)을 이용하여 틀을 제작하고, 가로 세로 약 1:4 혹은 1:3 정도의 비율로 제작한다. 테두리 내부는 격자로 되어 있고, 격선(隔扇)은 격심(隔心), 군판(裙板), 조환판(條環板) 등으로 구성되며, 일반적인 격자와는 다르다. 격심에는 각종 화문(花紋)과 도안이 장식되어 있고, 겨울철 날씨가 추울 때에는 격심 뒷면에 종이나 천을 덧바르거나 운모편(雲母片)과 같은 석재를 설치하여 한기나 냉기를 차단한다. 격선문은 사선(四扇), 육선(六扇), 팔선(八扇) 등으로 구분되며, 주로 건축물의 칸에 따라 크기가 결정된다. 또한 건축 내외공간을 소통시키거나 하나의 공간으로 조성하기 위해 격선을 조절하여 사용한다.

격선문

분은 관통하지 않는데 반해 상부 격심은 화식영자(花式欞子)를 비롯한 기타 화문(花紋)과 기하문양을 조각 장식하여 다채롭게 표현한다.

격심 隔心

격심(隔心)은 격선(隔扇)의 상부에 위치하고 가장 장식성이 뛰어난 부분이다. 영조(欞條)로 조성되어 있고, 투과가 가능하여 실내의 채광과 환기에 유리하다. 영조의 교차 방식을 단순하게는 정방격(正方格, 만살형)과 사방격(斜方格, 빗살형)으로 나눌 수 있다. 좀 더 복잡한 것은 꽃이나 인물, 풍경을 조각하며, 가장 발전된 격심으로는 능화문(菱花紋) 조각을 채우거나 쌍교사완(雙交四椀), 삼교륙완(三交六椀)을 쓰는 것이다. 능화 격심은 관식(官式) 건축이나 사묘(寺廟)건축 이상 등급에만 사용할 수 있었으며, 황가 건축에서 자주 볼 수 있다.

격선 隔扇

격선(隔扇)은 관통 가능한 구조이면서 동시에 이동 가능한 건축 목부재 중 하나이다. 격선의 양변에 변정(邊梃, 세로변 목재)을 세우고 변정 사이에 말두(抹頭 가로변 목재)를 수평으로 설치한다. 이 중 격선의 상부를 격심(隔心), 중부를 조환판(絛環板), 하부를 군판(裙板)이라 한다. 격심은 화심(花心)이라고도 하고, 격선의 주요 부분으로 뚫려있으며, 그 길이가 전체 격선 길이의 약 3/5 정도이다. 조환판과 군판 부

격선

격심

쌍교사완 雙交四椀

쌍교사완능화(雙交四椀菱花)는 능화 문양의 일종으로 정교(正交, 만살형 교차)와 사교(斜交, 빗살형 교차) 두 종류가 있다. 정교는 영조(楹條)끼리 90도를 유지하며 교차하는 것이고, 서로 교차된 선과 격선 틀과 평행을 이룬다. 즉, 수직방향의 선(扇)은 수직 변의 틀과 평행하고, 횡방향 선은 가로변 틀과 평행하다. 사교는 영조 자체의 교차는 90도이면서 주변 테두리와는 45도의 각을 이루는 것을 말한다.

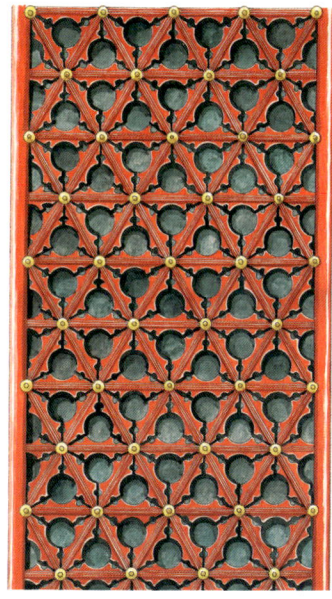

심교륙완

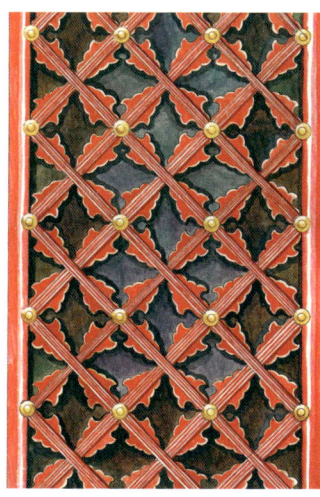

쌍교사완

삼교육완 三交六椀

삼교육완능화(三交六椀菱花) 역시 능화 문양의 일종으로, 정교(正交)형식과 사교(斜交)형식이 있다. 정교 형식은 영조(楹條) 중 하나가 수직 방향으로 기준을 잡고, 양쪽 영조 2개와의 각을 60도로 맞추는 것이다. 사교형식은 영조 중 하나가 좌우 수평으로 기준을 잡고 그 양변의 두 영조와의 각이 60도를 이루는 것이다.

삼교만천성육완 대애엽능화
三交滿天星六椀帶艾葉菱花

삼교만천성육완 대애엽능화(三交滿天星六椀帶艾葉菱花)는 매우 복잡한 문양 중의 하나로 문양 안에 원형 도안과 애엽(艾葉, 쑥잎) 모양이 함께 있는 것을 말한다. 서로 교차된 선(扇) 조각은 형식의 변화가 다양하면서도 전체적으로 통일감과 일체감을 유지한다.

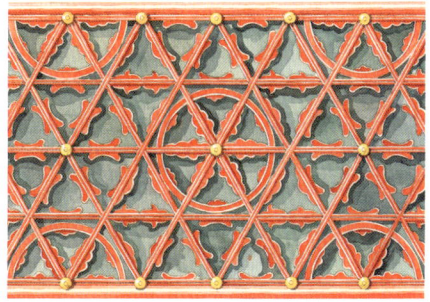

삼교만천성육완 대애엽능화

능화격선 菱花隔扇

능화격선(菱花隔扇)은 격심(隔心) 부위에 능화 도안을 차용한 격선으로 보통은 외첨문창(外檐門窓)에 사용한다. 능화격선은 높은 등급의 건물인 황가의 궁전과 원림, 단묘와 능, 그리고 일부 사찰 건축에 사용되었다. 능화의 양식은 다양하며, 그 중 쌍교사완(雙交四椀), 삼교육완(三交六椀)을 흔히 볼 수 있다.

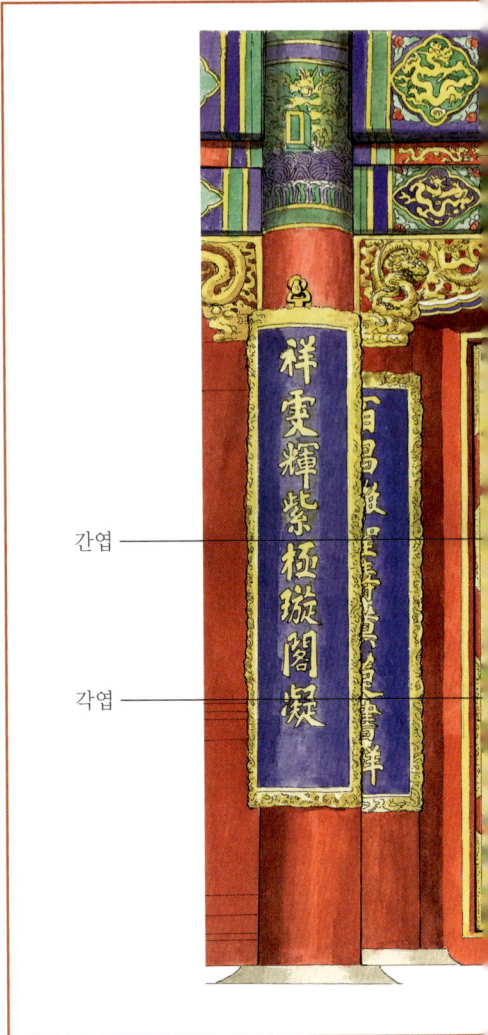

간엽

각엽

1. 간엽(看葉)

격선의 변정(邊梃) 위에 박는 금속 부재의 일종으로 변정 중간에 놓이며, 간엽 위에는 구화유두권자(鉤花鈕頭圈子)를 사용했다. 이는 매우 우수한 격선 장식 부재의 일종인 동시에 문선에 사용된 목질 자재에 대한 보호 장치이기도 하다.

2. 각엽(角葉)

각엽(角葉)과 간엽(看葉)의 재료는 서로 같으나 각엽은 변정(邊梃)과 말두(抹頭)가 접하는 부분에 놓여 변정과 말두가 포함하는 부분과 구분된다. 접하는 부분이 직각으로 생겨 각엽이라 부른다.

3. 인자엽(人字葉)

인자엽(人字葉)은 각엽(角葉)의 일종으로 형태가 인(人)자와 유사하여 붙여진 이름이다.

제13장 문

인자엽　　능화　　포광

4. 포광(抱框)

격선문(隔扇門)의 문선(門扇)은 단독으로 한 짝씩 제작한다. 문동(門洞) 내에 문선을 장착할 때, 먼저 문광(門框, 문틀)이 있어야 한다. 이런 유형의 문선을 장착하는 광함(框檻, 난간틀) 중에서 좌우 양측에 딱 붙여 세우는 기둥인 목광(木框, 목틀)을 가르켜 포광(抱框) 또는 포주(抱柱)라 한다.

5. 능화(菱花)

비교적 높은 등급 장식을 사용하는 건축물인 황가 건축과 사찰 전당의 격심(隔心)은 능화(菱花)를 사용한 영격(欞格) 장식 문양으로 되어있다. 또한 영조(欞條)로 조성되어 있고, 전체적으로는 작은 꽃처럼 보이면서 격심에 균일하게 분포되어 있다.

쌍교사완 감감람구문능화 雙交四椀嵌橄欖球紋菱花

쌍교사완 감감람구문능화(雙交四椀嵌橄欖球紋菱花)는 쌍교사완 능화가 변화된 것이다. 주로 능화 문양으로 되어 있으며, 능화 문양 중 가장 사실적으로 표현하였다. 원형 문양과 감람(橄欖, 올리브) 형상의 문양이 새겨져 있다.

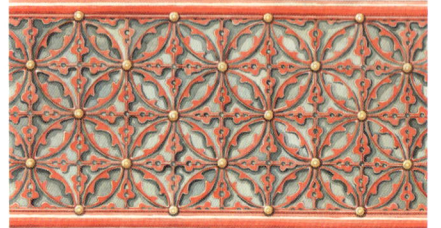

쌍교사완 감감람구문능화

군판 裙板

군판(裙板)은 격선(隔扇)의 주요 구성 부분으로 격선 하부에 자리하며, 방형에 가까운 목판으로 투과되지 않는다. 상판에 채화를 그리거나 각종 화문으로 조각하며, 여의두문(如意頭紋)을 흔히 사용한다. 송대(宋代)에는 장수판(障水板)이라고도 하였다.

군판

낙지명조격선 落地明造隔扇

낙지명조격선(落地明造隔扇)은 격선 형식의 일종으로 다양한 효과를 나타내며, 격선의 군판(裙板)이나 조환판(條環板) 부분을 생략하기도 한다. 즉 군판과 조환판을 사용하지 않고 격심(隔心)으로 면을 채워 격선 전체를 이루는 것을 말하며, 이러한 격선 형식을 낙지명조(落地明造)라 한다.

낙지명조격선

고노전능화 古老錢菱花

고노전능화(古老錢菱花)는 능화 도안에 옛 동전 문양을 사용하는 것으로 재물과 복을 상징하여 등급이 높고 화려함과 부귀를 뜻한다.

고노전능화

말두 抹頭

말두(抹頭)는 격선(隔扇)의 구조 부재 중 하나로, 격선 양변 수직 틀인 변정(邊梃) 사이에 놓이는 수평형 목재이다. 낙지명조(落地明造) 형식을 제외하고 일반적으로 격선 한 면에 2개 이상의 말두가 놓이고, 크게 격심(隔心), 군판(裙板), 조환판(條環板) 등으로 분리하는 역할을 한다. 격선의 크기에 따라 사말두(四抹頭), 오말두(五抹頭), 육말두(六抹頭) 등으로 분류한다.

말두

조환판 條環板

조환판(條環板)은 격선(隔扇) 구성의 한 부분으로 군판(裙板)의 위 아래 변에 놓인 말두(抹頭) 2개 사이에 있는 판재를 뜻한다. 그 중 군판 윗부분의 조환판(條環板)은 격심(隔心)과 군판 사이에 놓이고, 격심과 군판에 비해 높이나 면적상 차지하는 비례는 작은 편이다.

조환판

외첨장수 外檐裝修

중국 전통 건축에서 목재의 문, 창, 격단(隔斷), 괘락(挂落), 조(罩), 천화(天花, 천장)등을 통칭하여 장수(裝修)라 한다. 장식 위치에 따라 내첨장수(內檐裝修)와 외첨장수(外檐裝修)로 분류되고, 그 중 외첨 장수는 실외에 사용되어 공간을 분할하는 역할을 한다. 건축 내부와 외부 사이의 문이나 창, 건축의 외랑(外廊)과 원락(院落) 사이의 난간이나 외랑과 외부 공간 사이에 놓이는 난간에 놓인다. 문에는 풍문(風門), 병문(屏門), 염가(簾架) 등이 있고, 창은 함창(檻窓), 지적창(支摘窓), 십금창(什錦窗)이 있으며, 난간 중에는 고배(靠背)와 괘락이 있다.

외첨장수

삼교구문능화 三交環紋菱花

삼교구문능화(三交環紋菱花)는 삼교육완능화(三交六椀菱花) 도안의 일종이며, 모두 원형으로 된 것을 볼 수 있다. 아름답고 풍부한 작은 원형을 사용하여, 서로 교차된 선과 대비를 이루어 얻은 이름이다. 본 그림의 중간 부분의 문 2짝 격심(隔心) 도안은 삼교구문능화로 구문능화(環紋菱花)의 일종이다. 구문(環紋)을 이용해 크게 틀을 만들고, 그 구(環) 안에 세부적으로 화문(花紋)으로 다양한 변화를 준 육변화(六瓣花) 형식을 사용했다. 그 외 좌우의 소격선의 격심(隔心)과 횡피창(橫披窓, 가로형 도안 창)은 중앙 격선의 능화와 같지 않다. 전체적으로 변화가 다양하게 보이는 가운데 중심의 격선 화문이 가장 두드러진다.

삼교구문능화

창(窓)

창(窓, 窓子)은 문과 함께 건축의 주요 구성요소로 그 형식이 문보다 훨씬 다양하고 풍부하다. 창은 기본적으로 건축물에 속하기 때문에 발전 양상 역시 건축의 발전과 일치한다. 최초의 창은 창(囪, 굴뚝의 의미)이라 하였으며, 인류의 혈거(穴居) 시기에 채광과 통풍을 위한 요소로 동혈(洞穴, 땅굴이나 동굴) 꼭대기에 난 작은 구멍이었다. 이후 혈거 방식을 벗어나 지상 가옥 방식으로 지으면서 방의 벽면에 구멍을 내고, 창호인 유(牖, 교창)를 사용해 창을 표현하였다. 평소에 고건축 서적에서 볼 수 있는 호유(戶牖) 역시 문과 창을 뜻한다. 이후 유가 발전하여 더욱 풍부한 창의 유형을 이루었고, 채광과 공기 순환의 기능은 물론 장식적 기능까지 갖게 되었다. 창은 중국 전통 건축 발전이 최고조에 이르고, 실물 유산이 비교적 많이 남아있는 명청(明淸) 시대에 가장 다양하고 완성도 있는 발전을 이루었다.

창의 형식에 대해 중국 남북지역의 호칭이 서로 달랐기 때문에 한 종류의 창호에도 여러 명칭을 사용하였고, 일부 창은 유형이 다양하게 세분화되었다. 뿐만 아니라 세부 처리 방식에 있어서도 지역적 차이가 있어 다채롭게 전개되었다. 주된 형식으로는 함창(檻窓), 지적창(支摘窓), 직령창(直欞窓) 그리고 여러 공창(空窓)과 누창(漏窓) 등이 있다.

직령창 直欞窓

직령창(直欞窓)은 책란(柵欄, 울타리)의 창과 같이 창틀 사이에 직령조(直欞條)를 수직으로 배열한 것으로 격자 중 가장 간단한 창 형식이다. 직령창은 구체적 제작 방법의 차이에 따라 세부적으로 다른 종류의 것으로 발전되었다. 비교적 흔히 볼 수 있는 수직 직령창 형식 이외에도 파자령창(破子欞窓)과 일마삼전창(一馬三箭窓) 등 변형된 형식이 있다.

직령창

파자령창 破子欞窓

파자령창(破子欞窓)은 직령창(直欞窓)의 일종으로 그 특징은 '깨진다'는 의미의 '破'자를 통해 알 수 있다. 파자령창의 격자는 목재의 방형(方形) 단면을 대각선으로 잘라 만든 것으로 하나의 방형 목재에서 2개의 삼각형 단면 목재가 생긴다. 배치는 삼각형의 뾰족한 부분을 밖으로 향하고 평평한 면을 내부로 향하게 하여 종이를 바르기 쉽게 하며, 모래 바람이나 냉기 등을 방지할 수 있도록 한다.

제14장 창

파자령창

일마삼전창 一馬三箭窗

일마삼전창(一馬三箭窗) 역시 직령창(直欞窗)의 일종이다. 그러나 영창(欞窗)이 방형(方形) 단면인 파자령창(破子欞窗)과는 차이가 있다. 일마삼전창의 특징은 위치에 있는 것이 아니라, 직령(直欞)과 함께 직령 위아래에 놓인 3개의 횡목조(橫木條)에 있다. 일반적으로 직령조(直欞條)의 상·중·하부에 횡방향의 영조(欞條)를 세워 수직형 격자창에 다양한 변화를 준다.

함창 檻窗

함창(檻窗)은 비교적 고급스런 양식의 창으로 격선창(隔扇窗)의 일종이다. 2개의 기둥 하단부 사이에 담을 치고, 그 위에 격선(隔扇)을 세워 창선(窗扇) 위아래로 축을 두어 안팎으로 개폐될 수 있게 한다. 보다 명확히 설명하면, 함창은 격선문(隔扇門)의 군판(裙板)부분을 생략한 것으로 상단의 격심판(隔心板)과 조환판(絛環板) 부분만 유지하고 있는 것이다. 함창은 대부분 격선문 양쪽에 함께 놓는다. 안팎으로 뚫린 방식의 화식영조(花式欞條)이기 때문에 문이 개방되지 않더라도 채광과 통풍이 원활하다. 추운 계절 변화에 대응하기 위해 종이를 붙였고, 후에 장식 유리 등도 사용하였다. 함창과 격선문은 동일한 형식을 유지하여 형식, 색채, 영격(欞格), 화문(花紋) 등에 있어서도 마찬가지였으며, 건축 외부 입면이 조화롭고 통일감 있게 보인다. 황가 건축의 창들은 대부분 함창 형식으로 사용하였으며, 비교적 큰 규모의 주택과 사찰, 사당 등에도 활용되었다. 특히 남방의 민가 건축은 북방 지역에 비해 다채롭게 함창 형식을 사용하였다.

일마삼전창

함창

함 檻

함창(檻窓)의 개념에서 볼 수 있듯이, 함(檻)과 함창(檻窓)은 서로 밀접한 관계가 있다. 문과 창의 격선(隔扇) 틀인 광함(框檻)은 함 부분과 포광(抱框)부분으로 나뉘기 때문에 함은 문창 틀의 일부분으로 볼 수 있다. 포광은 문과 창살 좌우의 가장 가까운 기둥에 세워진 수직형 목재로 포주(抱柱)라고도 한다. 함측(檻側)은 광함 중에서 수평 부분을 뜻한다. 두 기둥 사이의 횡목들 가운데 가장 상부면에서 처마와 가까운 것을 상함(上檻), 횡피(橫披) 아래 문창선(門窓扇)의 윗 부분을 가르켜 중함(中檻) 또는 공함(空檻), 남방에서는 조면방(照面枋)이라 한다. 가장 하단부는 지면과 가까워 하함(下檻)이라 하며, 남방에선 각방(脚枋)이라 한다. 일반적인 건축에서 상함과 중함 가운데에 횡피를 놓고, 중함과 하함 사이에 문틀과 창틀을 배치시킨다. 비교적 낮고 작은 방의 경우, 중함과 하함만 있게 되어 횡피가 없는 양식이 된다.

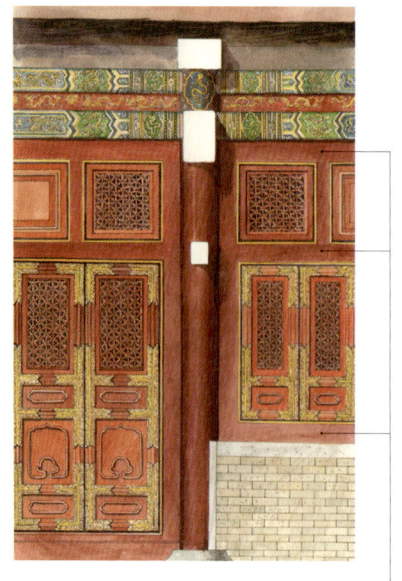

함

천창 天窓

함창(檻窓), 지적창(支摘窓), 직령창(直欞窓), 누창(漏窓)은 벽체 면 위에 난 장면창(牆面窓)의 한 부류에 속한다. 이에 반해 극소수 지역의 민가에서는 천창(天窓)을 사용한다. 천장 면에 창을 낸 것으로 채광 확보에 용이하다. 좀 더 발전된 천창은 정식(亭式, 정자형)과 옥식(屋式, 건축형) 구조에 사용되어 정(亭)과 옥(屋)의 4면 개창에 쓰이며, 큰 규모의 실내에 있어서는 통일된 격조감을 형성시켜 건축의 조형미를 더욱 강조시킨다.

천창

지적창 支摘窓

지적창(支摘窓)은 따로 떼내어 올려 세울 수 있는 창을 뜻한다. 명청(明淸) 시대부터 일반 주택에서 흔히 사용하였으며, 궁전의 비중요 건물에 사용되기도 하였다. 지적창은 일반적으로 상하로 구분된다. 상단은 지기(支起) 즉, 치켜 올려 세울 수 있고, 하단은 적하(摘下) 즉, 떼어낼 수 있기 때문에 이를 이름에 반영하였으며, 이것이 함창과 가장 큰 차이점이기도 하다. 그 외에 함창은 수직형인데 반해 지적창(支摘窓)은 수평형이어서 형상면에서도 다르다.

지적창은 풍함(風檻)이 없고 2개의 포광(抱框)은 탑판(榻板, 창 아래부분에 튀어나온 턱부분)과 직접 연결되어 있다. 풍함은 창살의 광함(框檻) 부분 중 하함(下檻)을 뜻하며 비교적 작다. 탑판은 함장(檻牆)의 상부, 풍함(風檻)의 하부 목판에 평평하게 놓는다.

지적창은 남북 민가에 서로 다른 양식을 갖고 있다. 북방에서는 기둥 2개 사이의 중간 위치에 기둥을 세우고 벽을 두 부분으로 분리하여 창을 내며, 위아래 창살을 똑같은 크기로 낸다. 남방의 경우, 일반적으로 한 칸의 기둥 사이에 2개의 기둥을 세워 3등분하여 창을 내는데 상단의 지창(支窗)이 하단의 적창(摘窗)보다 긴 편으로 일반적인 비례는 1/3씩 상, 중, 하로 나뉜다. 소주(蘇州)와 항주(杭州) 일대의 원림과 민가에서는 지적창이 상·중·하 3단으로 사용되면서 풍부한 장식성을 드러낸다. 이러한 3단 지적창을 화합창(和合窗)이라고 한다. 창살은 고정되어 있고 중간 창만 외부로 들어올릴 수 있게 열린다.

있어 중간에서만 적구(摘鈎, 연결 고리)를 이용하여 밖으로 치켜 올릴 수 있다. 창비(窗扉, 여닫이 창문짝)는 방형(方形)이며, 창 아래에 난간을 설치하거나 벽체를 쌓는다. 화합창 중간에 있는 세세한 문양 역시 다양하게 긴 창에 활용할 수 있다.

화합창

지적창

화합창 和合窗

화합창(和合窗) 역시 대중적인 창의 형식 중 하나로 지적창(支摘窗) 형식에 속하며, 비교적 많은 지역의 강남 민가에서 사용되었다. 화합창은 건축의 차칸(次間 건물 정 중앙인 명칸(明間)의 좌우 옆 칸) 면에 자주 사용되고, 한 칸에 3 줄씩, 매 줄마다 3개 이상의 선(扇)이 있다. 위아래 열의 창틀은 고정되어

지평창 地坪窗

지평창(地坪窗)은 구란함창(句欄檻窗)이라고도 한다. 건축물의 차칸(次間) 기둥인 낭주(廊柱) 사이에 있는 난간 위에 많이 사용되며, 난간과 연결하여 고정한다. 물을 마주보는 곳에 설치하여 문을 열고 난간에 앉아 수변 환경을 감상할 수 있다. 지평창은 일반적으로 6개의 창틀로 연결되어 양식과 구조 면에서 장창(長窗 원림에서 사용되는 격선창) 유형에 해당된다. 긴 정도는 창 중간 조환판(條環板) 아래의 장식에서부터 창의 상부 꼭대기까지 거리와 맞먹는다. 지평창과 난간의 꽃 문양은 내부를 향하고, 난간의 외부로는 해체 가능한 우탑판(雨搭板, 민가의 창 상부에 외부로 돌출되어 비를 막는데 사용한 판재)을 설치한다. 지평창은 현재 설상성(浙江省) 남심고택(南潯顧宅)에 남아있으며, 창에 팔각형의 큰 기하학 문양과 해당(海棠)문양을 주로 사용하였다. 아래 난간에 있는 도안 부분은 원형 안팎에 절선식(折線式, 선을 꺾

어 조합한 문양)으로 처리하였고 영격(欞格)은 모두 뚫려있다.

지평창

큰 실내 공간에 사용되며, 상함(上檻)과 중함(中檻) 사이에 놓인다. 일반적으로 3개의 선(扇)으로 창을 구성하며, 개방할 수는 없다. 모든 창선(窓扇)은 넓고 얇은 장방형이고, 윗면에는 여러 종류의 화문(花紋) 장식을 하였다.

횡피창

횡파창 橫坡窓

실내가 과도하게 높거나 면적이 클 경우, 전체적인 건축물 구도의 조화를 이루기 위해서 개방 가능한 문창의 면적을 조절한다. 함창(檻窓)의 위아래와 양측면에 횡파창(橫坡窓)이나 여색창(餘塞窓)을 덧대어 설치한다. 횡파창은 중함(中檻) 위, 상함(上檻) 아래에 있는 변이 길고 비어있는 곳에 놓는다. 형식은 함창과 같고 독립된 장식이나 화문(花紋) 등을 사용한다.

횡파창

횡피창 橫披窓

횡피창(橫披窓)은 횡풍창(橫風窓)이나 횡파창(橫披窓)의 또 다른 이름이다. 비교적 높고

누창 漏窓

누창(漏窓)은 화창(花窓), 공창(空窓)이라 하며, 비교적 자유로운 형식을 취한다. 이런 유형의 창은 대부분 개폐할 수 없지만 투과되는 누창으로 반대편 경관을 감상할 수 있기 때문에 내외 경물의 소통을 가능하게 한다. 그러나 누창의 소통이란 통할 듯 하면서도 막혀있어, 누창을 통해 본 경물들 역시 보일 듯 말 듯 하다. 그래서 누창은 경물 사이에 위치하여 연계시키기도 분리하기도 한다. 그 외에 누창은 공창과 같이 그 자체가 아름다운 그림

누창

이 된다. 이는 누창의 창틀 구조 자체에 각종 다채로운 형식의 도안이 사용되면서 자연광 아래에서 더욱 다양한 변화를 이룬다.

성배누창 成排漏窗

누창(漏窗)은 하나만 놓일 수도 있고, 여러 개가 하나의 군집을 이루어 배치될 수도 있다. 투과된 누창을 나뭇가지와 잎으로 처리하면 자연적인 장식품이 되어 보는 이로 하여금 의외의 경험을 제공한다. 연속적으로 열을 이루는 누창은 보행로를 따라 끊임없이 창 밖의 다양한 위치의 경치들을 담고 있어 마지막 부분을 거닐 때는 한 폭의 절묘한 두루마리 그림을 감상한 것처럼 느끼게 한다.

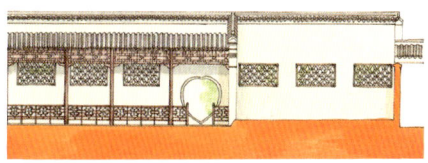

성배루창

화창 花窗

화창(花窗)은 누창(漏窗)과 관계가 깊다. 비록 누창을 화창이나 공창(空窗)이라고 부르기도 하지만, 완전히 일치하는 것은 아니다. 공창은 일반적으로 창동(窗洞,창을 내는 구멍)에 영조화격(欞條花格)이 없는 것이다. 화창은 벽체에 뚫린 창동에 화초, 수목, 동물 및 기타 아름다운 도안이 있는 것을 지칭하며, 장식성과 예술성이 강하다. 일반적으로 화창의 사용은 공창이나 누창과 같고 대부분 강남의 민가와 원림에 사용되어 그 형식과 문양이 매우 다양하다.

공창 空窗

공창(空窗)과 누창(漏窗)의 차이는 공창의 창동에 창령(窗欞, 창살)이 없다는 점이다. 건축에 있어 공창이 허(虛)의 의미를 갖는다면, 누창은 반허반실(半虛半實)의 의미를 갖는다. 공창의 배치는 여러 공간을 서로 교차하여 경치를 하나로 융합시켜 경관의 심도를 증가시키고 공간을 확장하여 심오하고 고아한 의경(意境)을 획득하게 한다. 동시에 공창의 창틀은 틀 나름의 멋이 있어 투과된 공창을 통해 상대편 면을 조망할 수 있으며, 파초(芭蕉), 대나무, 산석(山石) 등이 창틀 안에서 서로 결합할 경우 한 폭의 아름다운 그림이 된다.

화창

공창

십금창 什錦窗

십금창(什錦窗)은 누창(漏窓)의 일종으로 상당수 짝을 이루어 배치되며, 창의 형태 변화가 다양하여 이름도 십금(什錦, 다양하다, 많다는 의미)이라 한다. 이는 북방 사합원에서 두루 사용된 방식이며, 강남 원림에 있어서도 자주 볼 수 있다. 벽면을 장식하려는 것뿐만 아니라 내외 공간을 소통시키고 외부 경치를 끌어들이는 경관의 틀로써 작용한다. 극도의 장식성을 갖는 십금창의 특색은 예술적 조형성에만 있지 않고 창과 관련된 일체의 색채와 장식에서도 찾을 수 있다.

민간 십금창 民間什錦窗

일반 민가에서의 십금창(什錦窗)은 주로 십금루창(什錦漏窓)과 십금등창(什錦燈窓) 형식으로 분류된다. 십금루창은 단층십금창(單層什錦窓)이라고 한다. 창틀 내부를 비우거나 서로 다른 꽃 문양의 살을 넣거나 유리를 끼워 그 위에 그림을 그리기도 한다. 십금등창은 유리로 된 2겹의 창틀을 두고, 그 사이 공간에 등(燈)을 둔 것이다. 각종 경축일 밤에 불을 밝히며, 투명한 유리 문양에 그려진 그림들이 각기 특색을 드러내어 특이한 장식적 효과를 보인다.

십금창

민간 십금창

십금창의 형상 什錦窗形狀

십금창(什錦窗)의 모양은 다양하여 대부분 구체적으로 느낄 수 있는 물체의 형상인 그릇, 기하도형, 화초, 과실, 동물 등을 사용한다. 그 예로 서권(書卷), 누면(漏面), 화병(錦瓶), 옥호(玉壺, 옥 주전자), 수도(壽桃, 복숭아), 나뭇잎, 꽃, 오방(五方), 팔각(八角), 박쥐 등이 있다.

십금창 창투 什錦窗窗套

창투(窗套)는 십금창(什錦窗) 주변에 둘러쳐진 것으로 조각 장식이 중심이 되며, 십금창의 창동(窗洞) 형태와 일치한다.

십금창의 형상

십금창 창투

장창 長窓

장창(長窓) 역시 격선문(隔扇門)에 해당되며, 강남 원림 건축이나 민가에서 사용될 때 불리는 명칭이다. 문이 열릴 때에는 출입하는 용도이고 닫힐 때에는 창이 되어 뚫린 내심자(內心仔)를 통해 채광과 통풍을 할 수 있다. 내심자란 일반적인 격선면(隔扇面)의 격심(格心)과 같은 것으로 장창 역시 내심자를 장식의 주된 부분으로 삼는다. 화문(花紋)에는 직령(直欞, 수직형), 평령(平欞, 수평형), 방격(方格, 격자형), 정구(井口, 우물 입구형), 서조(書條, 서탁), 십자(十字), 빙문(冰紋, 얼음결정체 문양), 금문(錦紋, 금문대황(錦紋大黃, 대황(大黃)이라 불리는 식물 모양), 회문(回紋, 클립형), 등문(藤紋, 등나무

장창

형), 육각(六角), 팔각(八角), 등경(燈景, 등기구가 있는 문양), 만자(萬字) 등이 있고, 그 외 와당(瓦當), 전각(篆刻) 그리고 동식물의 도안이 있다. 다만 열거된 이름들로 볼 때, 남방 민가의 창 장식이 북방에 비해 다양하며, 좀 더 세분화 되어 있다. 장창은 단독적인 배치 이외에도 대형 건축물에서는 종종 반창(半窓)이나 화창(花窓) 등과 함께 활용되어 미감을 더한다.

보보금창 영격 步步錦窓欞格

보보금(步步錦)이란 서로 다른 길이의 수평, 수직 영조(欞條)를 일정한 규칙에 따라 조합하여 배치하는 창의 도안 방식이다. 영조 사이에 공(工)자를 넣어 높히거나 짧게 만든 영조와 연결하여 지탱시킨다. 보보금은 "보보고승, 전정사금(步步高升 前程似錦, 한걸음씩 높이 올라가다 보면 앞 길이 밝을 것이라는 축복의 뜻)"이라는 의미와 도안 자체의 아름다움 때문에 사합원 민가에서 비교적 광범위하게 사용되었다.

보보금창 영격

등롱금창 영격 燈籠錦窓欞格

등롱금(燈籠錦)은 옛 사람들이 밤에 조명으로 사용한 등기구인 등롱(燈籠)의 형상을 모방하여 만든 영조(欞條)의 도안이며, 등롱의 의미는 "전도광명(前途光明, 희망차게 펼쳐진 미래)"이다. 영조 간에 교차되게 간격을 두며, 그 사이에는 정교하게 투조된 단화(團花, 둥근 자수 무늬)나 잡자화(卡子花, 투조된 꽃 장식)를 서로 연결하여 부재의 미적 장식 효과를 높인다. 등롱금 중간의 빈 공간은 등롱광(燈籠框)이라고도 하며, 효과가 크고 채광에 유리하다. 또한 종이나 포(布)를 덧대어 화제시(畵題詩)를 쓰거나 장식성을 부가하기 위해 한 편의 시정화의(詩情畵意)를 담기도 한다.

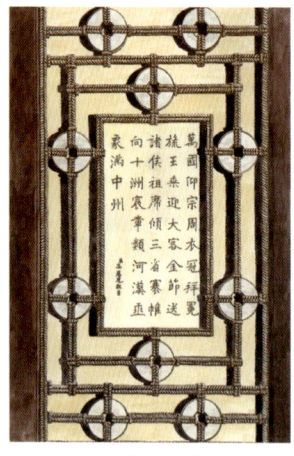

등롱금창 영격

북이는 장수와 길상의 동물이다. 옛 사람들은 갑골 문양을 창격의 영조(欞條) 문양으로 사용하여 미관뿐만 아니라 장수의 뜻을 담았다.

구배금창 영격

반장문창 영격 盤長紋窗欞格

반장(盤長) 모양은 고대 인도에서 전래된 것으로 불가의 8대 보물 중 하나이다. 폐쇄적인 선이 반복하여 휘감긴 모양으로 "회환관철일체통명(回環貫徹 一切通明, 지속적이고 철저한 수행을 통해 일체의 이치에 통달)"이라는 뜻을 나타낸다.

반장문창 영격

빙렬문창 영격 冰裂紋窗欞格

빙렬문(冰裂紋)은 자연현상의 일종인 얼음의 파열에서 비롯된 문양이다. 창격(窗格)에 차용된 문양은 정확한 방식이 있지 않아 자유로운 듯 하면서도 규칙성이 있다. 빙렬은 사람들에게 자연을 전달하는 신호와도 같은 것으로 대자연 속에 있는 듯한 감성을 전달하고자 사용되었다.

빙렬문창 영격

구배금창 영격 龜背錦窗欞格

구배금(龜背錦)은 정팔각형을 기본으로 조성된 창격(窗格)의 형식이다. 거북이의 등 껍데기 형상을 하고 있어 구배금이라 한다. 거

제 15 장

실내 격단(室內隔斷)

구체적인 기능이나 장식의 목적은 다르지만 실내 공간의 칸막이류 일체를 일컬어 격단(隔斷)이라 한다. 넓은 의미에서 격단은 완전히 단절의 기능을 갖는 벽까지도 포함한다. 그러나 실제로 사용되는 실내 격단이라는 어휘는 주로 장식성이 극대화된 칸막이를 지칭하며, 일반적으로 공간을 완전히 분절시키지 않고, 연속적 흐름을 갖고 있다. 구체적인 형식은 각종 조(罩), 사격(紗隔), 박고가(博古架) 등이다. 윗면은 대부분 아름답고 섬세한 조각과 회화 등으로 처리되어 있다. 장식미가 돋보이는 이러한 실내 격단은 중국 고대건축에서도 특색있는 구성요소이다. 격단은 계급과 재력의 정도에 따라 황가 건축이나 부호의 저택에서 사용되었다.

단의 조로써 완전히 다른 공간 사이에 놓이거나 서로 비슷한 공간 사이에 놓인다. 예를 들어 3칸짜리 청당(廳堂)의 경우, 좌우 칸과 중앙 칸 사이, 즉 좌우 양 끝에서 두 번째 기둥 사이에 보를 놓고 난간조나 화조를 놓아 3칸 공간의 영역 차이를 나타내는데 쓰인다.

조

조 罩

조(罩)는 실내 격단의 일종이다. 세밀하고 견고한 목재를 이용하여 부조(浮雕)나 투조(透雕)의 방법으로 기하문, 동식물, 인물, 고사(故事)를 이용해 표면을 정교하게 가득 채웠다. 조는 대체로 凹 형이며, 구체적인 생김새는 각각 다르다. 세부적으로 낙지조(落地罩), 화조(花罩), 비조(飛罩), 난간조(欄杆罩), 항조(炕罩) 등으로 분리되며, 그 중 작은 형태들은 생략해 변화를 주었다. 이들은 실내 격

난간조 欄杆罩

난간조(欄杆罩)는 양 쪽에 기둥을 세워 실내를 가로나 세로 방향으로 3단 분리한다. 3단의 지붕부에 횡피(橫披 가로 폭의 그림)를 넣고, 그 아래는 횡방(橫枋)을 놓으며, 다시 그 아래 기둥 사이에 기마작체(騎馬雀替, 양(梁, 보)이나 난액(闌額, 창방)과 기둥의 교차점에 있는 받침목이나 장식용 구조물을 작체(雀替)라 하며, 작체 7가지 중 하나)로 장식한다. 2개의 기둥 사이에서 3단으로 분리된 공간 중 중간 부분이 비교적 넓어 통로로 이용되고, 양측은 좁은 편이다. 양측의 좁은 사잇공간 하부에 낮은 난간을 장식하고, 난간상

부에 세밀하게 조각하며, 거기에 실외 난간의 의미가 적용되어 난간조라는 명칭으로 부르는 것이다.

난간조

낙지조 落地罩

낙지조(落地罩)는 칸(間) 구조에서 좌우 기둥 사이 혹은 앞뒤 기둥 옆에 격선(隔扇)을 하나씩 붙인 것이다. 윗면 장식은 조각이나 영조(欞條)를 조합하여 각종 도안을 만들고, 격선이 직접 지면에 닿기 때문에 낙지조라 부른다. 대체적인 형상은 난간조와 큰 차이없이 상부에 횡피(橫披, 가로폭의 그림)가 있고, 아래에는 3단으로 나뉘어 중간은 넓게, 양쪽은 비교적 좁게 처리하였다. 다른 점은 양측의 비교적 좁은 부분의 내부 장식이 낮은 난간으로만 되어 있지 않고, 격선으로 처리되어 관통하는 특징을 보인다.

낙지조

궤퇴조 幾腿罩

궤퇴조(幾腿罩)의 형상은 난간조(欄杆罩), 낙지조(落地罩)와 비교하면 간단한 편이다. 상부의 횡피(橫披 가로폭의 그림)와 횡방(橫枋) 아래의 기마작체(騎馬雀替, 양(梁, 보)이나 난액(闌額)과 기둥의 교차점에 있는 받침목이나 장식용 구조물을 작체(雀替)라 하며, 작체 7가지 중 하나)가 변하지 않는 것 외에도 궤퇴조의 양측 아래에는 난간이나 격선(隔扇)이 없다. 작은 수주(垂柱, 밑으로 떨어뜨린 모양의 기둥류)만이 있으며, 주두(柱頭)가 지면에 닿지 않는다. 그 모양이 궤안(几案)의 다리 모양과 유사하여 궤퇴조라 불리게 되었다.

궤퇴조

항조 炕罩

항조(炕罩)는 항(炕)이나 침대에 사용하는 것이다. 항조의 전체적 형태는 낙지조(落地罩)와 가장 유사하며, 상부에 횡피(橫披, 가로폭의 그림), 방(枋) 아래의 작체(雀替, 양(梁, 보)이나 난액(闌額)과 기둥의 교차점에 있는 받침목이나 장식용 구조물) 양 쪽에 각각 격선(隔扇)이 하나씩 있고, 중간 단은 비교적 넓어 출입구가 된다. 그러나 반드시 항과 침대 등에서 쓰기 때문에 때로는 폐쇄성을 강화하기 위해 사람들은 원래 양측의 작은 격선 주변에 다시 2개의 격선을 더해 사용하기도 하였다. 이렇게 덧댄 양쪽의 격선은 항과 침대에 사용시 개방과 폐쇄를 할 수 있도록 활동성 있게 제작되었다.

중국 남방의 부호 저택에서 사용되는 조화량상(雕花梁床, 문양을 조각해 놓은 화려한 침대)은 항조와 침대를 조합해 하나로 재구성한 것이다. 비단 횡보와 양측의 작은 격선만 있는 것이 아니라 격선의 하부에 횡으로 낮은 난간 하나를 더해 규모와 상관없이 상부의 횡피와 비슷하게 처리하였으며, 조문(罩門) 앞부분이 문함(門檻, 문턱)과 유사하여 조를 보다 완전한 격단(隔斷)으로 보이게 한다. 양상(梁床, 침대와 보가 평행, 고대의 침대는 대량(大梁)과 평행하게 놓아 길하게 여긴 것에서 유래)위에는 상감으로 장식하고, 도안의 소재와 내용이 다양하여 전체적으로 상조(床罩)는 하나의 아름다운 공예품으로도 볼 수 있다.

화조 花罩

조(罩)는 원래 장식성이 풍부한 실내 격단(隔斷)의 한 부류이며, 화조(花罩)는 그 중에서도 장식성이 특히 뛰어나다. 궤퇴조(幾腿罩)의 낙지(落地)수법을 썼으며, 조의 표면에는 화문(花紋)으로 가득 채워져 있다. 화문의 소재도 세한삼우(歲寒三友)를 상징하는 소나무, 대나무, 매화를 표현하거나 호리병과 등나무 대를 함께 그렸다. 또한 송서포도(松鼠葡萄, 다람쥐와 포도가 함께 그려져 있는 것)를 표현하여 자손만대의 번영을 기리는 등 다양한 음률과 길상의 뜻을 나타낸다. 그 외에 조각 장식으로 채워진 화조는 마치 그 화문이 하나의 칸을 가득 채운 듯 보이며, 문이나 창은 작은 구멍 정도로만 남겨둔다. 이런 종류의 화조는 장식적 의미가 더욱 강력하게 전달되나 그 비용과 재료 역시 만만치 않다.

화조

비조 飛罩

비조(飛罩)는 비교적 가벼우면서도 정교한 장식성이 담긴 실내 격단(隔斷)이다. 양측 단을 아래로 내려뜨리고 있으나 바닥에 닿지 않고 하늘로 오르는 듯 하고, 형태가 마치 아치문과 같아 비조의 가장 큰 특징으로 명칭을 얻게 되었다.

항조

비조

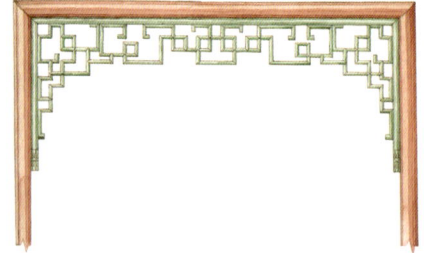

괘락비조

괘락 掛落

괘락(掛落)은 실내 격단(隔斷)과 실외 장식 모두에 사용되며, 상부에 매달아 걸어놓은 듯 보여 얻은 이름이다. 괘락은 나무 조각을 서로 연결해 제작한 것으로 그 사이를 일정하게 영조(欞條)로 장식하거나 도안을 새기며 대부분 가볍고 투과되게 한다. 구체적으로 실내에서는 조(罩)의 격단 중간에 쓰이고, 실외에서는 방(枋)아래에 있는 낭주(廊柱) 사이에 붙인다. 괘락의 윗면과 양 변에 있는 틀은 순두(榫頭, 장부)를 이용하여 기둥과 방 혹은 조의 윗면에 고정시킨다.

에 괘락이 없는 것이 유사하여 괘락비조라 한다.

괘락미자 掛落楣子

괘락미자(掛落楣子)는 괘락(掛落)과 같다. 괘락이 비교적 높게 위치한 문의 윗면 눈썹머리에 놓이기 때문에 괘락미자라 부른다. 일부는 영조(欞條)나 조각 방식의 장방형 틀로 되어 있고, 다른 일부는 틀 아래 면 좌우각에 화아자작체(花牙子雀替)를 부착하기도 한다.

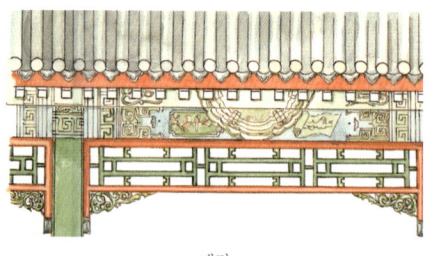

괘락

괘락미자

천만조 天彎罩

조의 지붕을 생략한 만륭형(弯窿形, 아치형 혹은 돔형)이며, 양 끝이 내려와 있으나 지면에 닿지는 않는다. 사천(四川) 일대에서 이 형태를 가르켜 천만조(天彎罩)라 했으며, 비조(飛罩)와 궤퇴조(幾腿罩) 역시 천만조의 한 부류이다.

괘락비조 掛落飛罩

괘락비조(掛落飛罩) 형식과 비조(飛罩)는 서로 비슷하다. 그러나 그 아래로 드리워진 양 끝이 비조보다 짧고 양단의 하수(下垂) 부분

천만조

낙지명조 落地明罩

격선(隔扇)에 군판(裙板)과 조환판(絛環板)을 사용하지 않고 격심(隔心)만 사용한 것으로 낙지명조(落地明罩), 또는 낙지명조(落地明造)라 한다.

낙지명조

사격 紗隔

사격(紗隔)과 벽사주(碧紗櫥)는 실내 격단(隔斷)의 일종으로 벽사주는 북방 건축장식에 많이 사용되며, 사격은 남방 건축 장식에 많이 사용한다. 사격의 격선 장식은 좀 더 광범위하다. 사격의 격심(隔心) 뒷면에 붙이는 목판은 일반적인 문이나 창의 격선(隔扇)과 달리 사격의 목판에 글과 그림을 표구하거나 꽃과 풀, 새와 곤충, 산수, 수목 등을 직접 조각하여 넣거나 시문(詩文)을 적는다. 또는 목판을 사용하지 않고 견이나 비단 위에 회화나 글을 발라 다양하게 표현한다.

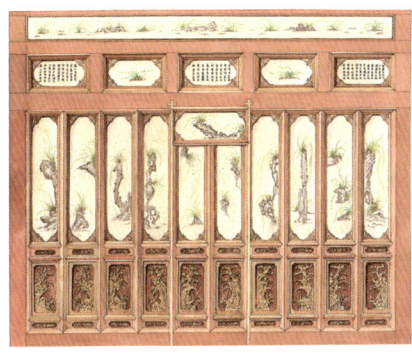

사격

벽사주 碧紗櫥

벽사주(碧紗櫥) 역시 실내 격단(隔斷)의 일종으로 주로 녹색 실을 발라 얻게 된 명칭이다. 벽사주는 격단을 격선(隔扇)으로 꽉 채운다. 벽사주에 사용되는 각각의 격선 크기는 건축의 규모에 따라 결정되며, 일반적으로 6선(扇), 8선, 12선 등으로 분류된다. 벽사주의 격선(隔扇)을 문과 창의 격선과 비교하면, 구조와 형식은 유사하고 재료적인 면에서 좀 더 가볍고 섬세하다. 침향목(沉香木), 자단목(紫檀木), 홍목(紅木), 화리목(花梨木)과 같이 세밀하고 견고한 재질의 목재로 제작되며, 조각 역시 섬세하다. 장식 역시 상대적으로 풍부하고 화려하여 나전이나 옥, 경태람(景泰藍, 동기(銅器) 표면에 구리선으로 무늬를 내고 법랑(琺瑯)을 발라 불에 구워 낸 공예품) 등을 상감하기도 한다.

박고가 博古架

박고가(博古架)의 또 다른 이름은 다보격(多寶格)으로, 이 역시 실내 격단(隔斷)의 일종이다. 실내에 골동품, 옥기 등의 작은 것을 놓는데 사용되었고, 장식성과 관상성은 물론 실용적 가치 역시 높다. 박고가의 크기는 비교적 다채로우며, 작게는 12척(尺), 크게는 몇 칸(间)에 걸치는 것도 있다. 또한 격자 구조로 여러 층차감을 형성하는 특징이 있어 각종 소품을 놓을 수 있다. 격자 대부분은 목재이며, 각종 괴자문(拐子紋)을 형성하여 다양한 크기의 공백을 만들어낸다.

벽사주

태사벽 太師壁

태사벽(太師壁) 역시 실내 격단(隔斷)의 일종으로 남방 지역에서 흔히 볼 수 있다. 벽면 위에 영조(欞條)로 구성된 각종 화문(花紋)과 도안이 있다. 한층 발전된 것으로 용이 몰려 있거나 봉황이 날아다니는 등의 목조 도안은 매우 풍부한 미를 담고 있다. 벽 쪽 양 끝을 지지하는 부분에 각기 작은 문을 하나씩 내기도 한다. 태사벽을 설치하면 좀 더 장식적인 미감이 증가하게 되어 내외의 시간을 차단하고 공간을 분리할 수 있으며, 동시에 출입에 방해 받지 않을 수 있다.

박고가

태사벽

병풍 屛風

병풍(屛風)은 실내에서 자주 볼 수 있는 실내 격단(隔斷)의 일종이다. 그 높이가 일반적으로 2m 내외로 4선(扇), 6선, 8선 등이 있으며 접어 개킬 수 있다. 병풍의 제작에 있어 일반적으로 재질이 세밀하고 견고한 목재로 골격을 만든 후, 그 위에 종이나 명주를 덧바르고 다시 그 위에 그림이나 글을 써 고아한 멋을 자아낸다. 물론 목재를 이용해 도안을 조각할 수 있으며, 상감 나전 역시 가능하다. 병풍이 격단의 한 부류지만, 가구와 격단의 경계에 놓여있어 주로 차단과 장식의 역할을 함께 한다.

삽병 插屛

삽병(插屛) 역시 병풍(屛風)의 일종이지만 차단의 역할을 하진 않는다. 아래는 좌(座, 받침이나 기초 부분)를 놓고, 상부의 한 쪽 면에는 높고 큰 거울이나 대리석을 끼워 넣는다. 접는 방식의 일반적인 병풍과 비교하면 삽병은 기본적으로 격단(隔斷)이 없어 상대적으로 작고 섬세한 형태를 갖는 특징이 있다.

병풍

삽병

다보격 多寶格

박고가(博古架)와 같은 것이나, 각종 작은 소품들을 놓은 것이 마치 보물이 많은 듯 하다는 뜻에서 붙여진 이름이다.

접병 折屛

접병(折屛)은 병풍의 한 형식으로 삽첩(插疊, 접어개는 방식) 형식의 병풍이다.

다보격

접병

좌병 座屏

좌병(座屏) 역시 받침이 있는 병풍으로 삽첩(插叠, 접어개는 방식) 병풍식은 아니다. 비교적 중요한 좌석의 뒤에 보호벽으로 놓인다. 그 크기와 장식이 일반 병풍보다 중후하고 진귀한 듯 보이는 것은 그 자리에 앉는 사람의 기세와 품격을 반영하고자 한 것이다.

좌병

화병 畫屏

병풍(屏風)들을 보면 조각을 하거나 중간에 거울 등을 삽입하거나 견이나 종이를 덧대는 방식을 사용한다. 견이나 종이 위에 그림이나 글을 적어 붙이는 병풍을 화병(畫屏)이라 한다. 실내에 놓이는 화병은 실내에 고아한 운치를 더하여 주인의 품격을 드러낸다.

화병

소병 素屏

소병(素屏)은 그림이나 글과 같은 장식이 없는 병풍을 뜻하며, 소박하고 간결하여 병풍 재료 자체의 특성을 잘 나타낸다.

소병

잡자화 卡子花

잡자화(卡子花)는 비교적 작은 장식 부재로 각종 문, 창, 조, 난간 등에 쓰이는 영조(欞條)와 영조, 영조와 주변 목재 사이에 부착된다. 잡자(卡子, 클립, 집게, 핀 류)는 영조 사잇 공간에 놓아 끼기 때문에 이름 역시 잡자화라 불렸다.

잡자화

잡자화의 기능 卡子花的作用

잡자화(卡子花)는 장식적 기능 외에도 화격영조(花格欞條)의 전체적 강도를 강화시킨다. 또한 잡자화의 내용은 여러 길상 의미와 정취를 표현한다.

잡자화의 기능

잡자화의 형상 卡子花的形狀
잡자화의 형태는 비교적 날렵하고 자유로우며, 방형, 원형, 삼각형, 마름모형, 투방형(套方形), 해당화형, 매화형 등이 있다.

잡자화의 형상

원형 잡자화 圓形卡子花
원형 잡자화(圓形卡子花)는 단화(團花 꽃이 한 데 모여있는 것)라고도 불리며, 전체적 외곽 형태가 원형이다.

잡자화 도안 卡子花圖案
잡자화의 도안을 살펴보면 그 형태가 매우 풍부하다. 기하문, 꽃, 풀, 새, 곤충, 물고기, 길상 문양 등을 단독으로 쓰거나 조합하여 잡자화의 문양으로 활용한다.

잡자화 도안

비로모 毘盧帽
비로모(毘盧帽)는 원래 불교에서 온 것이다. 모자 가장자리 장식에 있던 비로불(毘盧佛)의 작은 형상을 모자에 덧댄 것이 후에 발전되어 건축의 장식으로 쓰여 내첨(內檐) 장식의 일부가 되었다. 비로모는 주로 궁궐 수화문(垂花門)에 쓰이고, 대체로 비로모, 고두

원형 잡자화

비로모

방(籠頭枋), 기마작체(騎馬雀替), 수련주(垂蓮柱), 수화두(垂花頭)등의 구성 요소로 쓰인다. 북경 고궁에 있는 비로모는 표면을 정제하지 않은 금으로 용을 장식하여 장식의 대미를 보여주며, 화려하면서도 고귀한 멋을 담고 있다.

내첨 장식 內檐裝飾

내첨장식(內檐裝飾)은 주로 실내 격단(隔斷)이나 진열물, 장식물 등을 칭한다. 격단은 주로 실내 공간을 분할할 수 있고, 실내 공간의 단절과 투과를 동시에 할 수 있기 때문에 실내 공간에서의 격단은 완전한 단절이라 할 수 없다. 격단 대부분은 정교한 장식을 하고 있어 실내의 여러 장식성 물품과 어우러져 미적 기능을 한다.

내첨 장식

가구(家具)

원시시대부터 진한(秦漢)시대까지 의자를 사용하지 않고 좌식생활을 했다. 가구 역사의 흐름으로 볼 때, 호화롭고 화려한 생활을 했던 귀족계층에서 가정용 가구의 사용을 시작했지만, 가구의 발전 자체에는 큰 영향을 미치지 못했다. 삼국 시대와 양진(兩晉), 남북조(南北朝), 수당(隋唐)시대의 발전을 통해 송대(宋代)에 이르러 천 년간 유지되던 좌식 습관에서 완전히 벗어났고, 다양한 양상의 발전이 시작되었다. 명청(明淸)시대 가구의 종류는 더욱 다양해져 조형성이 뛰어나고 섬세한 제작이 이루어졌고, 재료 역시 다채로워졌다. 탁(桌, 탁자류), 의(椅, 의자류), 등(凳, 등 없는 의자류), 궤(几, 작은 탁자류), 상(床, 침대류), 탑(榻, 좁고 길며 비교적 낮은 침대류), 거(柜, 궤짝·함류), 상(箱, 상자류) 등은 형식이 다양할 뿐 아니라, 장식 역시 풍부하고 정교하다. 옻칠, 채색, 조각 외에 금·은·동을 채우거나 상감(鑲嵌)하고, 금·은박을 붙여 장식하는 등의 수법을 사용한다.

탑 榻

탑(榻)은 머리를 받치는 부분 없이 앉는 용도의 침대형 가구이다. 그 형상에 대해 『석명(釋名)』에서는 "그 몸체가 바닥과 가깝고, 길고 좁으며 낮은 것을 탑이라 한다."고 기재되어있다. 현재 확인할 수 있는 가장 초기의 탑은 한대(漢代)의 것으로 주로 상인이나 승려·도사(道士) 등이 사용했던 것들이다. 탑의 평면은 대부분 장방형으로 아래 면에 장착된 다리 4개가 지지하며, 탑의 크기와 길이는 정해져 있지 않다. 작은 탑은 앉아서 쉴 때 사용하고, 큰 탑은 앉거나 누울 때도 사용할 수 있어 기능에 따라 편리하게 사용할 수 있다. 중국 고대의 문인(文人)들이나 부유한 상인들 집에는 손님을 접객하는 활동이 빈번하여 활동하는 도중 잠시 쉴 때 사용하기도 하였다. 탑의 형식으로는 양비탑(楊妃榻), 나전탑(螺鈿榻), 병배탑(屛背榻) 등이 있다.

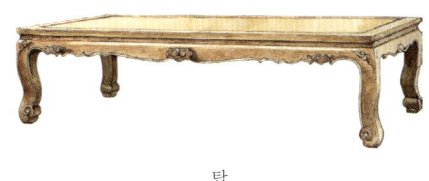

탑

왜탑 矮榻

왜탑(矮榻)은 낮은 탑의 일종으로 무게의 경중에 따라 분류되며, 중국 가구 중 가장 초기형 수족식(垂足式, 다리로 지지한 방식) 좌식 가구라 할 수 있다. 높은 지위의 관원이나 고승이 각종 행사 때 높은 신분을 드러내며 실용적으로 사용하였다. 본 그림은 길게 사용하기 위해 왜탑 3개를 합쳐 만든 조합형 탑이며, 작은 책상이나 소등(小凳)으로도 사용할 수 있다. 각 왜탑들은 반듯한 모양으로 입면은 매끄럽게 중간을 비게 하여 서로 조화를 이루거나 일정한 변화를 갖는다.

왜탑

상 床

상(床, 침대류)은 침실 배치에 있어 가장 큰 비중을 차지하는 중요한 가구류로 거실 가구 배치와 차이를 갖게 한다. 상은 침실 내에서 항(炕, 중국식 온돌)과 같이 사용하지 않는다. 상의 재료는 목판과 대나무를 주로 사용하며, 평판에 난간과 처마를 더하기도 한다. 일부는 상의 주변에 책판(柵版, 면적이 크지 않은 가로 세로의 얇은 판재)과 막을 둘러 외부와 분리하여 안정적인 분위기를 만들고 겨울에 보온 효과를 갖는다.

상

가자상 架子床

가자상(架子床)은 『노반경장가경(魯班經匠家鏡)』에서 칭하는 등상(藤床, 등나무 침대류)으로 명청(明淸)시기의 전형적인 침상 형식이다. 모서리에 4개의 기둥을 세우고 그 위에 지붕이나 막을 드리운 것을 승진(承塵)이라 한다. 그 전신이 한위(漢魏)시기의 상장(床帳)이었기 때문에 상과 상장을 결합했다는 의미로 가자상이라 칭한다. 지붕 구조는 4면 사이에 미자(楣子, 회랑 건축에서 기둥 사이 상부에 놓이는 장식의 일종)를 끼워 매달고, 하부는 뚫린 낮은 난간 형식으로 미자와 난간 모두 각종 화문(花紋) 조각으로 장식한다. 차단용 장막을 설치하지 않아 온전히 침상 본체의 모습을 볼 수 있다.

가자상

월동식 문조가자상 月洞式門罩架子床

월동식 문조가자상(月洞式門罩架子床)은 명대(明代)의 전형적인 가자상으로 제작법이 비교적 복잡한 경우에 속한다. 일반적인 가자상과 가장 큰 구조적 차이는 정면 중간에 둥그런 모양의 월동문(月洞門)을 두고 이곳으로 출입을 한다는 것이다. 또한 월동문 주위에 가득찬 화문(花紋) 조각 장식은 미자(楣子)와 왜란(矮欄)의 역할과 같다. 입면만 단독으로 보면, 한 면의 아름다운 원광조(圓光罩)와도 같다.

월동식 문조가자상

나한상 羅漢床

나한상(羅漢床)은 정면을 제외한 3면에 받침이 있으나 기둥과 지붕 구조는 없는 상(床)으로 전체적으로 가자상(架子床)보다 간단한 조형성을 가지며, 주로 삼면위판식(三面圍板式)과 투조령격상위병식(透雕欞格狀圍屏式) 두 종류로 나뉜다. 삼면위판식은 간단하게 상의 좌우와 뒷부분에 당판(擋板 막는 판)을 세우는 것이고, 투조령격상위병식은 소목재와 화아자(花牙子 가구류 등의 물체의 장식 조각)를 덧붙여 각종 창살의 도안을 만든 후 상의 모서리에 장식으로 붙인 것으로 전체적인 장식성과 예술성이 풍부하다.

나한상

궤 幾

궤(幾)는 다양한 형식과 변화로 전체적으로 장식성이 풍부하여 강소성(江蘇省)과 절강성(浙江省) 일대의 민가나 전통 원림 등에 많이 사용되었다. 장중한 청당(廳堂) 이외에 가벼운 분위기의 거실 등에 놓았다. 단독으로 궤를 사용하였고 장식성을 더하기 위해 서로 다른 궤들을 조합하거나 탁(棹)이나 의(椅)와 같이 배치하였다. 천연궤(天然幾), 다궤(茶幾), 화궤(花幾), 장궤(長幾), 대궤(臺幾), 빙옥궤(憑玉幾) 등이 있다. 그 중 주로 다구(茶具)와 함께 배치되는 다궤는 단층, 복층, 감병면(嵌屏面)등의 형식이 있다. 화궤는 화병, 분경(盆景) 등을 함께 놓고, 다리가 높거나 낮은 류의 화궤, 원형, 고저일체형 등이 있다.

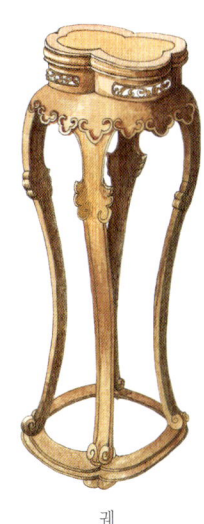

궤

다궤 茶幾

일반적으로 객청(客廳)이나 청당(廳堂)의 내부에 놓인다. 대부분 청당 중간에 있는 등자(凳子)나 의자 앞에 놓인다. 높이는 서로 비슷하며, 주로 손님이 찻잔을 내려놓는데 사용된다.

다궤

객청(客廳)과 같은 중요한 곳에 놓는다. 기이한 조형성으로 가구 조합에 있어서도 장식성이 돋보인다. 향궤는 3개의 원형 다리를 기본으로 하여 다양한 형태가 있다. 다리 부분의 곡선이 아름답고, 일부 향궤는 섬세한 조각과 풍부한 색채가 있기도 하다. 실내의 크기에 따라 향궤의 형태는 크기와 높이를 조절할 수 있어 유동적이다.

장궤 長幾

장궤(長幾)는 조궤(條幾)로도 불린다. 중간 크기 정도의 장조형(長條形) 탁자의 일종이며, 길이는 일반적으로 3-4m, 폭 0.5m, 높이 1m 내외이다. 주로 청당이나 사당에 배치하여 제물을 비롯하여 산호(珊瑚), 분경(盆景) 혹은 소형의 다보격(多寶格) 등의 제례 용품을 놓는데 사용한다. 사당에서는 일반적으로 신룡안탁(神龍案桌) 앞에 놓이며, 청당이나 다른 방에 놓일 때는 실내의 산장(山墻, 가옥의 양 측면 벽)에 붙여 도산궤(挑山幾)라고도 불린다.

향궤

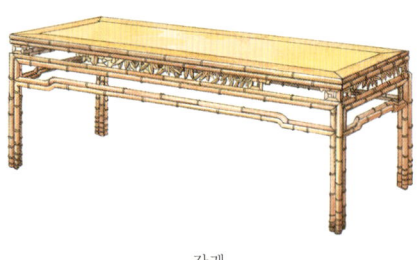

장궤

화궤 花幾

화궤(花幾)는 주로 청당(廳堂)과 실외에서 화병이나 화분을 놓는 장식적 용도로 향궤(香幾)와 비슷하게 쓰인다. 중국 전통 건축의 대칭적 특성이 반영되어 대부분 짝을 이루거나 대비를 이룬다. 조형성과 다양한 기법의 공예가 있으며, 환경의 변화에 따라 구체적인 형식도 다르다. 실내에 놓이는 화궤는 비교적 단정하면서도 우아하여 주변 가구들과 조화를 이루고, 실외의 화궤는 임의대로 여러 개 놓을 수 있어 재료와 조형성 모두 각양각색이다. 심지어 상당수의 화궤는 특이한 형태의 나무뿌리 등으로 만들어 생동감을 강조하기도 한다.

향궤 香幾

향궤(香幾)는 주로 실내에 안정감을 주기 위해 피우는 향의 향로나 진열품을 놓는 용도로 쓰이며, 대부분 서재나 침실 등 편안한 곳과

신룡안탁 神龍案桌

주로 선조의 위패를 모시는데 쓰여 신룡안탁(神龍案桌)이란 이름이 붙었으며, 비교적 크기가 큰 장조형(長條形) 탁자로 대부분 청당(廳堂)이나 사당에 사용한다. 이름 중에 탁(桌)과 안(案)이 동시에 들어있는 것으로 볼 때, 이는 탁과 안이 본래 한 유형의 가구였거나 탁과 안의 공통적 특성만이 담긴 것으로 볼 수 있다.

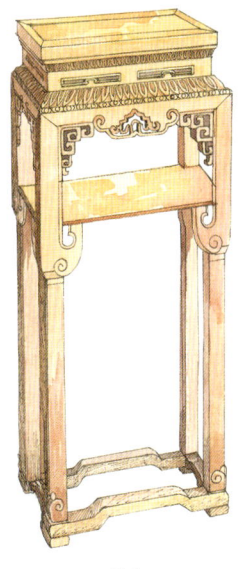

화궤

신룡안탁

안 案

안(案)은 탁(桌)이나 궤(几)와 비슷한 부류의 가구로 용도 역시 유사하다. 비교적 낮은 형태 때문에 고궤(高几)나 대탁(大桌)과 같은 큰 가구와는 어울리지 않는다. 안의 평면은 장방형이 두드러지게 많고, 장궤와 유사해 보인다. 식사용이나 서재용으로 사용되며, 상부는 일반적으로 조각 등으로 장식하여 미감을 높인다.

조안 條案

조안(條案)은 주로 책을 읽거나 술이나 음식을 취할 때 물건을 놓는데 쓰인다. 조안은 조(條)방식으로 장방형이 주를 이루며, 평두안(平頭案)과 교두안(翹頭案)으로 나뉜다. 아래의 다리는 2개나 4개로 되어있고, 비교적 높고 곡선이 많아 부드러운 선의 느낌이 있다. 현재 확인된 가장 최초의 조안은 한대(漢代)의 화상석(畫像石)에서 볼 수 있다.

안

조안

교두안 翹頭案

대형 고택의 청당(廳堂)이나 일반 민가의 당옥(堂屋)에 사용한다. 적어도 1개 이상의 교두안(翹頭案)을 두어 이를 중심으로 가구를 배치하고, 대부분 출입문의 벽면을 마주한다. 교두안 위 양쪽에는 형체가 크고 청화(青花) 자기와 같은 기품 있는 색조를 띠는 방병(方瓶), 천구병(天球瓶) 등의 도기를 놓아 안정감 있고 고풍스런 멋을 낸다. 안(案)의 중간에는 일반적으로 청동 소재의 주전자나 향로와 같이 크지 않지만 무거운 류의 그릇류 등을 놓거나 비교적 길이가 크고 넓은 돌이나 옥을 조각한 공예품을 배치하기도 한다. 당실(堂室)이 제사 기능을 겸할 경우, 교두안 중간에는 위패나 불감(佛龕) 등을 놓고, 벽면에는 자화(字畵)를 붙인다. 일부 가정에서는 실내 모서리에 높은 궤(几)를 놓거나 교두안 앞에 팔선탁(八仙棹)을 놓고 양 옆에 의자를 배치하여 완전한 가구 조합을 이룬다.

반탁(棋盤棹, 장기용 탁자), 공탁(供棹, 제사용 탁자), 항탁(炕棹, 주로 중국 북방지역 온돌 위에 얹어놓는 탁자), 벽탁(壁棹, 벽에 붙여놓는 탁자), 반탁(飯棹, 식사용 탁자), 소장탁(梳妝棹, 화장용 탁자) 등으로 나눌 수 있다. 반탁에는 4인이 앉는 사선탁(四仙棹)과 8인용의 팔선탁(八仙棹)이 있고, 방탁에는 보통방탁(普通方棹)과 감병방탁(嵌瓶方棹)이 있다.

탁

교두안

탁 棹

탁(棹)은 주로 책을 읽고 글을 쓰며, 예술품 등을 감상하거나 진열품을 놓는 용도로 사용한다. 형태에 따라 방탁(方棹), 원탁(圓棹), 장방탁(長方棹), 조탁(條棹), 반원탁(半圓棹), 제형탁(梯形棹, 사다리형 탁자), 다변형탁(多邊形棹) 등으로 분류할 수 있고, 기능에 따라 서탁(書棹, 독서용 탁자), 사자탁(寫字棹, 서예용 탁자), 금탁(琴棹, 악기연주용 탁자), 기

방탁 方棹

방탁(方棹)은 명대(明代) 탁자류 중 가장 광범위하게 쓰인 정방형의 탁자이다. 4선(四仙), 6선(六仙), 8선(八仙)으로 분류되어 소, 중, 대를 나타낸다. 반탁(半棹)은 팔선탁의 1/2에 해당되며, 팔선탁 하나로 부족할 때 붙여 쓸 수 있어 접탁(接棹)이라고도 한다. 방탁은 결구상 속요식(束腰式, 허리가 잘록한 것)과 불속요식(不束腰式) 두 가지로 나뉜다. 명대를 대표하는 방탁으로는 속요가 있는 패왕권(霸王拳) 형식과 속요가 없는 일퇴삼아식(一退三牙式), 그리고 과퇴식(裹腿式, 다리에 선반 등의 구조물이 붙어있는 탁자)이 있다.

방탁

팔선탁 八仙桌

팔선탁(八仙桌)은 방탁(方桌)의 한 부류로 방탁 중 형태가 비교적 큰 것에 속하며 변의 길이가 1.1m 내외이다. 팔선탁 대부분은 청당(廳堂)에 놓이며, 일반적으로 팔선탁의 양 쪽에 고배의(靠背椅)와 함께 조합하여 주로 손님을 접대하거나 가족이 식사할 때 사용한다.

팔선탁

금탁 琴桌

금탁(琴桌)은 금(琴, 거문고 혹은 현악기 통칭)을 놓거나 연주할 때 쓰이는 탁자이다. 음악에 정통하거나 연주에 능한 사람들은 휴식할 때 연주하면서 마음을 정화하거나 수양하였기 때문에 금탁은 이런 이들이 손쉽게 이용할 수 있도록 비교적 길고 가는 형태를 보인다. 특히 거문고의 기품에 어울리도록 전체적인 형태는 낮고 정교하게 처리하여 간결하고 고아한 멋을 자아낸다. 탁자면은 넓고, 상대적으로 다리 부분은 높고 얇게 처리하며, 일부 다리에 곡선을 사용한 것도 있다.

금탁

속요형 방탁 有束腰的方桌

방탁(方桌)에는 다양한 형식과 변화가 있으며, 속요(束腰, 허리)를 갖고 있는 것은 속요가 없는 것에 비해 그 형상이 더욱 아름다우며 다양한 변화를 갖는다. 속요가 있는 방탁은 허리 부분을 묶어놓은 듯 입면에서 보면

속요형 방탁

상부 탁면 중간에 안으로 줄어들어 탁자면의 위·아래의 가장자리가 자연스럽게 튀어나와 섬세하게 보인다.

항탁 炕棹

항탁(炕棹)이라는 이름은 항(炕) 위에 놓여지기 때문에 붙여졌다. 왜각탁(矮脚棹, 다리가 낮은 류의 탁자)의 한 종류로 항탁은 항 위에서 주로 사용되었기 때문에 일반적인 탁자류 가구에 비해 작다. 형식은 매우 다양하여 원형, 방형, 정방형, 장방형 등이 있다. 속요(束腰, 허리)가 있는 것과 없는 것, 화아자(花牙子, 가구에 돌출된 조각 장식)가 있는 것과 없는 것 등이 있어 실용적이면서도 장식성과 예술성이 풍부한 가구임을 나타낸다.

항탁

원탁 圓棹

원탁(圓棹)은 탁자의 평면이 원형인 것이거나 반원탁 2개가 병합되어 이뤄진 탁자를 일컫는다. 원탁은 방탁과 마찬가지로 여러 변화된 형식이 있으며, 속요(束腰, 허리)가 있는 것과 없는 것, 그리고 장식이 있는 것과 없는 것 등이 있다.

반원탁 半圓棹

반원탁(半圓棹)은 탁자의 평면이 반원형인 탁자로 일반적으로 반원의 직선 부분을 벽에 붙여 사용한다. 강남 지역 민가와 원림에서 흔히 볼 수 있다. 월아탁(月牙棹) 역시 반원탁에 속한다.

반원탁

월아탁 月牙棹

월아탁(月牙棹)은 반원탁의 다른 표현이다.

원탁

월아탁

체탁 屉棹

체탁(屉棹)은 서랍을 가진 탁자를 가리킨다. 일반적으로 방탁이나 장방탁이며, 원탁은 극히 드물다. 주로 서랍의 조형성을 고려해 제작되었다. 일반적인 탁자에 비해 실용적이며, 수납과 보관의 기능이 강하다.

체탁

절첩탁 折叠棹

절첩탁(折叠棹)은 다리 부분이 접히거나 절단된 탁자를 뜻한다. 높은 다리를 가진 탁자는 다리 부분을 접을 수 있고, 접은 후에 소궤(小几)나 항탁(炕棹) 등의 용도로 활용할 수 있어 경제성이 높다.

절첩탁

소장탁 梳妆棹

소장탁(梳妆棹)은 주로 여성들이 화장을 할 때 사용한 탁자류로 침실이나 규방에 놓았다. 탁자 위에 거울을 세워 놓고, 탁자의 위나 아랫면에 여러 개의 서랍을 놓아 화장과 관련된 용품을 보관할 수 있어 실용적인 점이 가장 큰 특징이다.

의 椅

의자(椅, 椅子)는 등받이가 있어 앉거나 기댈 때 편안하다. 흔히 볼 수 있는 가구류로 가구 중에서도 그 수와 종류가 절대적으로 많다. 대등자(大凳子)와 유사하며 주로 문의(文椅), 권의(圈椅), 괘의(挂椅), 쌍의(雙椅), 고배의(靠

소장탁

의

背椅), 저배의(低背椅), 화배의(花背椅), 병배의(屛背椅), 매괴의(玫瑰椅), 관모의(官帽椅), 부수의(扶手椅), 태사의(太師椅) 등이 있고, 각기 의자류에 따라 다른 재료를 사용한다. 이들 의자류 중, 태사의(太師椅)는 형식이 풍부하고 장식이 정교하여 일찍이 광범위하게 활용되었고, 그 영향력이 가장 크다.

고배의 靠背椅

고배(靠背, 등받이)가 있는 모든 의자류를 일컬어 고배의(靠背椅)라 하고, 일반적으로 고배의 대부분은 팔걸이가 없다. 고배의의 형상에 있어 뒷다리 2개가 좌면(座面)을 관통해 확장된 길이가 의자의 제작에 결정적인 역할을 한다. 연장된 뒷다리가 끝나는 부분에 수평재 하나를 설치하고, 연장된 상부에 있는 목재판을 일컬어 고배라 한다. 고배의 형태는 신체의 등 부분 특징에 따라 일정한 각도로 설계되어 편안하게 앉을 수 있다. 그러나 이런 류의 고배는 명청 시대에 대부분 꼿꼿한 모양이었기 때문에 의자의 뒷부분을 일통배(一统背)라 부르기도 하고, 등받이 모양이 비석과 비슷하다는 의미로 일통비(一统碑)라고도 불렀다.

고배의

부수의 扶手椅

부수(扶手, 손잡이)가 있는 고배의(靠背椅)를 일컬어 부수의(扶手椅)라 한다. 일반적인 고배의보다 양측 부수가 더 있기 때문에 설계와 제작에 있어 좀 더 다양한 변화를 나타낸다. 부수의의 고배는 청대(淸代)까지도 인체의 자연스런 곡선을 따르는 설계 제작법이 많지 않았고, 고배와 부수의 상하가 대부분 수직 형식이다. 부수의에 매괴의(玫瑰椅), 관모의(官帽椅), 태사의(太師椅) 등이 있다.

부수의

권의 圈椅

권의(圈椅)는 속칭 나권의(罗圈椅)라 한다. 이는 고배(靠背, 등받이)와 부수(扶手, 팔걸이)가 둥근 고리 모양인 것에서 비롯된 형태적 특이성에서 비롯된 것이다. 당대(唐代)에 이미 출현하였으며, 당대의 고족고배식 좌구(高足靠背式坐具, 다리가 높은 고배식 의자류)의 새로운 형식에 해당된다. 당시 이런 류의 가구는 발전 초기 상태였기 때문에 구체적 양식 측면에서 후기 가구들과 완전한 관계를 논하기 쉽지 않으며, 명청(明淸)시대 같은 부류의 가구에 대해서만 비교할 수 있다. 권의의 주요 구성은 하부의 다리, 다리 위의 좌면, 그 위의 등부와 손잡이로 이루어진다. 권의는 명청시대에 이르러 여러 부류로 세분화되었다. 공예적 제작에 있어서도 정밀하고 합리적으로 다리를 높였고 좌면(座面)의 폭은 더 넓어졌으며, 고배는 약간 뒤로 젖혀 앉을 때 더욱 편안하게 되었다. 재료에 있어서도 경목판(硬木板)으로 제작하는 것 외에도 실크 재질의 끈이나 등나무 줄기로 제작해 사용자에게 또 다른 느낌을 준다.

태사의

권의

태사의 太师椅

태사의(太师椅)는 부수의(扶手椅)의 일종으로 청대(清代)에 가장 유행했던 의자류이다. 관료나 상인들이 저택에서 청당(廳堂)과 같이 비교적 장중하고 고아한 실내에 쌍을 이루어 배치하였으며, 실내 중간에 2줄로 열을 세우기도 했다. 또한 의자 2개와 탁자 1개, 혹은 의자 2개에 궤(几) 1개를 함께 배치하는 방식으로 사용하였다.

청대 태사의 형식 清代太师椅的形式

청대(清代)의 태사의(太师椅)는 고배(靠背, 등받이)와 부수(扶手, 팔걸이)가 수직으로 제작된 의자류로 청대에 가장 많이 차용되었다. 고배의 구체적 형식에 따라 정병식(整屛式), 삼병식(三屛式) 등으로 분류한다. 정병식(整屛式)은 등 부분 전체를 이용해 하나의 면을 설계하는 것으로 대부분 각종 화문 도안을 조각하거나 옥석이나 나무를 새겨 넣는 것이고, 삼병식(三屛式)은 등 부분을 山자 모양처럼

청대 태사의 형식

중간을 높이고 좌우를 낮게 하여 대칭되게 하는 것으로 팔걸이 역시 병(屛)의 형식에 따라 높낮이가 결정된다.

매괴의 玫瑰椅

매괴의(玫瑰椅)는 부수의(扶手椅) 중에서도 의자 형태가 비교적 낮으며, 일반 의자와 비교해 고배(靠背, 등받이)가 낮고 부수(扶手, 팔걸이)와 높이가 거의 비슷한 류를 통칭한다. 매괴(玫瑰)란 이름은 북경에서 장인들이 습관상 쓰던 호칭으로 강남 지역에서는 대체로 문의(文椅)라 한다. 매괴라는 말은 고대의 옥석이나 미옥(美玉)이란 뜻에서 비롯된 것으로 제작에서도 이러한 의미를 고려하여 홍목(紅木), 화리목(花梨木) 등으로 제작했으며, 윗부분에 여러 장식을 하여 전체적 조형감이 범상치 않아 문인 계층에서 즐겨 찾던 의자류이다. 매괴의는 송대(宋代)에 이미 출현하였으며, 당시는 의자의 고배와 부수의 높이가 거의 같았다. 명대(明代)에 이르러 고배가 점차 높아져 부수와 차이를 갖게 되었다. 청대(淸代)의 것은 명대와 부피상 큰 차이를 보이지 않지만, 장식에 집중하면서 고배와 부수 부분에 변화가 생겨 청대의 화려함을 추구하는 심미적 분위기에 적합하게 되었다.

관모의 官帽椅

관모의(官帽椅) 역시 부수의(扶手椅)의 일종이다. 부수의 중에서도 비교적 흔히 볼 수 있는 부류이며, 의자의 형상이 관모와 유사해 생긴 이름이다. 구체적 형태는 의자의 고배(靠背, 등받이)가 비교적 높고 양측 부수(扶手, 팔걸이)가 낮아 전체적으로 마치 모자의 날개가 없는 조사모(鳥紗帽)와 유사하게 보인다. 관모의는 고배와 부수의 제작법 차이에 따라 사출두관모의(四出頭官帽椅)와 남관모의(南官帽椅) 형식 두 가지로 분류한다.

관모의

사출두관모의 四出頭官帽椅

사출두관모의(四出頭官帽椅)는 고배(靠背, 등받이)의 상부 양 끝에 튀어나온 부분과 양 손잡이 앞으로 돌출된 부분, 총 4곳이 돌출된 형식이란 뜻에서 사출두(四出頭)라 한다. 사출두관모의의 고배의 돌출된 부위의 대부분은 다리보다 좀 더 위로 뒤쪽으로 구부러져 있으며, 부수(扶手, 팔걸이)에서 돌출된 부위 역시 밖을 향해 구부러져 있다. 일정한 각을 갖고 과하지 않은 자연스런 곡선을 표현하였다. 사출두관모의는 전형적인 명대(明代) 의자류 가구로 목재료를 이용해 세련되게 표현

매괴의

되었으나 그 수는 적은 편이고, 청대(淸代) 중기 이후 기본적으로 태사의(太師椅)가 이를 대체하였다.

사출두관모의

남관모의 南官帽椅

남관모의(南官帽椅)는 고배(靠背 등받이)의 머리 양 끝 부분과 부수(扶手, 팔걸이)의 머리 부분이 돌출되지 않고 대부분 부드러운 곡선으로 처리되어 있다. 이 점이 사출두관모의(四出頭官帽椅)와 가장 큰 차이점이다. 사출두관모의보다 선이 좀 더 미려하지만 편안한 정도는 상대적으로 약간 부족하다. 방형과 원형, 직선과 곡선의 재료를 두루 사용하였고, 고배에 조각을 하거나 여의문(如意紋), 운문(雲紋) 등의 도안을 새겨 장식 수법과 공예적 측면에서 돋보인다.

구배식 남관모의 龜背式南官帽椅

좌면(座面) 부분을 육각으로 처리하여 거북이 등 모양과 같아 구배식 남관모의(龜背式南官帽椅)라 불리며, 명대(明代)를 대표하는 남관모의이기도 하다. 일반적인 관모의의 아름다움과 실용성을 가질 뿐만 아니라 새로운 미감과 특별한 느낌이 있다.

구배식 남관모의

남관모의

소배의 梳背椅

소배의(梳背椅)는 고배(靠背, 등받이)에 변화를 주는 방식의 의자로 고배에 가장 큰 특징이 있다. 고배가 빗살로 열을 이루어 모여있고, 빗살 중간 틈새는 비어있다. 그 사이를 직선이나 곡선인 영조(欞條, 창살)나 목곤(木棍, 나무 토막)을 활용하여 사람이 앉았을 때 편안하도록 고려했다. 매괴의(玫瑰椅), 관모의(官帽椅) 그리고 기타 유형의 고배에 빗살 형식을 사용할 수 있어 매괴소배의(玫瑰梳背椅), 관모소배의(官帽梳背椅) 등으로도 분류된다.

소배의

교의 交椅

교의(交椅)의 형식에는 고배(靠背, 등받이)가 있는 것, 고배와 부수(扶手, 팔걸이)가 있는 것, 고배와 부수가 수직형인 것과 곡선형인 것이 있어 각 의자의 필요 사항에 따라 결정된다. 그러나 어떤 류의 교의이건 가장 확실한 특징은 의자의 다리 부분이 교차 형식으로 처리된 상태로 다른 의자들처럼 직립한다는 것이다. 일부 이런 교차형 다리가 있는 교의는 사용하지 않을 때 접어둘 수 있어 이동성이 좋다. 송대(宋代)에 이미 흔히 볼 수 있는 형식이었으나 당시는 부수가 없는 방식이었다. 명청(明淸)시기까지 발전해오면서 교의 대부분에 부수가 첨가되어 좌식의 안전성과 편안함이 증대되었고, 두 종류로 세부 분리된다. 첫째는 직배교의(直背交椅)로 고배가 수직형인 것이고, 다른 하나는 원배교의(圓背交椅)로 고배 혹은 고배와 부수 부분이 권의(圈椅)와 유사한 곡선형의 것이다.

교올 交杌

교올(交杌)은 휴대용 접이 의자를 뜻하며, 고대 호상(胡床, 북방 민족의 침대)에서 비롯된 것이다. 다리가 접히는 것에 맞춰 교올의 앉는 면을 등나무 넝쿨 등을 이용해 제작하여 부드러운 면을 만들었으며, 목재 등 고정된 재료를 사용하지 않았다. 교올은 명대(明代)에 그 형태가 비교적 높고 크게 되었고 사용 공법과 재료 모두 발전하였다. 청대(淸代)의 교올은 명대를 기반으로 화려해졌으며, 민가에서 소형 교올이 출현하여 오늘날 사용하는 것과 큰 차이가 없다.

교의

교올

청대 녹각의 清代的鹿角椅

녹각의(鹿角椅)는 청대 황실에서 사용하던 매우 특이한 의자류이다. 가구 제작에 나타난 만주족의 특색 중 하나로 주로 사슴뿔(鹿角)을 재료로 사용하여 만든 것으로 청대 가구형식 중 독특한 부류로 평가된다. 현존하는 가장 오래된 녹각의는 청(淸)태종 황태극(皇太極)이 사용한 어용녹각의(御用鹿角椅)이며 심양(沈阳)에 있는 고궁에 보관 중이다. 고배(靠背, 등받이)와 부수(扶手, 팔걸이)는 큰 녹각 2개를 서로 연결해 구성한다. 전체적으로 화리목(花梨木)으로 골격을 잡고, 구름이나 바다의 파도나 여의 등의 문양을 조각하고 금을 박거나 동(銅)으로 감쌌다. 형태는 높고 크다. 장식은 화려하고 공예는 섬세하며 전체적인 조화를 이루어 범상치 않은 황가의 기운을 자아낸다. 황태극 이후, 이미 중원에 진입한 강희(康熙), 건륭(乾隆) 황제 재위 시, 녹각의 제작이 증가되었고, 북경 고궁과 승덕(承德) 피서산장(避暑山莊)에 보관되어 있다. 그러나 청대 말기 외세의 침입으로 남아있는 녹각의는 얼마되지 않고, 현재 북경 고궁에 보관하고 있는 것은 주로 건륭 연간에 제작된 것으로 그 중 하나에는 건륭 임오년 추석에 새긴 어시(御诗)가 있다.

청대 녹각의

안락의 安樂椅

안락의(安樂椅)는 요의(搖椅, 흔들 의자)라고도 한다. 안락(安樂)이라는 두 글자를 통해 알 수 있듯이 이런 류의 의자는 앉았을 때 편안하게 느껴진다. 고배(靠背, 등받이) 이외에도 대부분 부수(扶手, 팔걸이)가 있다. 가장 큰 특징은 다리에 있다. 주로 위를 향해 들려 있는 곡형이다. 사람이 좌면에 앉아 편하게 앞 뒤로 움직일 수 있다. 또한 의자가 움직일 때 뒤로 넘어가는 것을 방지하기 위해 다리 뒷부분에 아래로 향하는 부재를 덧대어 안락함과 안전성을 확보한다.

안락의

보좌 寶座

보좌(寶座)는 주로 고대 황제를 비롯한 왕부(王爷, 왕의 작위를 가진 사람에 대한 존칭) 등 황실 구성원의 전용 의자류이며, 탑(榻)의 특수 형식으로 볼 수 있다. 보좌는 사용자의 특수성으로 인해 궁정, 행궁, 왕부 등의 좌구(座具)로 사용되었다. 실내의 가장 중요한 위치에 놓이며 특히 중축선상 중심부 약간 뒤쪽에 놓인다. 보좌의 형태는 일반적인 의자보다 높고 크며, 침상보다 조금 작다. 보좌의 좌면은 대부분 장방형이고, 부수(扶手, 팔걸이)와 고배(靠背, 등받이)는 실심판(實心板, 빈 틈 없이 꽉 찬 목재판)을 사용한다. 윗부분은 각종 화문(花紋)으로 조각한다. 특히 황제가 사용하는 보좌의 고배와 부수 대부분은 용문(龍紋)으로 조각한다. 보좌 대부분 남목(楠木, 녹나무), 자단목(紫檀木) 등 비교적 진귀한 재료로 제작되어 전체적으로 섬세하면서도 화려한 귀족적 느낌이 강하다.

보좌

등자 凳子

등자(凳子)는 돈(墩)이라고도 한다. 손님이 많고 의자를 옮기는 것이 쉽지 않을 때 청당(廳堂)에 등자를 두어 수시로 사용한다. 이동이 용이하고 가벼워 필요할 때마다 증감이 가능하다. 다리를 세워 앉는다는 점에선 의자류에 속한다. 고배(靠背, 등받이)가 없는 의자로 훨씬 활용도 높은 양식을 만들어냈다. 등자의 형식으로는 방등(方凳), 원등(圓凳), 매화등(梅花凳), 조돈(条墩), 속요돈(束腰墩), 춘돈(春墩), 각각(搁脚) 등이 있으며, 사용 재료에 따라 목등(木凳), 석돈(石墩), 초돈(草墩), 죽돈(竹墩), 등돈(藤墩), 도자돈(陶瓷頓) 등이 있다.

조등 條凳

조등(條凳)은 장조등(長條凳), 장판등(長板凳), 판등(板凳)으로 불린다. 조등의 좌면은 좁은 장형이고, 입면에서 볼 때 양쪽 다리가 八자형으로 보여 위는 좁고 아래는 커 보인다. 이 때문에 다리가 밖으로 벌어져 있어 비교적 안정적이다. 조등 대부분은 중하층 가정에서 사용하였다. 경목(硬木), 잡목(雜木) 등으로 제작하였고, 기본적으로 목재의 본색과 문양을 썼으며, 결구 방식이나 조형은 매우 간단하다. 조등의 일반적 장식 수법은 다리와 상판 네 모서리가 만나게 하여 표면에 칠(漆)을 한 후, 그 위에 옅은 색의 유약을 바른다. 일부 조등의 장식을 다리와 좌면이 서로 만나는 곳에 화아자(花牙子)를 설치하거나 여의문(如意紋) 등을 조각해 장식한다. 일반 농가 마을에서 사용하는 조등은 조금의 장식도 없으며, 실용성에 집중한다.

등자

조등

방등 方凳

방등(方凳)의 등면 대부분은 방형이며, 일부 장방형도 있다. 조등은 여러 사람들이 앉을 수 있는데 반해 방등은 대체로 2인이나 1인이 앉고, 흔치 않게 3인이 앉을 수 있는 것도 있다. 조형과 결구, 장식적인 면에서 조등에 비해 정밀하고 화려하다. 방등은 사람이 앉는 용도 외에도 침대 앞에 족답(足踏, 발판)으로 놓거나, 일부는 좌면이 비교적 넓어 항궤(炕几)로 삼아 향로를 놓기도 한다.

방등

춘등 春凳

춘등(春凳)은 방등(方凳)의 일종이며, 방등 중에서도 전형적인 편이다. 명대(明代)에 여자들의 규방이나 침실에서 사용하였다. 등면(凳面, 앉는 면)은 조등(條凳)에 비해 가로는 넓으나 세로는 길지 않다. 최대 2명까지 앉을 수 있어 이인등(二人凳)이라고도 불리며, 등면 비례는 가로세로 약 2:1 정도이다.

돈 墩

돈(墩) 역시 고배가 없는 좌구의 일종이라는 점에서 등자(凳子)와 큰 차이가 없다. 그러나 돈의 전체적 형태는 북(鼓)과 같이 중간 배부분이 크고 위 아래가 작다. 좌면은 원형으로 정교하고 섬세하다. 그래서 돈은 원돈(圓墩), 고돈(鼓墩)이라고도 한다. 재료에 따라 석돈(石墩), 목돈(木墩), 자돈(瓷墩, 도자기로 만든 돈), 수근돈(樹根墩, 나무 뿌리를 이용한 돈), 등돈(藤墩), 죽돈(竹墩) 등으로 나눌 수 있다. 그 외에도 앉는 면에 목화솜 방서을 깔거나 덮개 위에 비단 보자기를 싼 수돈(绣墩)이 있다. 형태적 특성으로 분리하면 과릉돈(瓜棱墩, 박과 같이 둥그렇게 튀어나온 모양의 돈), 매화돈(梅花墩), 개광돈(开光墩), 직령돈(直棂墩) 등으로 분리된다. 사실 매화둔은 엄격히 말해 원돈(圓墩)이 아니라 매화형의 돈이다. 원형의 돈 외에도 방형의 돈이 있으며, 평면상 원돈과는 차이가 있다.

춘등

돈

개광돈 開光墩

개광돈(開光墩)은 돈의 일종으로 중간 부분에 큰 구멍이 뚫려있는 돈을 뜻하며, 이것이 가장 큰 특징이다. 돈은 원형돈(圓形墩), 방형돈(方形墩), 그리고 목돈(木墩) 등이 있다. 그러나 원형과 목돈이 상대적으로 많은 편이다. 목재가 석재에 비해 둥근 구멍을 내고 조각하기에 용이하며, 원형의 입면에 있는 구멍은 방형의 것보다 더욱 풍부한 변화를 갖기 때문이다.

개광돈

목돈 木墩

목돈(木墩)은 목재로 만들어진 돈이다. 돈의 재료 중 가장 많고, 공예적인 측면에서도 복잡하고 다양한 편에 속한다. 목돈 중 일부 고급 목재인 경목(硬木)으로 제작한 돈은 가장 특색 있으며, 공예 수준과 시대적 특성을 담고 있다. 특히 작단목(紫檀木), 화리목(花梨木), 홍목(紅木) 등은 목재 중에서도 부드럽고 매끄러우며, 목재 자체의 색상이 깊고 순수하기 때문에 각광받는다.

목돈

경목돈의 제작 硬木墩的制作

일반적으로 위 아래의 주위를 따라 띠를 두르고 그 위에 작은 못을 박는다. 돈(墩)의 몸통 주위 판들을 연결하는 방식으로 제작하고 판에 구멍을 낸다. 보다 발전된 경목돈(硬木墩)은 뚫린 구멍 내부 혹은 주변에 각종 아름다운 화문(花紋)이나 골동품 모양 등을 조각한다. 일부 돈의 아랫면은 몇 개의 낮고 작은 다리를 덧대어 목돈(木墩)의 부식 정도를 감소시킨다. 목재 본래의 질감과 문양, 그리고 색감 등을 드러내기 위해 경목돈은 일반적으로 옻칠을 하지 않고 갈거나 광택을 내는 공예 방식을 사용하여 매우 섬세하게 보인다. 목돈의 형태상 견고하고 안정감 있는 것을 우선적으로 고려한 후, 선의 미려함 등을 표현한다.

경목돈의 제작

장족벽감 藏族壁龕

벽주(壁櫥), 벽거(壁柜), 벽감(壁龕)은 장족(藏族)의 민가에서 흔히 볼 수 있는 가구로, 목판을 이용해 벽을 형성한다. 예를 들어 감

자주(甘孜州, 장족 자치주)의 장족 주택에서 실내를 분리하는 벽은 목판이며, 목판벽의 기둥을 이용하여 가구의 틀로 쓰고 선반을 배치하기 때문에 벽가(壁架)라고도 한다. 벽가 위에 주문(櫥門, 옷장문)이나 추두(抽頭, 서랍 머리)를 더하면 비주(壁櫥)가 된다. 벽가, 벽주, 벽거, 벽감은 이동형 가구 형식이 아니며, 그 안에 의식(衣食)과 관련된 기물 등을 보관한다. 이런 가구는 크거나 작게, 섬세하거나 거칠게 표현되어 각 집의 빈부 정도를 가늠하는 기준이 된다. 장족벽감(藏族壁龕)은 대체로 석고 재료로 제작하며 색상은 백색이어서 각각 여러 류의 기물을 그 사이에 놓아 공예품 장처럼 보인다.

楠, 금사남(金絲楠), 백남(白楠), 정남(楨楠) 등 여러 종류가 있다. 특히 명청(明清) 시기의 궁궐과 관부(官府)에 사용되어 방대한 양의 벌목으로 전(殿)과 실(室)을 짓고 각종 가구를 만들었다. 현재 볼 수 있는 가구류는 상(床), 탑(榻), 보좌(寶座), 탁(棹), 안(案), 주(櫥), 거(柜), 의(椅), 등(凳), 병풍(屏風)이 있고, 궤(幾), 탁좌(托座), 소합(小盒), 필통 등 무게가 비교적 적은 것은 남목의 모습을 그대로 활용하였다.

남목

장족벽감

남목 楠木

남목(楠木, 녹나무)은 항상 푸르고 큰 교목으로 나무의 형체가 크고 웅장하며 높이가 약 10장(丈, 약 33m)에 이른다. 주 생산지는 운남(雲南), 귀주(貴州), 사천(四川) 등지다. 명대(明代)의 왕상진(王象晉)이 『군방보(群芳譜)·목보(木譜)』에 "枏(녹나무)이 남방에서 자라기 때문에 楠이라 한다. 흑금(黑金, 현재의 귀주)과 촉(蜀, 현재의 사천)의 산에서 유난히 많다."고 기록하고 있다. 남목은 목질이 아름답고, 문양이 고우며 향이 난다. 향남(香

핵도목 가구 核桃木家具

핵도목 가구(核桃木家具, 호두나무 가구)는 실내 설치용 목재로서 세계적으로 명성이 높은 재료이며, 공예품과 고가 가구의 조각에 두루 사용된다. 중국에 비교적 광범위하게 분포되어 있고, 그 중 산지에 있는 야생 호두나무는 줄기가 비교적 높고 크며, 수관(나무 위족의 가지와 잎이 무성해 갓 모양을 이룬 부분)이 비교적 작아 가구 제작용으로 사용된다. 평지나 인공적으로 재배된 호두나무는 그 줄기가 낮으며 수관이 비교적 크고 과실이 많이 열려 목재로는 부적합하다. 호두나무 가구는 비교적 질긴 성질이 있고, 항진과 항마모성이 우수하여 휘어짐과 부식을 잘 견딘다. 그러나 백목질(나무의 껍질과 심 사이 연한 부분)은 병충해에 약한 편이다. 일정 시기가 지나 건조되면 형태 변화는 거의 없어 원하는 조각이 가능해진다. 호두나무를 이용해 제작된 가구는 분위기가 고아하고 세련되며 질감이 부드럽고 섬세하다.

어 있어 가격 면에서 자단보다 유리하다. 홍목은 청대 중기 이후 점점 광범위하게 쓰여 부족한 자단과 황화리목(黃花梨木)의 대체품으로 쓰였다. 그 중 나무의 나이가 오래되고 색감이 짙은 홍목은 자단과 매우 흡사하고, 색상이 옅은 띠의 얼룩 무늬를 갖는 홍목은 황화리목과도 비슷하여 제작 과정을 거치면 분별하기가 쉽지 않다.

핵도목 가구

홍목 가구

홍목 가구 紅木家具

대중적인 목가구 재료 중, 목재의 성질에 따라 크게 연목(軟木), 시목(柴木), 경목(硬木) 3종으로 나눈다. 연목은 주로 유목(柳木, 버드나무), 양목(楊木, 백양나무), 삼목(杉木, 삼나무), 춘목(椿木, 참죽나무) 등이고, 시목은 주로 남목(楠木, 녹나무), 도목(桃木, 복숭아 나무), 화목(樺木, 자작나무), 거목(欅木, 너도밤나무), 조목(棗木, 대추나무), 장목(樟木, 녹나무)가 있으며, 경목으로는 자단목(紫檀木), 화리목(花梨木), 황양목(黃楊木, 회양목), 계시목(鷄翅木, 닭 날개 문양의 홍목류), 홍목(紅木) 등이 있다. 그 중 경목은 명청(明淸)시대 이후 가장 유행한 재료이다. 홍목은 그 중 가장 전형적인 재료로 고대에 전단(栴檀, 단향목), 연지목(胭脂木)이라 불렀다. 홍목의 복잡한 분류 가운데 진귀한 홍목은 자단과 비견할 수 있다. 나무의 질과 구조 역시 자단과 유사하여 자단과 혼돈하여 불리지만, 홍목의 생산량이 더 많고 광대한 지역에 분포되

철력목 가구 鐵力木家具

철력목(鐵力木)은 철리목(鐵梨木), 철령목(鐵鈴木), 철요목(鐵要木) 등의 이름이 있다. 이 역시 항시 푸르른 교목 계열로 아시아의 열대 지방에서 나는 특산 재료로 귀하게 여겨진다. 주생산지는 중국의 운남(雲南), 광서(廣西) 등지이고 베트남, 인도, 말레이시아 등 열대 우림에서 자란다. 철력목의 나무 줄기는 크고 곧아 그 높이가 약 30m를 넘고 직경이 약 3m 정도이다. 또한 재질이 매우 견고하여 "견경여철(堅硬如鐵, 마치 철과 같이 단단하다)"는 의미에서 이름을 얻었으며, 매우 강하고 질길 뿐만 아니라 꽤나 무거워 철목(鐵木)이라 불렀다. 철력목은 깎아 제작하기 쉽지 않지만 완성해놓으면 다른 것들에 비해 견고하다. 목재의 건조 정도는 느리지만 목재의 형태 변화가 거의 없고 항부식성과 해충방지 능력이 우수하다. 색채와 문양이 아름답고 침수에 강하다. 총체적으로 철력목을 써 제작하는 가구들은 비교적 오랜 기간 사용하고 편안한 분위기

를 갖는다. 또한 고급 가구 제작에 쓰이며, 목재의 큰 판을 활용한 폭이 넓은 가구를 제작하여 형태가 비교적 큰 침대나 교두안(翹頭案) 등에 쓴다.

이나 특수 장식을 하기에 좋은 장점이 있다. 기본적으로 가구 제작 시 별도의 과도한 조각 장식을 할 필요 없이 자연미 그대로의 고아한 멋을 살릴 수 있다.

철력목 가구

화리목 가구 花梨木家具

화리목(花梨木)은 상록교목으로 대부분 남방의 더운 지역에서 성장한나. 화려목(花欄木)이라고도 한다. 고급 가구와 공예 재료로 쓰여 명청(明淸)시기 궁궐 내 가구 제작에 손꼽히는 재료였다. 화리목의 자연색은 여러 가지로 비교적 옅은 황갈색이나 홍갈색 등의 색상이 있다. 나무의 중간을 켜서 보면 진한 황색이 드러나지만 공간 중에 노출되면서 점차 짙은 갈색이 된다. 화리목의 색상과 문양이 아름답고 조직 역시 부드럽고 매끄러워 질감이 견고하여 중후하게 보인다. 특히 황화리목(黃花梨木)은 색상이 짙건 옅건 모두 황색이 주조를 이루며, 밝은 낮의 태양 광선 아래서는 금색처럼도 보인다. 그 색채가 매우 명쾌하고 선명한 탓에 홍목이나 자단과는 비교되지 않는다고 평가받는다. 황화리목의 황금색은 그 위에 진한 문양과 조화를 이루며 각종 기묘한 도안이 되어 자연스러우면서도 아름다워 사람들의 관심을 받게 되었다. 목공 제작에 매우 적합하여 켜서 제작을 한 후에는 마치 옥과 같은 광이 난다. 항부식성과 항마모성이 강한 대신 팽창 및 수축성은 적어 상감(象嵌)

화리목 가구

자단목 가구 紫檀木家具

단목(檀木)의 종류는 백단(白檀), 황단(黃檀), 청단(靑檀), 자단(紫檀) 등으로 분류된다. 주로 보는 것은 자단으로 일반적 단목 중 가장 아름답고 고급으로 평가된다. 또한 가구에 있어 명청(明淸)시대 가구 중 가장 많이 활용된 단목 재료이며, 전형적인 열대 목재이다. 새로 벌목된 자단목은 회백색, 옅은 홍색, 자홍색 등이고, 오래된 자단목은 자색이나 흑자색이 주를 이루어 중후하면서도 화려한 느낌이 든다. 기록에 따르면, 자단 제품은 일찍이 동한(東漢) 시대부터 출현해 문질러 광을 내는 방식으로 자단목 특유의 문양을 드러내는 수법을 썼다. 자단목을 문질러 광을 내거나 공기 중에 산화되게 두면 우아한 자홍색과 흑자색으로 광이 나며, 많은 무늬의 변화가 생기고 은은한 향까지 느낄 수 있다. 자단의 항부식성과 침수 저항력은 매우 강하다. 명청 시기에 중국이 자단에 대한 소유 욕구가 증대되면서 청대 중기에는 동남아 일대의 소형 자단 역시 소비되었고, 자단 자체 가격이 상승하였다. 특히 중국의 고급스런 자단 가구 제품은 유럽과 미국 등지의 해외 인사들에게 소개된 후, 점점 귀하게 여겨졌다. 자단목 가구는 현존하는 명청 가구 중 가장 관심 받는 대상이다.

계시목 가구

자단목 가구

유목 가구 柳木家具

가구를 제작하는 재료 중 크게 한 부류로 나뉘는 것이 연목(軟木)이며, 경목(硬木)과 대조적이다. 흔히 볼 수 있는 연목 가구 재료는 양목(楊木), 유목(柳木), 삼목(杉木)등 몇 가지이고, 그 중 류목을 세분화하면, 홍류(紅柳, 고리버들), 수목(垂木), 한류(旱柳, 능수버들) 등이 있다. 유목은 양류과 낙엽 교목에 속한다. 목질이 비교적 부드러우면서 탄성이 있고, 말린 후 쉽게 변하지 않아 상(床), 탁(棹), 등(凳), 안(案)에 주로 쓰인다. 아래의 그림은 유목을 재료로 삼은 유목대강상(柳木大扛箱)이다.

계시목 가구 鷄翅木家具

기록에 따르면, 계시목 가구(鷄翅木家具)는 원래 계래목(鷄鶒木)이라 했으며 무늬가 미려하고 곡절이 매우 화려하다. 남조(南朝) 송(宋)의 사혜련(謝惠連)은 『계래부(鷄鶒賦)』에서 "물에서 노니는 만물 중 계래(鷄鶒)보다 아름다운 것은 없다."고 하였는데, 계래는 물새의 일종으로 날개 깃털이 매우 화려하다. 사실 계래목(鷄鶒木)이 언제부터 계시목(鷄翅木)이 되었는지 명확하지 않지만 대략 중국 한자의 번간체 전환 과정과 관계 있을 것으로 보고 있다.

류목 가구

편액(匾額), 대련(対聯)

편액(匾額)과 대련(対聯)을 통틀어 편련(匾聯)이라고 부르며 중국 건축에서 볼 수 있는 독특한 장식물 중 하나이다. 중국 고대건축 중 어떤 건축 양식을 막론하고 대부분 편액과 대련을 설치하였다. 황가의 궁전에서부터 일반 민가, 관원 혹은 부호들의 저택, 나아가 사묘와 도관건축에도 편액과 대련을 설치하였다. 당시 각자의 기호에 따라 주택과 원림 내부의 대청, 침실, 서재, 그리고 경관을 바라볼 수 있는 정사, 좌대, 누각 등의 출입문 쪽에 주위 풍경과 어울리는 편액과 대련을 걸었다.

편액과 대련은 그 형식이 매우 풍부하여 각각의 편(匾)과 연(聯)만으로도 예술품의 가치를 지니고 있다. 먼저, 편련의 주요부분인 서체는 주로 행서와 초서를 사용했고 그 외에 전서, 예서, 해서 등의 서체도 사용하였으며 집 주인의 기호와 건축물의 환경을 고려하여 서체를 선택하기도 하였다. 사용된 편련의 색채는 남저금자(藍底金字, 남색 바탕의 금색 글자), 백저흑자(白底黑字, 흰색 바탕의 검은 글자), 흑저백자(黑底白字, 검은색 바탕의 흰 글자), 흑저홍자(黑底紅字, 검은색 바탕의 붉은 글자), 백저홍자(白底紅字, 흰색바탕의 붉은 글자)를 사용하였다. 글씨는 붓으로 직접 쓰거나 음각, 양각, 투조 등의 방법으로 조각하였다.

편련의 외관형식 匾聯的外觀形式

편액의 모양은 크게 장형, 방형, 규칙적인 기하형, 책 모양의 서권형(書卷形), 꽃잎모양의 화타형(花朵形) 등이 있다. 편액의 테두리 부분에는 꽃 무늬를 새기거나, 금테 장식을 하기도 하며, 혹은 장식을 하지 않고 간단하게 처리하는 방법으로 편액의 크기와 모양에 큰 변화를 주었다. 대련의 문자 내용이 길고 짧음에 따라 긴 것은 십여 자까지 쓰기도 하였는데 이를 통해 건축물의 격조를 느낄 수 있다.

편련의 형식은 다양하고 풍부하지만, 사람들은 대련을 설치할 때 주변 환경과의 조화를 고려하였다. 편련은 건축물 전체를 생동감 있고 돋보이게 하여, 건축물의 문화적 정취와 생동감을 한층 더하였다.

편액의 외관형식

수권액 手卷額

수권액은 서권액(書卷額)이라고도 하며 책 모양으로 만든 것으로 중국의 독특한 문화적 정취가 깃들어져 있다. 수권액은 대다수가 장방형으로 원림과 황가건축 등에서 볼 수 있다. 소주(蘇州)에 위치한 원림에 이러한 서권액이 많으며 특히, 환수산장(環秀山莊)에 있는 보추산방(補秋山房)의 요벽(搖碧)이 대표적이다.

수권액

비문액 碑文額

비석 모양과 같아 비문액(碑文額)이라 일컬으며, 이 명칭은 새겨진 내용과 관계 없이 편액의 외형 때문에 붙여진 것이다. 주인의 요구에 따라 액(額, 글자가 있는 판)과 문(文, 글자)의 조화로움을 강조하기 위해 액과 문을 서로 부조화시켜 다른 편액과 차이가 있음을 나타내었다.

비문액

책엽액 冊頁額

책엽액(冊頁額)은 대다수가 장방형이며 서권액(書卷額)과 그 모양이 같아 중국의 독특한 문화적 정취를 느낄 수 있다.

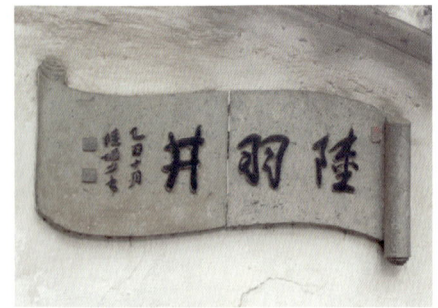

책엽액

엽형편 葉形匾

엽형편(葉形匾)은 외형이 나뭇잎 모양으로 그 특징을 잘 살려 자연의 정취를 느낄 수가 있다. 대부분 원림건축에 많이 응용되었다.

엽형편

허백액 虛白額

허백액(虛白額)은 주로 목재와 석재를 사용하여 투각과 투조 기법을 사용한 것이 큰 특징으로 원림 건축에서 많이 볼 수 있다.

허백액

내포하고 있다. 금황색(金黃色)의 글자와 녹색의 연잎이 대비를 이루어 색다른 분위기를 자아낸다.

하엽편

석광편 石光匾

석광편(石光匾)은 허백액(虛白額)의 일종이다. 허백액을 돌과 돌 틈 사이에 설치하여 불려진 명칭으로 원림건축에서 많이 볼 수 있다.

석광편

하엽편 荷葉匾

편(匾)의 모양이 연잎 모양으로 비교적 보기 드문 형태이다. 산서성(山西省) 기현(祁縣)에 위치한 교가대원(喬家大院)에 연잎 모양의 편액이 있다. 연잎은 길고 평평하며 잎 가장자리가 안으로 많이 말려져 있어 장방형 모양에 근접한 가로로 된 액자모양에 가까워 다른 편액보다 실물에 더 가깝다. 편액의 정면에 끼워 넣은 회방(會芳)은 '아름답고 향기로운 꽃들이 모여든다' 라는 뜻으로 '아름다운 사람들 혹은 현인들이 모여든다' 라는 의미를

차군련 此君聯

차군련(此君聯)은 대나무 위에 글을 쓴 것으로 대나무 한 통을 절반으로 쪼갠 뒤, 각각의 대나무 편에 한 구절씩 쓴 대련을 말한다. 진서(晉書)의 고사에 따르면, 왕휘지(王徽之)는 평소 대나무를 사랑했다고 한다. 어느 날 빈집에 들어가 살면서 대나무를 심으라고 하였다. 이에 어떤 이가 그 까닭을 물으니 대나무를 가리키며 말하기를, "어찌 하루라도 그대를 안 볼 수 있으랴("何可一日無此君邪!")라고 대답하였다고 한다. 차군(此君)은 "이 사람"이라

차군련

는 뜻을 지닌 대나무의 이칭(異稱)이다. 문인들이 대나무의 굳은 절개를 높여 군(君)이라 칭하였던 만큼 소중이 여겼던 것으로 그들이 살았던 저택이나 원림 내에서 그 모습을 찾아 볼 수 있다. 특히 원림의 주인이 아니더라도 문인 신분일 경우 여러 문화 활동을 통해 건축물에 차군련(此君聯)을 걸 수 있었다.

대련의 테두리 형식 对聯外框形式

대련은 대부분 편액과 함께 걸어두며, 일반적으로 편액은 문미(楣楣, 정문 문틀 상부의 횡방형 부재)에 걸어두고, 대련은 문 양쪽의 벽 위 혹은 문 앞 양쪽의 기둥 위에 걸어 놓는다.

안과 조화를 이룬다.

경복래병편

건청문편 乾淸門匾

건청문편(乾淸門匾)은 북경 고궁(故宮)의 후삼궁(后三宮) 전방에 위치한 내정(內廷) 입구에 걸려 있다. 건청문은 궁전문의 하나로 그 처마 밑에 건청문편(乾淸門匾)이 있다. 이 편액은 목재를 사용하였고 가장 자리는 붉은색을 칠했으며 남색바탕 위에 금색으로 한 쪽은 중국어, 다른 한 쪽은 만주어로 쓰여져 있다. 이는 청대(淸代)의 황제가 만주인이라는 사실을 알 수 있다.

대련의 테두리 형식

경복래병편 景福來幷匾

북경 이화원(頤和園) 내에 "경복래병편(景福來幷匾)"이 있다. 편액 테두리에는 여의운두문(如意雲頭紋, 길상의 구름 문양)이 있고, 편 아래에는 편복문(蝙蝠紋, 박쥐문양)이 장식 되어 있으며, 변형된 양쪽 날개의 모양은 여의운두문과 서로 연결 되어 있다. 편복문 아래의 좌우에는 수(壽)자와 만(卍)자를 의미하는 무늬가 새겨져 있어, 이는 다복과 장수의 의미를 나타내는 만복만수(萬福萬壽) 도

건청문편

익수재편 益壽齋匾

익수재편(益壽齋匾)은 북경 고궁(故宮) 동서육궁(東西六宮) 중 하나인 체화전(体和殿) 서상(西廂, 서쪽 곁채)에 걸려있다. 3개의 작은 꽃으로 장식된 편액이 서로 연결되어있다. 작은 편액 3개의 가장자리가 연결되는 곳에는 편복문(蝙蝠紋,박쥐문양)과 여의문(如意紋, 상서로움을 상징하는 문양)이 조각되어 있어 매우 화려하다. 이는 장수의 의미를 나타내는 길상복수(吉祥福壽)의 의미로 "익수재(益壽齋)" 명칭과도 그 의미가 부합된다.

익수재편

경운재편 慶雲齋匾

경운재편(慶雲齋匾)은 북경 고궁(故宮)의 동서육궁(東西六宮) 중 하나인 익곤궁(翊坤宮) 동상(東廂, 동쪽 곁채)에 걸려있다. 가장자리에는 선이 곱고 색체가 우아한 크고 작은 여의문(如意紋,상서로움을 상징하는 문양) 장식들로 이루어져 있다. 이 편액은 특별히 고급스러운 면모는 엿볼 수 없으나 황가 궁전에 사용되어 소박한 분위기를 느낄 수 있어 황가 내원(內苑)의 또 다른 특징을 잘 표현해주고 있다.

경운재편

은풍장선편 恩風長扇匾

은풍장선편(恩風長扇匾) 역시 이화원(頤和園)에 있는 편액으로 황가원유(皇家苑囿,황가원림) 건축 장식만이 가지고 있는 자유로움이 돋보인다. 테두리 선은 매끄러우며 편액의 표면에 3개의 원형을 서로 교차시켜 4개의 빈 공간에 은풍장선(恩風長扇) 이라는 글자를 하나씩 새겨 넣었다. 편액의 가장자리에는 길상도안인 박쥐와 구름무늬에 금박을 입혀 황가 건축 장식만이 지니는 웅장하고 화려한 멋을 찾아 볼 수 있다.

은풍장선편

운윤성휘편 雲潤星輝匾

운윤성휘편(雲潤星輝匾)은 북경 고궁(故宮)의 동서육궁(東西六宮) 중 하나인 체화전(体和殿) 후첨(后檐, 배면처마)에 걸려 있다. 편액의 외형은 서권형(書卷形)이며 그 표면의 무늬가 마치 보일 듯 말듯 공중에 떠 있는 구름과 같다.

운윤성휘편

민가건물의 대련 平民房屋中的对聯

일반 민가건물의 대문에 걸려있는 대련은 사람들의 소박한 소망을 담고 있는 내용들이 대부분이다. 예를 들면, "새해에는 장수하고, 태평 성세하여 행복을 누리고, 덕을 쌓아 널리 베풀면, 복이 그 속에서 온다."(新春如意 壽永昌, 盛世升平幸福長, 德求寬處積, 福自和中求)라는 의미와 학문을 중시하여 "조상이 남긴 은택을 이어 나가는 방법 중 가장 좋은 것은 선행을 하는 것이며, 가족의 지위와 사업을 흥하게 하기 위한 가장 좋은 방법은 학문을 하여 관리를 지내는 것이다."(綿世澤莫如爲善, 振家聲還是讀書) 라는 의미들을 내포하고 있다.

황가궁전의 대련 皇家宮殿中的对聯

황가궁전의 대련의 웅장함은 나라의 정세와 매우 밀접한 관계가 있음을 의미하며, 색채 또한 황가 건축 본연의 화려함과 관계가 있다. 북경 고궁 건청궁(乾淸宮)의 어좌 양쪽 기둥에는 두 개의 대련이 걸려있으며, 그 내용은 다음과 같다. "제황은 바른 기풍으로 천하를 다스리며, 법률로 천하를 다스려야 한다. 자신의 몸과 사고를 신중히 하여 사회 질서가 오랫동안 안정되게 하고, 선대 선현의 법을 본받아야 하며, 나라 경제와 백성들의 생활을 간과해서는 안 되며 그 속에서 백성들의 어려움을 이해하여야 한다. 사람을 대할 때는 관대하고 인자하며, 황실은 국가 법전을 잘 활용하여 국가를 다스리고, 몸과 마음을 다하며, 자기 자신은 몰론 타인과 잘 협력하여 국가를 다스리는 책략을 함께 찾아야 한다."(表正萬邦愼厥身修思永, 弘敷五典無輕民事惟難, 克寬克仁皇建其有極, 惟精惟一道積於厥躬)라는 의미를 담고 있다. 대련의 바탕색은 금황색으로, 윗면의 가로 편액인 "정대광명(正大光明)"이라는 네 글자의 색깔과 같으며, 대전의 모든 금벽(金壁)의 화려함과 서로 조화를 이룬다. 고궁(故宮) 보화전(保和殿)에는 "조상의 훈계를 선포하여 후대 자손들의 마음에 깊이 새기게 하고, 하늘이 내려다 보며 살피니 천하의 관리와 백성들은 그

민가건물의 대련

황가궁전의 대련

뜻을 깊이 새겨 영원히 지켜야 한다."(祖訓昭垂我後嗣子孫尙克欽承有極, 天心降鑑惟萬方臣庶當思容保無疆) 라는 뜻의 대련이 걸려 있다.

사묘의 대련 寺廟中的对聯

사묘 내부의 대련은 그 내포하는 의미가 불법과 연관되어 종교적 색채를 나타낸다. 하북(河北)의 승덕외팔묘(承德外八廟)에 위치한 보악사(普樂寺)의 종인전(宗引殿) 내부에는 "부처님은 과거, 현재, 미래를 불문하고 모든 백성들을 위해 잘못된 방향을 바로잡아 주고, 진리를 알려준다. 생명은 불교의 향불로 하여금 영원히 충만할 뿐만 아니라 세상 사람들이 참뜻을 받아들여 번뇌의 굴레에서 벗어나 아주 깨끗한 세상의 가장 높은 경지에 이르며, 또한 대천세계는 생명의 물을 영원히 메마르지 않게 하여 생명의 윤회가 반복되도록 하면 만물이 생기 있게 하여 곳곳에 모두 길상여의가 드러난다."(三摩印証喻恒河人天皆大歡喜, 七寶莊嚴觀香界廣輪遍諸吉祥)라는 의미의 대련이 걸려있다. 칠보(七寶)는 불교의 반장(盤長), 법륜(法輪), 산개(傘蓋) 등의 7개 보물을 뜻하며, 갠지스 강과 향계(香界)는 불교 용어로 불사 혹은 불사 공간의 상징적인 의미를 나타내며 환희(歡喜)와 길상(吉祥)은 불사의 부처님과 보살(菩薩)을 가리킨다.

상인 저택의 대련 商人宅邸中的對聯

대부분 안뜰이 넓은 상인의 저택은 황가 건축처럼 화려하진 않지만 섬세함을 강조한다. 대련은 경제적인 능력과 근검절약의 정신을 잘 표현하여 상인의 저택이라는 특성을 잘 보여주며 동시에 문인의 풍격을 추구하기도 하였다. 산서성(山西省) 태곡(太谷)에 위치한 조가(曹家)의 저택 안뜰에는 위의 의미를 잘 담고 있는 대련이 걸려 있다. "뜻이 광명의 앞에 서고자 하면 오직 경전을 자식들에게 가르치며 마음이 유복함의 뒤에 있고자 하면 부지런하고 검소한 태도를 집안에 전하는 일만한 것이 없다."(志欲光前惟是詩書敎子, 心存裕後莫如勤儉持家.)라는 의미를 담고 있다.

상인 저택의 대련

사가원림의 대련 私家園林中的對聯

사가원림의 주인은 대다수가 선비인 경우가 많아 그들의 사상과 기호를 잘 반영하고 있다. 주인이 문인의 신분이 아닐 경우, 문인이나 화가에게 청하여 원림의 문인적인 정서를 취하기도 하였다.

대표적인 것으로 "관직을 버리고 은거한 노인이 높은 절벽 앞에 지팡이를 짚고 유유자적하게 오르내리는 구름과 안개를 감상하며 소나

사묘의 대련

무 아래에서 칠현금(七弦琴)을 옆에 두고 학이 돌아오기를 기다린다."(崖前倚杖看雲起, 松下橫琴待鶴歸)라는 의미로, 이는 중국 고대 문인들이 추구하는 이상적인 생활을 표현한 것으로 강소성(江蘇省) 소주시(蘇州市)에 위치한 망사원(網師園)의 일수루(擷秀樓)에 걸려 있는 대련이다.
"요대(瑤台)의 태호소도(太湖小島)의 수면이 마치 거울처럼 매우 윤기가 나고 투명하구나(瑤臺倒映參差樹, 玉鏡屛開遠近山)"라는 문구는 태호(太湖)의 생생한 풍경과 동시에 스스로를 산수에 비유해 어떤 것에도 구애 받지 않으려는 심정을 함께 묘사한 것이다. 강소성(江蘇省) 무석시(無錫市) 기창원(寄暢園) 가수당(嘉樹堂) 문 앞에 걸려있는 대련중의 하나이다.

소주시(蘇州市) 사자림(獅子林)에 위치한 지백헌(指柏軒)에 걸려 있는 대련으로 "속세를 떠난 문인들이 서로 시의 운(韻)에 맞추어 화답(和答)하며 그 화답 속에 스스로의 포부를 속세에 물들지 않게 하고 고귀하게 한다(題詩雅有高人和, 吹苗閑尋野鶴聽)"라는 의미를 내포하고 있다.

강소성(江蘇省) 양주시(揚州市) 하원(何园) 내부에 위치한 선청(船厅)기둥에 걸려 있는 대련(月作主人梅作客, 花爲四壁船爲家)으로 앞 구절의 월(月)은 주인의 넓은 도량을 뜻하며 매화(梅)는 빈객의 우아한 품격을 뜻한다. 뒤 구절의 "화위사벽(花爲四壁)"은 사방이 모두 꽃이 된 아름다운 환경에 도취됨을 뜻하며 "선위가(船爲家)"의 "선(船)"을 통해 근심걱정 없이 유유자적하게 떠도는 방랑자의 내면을 표현하였다.
소주시(蘇州市) 창랑정(滄浪亭) 내부에 걸려 있는 대련은 "기품 있는 문인들이 불타의 설법을 들으며 저절로 깊은 꿈 속에 빠지기도 하며 깨어나 창가에 앉아 시경(詩經)을 읊으며 자유롭게 논의를 하기도 하였다."(散花梦醒论待客, 烧叶人吟读易窗)라는 의미를 담고 있다.

사가원림의 대련

정자(亭子)

정자(亭子)는 중국의 건축 특성을 대표하는 건축 형식이다. 그 역사는 상주(商周)시대 이전으로 볼 수 있다. 초기에 정(亭)은 공동으로 사용하던 휴식처였다가 이후 발전하여 그 기능과 조형성이 점점 풍부해졌고, 여러모로 광범위하게 활용되었다. 한대(漢代) 이전의 정자는 대부분 역정(驛亭, 역참의 역할처럼 일정 지점에 머무를 수 있는 정자)과 보경정(報警亭, 신호를 알리는 용도의 정자)으로 쓰였고 형태 역시 비교적 크고 높았다. 위진(魏晉)시대 이후부터 풍경을 감상하는 용도의 정자와 풍경에 자리하는 정자로 발전되었다. 남조(南朝)시대에 원(園)내에 보편적으로 정자를 지었으며, 정자의 관상적 측면의 특징도 점차 기능성을 넘어서게 되었다. 당송(唐宋)시대 이후에는 정자의 조형이 더욱 다양해졌고, 건축적으로도 밀도있게 발전되었다. 특히 황가 궁원의 정자에는 유리 기와로 덮은 정(頂, 지붕부)과 금벽(金碧)으로 화려하게 치장하였다. 정자의 가장 큰 특징은 규모는 작고 정교하면서 그 양식이 풍부하다는데에 있다.

정자의 평면형식 亭子的平面形式

정자의 평면은 크게 방형, 원형, 육각형, 팔각형, 그리고 비교적 특수한 삼각형, 오각형, 구각형, 선형(扇形), 매화형(梅花形) 등이 있다.

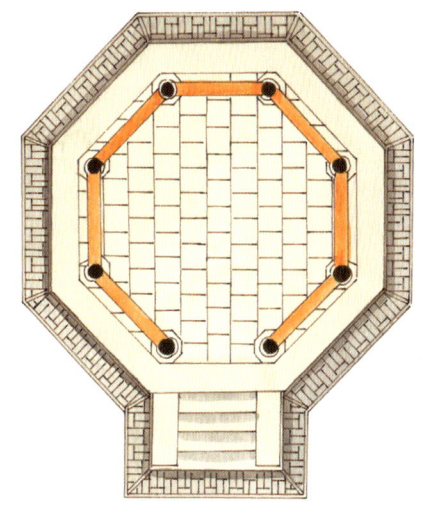

정자의 평면형식

정자의 지붕양식 亭子的頂式

정자의 지붕양식은 중국 고건축 지붕 양식인 무전정(廡殿頂), 현산정(懸山頂), 경산정(硬山頂), 십자정(十字頂), 권붕정(捲棚頂), 찬첨정(攢尖頂) 등이 정자에도 쓰이며, 그 중 찬첨정을 가장 흔히 볼 수 있다. 원형 찬첨정, 방형 찬첨정, 삼각 찬첨정, 육각 찬첨정, 팔각 찬첨정 등 조형성이 다양하다.

정자의 지붕형식

단묘 및 종교 건축 등에서 쉽게 볼 수 있으며, 색채가 돋보인다.

석정 石亭

석정(石亭)은 석재로 조성된 소형 정자로 중국의 고대 정자에서 흔히 볼 수 있다. 목정과 비교해 수명이 길기 때문에 오늘날 중국에 현존하는 초기의 정자는 모두 석정이다. 초기 석정은 대부분 목구조 방식을 모방한 것으로 석재 조각을 목구조 방식에 맞도록 제작하였다. 석구조 방식이 점차 성숙 단계에 이른 후 재료적 특징이 발휘되었다. 명청(明淸)시대에 석재의 특성이 두드러지면서 구조 방법도 상대적으로 간소화되었으며 처마도 짧아졌다.

목정 木亭

중국 고대 정자는 대부분 목구조로 구성되어 있으며, 이를 목정(木亭)이라 한다. 그 중 대와정(黛瓦頂, 검푸른색 기와 지붕)과 유리와정(琉璃瓦頂)을 흔히 볼 수 있다. 대와정 형식의 목정은 중국 고전 정자의 주된 형식으로 강남과 강북 지역에 많으며, 장중하면서도 질박하고 우아한 멋이 있다. 유리와 지붕 형식의 목정은 등급이 비교적 높은 황가 후원과

석정

전정 磚亭

전정(磚亭)은 아치 방식이나 겹겹이 쌓는 기술을 차용해 만든 소형 정자로 목구조의 세밀함과 정교함을 비롯하여 석구조의 대담함과 중후함을 동시에 지니고 있다. 벽돌을 쌓아 올리는 것은 건축 기술이 일정한 수준에 이르러야 가능하기 때문에 목정과 석정에 비해 전정의 출현은 비교적 늦은 편이었다.

목정

전정

으며 그 마디마디에 지조가 있다"며 대나무의 절개를 칭찬한 바 있다.

동정 銅亭

동정(銅亭)은 동(銅)으로 제작한 정자이다. 전부 동으로 주조된 정자가 그리 많지 않은 것은 제조 비용이 일반인의 능력으로 감당할 수 없기 때문이다. 현존하는 것으로 북경 이화원(頤和園)에 있는 불향각(佛香閣) 옆의 것이 있다.

동정

죽정 竹亭

기록에 따르면 죽정(竹亭)은 일찍이 당대(唐代)부터 조성되었다. 대나무는 높이 치솟는 듯 수려하며, 고아하고 맑아 사계절 늘 푸르러 줄곧 사람들의 사랑을 받아왔다. 그래서 대나무로 조성된 정자 역시 대나무의 고아함을 담고 있다고 여긴다. 백거이(白居易)는 『양죽기(養竹記)』에서 "죽이현, 죽본고, 죽성직, 죽심공, 죽절정(竹似賢, 竹本固, 竹性直, 竹心空, 竹節貞, 대나무는 마치 현자와 같아 근본이 단단하고 성질이 곧고 마음은 비어있

양정 涼亭

정자의 사면이 완전히 외부와 관통하여 활짝 열려있어 격선(隔扇)이나 목판 등을 부착하

죽정

양정

지 않는 정자를 일컬어 양정(涼亭)이라 한다. 양정은 전망하기에 좋으며, 무더운 여름철 그늘진 곳에서 시원한 바람을 쏘이며 쉴 때 적합하다.

노정 路亭

노정(路亭)은 대부분 시골이나 길가에 조성되거나 자연경관이 빼어난 곳에 놓인다. 여행자에게 우연히 접하게 된 특별한 경관에서 피로를 풀고 쉬게 할 휴식 공간을 제공한다.

는 풍수에 의한 것으로 수구정은 산야 촌락에 많이 있다.

방정 方亭

방정(方亭)은 평면이 방형인 정자이다. 일반적으로 평면이 정방형인 것을 뜻한다. 방정과 일반형 정자의 지붕은 같으며, 대부분 찬첨정(攢尖頂)으로 되어있다.

노정

방정

수구정 水口亭

수구정(水口亭)은 마을의 수구(水口)에 놓인 정자를 뜻한다. 촌락에 조성된 대부분의 수구

장방정 長方亭

장방정(長方亭)은 평면이 장방형인 정자를 뜻한다. 중국 남방 지역에 비교적 많이 보이며, 특히 원림(園林)에 쓰인다. 대부분 3칸으로 구성되어 있고, 좌우 양측에 비해 중간을 조금 크게 한다.

수구정

장방정

원정 圓亭

원정(圓亭)은 평면이 원형인 정자이다. 원정의 기둥간 거리 설정과 제작법은 육각, 팔각 평면의 정자와 대체로 비슷하나 지붕부의 제작법은 보다 복잡하다. 늠(檁, 도리), 양(梁, 보), 방(枋, 두 기둥을 연결하는 사각 횡목) 등은 원형 지붕부에 맞춰 위로 갈수록 점점 좁게 변한다.

원정

반산정 半山亭

반산정(半山亭)은 형상에 의해 붙여진 이름이 아니라 기타 건축물에 붙어 조성된 정자류를 뜻한다. 예를 들어, 육각정, 팔각정, 원정, 방정 등을 이용해 다른 건축물이나 벽체에 붙이는 것이다. 이렇게 정자의 반만 활용해 부착했고, '산에 기대어 있는 반정'이라는 뜻을 갖고 있어 반산정이라 불렀다.

십자정 十字亭

십자정(十字亭)은 일반적으로 지붕면이 대략 十자형으로 생긴 정자이다. 어떤 것은 용마루 지붕을 높게 세우고, 앞뒤에 포하(抱廈)를 덧대어 십자 평면을 형성한다. 또 일부는 중간을 높이 올리고 사면에 포하를 덧대어 십자 평면을 만들기도 한다. 십자정은 비교적 일반적인 정자의 조형보다 상대적으로 복잡하다.

십자정

봉황정 鳳凰亭

봉황정(鳳凰亭)은 봉황이 날개를 펴는 듯한 형상의 정자이다. 일반적으로 대부분 3개의 정자가 서로 연결되어 중간의 것이 몸이고 양쪽 두 정자를 날개로 삼아 전체 평면 구성을 구성한다. 그 사례로 산서성(山西省) 서안(西安)의 대청진사(大淸眞寺) 경내에 있는 일진정(一眞亭)을 들 수 있다. 육각형의 주정(主亭)을 중심으로 양측에 각각 삼각형의 정자가 짧은 회랑으로 연결되어 마치 봉황이 날개를 펴듯 처마각을 치켜들어 미적 효과를 더한다.

반산정

봉황정

亭, 기본 정자 한 채)에 비해 풍아한 정취가 있어 사람의 시선을 사로잡는다. 쌍정에는 쌍원정(雙圓亭)과 쌍방정(雙方亭)이 있고, 중첨(重檐, 겹처마)인 것과 단첨(單檐, 단처마)인 것이 있다.

쌍정

원앙정 鴛鴦亭

원앙(鴛鴦)은 쌍이나 짝을 이루는 개체의 대명사라는 점에서 원앙정(鴛鴦亭)은 2개의 정자가 서로 연결되거나 하나의 정자가 2개의 지붕을 갖는 형식을 나타낸다.

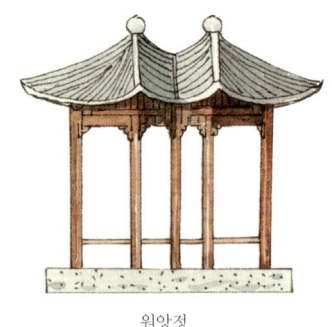

원앙정

쌍정 雙亭

쌍정(雙亭)은 정자 2개가 서로 연결되어 구성된 것이다. 현존하는 쌍정의 수는 많지 않다. 평면이 비교적 특색 있으며, 형식이 단정(單

유배정 流杯亭

유배정(流杯亭)은 정자의 외형상 특이한 점은 없지만, 정자의 내부 지면에 만곡회선(彎曲迴線, 구부리고 휘어져 되감기는 선)의 고랑이 파져 있고 얕은 물이 흐른다. 이런 정자는 고대 곡수유상(曲水流觴, 굽이쳐 흐르는 물에 술잔을 띄움)의 고사에서 비롯된 것으로 고대 문인의 풍류 활동 중 하나이다. 매년 3월 문인들이 모여 교외 계천에서 양쪽 기슭에 흐르는 물에 술잔을 띄워 내려 보내 누군가의 앞에 멈추면 그 사람이 시를 짓고, 시를 짓지 못하면 벌주를 마시는 것이었다.

유배정

민거(民居)

민거(民居)는 관식(官式) 건축과 상대적인 말로 황가의 거주 건축 형식과도 차이를 갖는다. 중국은 유구한 역사와 함께 다양한 민족들이 있어 민거의 양식 역시 풍부하며 광범위하게 퍼져있다. 각 지역의 민거는 그 지역의 형식과 특성을 유지하며, 크기에 관계없이 다양한 변화를 갖고 있다. 합원(合院), 토루(土樓), 간란(干欄), 조방(碉房), 요동(窯洞), 전포(氈包, Yurt) 등이 있다. 합원은 북경의 사합원(四合院), 진중(晉中)의 상인택원(商人宅院), 환남(皖南)의 천정원(天井院) 등으로 구분하고, 간란은 태족(傣族)의 간란, 동족(侗族)의 간란, 고간란(高干欄), 왜간란(矮干欄) 등으로 구분한다. 조방류의 민거 역시 장족(藏族)의 조방, 개평(開平)의 조방, 매현(梅縣)의 위롱옥(圍攏屋), 공남(贛南)의 위자(圍子) 등이 있다.

촌 민거를 이루었다. 수면 가까이에 길을 내면 그것이 수상(水上)도시가 된다. 수향의 특징은 아름답게 형성된 다리, 흐르는 물, 인가(人家)에 있다. 수향 민거의 단체(單體) 건축은 그 주변의 환경 조건, 주인의 경제력, 생활의 요구 조건 그리고 사회적 지위 차이 등에 따라 각기 다른 규모의 형태로 지어진다. 그러나 총체적으로 건축 결구는 극히 자유롭다. 인위적인 조작을 최대한 지양하여 민거의 검소한 분위기는 엄격하면서도 규범적인 관식 건축과 대조적이다.

강절 수향민거

강절 수향민거 江浙水鄉民居

수향(水鄉, 수면을 끼고 생활하는 마을)의 민거는 주로 강소성(江蘇省) 남부와 절강성(浙江省) 북부 일대에서 수면과 맞닿아 있다. 특히, 강소성의 소주(蘇州), 절강의 오진(烏鎭)과 소흥(紹興) 등은 성(城)과 그 주변에 향

수향민거와 물 水鄉民居與水

수향(水鄉)과 물의 관계를 기준으로 볼 때, 수향 촌락의 전체적인 배치 양식은 하천이나 호수의 한 면이 발전하거나 두 면이 발전하는 경우, 하천의 교차 지역이 발전하는 경우, 그리고 주변 여러 갈래의 교차 하천이 발전하는 경우이다. 민거와 수면 거리의 가까운 정도와 배향(背向)의 관계에 따라 수향 민거의 입지

를 선정하게 되며, 그 형식은 배산임수(背山臨水)와 양면임수(兩面臨水), 삼면임수(三面臨水) 등으로 나타난다.

수향민거와 물

수향민거와 교량 水鄕民居與橋樑

물이 있는 지역에 교량이 필요한 것은 자연스러운 현상이다. 이러한 교량은 교통을 연결하는 중요 시설인 동시에 수향(水鄕)의 경관을 조성한다. 물길의 수면 위에 일정한 간격으로 수변의 양쪽을 연결하기 위해 교량을 설치한다. 심지어 수변의 가장 자리와 가옥 사이를 작은 교량으로 연결하는 등 그 조형적 아름다움 역시 다양하다.

선박통행용 소교량 利於行船小橋樑

배는 수향(水鄕)에서 중요한 교통 수단이다. 배는 수면에서 운행되기 때문에 교량은 자연히 너무 낮지 않아야 한다. 교량 대부분이 석공교(石拱橋, 아치형 돌다리)로 지어졌기 때문에 아치에서 가장 높은 부분 아래쪽으로 배가 통과하게 하는데 유리하다. 일부 몇몇 다리가 평교(平橋)로 지어졌지만, 그 자체는 높게 설치하고 다리의 윗면은 평평하여 마차 등이 지나가기에 유리하다. 교량의 입면 형식은 주로 배의 규모에 따라 결정되며, 교량의 평면 형식은 지형과 관계된다. 또한 통행하는 사람들의 왕래 방향과 하천의 폭 등을 고려하게 된다. 평면 형식은 주로 一자형, 八자형, 曲尺형, 上자형, Y자형 등이 있다.

선박 통행용 소교량

수향민거와 교량

수향민거의 마두 水鄕民居碼頭

오늘날에는 도로나 철로 등의 교통 수단이 발달했지만, 강남 지역 내 수향(水鄕)의 수상 교통은 여전히 중요한 의미를 갖는다. 수향 농가에서 수면에 맞닿아 건축할 경우 집이 물길에 거의 붙어있는 것을 제외하고, 물길로 왕래할 때 출입을 위해 필히 있어야 하는 연결 매개체를 마두(碼頭)라 한다. 마두를 통해 배의 위아래로 이동이 가능하기 때문에 마두는 수로 교통에 있어 필수적인 구성 요소이

수향민거의 마두

다. 각 촌락에서 하천에 맞닿아 짓는 건축에 꼭 마두가 있는 만큼 수향 민거와 뗄 수 없는 관계에 있다.

빈번하게 왕래하면서 물결을 출렁거려 드리워진 그림자가 불규칙하게 변해 강남 수향을 돋보이게 한다.

누방사원의 수향민거 樓房詐院的水鄉民居

강남의 수향(水鄉)은 지면이 협소하여 방의 통풍과 채광 정도를 위해 민거의 정원(庭院)을 비교적 작게 만든다. 지면이 적은 만큼 이를 중요하게 여겨 대부분의 민거는 누방(樓房, 다층 가옥)으로 지어 지면 공간을 최대한 절약한다. 높이 솟고 조밀한 누방은 하천을 따라 지어지기 때문에 수면에 드리워져 매우 아름답게 보인다. 이러한 수면 위를 배들이

수향민거의 침류건축
水鄉民居中的枕流建築

침류(枕流)란 건축물 전체가 수면 위에 있는 것을 말한다. 수면의 폭이 좁은 경우는 직접 다리 구조를 높게 띄우고, 수면의 폭이 넓은 하천인 경우는 물 아래로 석주(石柱)를 세워 건축물을 지지한다. 사람들은 하천 양쪽 모두 자신이 소유할 경우, 두 집을 서로 연결해 통째로 사용하는 침류건축(枕流建築)을 조성하였다. 물론, 침류는 수로 교통이 있는 지방에선 사용하지 않으며, 하천 역시 반드시 자신의 소유지에 포함되어야 한다.

누방사원의 수향민거

수향민거의 침류 건축

의교 倚橋

인구가 비교적 집중된 곳의 주요 교두(橋頭, 땅과 맞닿는 다리의 양 끝 부분)는 사람들이 항시 왕래하는 곳이기 때문에 상대적으로 인구가 밀집되어 교두 주변 민거의 아래 층에 소매 상인이나 여러 무역상들이 종종 가게를 열었다. 원래 교량의 주기능은 통행이지만, 실제 상업활동이 집중되는 지역으로 발전하였고, 수향(水鄕) 마을의 성향 변화를 느낄 수 있는 지표가 되었다. 특히 의교(倚橋)는 대체로 교량 근처에 있는 민거에 의해서 이용되었다. 사람들이 점차 민가의 한쪽 벽을 다리에 가까이 붙여 건물을 짓는 방식을 이용하여 부족한 내부 공간을 절약하였으며, 교량을 직접적인 계단으로 삼아 다른 건축물을 짓지 않고 위층으로 올라가는데 활용하였다.

1. 옥첨(屋檐)
옥첨(屋檐, 처마)은 건물의 정첨(頂檐, 지붕 처마)을 일컫는다. 강남 수향(水鄕)지역의 기후는 온난하고 태풍 등이 많지 않아 건물 벽면 재료를 최소한으로 쓴다. 옥첨 역시 비교적 가볍고 간결하여 남방의 아름다운 환경과 조화를 이루는데 적합하다.

2. 우탑(雨搭)
중국 남방 지역은 북방 지역에 비해 비가 많이 내려 기후적 차이를 갖는다. 연간 강우량이 비교적 많고, 특히 우기에 집중된다. 이러한 기후 상황에 대처하기 위해 민거를 비롯한 각종 건축에는 우탑(雨搭)을 설치한다. 우탑은 건축 위에 돌출된 지붕 처마와 같은 모양이며, 대부분 문동(門洞)과 창문의 상방(上方)에 놓여 물이 들어오는 것을 방지한다.

3. 대기(台基)
남방의 민거 대부분 높고 큰 대기(台基, 기단)는 없지만 비가 많이 내리기 때문에 꼭 필요한 부분으로 부식되는 것을 막기 위해 대부분 석재로 쌓아 짓는다.

4. 석계(石階)
의교(倚橋)를 조성할 때 석계(石階, 돌계단)를 덧대는 것은 의교 계단에서 집에 오르기 위해 필요하기 때문이다. 비교적 낮은 쪽에 대문을 설치하고, 문 앞에 계단을 놓아 출입을 용이하게 한다. 대계(台階) 대부분은 돌을 쌓아 조성하기 때문에 석계(石階)라고도 한다.

5. 위호(圍護)
남방의 전통 민거 대부분은 목재로 조성되었다. 구조뿐만 아니라 그 주변 위호(圍護)의 재료 역시 목재를 사용한다. 그래서 지붕의 처마 역시 길게 뻗어 목재인 위호를 보호한다.

6. 점포(店鋪)
강남 수향(水鄕)의 교두(橋頭)는 사람들의 왕래가 집중된다. 이곳에 민거를 짓고 개조하여 여러 소품들을 판매하는 점포로 활용한다.

7. 교(橋)
의교(倚橋)의 구성 요소 중, 가장 간과할 수 없는 부분이 바로 교(橋, 다리) 즉, 교량이다. 강남 수향(水鄕)의 소형 교량들은 대부분 석공교(石拱橋, 아치형 돌다리)로 석재를 이용하여 높은 강수량에 대비하고 다리 아래로 배가 왕래하는 것에 도움을 준다.

제19장 민거

수향민거의 적각루 水鄕民居中的吊脚樓

적각루(吊脚樓)는 원래 민거 건축의 일부분이 수면 위로 튀어나온 것으로 대부분 목재나 석재의 기둥으로 지지된다. 튀어나온 이 부분은 2층 가옥 이상 높이에 해당되는 것으로 발코니로 활용되며, 그 아래에 계단을 설치해 수면까지 닿게 하여 세탁을 하거나 물을 뜰 때 사용한다.

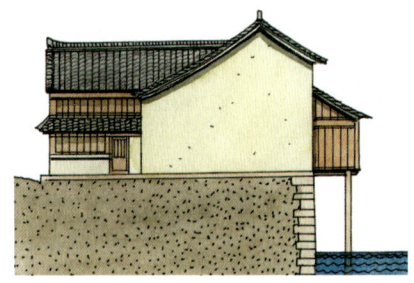

수향민거의 적각루

수향민거의 출도 水鄕民居中的出桃

출도(出桃)는 대형 현비(懸臂, 외팔보)가 가옥의 돌출된 부분을 지지하는 것으로, 이런 유형의 도출(桃出) 방법과 도출된 부분을 출도라 한다. 출도가 크면 가옥의 일부분이 될 수 있다. 출도가 작으면 첨랑(檐廊)이나 발코니로 사용하며, 매우 작을 때는 한 줄의 난간만이 실외로 튀어 나와 시원한 바람을 쏘이며 쉬거나 햇볕을 쪼이는 등의 장소로 활용된다.

수향민거의 출도

환남민거 皖南民居

환남(皖南)지역은 현재 안휘성(安徽省) 남부에 있다. 송원명청(宋元明淸)시기에는 휘주(徽州)라 불렸으며, 중국 역사상 비교적 일찍부터 개발이 이루어진 곳이다. 그 지역 내에 주로 이현(黟縣), 흡현(歙縣), 휴영현(休寧縣), 적계현(績溪縣), 기문현(祁門縣) 등지에 환남 민거가 비교적 잘 보존되어 있다. 청대(淸代)에 정차연(程且碩)이 작성한 『춘범기정(春帆記程)』에서 "마을은 마치 별들이 바둑판돌처럼 배열되어 있는 것과 같고, 대략 가로 50리, 세로 10리이다. 멀리서 바라보니 회벽이 우뚝 솟아있고 기와가 빼빽하게 열을 지어 그 모습이 비범하다. 치문(鴟吻, 지붕 용마루 양 끝 장식물)이 치솟아 있으니 마치 성곽과 같아 매우 볼만하다."고 표현하였다. 이는 비단 환남민거의 아름다운 건축적 특색만이 아니라, 환남민거의 전체의 분위기를 설명한 것이다.

환남민거

사수귀당식 환남민거 四水歸堂式皖南民居

환남민거(皖南民居) 중, 가장 전형적인 형식을 사수귀당(四水歸堂)이라 한다. 민거의 지붕부는 경사져 있고 그 면이 내부로 향하여 비가 내릴 때마다 빗물이 사면의 지붕에서 흘러 내려 천정원(天井院, 마당이나 뜰)에 모인다. 사수귀당 역시 합원(合院) 형식의 민거 가운데 하나이다. 주변의 환경적인 요인 이외에도 "좋은 것은 스스로 다 갖는다"라는 뜻을 담고 있어 재물을 긁어 모으고 상업적 잇속에 밝은 휘주(徽州) 상인들에 적합하다는 평을 받는다.

와 미관의 융화를 추구하여 통일성을 유지하였다. 간단한 양가 제작법은 천두식 금면월량(穿頭式琴面月梁)이며, 비교적 화려한 대형주택인 경우 천두식과 대량식(抬樑式)을 결합한다. 월량(月梁)은 크고 둥글며 섬세한 조각들이 있다. 또한 두공(頭拱)과 응취(鷹嘴, 물받이류), 출첨(出檐, 처마가 나온 것) 부분의 제작법에 있어서도 지방색이 풍부하다.

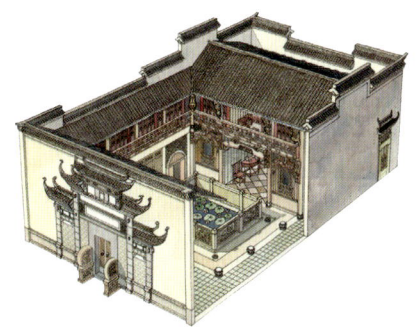

사수귀당식 환남 민거

환남민거의 양가 皖南民居的樑架

환남민거(皖南民居)의 평면은 방형이다. 밀집되게 건축하며 대부분 2층으로 짓는다. 민거의 양가(樑架, 내부 가구(架構)는 지붕 내부의 결구를 볼 수 있도록 노출시키는 방식이기 때문에 장인들은 장식적 원칙 아래 구조

환남민거의 원락조합 형식
皖南民居的院落組合形式

사수귀당(四水歸堂)은 환남민거(皖南民居) 원락(院落)의 천정(天井)과 방 사이 관계와 형식을 보여주는 것으로 환남민거의 원락 조합은 특별한 개념을 갖는다. 환남민거의 원락 조합은 주로 삼합원(三合院), 사합원(四合院), 삼합원 2개, 사합원 2개, 삼합원 1개와 사합원 1개가 조합된 형식으로 되어 있다. 그 중 가장 기본적인 원락 형식은 삼합원과 사합원이며, 기타 형식은 삼합원과 사합원의 기본 형식에 변화를 준 것이다. 하나의 축선상에 앞뒤의 원락이 배열된 것을 속칭 '보보승고(步步升高, 점점 높아진다는 의미)'라 한다. 매 원락에는 1개의 정당(正堂)이 있어 4개의

환남민거의 양가

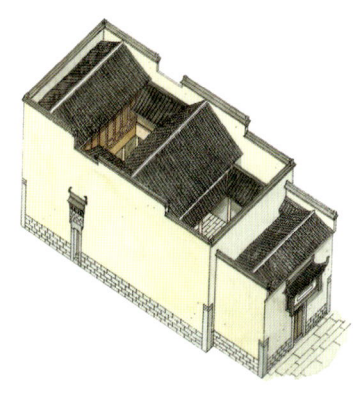

환남민거의 원락 조합 형식

원락을 사진당(四進堂), 5개의 원락을 오진당(五進堂)이라 하며, 환남에서는 구진당(九進堂)까지 있다. 각각의 진(進)에 있는 당(堂)은 조금씩 등급이 높아진다는 것을 보여주며, 풍수상 "앞이 낮고 뒤가 높으면 자손이 번영한다." 는 말을 반영한다.

환남민거의 삼합원 皖南民居中的三合院

삼합원(三合院)은 환남민거(皖南民居) 중 가장 간단하고 경제적인 원락 형식으로 광범위하게 쓰인다. 삼합원은 정청(正廳)과 좌우 상방(廂房)이 하나의 천정(天井)을 두르고 있다. 삼합원 대부분은 1진(進) 2층의 민거이고, 가옥 정면은 비교적 넓고 3칸으로 되어있다. 위층의 명칸(明間, 어칸)은 조상의 위패를 모시는 사당이고, 좌우를 침실로 쓴다. 아래층 명칸은 객실로 쓰고 좌우는 생활 공간으로 쓴다.

양변은 상방(廂房)이며, 위층의 명칸은 정칸(正間), 양쪽은 침실이다. 제2진의 아래층 명칸은 객청(客廳), 윗층은 조당(祖堂)이다. 양 진 사이는 장방형 천정이 있고, 양층은 벽을 따라 낭옥(廊屋, 복도)이 있으며, 그 안에 계단을 설치한다. 사합원의 좌방은 천정(天井)의 위상을 드높이고, 그 집의 세력을 두드러지게 하는 건축적인 요소이다. 또한 실용적인 기능은 크게 없으나 부유한 가정의 사합원은 대부분 이러한 건물을 짓는다.

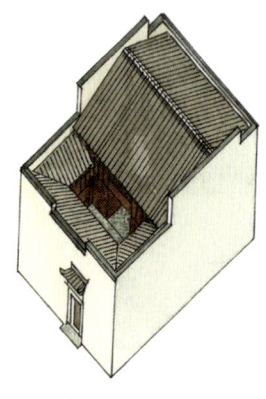

환남민거의 사합원

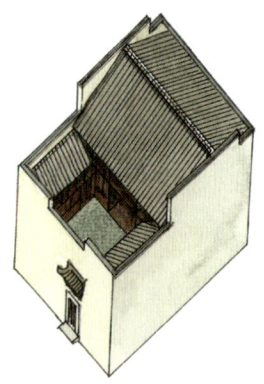

환남민거의 삼합원

환남민거의 사합원 皖南民居中的四合院

사합원(四合院)은 삼합원(三合院)에 비해 앞면에 좌방(座房)이 하나 더 있는 것으로 문청(門廳)을 포함하며, 3칸 2진(進)형식이다. 제1진의 경우, 아래층 명간(明間 어칸)은 문청,

환남민거 삼합원 두 개의 조합 형식
皖南民居中的兩個三合院組合形式

삼합원(三合院) 2개의 조합 형식은 삼합원 2개가 앞뒤로 연결된 주택이다. 맨 앞과 뒤는 벽으로 둘러싸여 있으며, 청당(廳堂)은 전체 조합의 중간 부분에 놓인다. 이런 원락(院落)의 조합 형식은 중간 청당을 앞뒤 2개의 원락으로 분리하여 사용할 수 있다. 두 원락은 서로 등지고 있으며, 각기 하나씩 천정(天井)이 있다. 이렇게 2개의 청당이 하나의 지붕 마루로 합치는 형식을 일척번량당(一脊翻兩堂)이라 한다.

환남민거 삼합원과 사합원의 조합 형식
皖南民居中的一個三合院和一個四合院的 組合形式

삼합원(三合院)과 사합원(四合院)의 조합은 삼합원과 사합원이 앞뒤로 연결되어 있는 것으로 일반적으로 삼합원이 앞에 놓이고 사합원은 뒤에 놓인다. 이는 사합원 2개가 조합된 형식과 비교해 볼 때, 중간과 뒷부분에 청당(廳堂)이 있고, 대문이 있는 앞 부분은 전청(前廳)이 없다. 즉, 하청당(下廳堂)이 없어 바로 도로를 만나게 된다.

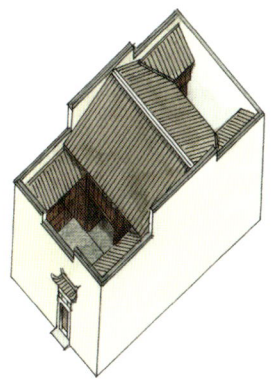

환남민거 삼합원 두 개의 조합 형식

환남민거 사합원 두 개의 조합 형식
皖南民居中的兩個四合院組合形式

2개의 사합원 조합 형식은 2개의 사합원락(四合院落)이 앞뒤로 서로 연결된 것이다. 이런 원락의 조합 형식은 상중하(上中下)의 청당(廳堂)과 2개의 천정(天井)으로 되어 있다. 상청당(上廳堂)은 5대조 이내의 조상 제사를 지내는 곳이고, 중청당(中廳堂)은 여러 신이나 위인의 위패를 모시는 곳이자 집안의 가장 중심이며, 하청당(下廳堂)은 문청(門廳)으로 분위기를 높이기 위해 설치되었다.

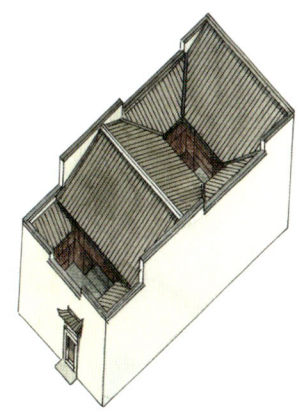

환남민거 삼합원과 사합원의 조합 형식

요동식 주택 窯洞式住宅

중국 민거의 전체적인 흐름에서 요동(窯洞, 동굴)은 원시 사회의 혈거(穴居)와 반혈거(半穴居) 형식에서부터 비롯된 독자적인 민거 형식이다. 요동 민거 대부분은 황토 고원 지대에 분포한다. 건축 배치와 구조 형식의 측면에서 대략 3가지로 분류할 수 있다. 거주 방식의 측면에서 지역마다 여러 형식이 있고, 주로 고애식(靠崖式), 독립식(獨立式), 하침식(下沉式)에 속한다. 이런 분류 방식의 원리는 비록 황토 고원에 해당한다 하더라도 각 지역의 환경이 항상 같지는 않아 구체적인 위

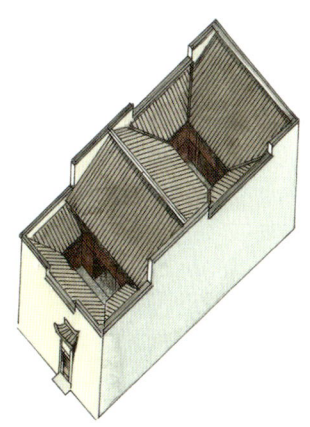

환남민거 사합원 두 개의 조합 형식

치와 정황 등에 따라 다른 형식의 요동을 짓는 것에 따른 것이다.

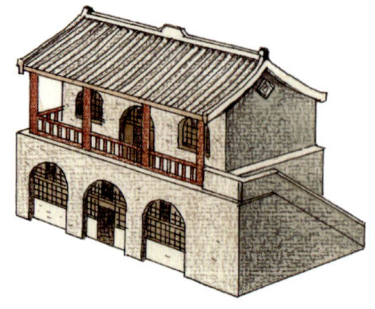

요동식 주택

고애식 요동 靠崖式窯洞

고애식 요동(靠崖式窯洞)은 주로 산비탈이나 서북부 황토 유역의 탁상(卓狀) 고원 일대 계곡의 절벽 지대에 있다. 절벽이나 산비탈 절단면의 평평한 부분에 요동을 캐내어 앞면에 탁 트인 평지와 만난다. 전체적인 절벽 경사의 입면은 마치 고배의(靠背椅, 등받이가 있는 의자)와 같다. 고애식 요동은 산을 토대로 절벽에 세워졌기 때문에 등고선을 따라 배치되는 것이 합리적이며, 여러 개의 요동은 곡선형(曲線形), 절선형(折線形) 등의 배열을 이룬다. 이런 배열 방식은 산세에 맞춰 토목 공사량이 감소되며, 조화로운 예술적 미관의 효과를 얻는다.

고애식 요동

연구 요동 沿溝窯洞

연구 요동(沿溝窯洞)은 고애식(靠崖式)에 속하며, 골짜기의 양쪽 기슭면 위 황토층에 판 동굴집이다. 연구 요동은 비교적 협소한 고랑이나 골을 마주하고 있어 고애식 요동처럼 넓은 외부 공간은 없다. 그러나 외부 공간이 협소하기 때문에 바람을 적게 맞는 장점이 있으며, 온도를 조절할 수 있기 때문에 요동 안쪽은 겨울엔 따뜻하고 여름엔 시원하다.

연구 요동

하침식 요동 下沉式窯洞

하침식 요동(下沉式窯洞)은 지면에서 수직으로 땅을 판 것이다. 황토 고원의 몇몇 지역은 매우 광활한 평지를 갖고 있다. 그래서 땅 아래로 지하 동굴을 파게 되었고, 자연절벽이나 골짜기를 이용해 파낸 고애식 요동은 없다. 하침식 요동을 뚫을 때, 지면 위에 먼저 방형(方形), 요함형(凹陷形, 밑으로 파진 형)의 큰 땅굴을 파고 그 4면의 수직 부분을 요동의 가장 자리로 삼는다. 이후 고애식 요동과 같이 주변 4면의 수직벽에 지면과 수평으로 요동 구멍을 내고 4면에 요동을 형성하여 지하 원락(院落)을 조성한다.

하침식 요동

하침식 요동의 여아장 下沉式窰洞的女兒牆

하침식 요동(下沉式窰洞)의 원락(院落)을 둘러싼 사방 벽 상단은 지면과 평행이며, 좁다랗게 나온 처마로 덮여있어 빗물이 벽면에 내리치는 것을 감소시킨다. 처마 지붕부 벽돌층에 여아장(女兒牆, 여장)의 띠를 둘러 원락의 영역을 표시하고, 빗물이 원락 안으로 흘러 들어가는 것을 막아 지면이 미끄러워 넘어지는 것을 방지한다.

하침식 요동의 여아장

하침식 요동의 원락 크기
下沉式窰洞的院落大小

하침식 요동(下沉式窰洞)의 원락(院落) 깊이는 원락의 바닥면이 원래 지면까지 약 10m 내외가 적당하다. 너무 깊으면 출입이 불편하고, 너무 얕으면 지붕부가 견고하지 못하다. 원락의 크기는 가로세로 각 9m, 혹은 가로 9m, 세로 12m인 두 종류가 가장 보편적이다. 원락의 벽면에 2~3개의 구멍을 내어, 청당(廳堂), 침실, 주방, 저장실, 축사 등으로 사용한다.

하침식 요동의 원락 크기

하침식 요동의 출입구 형식
下沉式窰洞的出入口形式

지하에 위치하는 하첨식 요동(下沉式窰洞)에는 계단이나 경사지를 통과하는 출입구가 꼭 하나씩 있다. 직통식(直通式), 통도식(通道式), 사파식(斜坡式), 대계식(台階式, 계단식)으로 분류된다. 직통식 출입구는 요동 원락의 외부 지형이 낮을 때 외부로 통하기 위해 설치한 것이다. 사파식은 계단은 없고 언덕만 있어 수레 등이 통과할 수 있으며, 통도식 출입구는 흔히 볼 수 있는 것이다. 계단은 위아래를 오갈 때 사용하여 다른 것들과 차별된다. 원락(院落) 밖으로 구멍을 내는 것이 아니라 원락 내에 구멍을 뚫는 동시에 한 쪽 벽면에 기울기를 주어 계단을 파낸다. 이는 비교적 공사를 간소화시키지만 큰 문을 설치하기에는 적합하지 않다. 출입구 형식은 여러 가지이기 때문에 계단 역시 이에 따라 여러 방식으로 배열한다. 계단식은 기본적으로 원내에 설치되어 완전히 원락의 공간을 점유한다. 그 외에도 원내외 일부분을 점유하는 것과 전체가 원외에 있어 원락의 공간을 조금도 사용하지 않는 종류도 흔히 볼 수 있다.

다. 안행형은 출입구가 90°로 2번 꺾이는 것이다. 절반형 역시 출입구가 수직으로 2번 꺾인 것이지만 방향이 안행형과는 완전히 반대된다. 곡척형 출입구는 수직으로 한 번 꺾인 것이며, 집 주인의 명운과 대문의 방위가 완전히 일치될 때 직진형 출입구 형식을 사용한다.

하침식 요동의 출입구 형식

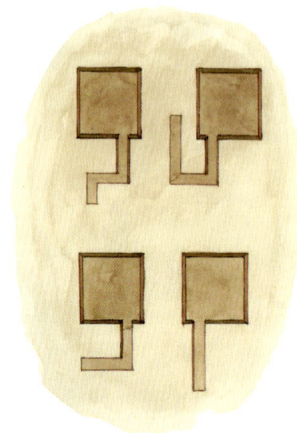

하침식 요동의 출입구 방향

하침식 요동의 출입구 방향
下沉式窰洞的出入口的方向

하침식 요동(下沉式窰洞)의 출입구는 형식이 다양할 뿐만 아니라 방향 역시 환경과 풍수에 따라 다르다. 환경이란 주로 주변의 지형 및 주 도로와 떨어진 정도를 뜻한다. 풍수는 집 주인의 사주팔자와 관련되어 있어 지관이 생시와 맞는 방향을 설정해준다. 형식은 일반적으로 안행형(雁行形), 절반형(折返形), 곡척형(曲尺形), 직진형(直進形) 4가지로 분류한다.

하침식 요동의 삼정 下沉式窰洞的滲井

하침식 요동(下沉式窰洞)의 원(院) 내에는 각 요동 외에도 지하로 향해 뚫려있는 삼정(滲井, 깊은 웅덩이)이 하나 있으며, 깊이는 일반적으로 10m 이상이다. 평소 우물 안에 채

하침식 요동의 삼정

소와 과일 등을 넣어두어 신선도를 유지하며, 만일 폭우가 내려 빗물이 넘치면 삼정은 배수길이 된다. 하침식 요동의 원락(院落)에서 삼정의 위치는 풍수에 근거하기 때문에 원의 남서쪽에 놓인다.

독립식 요동 獨立式窯洞

독립식 요동(獨立式窯洞)은 지면에 벽돌로 집을 짓고 아치 모양으로 굴동식 동문(窯洞式洞門)을 낸 것으로 현대 건축의 복토(覆土, 흙을 덮는 것) 건축에 속한다. 3가지 요동 중, 독립식 요동은 등급이 가장 높은 형식으로 건축비 역시 가장 많이 든다. 전통적 독립식 요동 중 건축이 가장 아름다운 것으로 산서성(山西省) 평요현(平遙縣)의 민거를 꼽을 수 있다. 대부분 원락(院落) 형식이며, 원락에서 가장 중요한 정방(正房)은 요동식을 취한다. 상방(廂房)과 도좌방(倒座房)은 때론 요동 형식이 아닌 단파(單坡) 지붕의 집으로 되어있다. 이런 요동식 정방은 독립식 요동으로 대부분 3칸으로 현지 사람들은 이를 일명량암(一明兩暗)이라 부른다. 일부 5칸인 것도 있다.

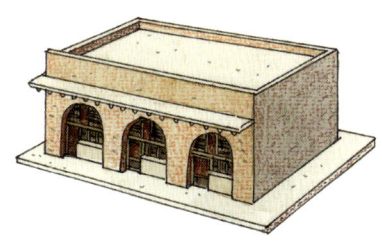

독립식 요동

북경 사합원 北京四合院

북경 사합원(北京四合院)은 전형적인 중국의 전통 합원식(合院式) 민거이다. 원대(元代)에 이미 북경 지역의 주요 주택 형식으로 자리잡아 그 역사가 매우 길다. 북경 사합원은 사면이 둘러싸인 하나의 탁 트인 원락(院落) 혹은 원락의 조합으로 되어있다. 내부는 개방적인데 반해 외부로는 폐쇄적이어서 사생활 보호에 유리하다. 주차(主次)에 따라 기능이 다르며, 주로 대문(大門), 도좌방(倒座房), 수화문(垂花門), 병문(屛門), 정방(正房), 상방(廂房), 후조방(後罩房) 등 개체 건축물로 되어있다. 북경 사합원 건축의 장식은 다양하고 아름다우며, 그 중 벽돌 조각 장식이 가장 특색 있다.

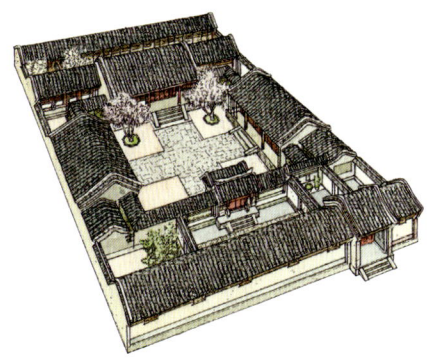

북경 사합원

태족 주택 傣族住宅

운남성(雲南省) 서쌍판납(西雙版納) 지역의 태족(傣族) 주택은 주로 간란(干欄, 필로티 방식) 형식이다. 주택의 저층은 건축물을 떠받쳐 공중에 뜨게 설치한다. 일반적으로 하부 공간에는 사람이 거주하지 않고, 높낮이로 차별을 둔다. 낮은 것을 왜간란(矮干欄), 높은 것을 고간란(高干欄)이라 하며, 태족은 주로 고간란을 사용한다. 서쌍판납에서 대나무와 목재 생산이 성행하였기 때문에 태족 간란 민거의 주재료는 대나무나 목재이고, 그 중 대나무로 세운 것을 죽루(竹樓)라 한다. 죽루 대부분은 평원 지역, 즉 구릉지대 중에서도 낮은 평지에 지어진다. 매년 우기 때 평원 지대에서는 홍수의 피해를 겪을 수도 있다. 그러나 죽루에 사용된 죽멸(竹蔑, 끈처럼 얇고 작게 자른 대나무 띠) 사이의 빈 공간으로 물이 빠져나갈 수 있기 때문에 수해는 발생하지 않는다. 만일 큰 홍수가 발생하면 물과의 충돌을 피하기 위해 구조물에 설치된 죽멸을 철거하여 건물의 부력을 감소시킨다. 이것을 통해 죽루는 그 고장의 기후와 환경에 매우 적합한 주택 형식이라 할 수 있다. 현재의 태족 민거 대부분은 목재를 사용하며, 사용된 목재 기둥은 네모 기둥이다.

있는 당옥 제작법과 매우 다르다. 이것은 초기의 석판방을 아래층 양쪽에서 가축을 기르는 용도로 쓴 것에서 비롯되며, 사람들은 위층에서 이를 관리하였다.

귀주 석판방

태족 주택

귀주 석판방 貴州石板房

귀주(貴州) 지역의 석판방(石板房)은 귀주 지역을 대표하는 매우 특별한 전통 민거 형식으로 그 특징은 주로 재료의 사용성에 있다. 주재료는 돌이며, 돌로 담을 쌓거나, 석판(石板)으로 기와를 제작하기 때문에 외부에서 볼 때 거의 석재로만 지은 듯하다. 그러나 내부 구조는 목재를 이용한다. 귀주 석판방은 주로 귀양시(貴陽市) 주변의 교외나 안순(安順) 지역의 몇몇 현(縣)에 집중되어 있다. 전형적인 귀주 석판방은 3칸으로 되어 있으며, 중앙에는 당옥(堂屋, 정방)이 있다. 단층으로만 되어 있고, 양 끝 방들은 각각 일루일저(一樓一底, 외관상 한 층이나 내부는 두 층 정도로 나뉘어 있는 것) 형식이며, 타지역 민거들의 특색

매현 위롱옥 梅縣圍攏屋

광동(廣東) 등 연안 지역에서는 지리적 위치가 특수하여 상당수의 민거들이 방어를 목적으로 한다. 광동 매현(梅縣)의 위롱옥(圍攏屋) 역시 그 중 하나이다. 위롱옥의 평면은 말굽형이 많으며, 건축물 전방에 반달형인 연못이 있다. 건물과 연못 사이에는 비교적 큰 노천 마당이 생겨 곡식을 말리기 위해 넓게 깔 수 있는 탈곡장이 된다. 탈곡장과 가옥 사이의 대문은 건축물의 정문으로 주택의 중축선상에 있다. 문짝에는 두터운 목재가 사용되며, 2개 이상의 빗장을 설치하여 견고하게 만든다. 2개의 문짝에 기구(企口, 은촉홈(널빤지들을 끼워 맞추기 위해 단면에 낸 홈))가 달려 있고, 한 짝은 튀어나오고 다른 한 짝은 들어가 있다. 문이 꽉 닫힌 이후에는 약간의 틈새도 없어 외부에서 빗장을 열 수가 없다. 위롱옥 뒷부분에는 불노장생과 철옹벽처럼 완고함을 상징하는 구배(龜背)라는 명칭의 반달형 원락(院落)이 있다. 구배 뒷부분을 둘러싼 건축을 위옥(圍屋)이라 하며, 침옥(枕屋) 혹은 위롱(圍攏)이라고도 한다.

매현 위롱옥

위롱옥의 조합 형식 圍攏屋的組合形式

위롱옥(圍攏屋)의 기본 형식은 삼당사횡가위옥(三堂四橫加圍屋)이다. 그 외 삼당량형가위옥(三堂梁衡加圍屋), 이당륙횡가위옥(二堂六橫加圍屋), 삼당륙횡가위옥(三堂六橫加圍屋) 등의 변화된 형식이 있다. 당(堂)은 청당(廳堂)을 가리킨다. 상당(上堂), 중당(中堂), 하당(下堂)으로 분류되며 문청(門廳), 제사(祭祀)와 대객청(待客廳), 후청(後廳)으로써의 역할을 한다. 횡옥(橫屋)은 청당 옆 두 상방(廂房)의 중축선과 평행한 장형의 방이다. 위롱옥 뒷부분의 반원형 위롱(圍攏)과 앞부분 당옥은 횡옥과 같이 규모의 변화가 있다. 일권(一圈, 한겹), 이권(二圈, 두겹), 삼권(三圈, 세겹)이 있다. 이를 토대로, 삼당사횡일위(三堂四橫一圍), 삼당사횡이위(三堂四橫二圍), 삼당사횡삼위(三堂四橫三圍) 또는 삼당량횡일위(三堂兩橫一圍), 삼당량횡이위(三堂兩橫二圍), 이당량횡일위(二堂兩橫一圍) 그리고 삼당륙횡일위(三堂六橫一圍), 삼당륙횡이(三堂六橫二圍) 등의 여러 조합 형식이 있다.

일과인 一顆印

일과인(一顆印) 형식의 민거는 주로 운남성(雲南省) 곤명(昆明) 부근의 이족(彝族)들이 생활하는 곳이다. 곤명 부근의 이족은 역사적으로 한족(漢族)과 지리적으로 가까워 빈번히 왕래하면서 생활 풍습이 유사해지면서 한족의 영향으로 일과인 주택 형식을 형성하게 되었다. 일과인 주택은 주로 정방(正房), 상방(廂房), 그리고 앞부분의 대문(大門)과 주변 담으로 조성된다. 평면이 정방형인 가운데 마치 방형의 인장(印章)같이 생겨 일과인이라 칭한 것이다. 일과인 민거의 정방은 일반적으로 3칸(間)규모의 2층 높이이며, 앞 부분에 복도와 곁채를 둘렀다. 지붕은 비교적 높고 양면에 기울기가 있는 경산식(硬山式)이다. 상방을 이방(耳房)이라 부르며, 2층으로 되어있다. 상방은 비록 경사진 두 면이 마주보는 경산식이지만 마당 안으로 향한 기울기가 높고 외부를 향한 기울기는 짧다. 일과인 민거의 외벽은 매우 높으며, 대문이 있는 벽의 앞 면은 상당히 높다. 또한 전면을 두른 담은 측문과 작은 문이 없어 외관은 매우 독립적이고 안전하게 보인다.

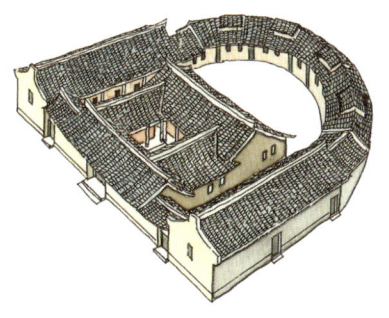

위롱옥의 조합 형식

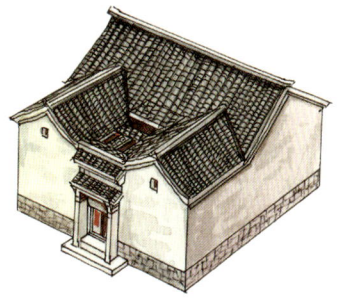

일과인

사합오천정 四合五天井

사합오천정(四合五天井)은 대형 민거로 4개의 방(坊)으로 둘러싸인 사방위합(四方圍合) 형식이다. 삼방일조벽(三坊一照壁, 사면 중 세 곳은 방(坊)으로 한 면은 조벽(照壁)인 형식) 중 조벽(照壁)이 방(坊)으로 대체되어 사합오천정의 원락(院落) 중심에 대천정(大天井)을 형성하고, 4개의 방(坊)으로 구성된 4개 모퉁이에 자연스럽게 4개의 작은 천정이 생겨 총 5개의 천정이 생기기 때문에 사합오천정이라 한다.

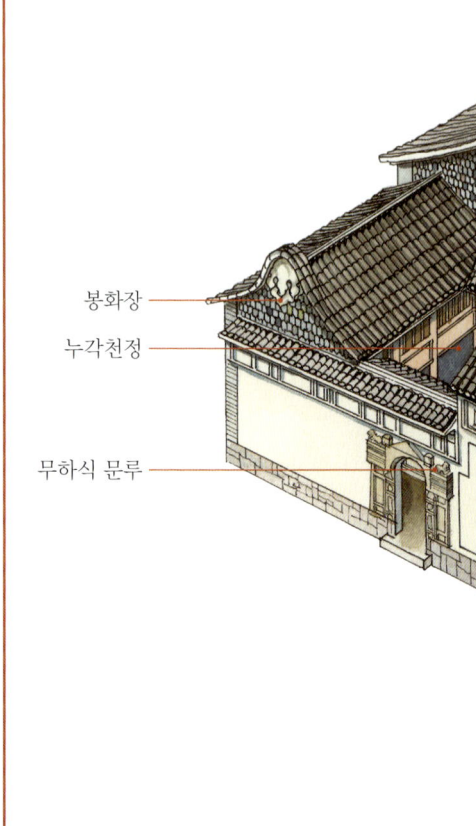

1. 누각천정(漏角天井)

사합오천정식(四合五天井式)의 주택 중 중간의 대천정(大天井) 외에 네 모퉁이에 각각 1개씩의 소천정(小天井)이 있는 것을 통칭하여 누각천정(漏角天井)이라 한다.

2. 전각마두(轉角馬頭)

누각천정(漏角天井) 전면의 양방(兩坊)이 서로 교차하는 지점에 있는 전각마두(轉角馬頭)가 있다. 주기능은 방화와 지붕의 보수를 위한 상하 이동의 용이성과 장식성이다.

3. 봉화장(封火牆)

누각천정(漏角天井) 이방(耳房)의 옥첨(屋檐, 처마)을 받치는 곳이다. 높게 솟은 지붕의 봉화장(封火牆)은 말안장 형상으로 처리되었으며, 백족(白族) 민거의 특별한 느낌이 있어 장식적이다. 또한 바람이 심하게 불어 지붕이 손상되는 것을 방지할 수 있다.

4. 무하식 문루(無廈式門樓)

백족(白族)의 사합오천정(四合五天井) 민거 대문 대부분은 한쪽 면이 열려 있어 내부의 누각 천정(天井)과 통한다. 그러나 대문 상부에 지붕이 없는 형식을 채용했기 때문에 무하식 문루(無廈式門樓)라 하며, 유하식 문루(有廈式門樓)와 반대된다. 무하식 문루의 문틀 위 장식은 유하식 문루에 비해 조금의 모자람 없이 동식물, 회화 등 다양하게 조각되어 있다.

제19장 민거

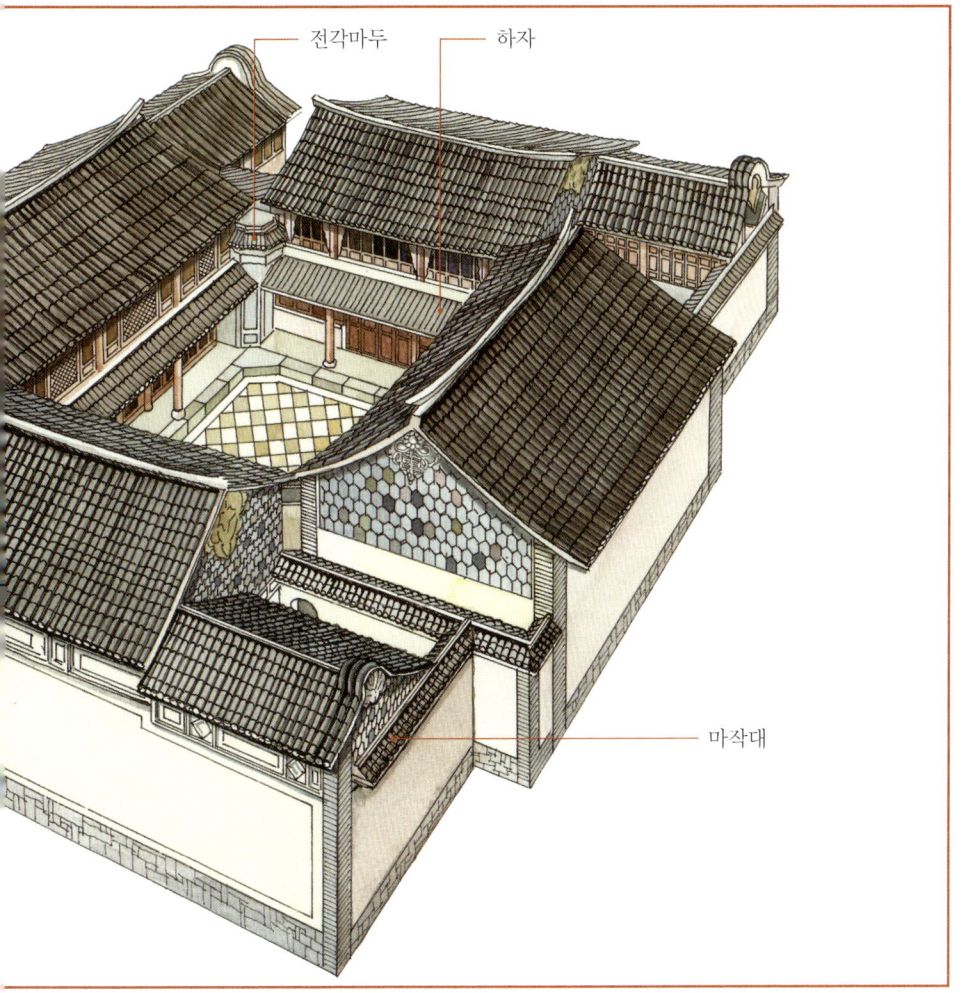

5. 마작대(麻雀台)

지붕 꼭대기까지 토장(土牆, 토담)으로 세우고, 그 윗면에 평평한 단을 형성한 것을 마작대(麻雀台)라 한다. 마작대 윗면은 안으로 들어간 목판 산장(山牆, 지붕 가옥의 양 측면의 박공벽)이며, 이 면의 삼각형 벽면에는 장식을 하지 않고 직접적으로 내부 목구조를 드러낸다. 이것이 좀 더 위로 향하면 방(房)의 지붕이 된다.

6. 하자(廈子)

납서족(納西族)의 민거는 백족(白族)과 같다. 가옥 앞에 설치한 복도를 하자(廈子)라 하며, 내부 바닥을 대방전(大方磚, 방형의 큰 벽돌), 육각전(六角磚), 팔각전(八角磚)으로 깔고, 도안 내용과 배치를 원(院)의 내부와 중복되지 않게 처리한다.

백족 민거 白族民居

백족(白族)은 유구한 역사와 발달된 문화를 가진 소수 민족으로 한족(漢族)과의 교류가 활발하여 여러 측면에서 영향을 받았고, 민거 역시 예외가 아니다. 백족의 민거 중 가장 대표적인 것은 삼방일조벽(三坊一照壁), 사합오천정(四合五天井) 등의 형식으로 한족의 영향을 받았기 때문에 한풍방옥(漢風房屋)이라고도 부른다. 민거의 정방(正房)은 대부분 서쪽에 자리하여 동쪽을 보기 때문에 바람을 피한다. 일반적으로 문의 위치는 상대적으로 자유로워 길가를 마주하거나 합리적인 위치에 놓여 문이 주택의 축선상에 있지 않고 원락(院落)의 한 쪽에 치우쳐져 있다.

삼방일조벽

백족 민거

삼방일조벽 三坊一照壁

방(坊)은 백족(白族) 민거의 가장 기본적인 구성 단위로 2층짜리 3칸의 건물 한 채를 뜻한다. 삼방일조벽(三坊一照壁)은 백족 민거 중 가장 중요한 배치 형식이다. 삼방(三坊)은 방이 세 채 있는 것으로 주실(主室)과 양쪽 상방(廂房)으로 분리된다. 일조벽(一照壁)은 영벽장(影壁牆, 밖에서 대문 안이 들여다 보이지 않도록 가린 벽)으로 마당을 둘러싸고 중간에 큰 천정(天井)이 있어 집의 구성 요건을 충족한다.

몽고포 蒙古包

몽고포(蒙古包)는 초원의 유목민족이 사용하던 민거 형식으로 대부분 몽고족이 사용했기 때문에 얻은 이름이다. 몽고 민족 등은 여러 세대를 거쳐 점차 초원에서 거주하며 생산과 일상에 필요한 것을 충당하기 적합하도록 유목 생활 방식과 풍속을 형성했다. 몽고포의 포(包)는 가(家), 옥(屋)의 의미이며, 예로부터 전장(氈帳, yurt), 궁려(穹廬, 파오) 등으로 불렸다. 몽고포는 만주족(滿洲族)이 전장을 부르던 이름으로 그들이 청조(淸朝)를 세우고 중원을 통치한 이후 점차 널리 사용되었다. 기록에 따르면 몽고포는 이미 2000여 년의 역사를 갖는다. 몽고포에 사용된 주된 재료는 모전(毛氈, 펠트)으로 『주례(周禮)

몽고포

· 천궁(天宮)·장피(掌皮)』의 내용에 따르면 주(周) 왕조 때 사람들은 이미 동물의 가죽을 이용해 전장을 제작하는 기술을 확보했다고 한다. 몇 개의 목재로 기둥을 받쳐 금자탑형(金字塔形)을 만들었으며, 모전을 뒤집어 씌운 것이 가장 간단한 전장이다.

몽고포의 과학적 조형 科學的蒙古包造型

몽고포(蒙古包)의 절단면은 반구형와 유사하게 생긴 돔형으로 평면은 원형이다. 이런 형식은 결구의 역학 원리가 매우 합리적이어서 얇고 가는 동물뼈와 같은 화석을 이용한다. 최소한의 건축 재료를 사용하여 최대한의 거주 면적을 얻기 위해 지붕부를 덮는 몇 겹의 모전(毛氈, 펠트)의 중량을 감당하는 것이 관건이며, 바람을 막는 기능이 우수하다.

는 천창(天窓)처럼 원형의 도뇌(陶腦)가 있다. 도뇌 주변은 오나(烏那)로 한 겹 두르고, 책란(柵欄, 울짱)의 벽처럼 아래 면에 있는 합나(哈那) 윗면에 줄줄이 구조를 세운다. 몽고포의 크기는 합나의 수로 결정되며, 주로 십부가십개합나(十部架十個哈那), 팔부가팔개합나(八部架八個哈那), 육부가륙개합나(六部架六個哈那), 그리고 간이형 사개합나(四個哈那) 등이 있다. 일반적으로 십부가(十部架)와 팔부가(八部架)의 몽고포는 외부 장식을 중시한다.

몽고포의 구조

합나 哈那

합나(哈那)는 몽고포(蒙古包)의 벽체를 두르고 있는 한 겹의 골격을 말한다. 책란(柵欄, 울짱)처럼 펼쳐져 있어 폭 3m에 이르고, 합룡(合龍, 동시에 양 쪽에서 제작해오던 것들의 중간 부분을 이어 붙인 것) 뒤에서 0.5m 간격

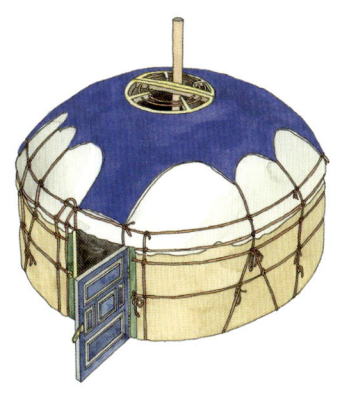

몽고포의 과학적 조형

몽고포의 구조 蒙古包的構造

몽고포(蒙古包)의 평면은 원형으로, 내부는 통추형(筒錐形, 위 끝이 뾰족한 굵은 대나무 모양)이다. 내부 목구조 위에 모전(毛氈, 펠트)을 덮는 내광외호식(內框外護式)과 골가(骨架, 동물뼈를 이용한 구조)와 모전 두 부분으로 구성된 것도 있다. 골가의 가장 상부

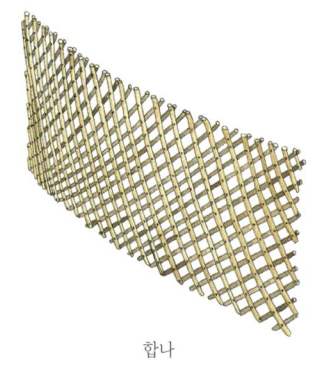

합나

으로 촘촘하게 있다. 일반적인 몽고포는 4개의 합나로 조성되며, 합나를 두른 다음, 큰 문이 놓일 곳을 남겨둔다.

도뇌 陶腦

도뇌(陶腦)는 몽고포(蒙古包) 지붕의 중심부를 뜻한다. 4겹의 쇠고리와 몇 개의 목재로 조성된 원형 지붕이다. 대체로 보면 반원 2개가 있는 것처럼 보이고, 두 조각을 나란히 세워 긴 목재로 갈라놓는다. 안쪽 두 겹의 철환과 외부 두 겹의 철환 사이에 고르게 조금 작은 목재들을 배열한다. 크고 작은 목재는 도뇌 전체를 고정하며, 하부의 오나(烏那)를 연결시킨다.

오나

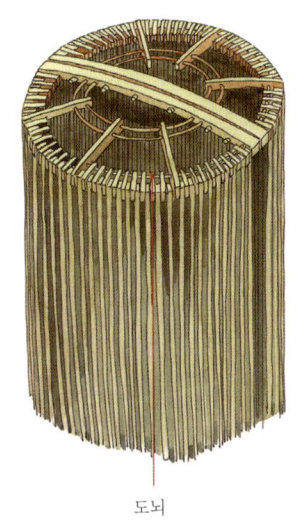

도뇌

오나 烏那

오나(烏那)는 우산살과 유사하게 생겼다. 몽고포(蒙古包)의 원형 지붕에서 경사로 된 골격으로 도뇌(陶腦)의 가장 외부에 있는 고리 위에 올려 놓는다. 오나를 펼친 후, 하부의 합나(哈那)와 연결시킨다.

장족 조방 藏族碉房

장족(藏族)의 분포는 비교적 광범위하기 때문에 민거 형식 역시 매우 다양하다. 조방(碉房), 우모장봉(牛毛帳篷), 토장방(土掌房), 고원요동(高原窯洞) 심지어 몇몇 목루(木樓) 등이 있으며, 재료 역시 풍부하다. 그 중 조방은 장족 민거 중 가장 대표적 형식으로 주로 서장(西藏)이나 사천(四川) 등지에 분포되어 있다. 조방은 장족지역에 건축된 가장 전형적인 유형이며, 랍살(拉薩, 라사) 민거를 대표하기도 한다. 평평한 지붕과 석재를 쌓은 벽체가 매우 견고하고 섬세한 것이 가장 큰 특징으로 방어력이 강조되어 조방(碉房)이라 부른다. 과거 장족의 귀족이나 영주 그리고 부호들이 거주했던 조방은 대체로 3층 이상이었으며, 장식 역시 화려하고, 특히 건축 내부가 그러하다. 아래층에 외양간을 설치하지 않고, 주 건물 전방에 별도의 작은 원(院)을 하나 지어 가축을 기르거나 물품을 보관하는 곳으로 사용하였다. 일반 백성들의 주택은 형체가 낮았으며, 외관과 내부 모두 매우 소박하였고, 농민들은 조방의 저층을 외양간으로 사용하였다.

장족 조방

장족 우모장봉 藏族牛毛帳篷

장족(藏族) 지구는 조방식(碉房式) 주택이 주를 이루지만, 장북(藏北) 초원의 목축민들이 보편적으로 사용하는 것은 우모장봉(牛毛帳篷)이다. 우모장봉은 소의 털을 이용해 방로(氌氆, 어두운 색의 털로 짠 모포)를 직조한 후, 이를 이용해 장봉(帳篷, 장막)을 봉제하여 거주용으로 사용하였다. 우모장봉의 평면은 대부분 방형이나 장방형이다. 먼저 나무 막대기를 세워 약 2m의 골격을 세운 후 외부는 털로 만든 끈으로 고정시키기 위해 지면에 박는다. 지붕부에 검은 색 야크 모포를 덮고, 채광 통풍구로 이용되는 약간의 갈라진 틈을 남겨 놓는다. 장봉 앞에 문을 하나 내고, 내부 사방에 잡다한 물건들을 쌓아 토담을 만든다. 우모장봉은 제작이 간단하고, 해체와 운반이 편리하다. 유목민족이 사용하기에 적합하기 때문에 여러 측면에서 몽고포와 매우 유사하다.

개평 조루 開平碉鏤

개평 조루(開平碉鏤)는 비교적 특수한 민거 형식으로 주로 광동성(廣東省) 개평(開平) 일대에 분포되어 있다. 개평 조루는 현지와 외지의 건축적 특징이 결합된 방식의 민거이며, 방어성이 강한 보루식(堡壘式) 주택이다. 외지에서 일하는 개평인들은 외국 건축의 특징을 흡수하고 부분적으로 서양 재료를 사용하면서도, 중국 현지의 전통 민거와 결합시켰기 때문에 특색있는 형상의 조루를 탄생시킬 수 있었다. 개평 조루의 중심 기능은 방어이지만 나름의 세부 차이가 있다. 주로 야경꾼이나 젊은이들이 야간 방어 및 보초를 서는 경루(更樓)이기도 하고, 주민이 공동자금을 모아 세워 사용한 중인루(衆人樓)이기도 하며, 화교(華僑)들이 단독으로 출자하여 공동 거주 용도로 쓴 거루(居樓)이기도 하다. 중인루는 평소에는 사용하지 않고 침입자가 있을 때 대피하는 곳으로 썼으며, 누(樓)를 세우기 위해 출자한 사람들은 각각 자신의 방을 갖고 있다.

장족 우모장봉

개평 조루

군루식 조루 裙樓式碉樓

일반적으로 독립적인 건축물이거나 전체적 조형이 수직인 조루(碉樓) 이외에 형식이 독특한 군루(裙樓)는 조루가 일반 주택과 결합한 형식이다. 조루 앞 부분에 세운 2층 건축물은 조루의 허리 부분 주위를 빙 둘러싸고 지어져 치마처럼 보인다. 군방(裙房)은 비교적 넓으며, 채광과 통풍이 좋아 거주에 적합하다. 군방과 조루는 서로 연결되어 위험이 닥쳐도 빠른 속도로 안전하게 조루 안으로 숨을 수 있다.

군루식 조루

조선족 민거 朝鮮族民居

조선족(朝鮮族) 민거는 평면의 구조적 차이에 따라 일통칸(一通間, 홑집), 쌍통칸(雙通間 겹집), 괴각방(拐角房 꺾인 집) 등의 기본 형식과 기본 형식을 결합하거나 변형된 복합식(复合式)이 있다. 그 중 비교적 전형적이고 쉽게 볼 수 있는 것이 쌍통칸이다. 쌍통칸 민거 중에는 여섯 칸, 여덟 칸 등으로 구분된다. 여섯칸 짜리 방은 주실(主室), 객청(客廳), 이간(里間), 창고(倉庫), 생축권(牲畜圈, 축사) 등으로 조성되며, 여덟 칸 방은 주로 주실(主室), 객청 2개, 이간 2개, 창고, 생축권 등을 포함한다. 두 가지 구조 중 주실은 모두 기타 방들의 3배 면적이기 때문에 2칸과 같다. 조선 민거 실내의 횡량(橫梁, 대들보)은 비교적 좁고 크며, 내부 구조 역시 간단하다. 실내가 낮기 때문에 일반적으로 천화(天花, 천장)를 설치하지 않아 실내 공간을 넓게 보이게도 한다.

조선족 민거

조선 와옥 朝鮮瓦屋

조선족(朝鮮族)의 기와집은 초가집과 다르며, 일반적으로 헐산정식(歇山頂式, 팔작 지붕)이다. 대부분 앙합와(仰合瓦)이며, 앙와(仰瓦)는 합와(合瓦)보다 크기 때문에 와롱(瓦壟, 기왓등과 기왓고랑)은 특별히 넓다. 조선 민거의 처마 아래 대부분 네모 기둥을 사용하였다. 문 입구의 바닥은 공중에 뜨게 설치하여 습한 것을 방지한다.

조선 와옥

조선족 민거의 초가지붕 草頂的朝鮮族民居

조선족(朝鮮族)의 민거는 기와지붕 가옥을 비롯해 초가지붕(草頂) 가옥도 있다. 그 중

대부분은 사면으로 경사진 초가집이다. 조선족은 벼농사를 지었기 때문에 재료 수급이 용이하여 볏단을 지붕에 활용하였다. 두껍게 쌓은 초가지붕은 겨울의 한기를 막아낼 수 있게 한다.

족만의 독특한 민거를 형성한 것이다. 민거의 기본 형식은 삼방일조벽(三坊一照壁), 사합오천정(四合五天井)이다. 이외에도 전후원(前後院) 형식과 일진량원(一進兩院) 형식이 있다.

조선족 민거의 초가지붕

조선족 민거의 망창 朝鮮族民居中的望窗

조선족(朝鮮族)의 민거는 과거에 유리를 쓰지 않고 창호지를 붙였다. 창을 여는 것이 쉽지 않았고, 겨울 한냉기에는 특히 더 심하여 창 아래에 개방이 쉬운 작은 망창(望窗)을 설치하였다. 평소에 바닥에 앉기 때문에 망창 역시 앉았을 때 시야와 수평을 이루는 위치에 설치된다.

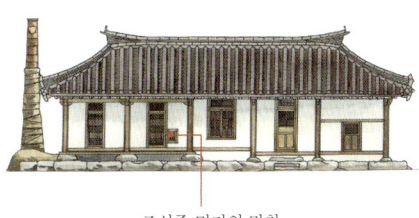

조선족 민거의 망창

납서족 민거 納西族民居

납서족(納西族)은 주로 운남성(雲南省)의 여강(麗江) 일대에 있기 때문에 그들의 민거를 납서족 민거(納西族民居)라 한다. 납서족은 사고가 개방적이고 배타적이지 않아 당대(唐代) 초기부터 중원과 여타 지역의 문화를 흡수하였고, 그들의 거주문화에 큰 영향을 미쳤다. 타민족의 건축 특색을 융합하여 납서

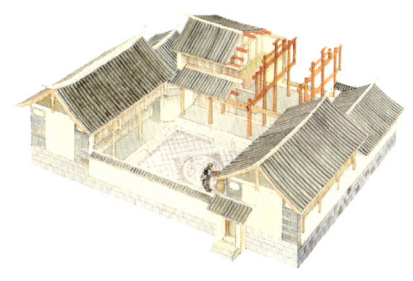

납서족 민거

신장 화전 민거 新疆和田民居

신장(新疆) 화전(和田) 지역의 기후는 매우 건조하고 비가 적기 때문에 이에 대응하는 민거 형식이 형성되었다. 실내와 실외 모두 중요한 활동 장소로 활용되었다. 평소 가사노동이나 접객 등의 활동은 대부분 실외에서 진행하였다. 실외란 가옥의 벽체 주위를 둘러싼 원락(院落) 내부를 가리키는 것으로 이전에는 심지어 1년 가운데 반년의 시간을 실외에서 취침하였다. 옥외 공간의 형식에 따르면 화전 민거는 아이왕(阿以旺), 아극새내(阿克賽乃), 피희아이왕(闢希阿以旺), 개반사아이왕(開攀斯阿以旺) 등 몇 가지가 있다.

신장 화전 민거

납서족 전후원 納西族前後院

삼방일조벽(三坊一照壁)과 사합오천정(四合五天井) 평면 형식 모두 큰 천정(天井) 하나가 중심이 되는 기본 평면 유형이고, 전후원(前後院)과 일진량원(一進兩院)은 위의 두 가지 유형이 조합된 비교적 큰 대형 가옥이다. 전후원은 정방(正房)의 중축선상에서 분리되어 있는 앞뒤 2개의 큰 천정을 조합한 것이며, 후원(後院)을 정원(正院)이라 하고 사합오천정(四合五天井)의 평면 형식을 갖는다. 전원(前院)은 부원(附院)으로 삼방일조벽(三坊一照壁) 형식 혹은 양방(兩坊)과 원(院) 주변의 벽으로 이루어진 작은 화원(花園)을 뜻하며, 전후원 사이를 관통하는 건물을 화청(花廳)이라 한다. 일진량원은 정방일원(正房一院)의 좌측 혹은 우측에 별개의 부원이 있는 것으로, 2개의 세로 축선을 이뤄 전후원과 동일한 조합을 이룬다. 다른 점은 전후원의 양원(兩院)은 전후 배열이고, 일진양원은 좌우 배열이라는 것이다.

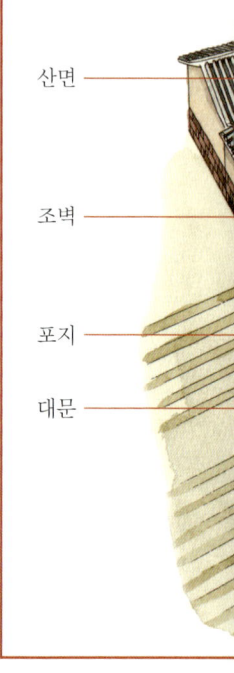

산면
조벽
포지
대문

1. 조벽(照壁)

백족(白族) 민거의 특색은 벽체 외에 조벽(照壁)을 원락(院落)의 여러 곳에 사용하였다는 점이다. 벽체식 대형 조벽 외에도 대문 안에 과산조벽(跨山照壁, 산담 한 끝의 영벽)을 설치하였다. 조벽의 아래에서 위까지는 석체륵각(石砌勒腳, 돌을 쌓아 받친 다리 부분), 분백벽심(粉白壁心, 벽처럼 하얀 벽의 중심 부분), 전와변광(磚瓦邊框, 벽돌과 기와로 두른 틀 부분), 조벽옥정(照壁屋頂, 지붕 부분)으로 구분된다.

2. 산면(山面)

납서족(納西族) 민거의 지붕부는 현산식(懸山式, 맞배 지붕)을 차용하여 현산의 늠조(檁條, 도리)를 비교적 깊게 드리운다. 늠조가 비에 젖는 것을 방지하기 위하여 현산의 처마 위치에 목재 박풍판(博風板)을 끼우고, 두 처마의 박풍판이 서로 교차하는 지점에 현어(懸魚) 장식을 하기도 한다. 이는 납서족 민거가 한족(漢族) 문화의 영향을 받았음을 나타내는 부분이다.

3. 포지(鋪地)

납서족(納西族) 민거의 포지(鋪地, 바닥)는 매우 특색 있는 부분이다. 포지에는 주로 괴석(塊石), 단와(斷瓦, 기와 조각), 아란석(鵝卵石 자갈류)의 재료를 사용한다. 비교적 넓은 원락(院落)에 기린(麒麟), 팔선(八仙), 박쥐, 백로와 관련된 의미의 복잡하면서도 희망을 담은 도안을 깔았다. 도안 대부분은 향심형(向心形)이며, 중간에 큰 도안을 놓고 사방에 각기 작은 도안을 놓아 사채일탕(四菜一湯, 요리 네 접시와 국 한 그릇을 놓은 모양의 비유)이라고도 칭했다.

금양옥

4. 대문(大門)

납서족(納西族) 민거의 대문은 장식성이 두드러지며, 납서족 민거에서도 비교적 발달된 부분이다. 대문의 위치는 독립적으로 누각천정(漏角天井) 바깥에 설치하거나, 담벼락에 기대 설치한다. 그러나 극소수의 관하를 제외하고 담의 한 면에 설치하여 정중앙에 놓으며, 방향의 대부분은 동쪽이나 남쪽을 향하고 있다. 이는 "자기(紫氣, 상서로운 기운)는 동쪽에서 온다.", "꽃구름은 남쪽에 나타난다."는 말에서 비롯된 것이다.

5. 금양옥(金鑲玉)

납서족(納西族) 민거의 외관은 지방적 특색을 보여준다. 벽체의 맨 아래 단은 석토를 쌓은 것으로 늑각(勒脚)이라 부르며, 석토는 가공을 거쳐 매 덩어리를 정육면체로 만들어 담면이 장식의 일종으로 보이게 한다. 상부는 두터운 흙벽 돌담이며, 벽체의 중심 부분에 해당된다. 담의 모퉁이 부분은 청전(靑磚, 유약을 바르지 않은 전돌)으로 끼워 붙인다. 청전(靑磚)은 남색 잿빛이고 토담 벽체는 황금색이기 때문에 전체적으로 우아하고 화려하여 금양옥(金鑲玉)이라 부른다.

피희 아이왕 闢希阿以旺

피희 아이왕(闢希阿以旺)은 아극새내(阿克賽乃)와 유사하며, 외랑(外廊, 외부 복도가 있는 형식)의 일종이다. 그러나 전체적으로 보면, 피희 아이왕은 아극새내보다 개방형이다. 피희 아이왕 복도의 폭은 일반적으로 2m이상이다. 복도 아래에는 활동을 하거나 휴식을 할 때 쓸 수 있는 속개항(束蓋炕)이 있으며, 이는 실심토항(實心土炕, 속이 꽉 찬 중국식 흙 온돌)의 일종이다.

피희 아이왕

아극새내 阿克賽乃

아극새내(阿克賽乃)는 화전(和田) 민거의 정원 형식 중 하나이다. 아극새내는 가옥으로 둘러싸인 중심방원(中心方院)을 형성하고, 방원의 사방에 권옥정(圈屋頂)을 덧대어 한족(漢族) 사합원의 사면 첨랑(檐廊, 처마 회

아극새내

랑)과 유사하다. 복도 내에는 실심토항(實心土炕, 속이 꽉 찬 중국식 흙 온돌)으로 지면을 높이고, 휴식 및 활동을 진행하는데 편리하게 한다.

아이왕 阿以旺

아이왕(阿以旺)은 유오이족(維吾爾族)의 언어로 '밝게 빛나는 장소'라는 의미이다. 매우 부유한 지방의 민거 형식의 일종이며, 큰 영예를 누리던 유오이족의 민거이기도 하다. 아이왕은 아극새내(阿克賽乃)가 변하여 거의 완전한 실내 공간으로 형성되었으며, 지붕부는 기본적으로 밀폐되어 크게 개방된 문이 없다. 지붕의 중간은 높게 솟아 올린 듯한 큰 천창(天窗) 형식으로 지붕 덮개 부분도 높이 솟아 있으며, 4면의 지붕 부분 역시 높다. 지붕 상부의 입면은 완전히 뚫린 창문으로 되어있다. 아이왕은 채광과 통풍 기능을 만족시키고, 실내 공간을 안정적으로 만든다. 또한 돌출된 지붕부 역시 건축적 조형성이 풍부하다.

아이왕

개반사 아이왕 開攀斯阿以旺

개반사 아이왕(開攀斯阿以旺)은 아이왕의 축소 형식으로 축약된 느낌이 마치 새장과 같기 때문에 농식 아이왕(籠式阿以旺)이라고도 한다. 기존의 야외 활동 장소로써의 기능을 상실하여 채광 통풍용 천창(天窗)의 일종으로 완벽하게 고착되었다.

개반사 아이왕

하는 용어)의 서남 지역인 영정현(永定縣)과 남정현(南靖縣)이 교차되는 지역이다. 그 외 복건성 남쪽의 화안현(華安縣), 평화현(平和縣), 장포현(漳浦縣), 운소현(雲霄縣), 조안현(詔安縣)에 산발적으로 있는 토루는 비록 그 수는 적지만, 형식이나 재료 측면에서 매우 풍부하며 감상이나 연구의 가치라는 측면에서도 그 중요성을 간과할 수 없다.

토루 민거 土樓民居

토루(土樓) 역시 방어성이 강한 민거 형식으로 다층의 높은 벽 대부분이 땅을 다져 지은 것이기 때문에 붙은 이름이다. 토루 민거는 주로 복건성(福建省)에 분포하는 매우 특색 있는 민거이다. 복건 토루의 형식은 오봉루(五鳳樓), 방형 토루, 원형 토루로 분류되며, 이 3가지 형식은 복건 토루의 전체 발전 과정에서 서로 상관성이 있다. 오봉루는 가장 초기의 형식이며, 방형과 원형 토루는 복건 토루의 가장 완전한 형식으로 볼 수 있다. 이를 제외하고 변형된 토루로는 우산루(雨傘樓), 청안루(靑晏樓), 반월루(半月樓), 팔괘루(八卦樓)가 있다. 복건 토루는 집성촌이면서 방어 기능이 있는 대형 주택이다. 복건 토루가 가장 밀집되어 있는 곳은 민(閩, 복건성을 지칭

내통랑식 토루 內通廊式土樓

내통랑식(內通廊式)은 각 층마다 뜰과 한 면을 접하며 주랑(走廊)이 둘러져 있다. 주랑을 끼고 원락(院落) 한 바퀴를 두르고 있으며, 모든 방의 문은 주랑과 연결되어 있다. 일반적으로 내통랑식 토루(土樓)의 평면은 방형이나 장방형이 많다. 내원(內院)은 비교적 넓게 트여있고, 조당(祖堂)은 중축선상에서 가장 안정된 위치인 저층에 위치한다.

내통랑식 토루

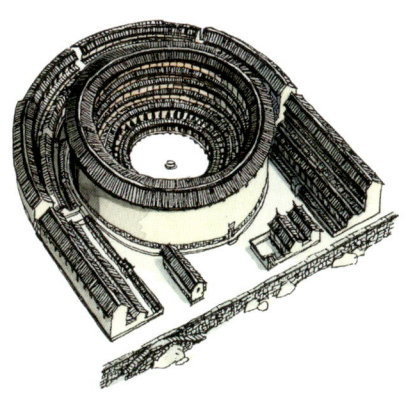

토루 민거

토루의 방루 土樓中的方樓

방루(方樓) 역시 방형 토루(土樓) 형식의 일종이다. 그 명칭은 주로 평면이 방형인 토루를 나타내며, 정방형(正方形), 장방형(長方形), 日자형, 目자형 등이 있다. 방형 토루는 외관의 변화뿐만 아니라, 내부 배치 역시 형

토루의 오봉루 土樓中的五鳳樓

오봉루(五鳳樓)는 초기 형식의 토루이다. 평면은 방루(方樓), 원루(圓樓)와 차이가 크지만, 위롱옥(圍攏屋)의 몸체 부분은 유사하다. 오봉루의 평면 형식은 주로 삼당량횡식(三堂兩橫式), 삼당식(三堂式), 양당식(兩堂式), 사당식(四堂式), 삼당사횡식(三堂四橫式), 육당량당식(六堂兩堂式)으로 분류된다. 삼당량횡식은 전형적인 오봉루 형식으로 큰 새가 날개를 편 것과 같은 모양의 양측 횡옥(橫屋)들이 중간의 주건물과 결합하여 내려다보는 듯한 형국이 마치 아름답게 펼친 봉황과 같아 그 이름을 오봉루라 한 것이다. 오봉루는 대체로 앞이 낮고 뒤가 높은 산기슭에 일대를 선정하여 건축하고 거대한 건축물이 주변 산세와 서로 조화를 이루어 기세를 드높인다.

1. 헐산식 옥정(歇山式的屋頂)

오봉루(五鳳樓)의 지붕은 대부분 헐산식(歇山式)으로 지붕면의 기울기가 완만하여 처마 끝이 평평하며, 한당(漢唐)시대의 건축적 특성을 유지하고 있다.

2. 존비유서(尊卑有序)

오봉루(五鳳樓)는 높고 낮음의 순서와 관계를 중시하는 장유존비(長幼尊卑) 개념이 명확히 드러나 있다. 가옥은 앞이 낮고 뒤가 높다. 중당(中堂)이 오봉루의 중심이기 때문에 하당(下堂)보다 반단 정도 높고, 깊이 역시 2배 정도 된다. 앞뒤로 위계를 나타내고 고저에 따라 거주자의 신분과 서열에 상응되게 합리적으로 배열하였다.

3. 평방에서 본 옥정(平房見屋頂)

표준적인 오봉루(五鳳樓)의 중당(中堂)은 단층집이고, 사람들은 당(堂) 안에서 머리를 들어 지붕 내부를 볼 수 있다.

신성한 뒷뜰

존비유서

평방에서 본 옥정

4. 신성한 뒷뜰(神聖後部場院)

오봉루(五鳳樓)는 위계 규범이 중요하게 표현된 주거형식이다. 오봉루 건축의 가장 뒷부분 필지는 낮은 담으로 둘러싸여 앞은 낮고 뒤는 높은 반원형 뜰로 형성한다. 이곳은 매우 신성한 영역이기 때문에 어린이가 노는 것을 허락하지 않았다.

5. 쇄곡장(曬穀場)

오봉루(五鳳樓) 건축군의 정면에는 큰 쇄곡장(曬穀場, 탈곡장)이 있다. 추수할 계절에 곡물을 햇볕에 말리는 곳이라는 이름이며, 평

6. 반월당(半月塘)

오봉루(五鳳樓)의 가장 앞에는 반원형의 수당(水塘, 연못)이 있으며, 중국 고대 벽옹(辟雍, 학문의 전당인 대학(大學) 주위 사면을 둥근 형상으로 물이 둘러싸고 있는 것)을 따른 것이다. 그래서 "물이 사면으로 두른 곳을 사해(四海)와 같다"고도 하였으며, 동시에 각 지역의 대다수 문묘(文廟)와 학당 앞에 이같은 연못을 설치하여 반지(泮池)라 하였다. 현지인들은 오봉루 앞에 이러한 연못을 설치하여 문화를 중시하는 것을 표현하고, 자신들의 아이들이 공명한 심리를 갖기를 희망하였다.

7. 조벽(照壁)

쇄곡장(曬穀場)과 반월당(半月塘) 사이 물과 근접한 곳에 조벽(照壁)을 세운다. 조벽은 규모가 큰 편이며, 중간이 높고 양 쪽은 낮은 삼단식(三段式)이다. 대문 앞에 세워진 조벽은 흉한 기운이 대문에 직접 부딪히는 것을 방지하기 위해 설치되어 주택 앞의 보호벽으로써 건축물의 위엄을 돋보이게 한다.

식이 다양하여 절대 다수인 내통랑식(內通廊式)과 단원식(單元式)으로 분류된다. 비교적 대형인 방형 토루의 내부는 전체가 목구조의 다층 방으로 둘러싸여 있다. 그러나 외벽에 장식와 칠(漆) 등을 하지 않아 거칠고 위엄있는 느낌을 형성하여 내부와 대비를 이룬다. 그 외 절대 다수의 방형 토루는 대문 대부분이 정면 중앙에 있으며, 오직 소수만이 측면에 방문(旁門)을 열어두고 있다. 대문의 조형은 매우 다양한 편이다.

하다. 방의 폭은 약 3m~4m이며, 침대, 탁자, 옷장 1개씩 있던 옛 농가 침실의 표준적 배치를 보여준다. 같은 크기의 방은 사람들간의 평화롭고 평등한 관계를 나타내며, 오봉루와 같은 엄격한 위계 등급은 없다. 원루는 방루와 같이 내통랑식(內通廊式)과 단원식(單元式)이 있다.

단원식 토루 單元式土樓

단원식(單元式, Unit방식)이란 각각의 가정이 단독으로 저층부터 고층까지를 사용하는 독립된 단위를 뜻하며, 일반적으로 좌우의 이웃 방들과 통하지 않는다. 단원식 방루(方樓)의 평면 대부분은 앞은 방형이고 뒷면 두 모퉁이를 둥글게 처리한 형식 외에 각각 네 모퉁이 모두를 둥글게 처리해 방형으로 보이는 평면인 것도 있다. 비교적 중요한 공간인 조당회(組堂會) 앞에는 객청(客廳)을 세우고, 주위를 회랑(迴廊)으로 처리한다. 이는 방루 내부에 방형 사합원을 하나 덧댄 것과 같은 형식으로 비록 개방적인 공간감은 적지만 건축적 단계는 풍부하다.

토루의 방루

토루의 원루 土樓中的圓樓

원루(圓樓)는 오봉루(五鳳樓), 방루(方樓)와 비교해 다양한 멋이 있다. 건축적 배치 역시 간결하여 완결성과 통일성이 좋다. 가장 큰 특징은 원루 내에 또 다른 원루를 지어 겹겹의 형상을 보인다. 일반적으로 원루 형체는 크기 차이가 나지만 방의 크기는 서로 비슷

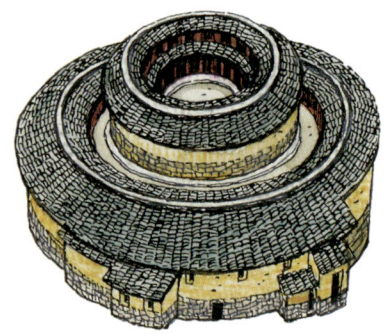

단원식 토루

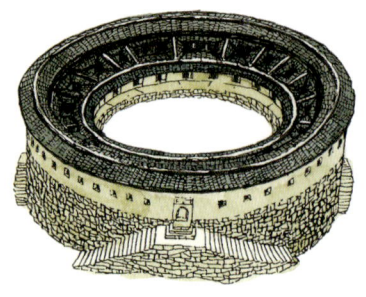

토루의 원루

교(橋)

교(橋, 다리)는 교량(橋梁)이라고도 한다. 실용성이 강한 건축 시설로 주로 이동의 기능을 가질 뿐만 아니라 예술적 특성과도 잘 결합되어 있다. 산림이나 촌락, 도시나 원림, 고대나 현대의 것을 막론하고 모두 다리로써의 공통성과 특색을 갖고 있다. 인류가 교량을 건설하기 이전부터 자연계의 지각 변동 현상으로 다양한 자연 교량이 만들어졌다. 높은 산과 산봉우리 사이의 천연줄, 절벽의 자등(紫藤)이 얽혀 생긴 등교(藤橋, 등나무 출렁다리), 개울 주변 자연스럽게 누워있는 나무 줄기 등이 그 예이다. 인류가 이러한 자연 다리를 부단히 참고하였고, 초기 간단한 방법으로 목판이나 작은 석등(石磴, 디딤돌)에서 점점 발전시켜 조형성과 크기가 다양한 교량을 조성하게 된 것이다. 중국의 교량은 조형이나 구조적 측면에서 대략 양교(樑橋), 부교(浮橋), 공교(拱橋), 삭교(索橋)로 구분할 수 있으며, 세부 분류는 셀 수 없을 정도로 많다.

부교 浮橋

부교(浮橋)는 부항(浮航), 주교(舟橋)라고도 한다. 부교는 임시로 세워 강을 건너는 시설의 일종으로 진정한 의미의 일반적인 교량이라 할 수는 없다. 부교는 군사 상황 등 긴급한 경우에 사용되며, 적게는 10여 척에서 많게는 100여 척의 목선(木船)이나 뗏목, 죽벌(竹筏 대나무 뗏목)을 이용하여 수면에 띄우고, 다시 그 위에 판자를 얹어 말이나 마차를 왕래할 수 있게 했기 때문에 전교(戰橋)라고도 한다. 부교 양끝의 말뚝이나 철산(鐵山), 철우(鐵牛), 석사(石獅)에 여러 겹의 밧줄을 묶었으며, 하천의 폭이 넓을 경우 하천 중간에 기둥이나 닻에 고정시킨다. 부교는 대략 상주(商周)시대에 출현한 것으로 『시경(詩經)·대아(大雅)』에서 주(周)나라 문왕(文王)이 아내를 맞기 위해 부교를 세운 일이 기록되어 있다. 부교는 시공 속도가 빠르면서도 이동이 쉬워 전쟁에서 신속한 군사 행동이 중요한 군대가 기선을 제압하거나 상대의 허를 찔러 승리하고자 할 때 사용했다. 그러나 평상시 유지 관리 및 보수가 쉽지 않다. 교량의 중심인 배나 뗏목 등은 흔들림이 심해 고정되지 않았고, 점차 교량이나 공교(拱橋)로 대체하게 되었다.

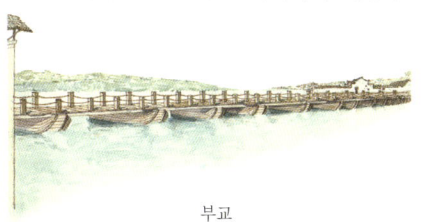

부교

양교 樑橋

양교(樑橋)는 평교(平橋), 과교(跨橋)라고도 한다. 교면(橋面, 다리 윗면)을 평평하게 하고, 교돈(橋墩, 교각의 하부 구조물)이 물 속에 세워져 횡적 부재를 받치는 교량을 뜻한다. 중국 교량 역사에 있어 초기에 출현한 가장 보편적인 다리이다. 교량의 초기 재료는 대부분 목재로 교면이나 교돈을 포함하나 목재로 제작된 돈(墩, 하부 구조물)이 가진 약점으로 인해 석재 교돈이 일찍부터 나타났다. 또한 석주 목량교(石柱木樑橋)는 양교 자체의 발전을 이루었으며, 진한(秦漢) 시대에 조성된 파교(灞橋, 섬서성(陝西省) 위하(渭河)의 지류인 파(灞)에 있던 다리)가 여기에 속한다. 양교의 하단에는 단과량교(單跨樑橋)는 없으며, 쌍과량교(雙跨樑橋)나 다과량교(多跨樑橋)가 있다.

하였으며, 특히 이미 전국(戰國) 시대에 여러 종류의 과식(跨式) 양교가 출현하였고, 단과식(單跨式), 쌍과식(雙跨式), 다과식(多跨式) 등이 있다.

과공량교

과수량교 跨水樑橋

과수량교(跨水樑橋) 역시 과공량교(跨空樑橋), 양교(樑橋)와 같다.

양교

과수량교

과공량교 跨空樑橋

과공량교(跨空樑橋) 역시 양교(樑橋)이다. 목재나 석재 등을 사용하여 물 위를 가로질러 갈 수 있게 바닥을 놓고, 다리 아래에서 이를 떠받쳐 공중에 뜨게 설치하기 때문에 이와 같은 이름을 붙인 것이다. 고대의 사전적 해석에 "가설하여 그 위를 지나가게 한다."고 되어있다. 이는 설치된 다리의 목량(木樑)이나 석량(石樑) 등이 수면 위를 가로 지르는 것을 뜻한다. 과공량교는 매우 이른 시기에 출현

다과식량교 多跨式樑橋

수면 위아래 면에 직접적으로 가설된 기둥이나 돈(墩, 하부 구조물)이 없는 양교(樑橋) 교량의 형식을 일컬어 단과량교(單跨樑橋)라 한다. 교량 아래에 기둥이나 돈을 하나 세워 교량의 양교를 지지하는 것을 가리켜 쌍과량교(雙跨樑橋)라 하고, 수면 폭이 넓은 곳의 교량 아래 면에 2개 이상의 기둥과 돈을 세워 지지하는 형식을 다과량교(多跨樑橋)라 한

다. 수면이 매우 넓을 때, 과(跨)가 하나인 교량은 그 압력을 감당하기 쉽지 않아 아래 면에 기둥이나 돈을 세워 지지하였다. 자연히 기둥 사이의 거리는 좁아지고, 다리 자체의 무게 지지력은 향상되었다.

다과식량교

공교 拱橋

공교(拱橋, 아치형 다리)는 중국 고대 교량 가운데 비교적 늦게 출현한 것으로 발전 속도가 빠르면서도 유지력이 긴 편이다. 재료는 나무, 돌, 전(磚) 등이며, 그 중 석공교(石空橋)를 가장 흔하게 볼 수 있다. 대표성을 지닌 것으로는 수대(隋代) 이춘(李春)이 설계한 하북성(河北省) 조현(趙縣)의 안제교(安濟橋)가 가장 오래되었다. 하천의 넓이 차이에 따라 공교의 아치가 단공(單拱), 쌍공(雙拱), 다공(多拱)으로 구분된다. 일반적으로 중심에 있는 아치의 구멍이 가장 크고, 양끝으로 갈수록 작아진다. 아치의 형상에 따라 오변형(五邊形), 반원형(半圓形), 첨형(尖形, 뾰족한 형태), 탄공(坦拱, 평평한 형태)으로 분리되며, 공교의 형태는 동한(東漢)시대 화상전(畵像磚)에서 최초의 유래를 찾을 수 있다.

삭교 索橋

삭교(索橋)는 적교(吊橋), 현교(懸橋), 현삭교(懸索橋), 승교(繩橋)라고도 한다. 대나무나 등나무 조각, 혹은 쇠사슬 등을 이용하여 골간을 연결해 매달은 큰 다리로 물살이 급한 가파른 협곡 등에 많이 묶어 두며, 중국 서남지역에서 흔히 볼 수 있다. 삭교의 설치방식은 먼저 양 끝에 교옥(橋屋, 다리에 설치하는 가옥 등의 건물)을 설치하고, 그 안에 밧줄을 맬 수 있는 기둥이나 도르래로 감아 올릴 줄을 묶어 두는 전주(轉柱)를 세운다. 그리고 소량의 밧줄을 굵게 만들어 각 끝을 양 교옥의 기둥에 묶고 밧줄 위에 목판을 둔다. 이로써 통행을 가능하게 하며, 때로는 난간을 설치하여 안전성을 높인다. 현존하는 삭교 중 유명한 것은 명청(明淸) 시기에 건설된 사천성(四川省) 호정현(瀘定縣)의 호정철색교(瀘定鐵索橋)가 있다.

공교

삭교

낭교 廊橋

낭교(廊橋)는 양교(樑橋)에서 변형된 것이다. 당시 전체를 목재로 조성한 것과 석돈목량(石墩木樑)의 양교가 있었다. 그러나 비바람에 약해 당시 교량 기술로는 기둥 사이 간격이 넓은 비목량교(非木樑橋)를 만들 수 없어 이를 변형하여 다리 위에 교옥(橋屋)을 설치하고 낭교라 하였다. 비가 많이 오는 남방에서 사용되기 유리하다. 낭교의 상부는 하부의 다리 자체가 비바람을 맞는 것을 방지하여 목재로 이루어진 다리의 원형을 보전할 수 있었다. 또한 비바람이나 강한 햇볕을 피하는 피신처로써의 역할도 한다.

동족 풍우교

낭교

동족 풍우교 侗族風雨橋

풍우교(風雨橋) 역시 낭교(廊橋)이다. 풍우교의 종류는 매우 다양하며, 그 중 가장 특색 있으면서 풍부한 변화를 갖는 것이 동족(侗族 귀주(貴州), 광서(廣西), 호남(湖南) 등지에 분포된 중국의 소수 민족)의 풍우교이다. 동시에 풍우교는 동족 지역의 가장 특색 있는 건축물이기도 하다. 동족의 풍우교 상부에는 단순히 회랑만 있는 것이 아니라, 교돈 상부에 교정(橋亭 다리 위에 설치된 정자)을 설치하여 우아한 멋을 표현하였다. 현존하는 사례 역시 다양하여 파단교(巴團橋 38km에 이르는 삼강(三江) 동족(侗族) 자치현의 묘강(苗江)에 위치한 다리), 정양교(程陽橋), 회룡교(迴龍橋) 등이 있다.

잔도 棧道

잔도(棧道)는 길이 험하고 가파른 곳에 덧대어 설치한 도로의 한 부류로, 절벽이나 산에 부착되어 있고 중국 서남 지역에서 자주 볼 수 있다. 고대에는 절벽에 여타 도로가 설치되지 않은 상황이었기 때문에 절벽면에 구멍을 뚫어 다리를 설치한 이후 원활한 통행이 가능해졌다.

잔도

반지교 泮池橋

중국이 공자를 모시는 사당을 공묘(孔廟)라 하고 공묘 앞에 반원형의 못을 파놓아 반지(泮池)라 한다. 일반적으로 반원형의 반지에 설치되는 교량을 반지교(泮池橋)라 한다. 중국 봉건 사회의 전통에 따르면 황제가 설립한 학교는 주변 사면에 물을 두르고 벽옹(辟雍)이라 하였다. 왕후나 제후 등만이 반원형의 못을 가질 수 있었고, 공자는 문선왕(文宣王)으로 봉해졌기 때문에 묘 앞에 반원형의 반지를 놓을 수 있었다. 전당(殿堂)과 반지는 같은 축선상에 있다.

반지교

첨공공교 尖拱拱橋

첨공공교(尖拱拱橋)는 아치의 지붕부 형상이 첨형(尖形)으로 마치 복숭아의 뾰족한 부분처럼 특이하다. 첨공공교는 상대적으로 원만한 것들도 있으나 뾰족한 정도에 따라 구분되어 크기에 따라 차이를 둔다. 비교적 완만한 첨공공교로는 단형첨공교(蛋形尖拱橋, 계란형 첨공교)가 있으며, 사례로는 청대(淸代) 건륭(乾隆) 연간에 설치된 북경 이화원(頤和園)의 옥대교(玉帶橋)가 가장 유명하다. 한백옥(漢白玉)을 재료로 삼았으며, 색감과 조형의 고아함이 뛰어나다.

정보교 矴步橋

정보교(矴步橋)는 보교(步橋), 과교량(過橋樑), 과수명교(過水明橋), 제량식교(提樑式橋)라고도 한다. 사실 정보교가 다리로 분류되지만 일반적인 의미의 다리와는 큰 차이가 있다. 정보교는 수면 위에 연속된 돌 계단에 속하여 비교적 간단하고 경제적이며 심지어 원시적 의미의 다리이기도 하다. 외진 산지에서 볼 수 있으며, 중국 절강성(浙江省) 동남부나 복건성(福建省) 북부, 호남성(湖南省) 서부 등지에서 두루 보인다. 이런 지역에는 굽이진 하천이 많고, 홍수기가 길지 않아 하천을 건널 때 쓰는 교량이 건설될 필요가 없어 단순한 방식의 정보교를 많이 사용하였다.

첨공공교

정보교

다과공교 多跨拱橋

다과공교(多跨拱橋)는 아치형 구멍이 2개 이상 설치된 다리를 뜻한다. 여기서 다과(多跨)와 다과량교(多跨樑橋)의 다과(多跨)는 같은 의미이다. 교량 하부에 비교적 반듯한 모양의 교돈(橋墩, 교각의 하부 구조)이 있고, 과동(跨洞, 교량 하부 사이사이 뚫려있는 구멍으로 공동(拱洞)이라고도 함) 역시 반듯반듯하다. 교돈보다 교동에 시선이 먼저 가는 것은 공교 하부가 활모양으로 되어 있으며, 원호형(圓弧形)의 교돈보다 명확히 드러나기 때문이다. 공교나 교동의 배열에 관한 연구가 거듭되면서 일반적으로 교동의 수를 홀수로 하고, 중간을 가장 크고 양측 교동을 점차 작게 하였다. 다과공교 자체의 전체적 조형미는 매우 우수하며, 현존하는 유명한 사례로 북경 이화원(頤和園)의 십칠공교(十七孔橋)가 있다.

다과공교

연공석교 聯拱石橋

연공석교(聯拱石橋) 역시 다과공교(多跨拱橋), 다공공교(多孔拱橋)와 사실상 같다. 그러나 연공석교라는 이름은 여러 개의 아치가 있는 공교(拱橋)이고, 연속된 아치 형식일 뿐만 아니라 다리의 건축 재료가 돌이라는 점을 명확히 나타낸다. 일반적인 공교는 돌로 제작하기 때문에 연공석교 역시 다공공교, 다과공교라고 할 수 있는 것이다. 그러나 엄격히 말하면 공교가 석재 외에 전(磚)을 널리 사용했기 때문에 완전히 일치한다고는 할 수 없다.

연공석교

다공공교 多跨拱橋

다과공교(多跨拱橋)는 다공공교(多孔拱橋)와 같다.

다공공교

공복공교 空腹拱橋

공복공교(空腹拱橋)는 공교(拱橋)의 일종이다. 다리 하부의 아치 구멍 좌우 윗부분에 작은 구멍을 추가로 설치한 것을 공복공(空腹拱)이라 하고, 이러한 건축형식을 차용한 공교를 공복공교라 한다. 특징을 살펴보면, 첫째, 재료를 절약할 수 있고, 둘째, 중량을 줄일 수 있으며, 셋째, 자체 형상에 다양한 변화를 주어 조형적 표현을 할 수 있다. 이외에도 큰 구멍 위에 작은 구멍을 덧대면 빠른 속도의 물줄기를 소화할 수 있기 때문에 수량(水量)이 많을 때 물과 다리의 충돌을 완화시킨다. 대표적 사례로 수대(隋代) 건축물인 하북성(河北省) 조현(趙縣)의 안제교(安濟橋)는

1400여 년의 풍파를 겪고도 여전히 남아있어 설계의 정교함을 보여준다.

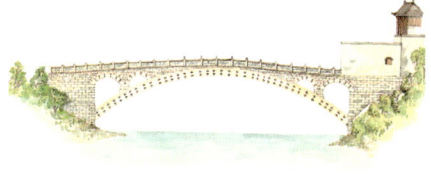

공복공교

비량 飛樑

비량(飛樑)은 비교(飛橋)라고도 한다. 목조 공교(拱橋)로 하부에 다리나 돈(墩 하부 구조)이 없어 한쪽 편에서 다른 편으로 훌쩍 뛰어넘는 듯 보여 붙여진 이름이다. 목재가 주 재료이기 때문에 쉽게 썩어 남아있는 것이 극히 적다.

비량

어소비량 魚沼飛梁

현재 확인할 수 있는 비량(飛樑)은 산서성(山西省) 진사(晉祠)에 있는 어소비량(魚沼飛梁)으로 조형미가 뛰어난 것으로 유명하다. 어소비량은 비록 이름이 비량이지만 목재로 건축된 일반적인 비량과 달리 석재를 이용하였으며, 비교적 넓은 못에 십자형(十字形)의 작은 다리로 놓인다. 전체 다리의 형상은 날개를 펼치고 비상하려는 새와 같아 우아하게 보이며, 실용성과 예술성도 뛰어나다. 평범치 않은 이러한 십자형 어소비량은 송대(宋代)의 것이다.

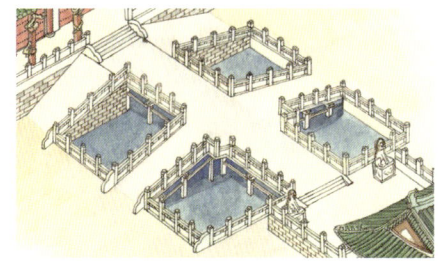

어소비량

탑(塔)

탑(塔)은 불교와의 관계가 깊어 불탑(佛塔)이라고 하며, 인도에서 시작되어 중국에는 동한(東漢) 시대에 전래되었다. 탑은 원래 분묘(墳墓)를 가리키는 것으로 석가모니의 사리를 보관하는 용도로 쓰였다. 이후 점차 사리를 묻는 기능을 넘어 중국 건축 예술의 주요 유형으로 자리잡았다. 중국 불탑의 형식은 자유롭기 때문에 양식 역시 풍부하다. 탑의 조형성을 토대로 분류하면 누각식(樓閣式), 밀첨식(密檐式), 복발식(覆鉢式), 금강보좌식(金剛寶座式), 화식(花式) 등이 있다. 또한 재료에 따라 목탑(木塔), 석탑(石塔), 전탑(磚塔), 유리탑(玻璃塔) 등으로 나뉘며, 각 분류 중에서도 누각식과 밀첨식, 목탑과 전탑이 비교적 많은 편이다.

누각탑

누각탑 樓閣塔

누각탑(樓閣塔)은 중국의 고대 탑 중 수량이 가장 많은 종류로 이른 시기부터 제작되었다. 인도의 솔도파(窣堵波, 원형의 인도 불교건축 유형의 하나로 사리와 경문, 법물 등이 안치)와 중국의 누각이 결합된 산물로 형체가 비교적 높고 웅대하다. 특히 초기 누각탑은 대부분 목재로 제작되었다. 중국에 현존하는 가장 오래된 것은 산서성(山西省) 응현(應縣)의 석가탑(釋迦塔)으로 팔각형 평면에 외관은 5층으로 4개의 암층(暗層)이 더해져, 총 9층으로 67.31m에 이른다.

방목결구 누각식탑 仿木結構樓閣式塔

목탑(木塔)은 손상되기 쉬워 후에 돌이나 벽돌 등이 결합된 누각식탑(樓閣式塔)이 출현하였고, 이를 방목결구 누각식탑(仿木結構樓

방목결구 누각식탑

閣式塔)이라 한다. 방목결구 누각식탑의 출현으로 조형적 측면에 있어 점차 육각형, 팔각형 등 복잡하게 변화된 새로운 탑 형식을 생성해냈다.

밀첨탑 密檐塔

밀첨탑(密檐塔)은 누각탑(樓閣塔)이 목구조에서 전석(磚石)구조로 전환되는 과정에서 생긴 것으로 탑신(塔身)부분이 처마와 매우 가까이 붙어있는 것이 가장 큰 특징이다. 그러나 탑의 첨(檐, 처마)과 첨 사이는 여전히 불감(佛龕, 불상을 모셔 두는 공간)이 있으며, 내부에 불상이 놓여 있다. 밀첨탑의 재료는 대부분 전돌이다. 첫 단은 비교적 높고, 불감 외에도 창과 문이 벽에 있으며, 화초 등의 장식 도안이 조각되어 있다.

용 재료가 목재에서 전돌로 막 바뀌어가던 과정에 따른 것이다. 일정한 기술 수준에 이르지 못한 상황에서 전석(磚石) 구조의 파급 정도는 오래 가지 못했고, 탑첨(塔檐, 탑의 지붕처마) 아래에 두공(斗拱, 공포)을 설치하는 방식으로 지지하지 않았기 때문에 탑첨은 일반적으로 짧고 작다. 북경 운거사(雲居寺)의 일부 탑은 이런 형식에 속하며, 대략 당대(唐代)에 세워진 것이다. 탑신(塔神)의 평면은 사각형이고, 전부 한백옥석(漢白玉石)으로 제작되었다. 북위(北魏)시대의 숭악사탑(嵩岳寺塔)은 중국에서 현존하는 가장 초기의 밀첨식 전탑(磚塔)이다.

밀첨탑

초기 밀첨탑

초기 밀첨탑 早期的密檐塔

밀첨탑(密檐塔)은 남북조(南北朝)시대에 출현한 이후 수당(隋唐)시대 성행기를 거쳐 요금(遼金)시대에 성숙기에 이른다. 그 중 당(唐)과 요(遼)의 불탑이 가장 중시된다. 초기 밀첨탑 구조가 비교적 간단했던 것은 탑의 사

정각탑 亭閣塔

정각탑(亭閣塔)은 인도의 솔도파(窣堵波, 원형의 인도 불교건축 유형의 하나로 사리와 경문, 법물 등을 안치)와 중국의 정각(亭閣) 건축이 서로 결합된 것으로 인도탑의 특색과 중국의 정각 건축 형상을 동시에 가지고 있어 정각탑이라 한다. 정각탑은 누각탑(樓閣塔)

의 출현 시기와 비슷하고, 이 둘 모두 중국 고대 탑 양식에서 비교적 초기의 것에 속한다. 누각탑은 웅장하고 크게 조성되기 때문에 상당한 인력과 물자를 필요로 하지만 중량은 상대적으로 적고 구조 역시 간단한 편이어서 쉽게 지을 수 있다. 탑 대부분은 단층이며, 평면은 원형, 사각형, 육각형, 팔각형 등이 있다. 탑신 내부에 불감(佛龕, 불상을 모셔 두는 공간)이 설치되어 불상에 공양하는데 쓰인다. 심미성이 돋보이는 정각탑으로 북경 백운관(白雲觀)의 나공탑(羅公塔)을 꼽을 수 있다.

신(塔身)이 있다. 그 윗면에 단층의 비교적 작은 수미좌가 다시 놓이고, 그 위에 원뿔형 상륜(相輪)이 있다. 상륜이 많을 때는 13층에 이르며, 상륜 위에는 산개(傘蓋)와 보정(寶頂)이 있다. 복발식탑은 주로 사리를 보관하는 것 외에 승려들의 묘탑(墓塔)으로도 사용된다.

복발식탑

정각탑

복발식탑 覆鉢式塔

복발식탑(覆鉢式塔)은 라마탑(喇嘛塔)이라고도 하며, 중국 서역 탑 형식의 특색이 있다. 라마탑은 직접적인 인도의 솔도파(窣堵波, 원형의 인도 불교건축 유형의 하나로 사리와 경문, 법물 등이 안치) 양식에서 벗어나 초기 중국의 서장(西藏)과 청해(靑海) 등지에 전래되었다. 라마교는 원대(元代)까지 줄곧 발전하면서 광범위하게 보급되어 비교적 통일된 조형미를 보인다. 탑의 가장 밑부분에는 수미좌(須彌座)로 되어 있고, 그 위에 복발식 탑

화탑 花塔

화탑(花塔) 탑신(塔身)의 상부 장식은 각종 복잡하고 아름다운 문양으로 처리하여 마치 화려한 꽃을 상감한 듯한 특징을 지녀 화탑이라 한다. 탑에 새겨진 화려한 장식은 인도 불탑 조각의 영향을 받은 것으로 중국 불탑이 좀 더 정교하고 화려한 발전을 이루는 과정에서 나타난 것이다. 초기 화탑은 일반적인 정각탑(亭閣塔) 지붕부에 몇 개 층의 연꽃잎으로 구성한 것이었으나 점차 자신만의 독특한 특색을 형성하였다. 남아있는 중국의 화탑은 그리 많지 않으나 현존하는 화탑 대부분은 각기 대표성을 갖고 있다. 북경의 진강탑(鎭崗塔), 하북성(河北省) 정정(正定) 지역의 광혜사(廣惠寺) 화탑 등이 대표적이다.

제21장 탑

화탑

금강보좌탑 金剛寶座塔

금강보좌탑(金剛寶座塔)은 금강계(金剛界)의 오방불(五方佛)에 예배드리는 것을 상징하기 위한 건축이다. 금강오방불(金剛五方佛)은 대일여래불(大日如來佛), 아촉불(阿閦佛), 보생불(寶生佛), 부공성취불(不空成就佛), 아미타불(阿彌陀佛) 등 5가지로 나눌 수 있다. 금강보좌탑은 동서 남북과 중앙에 각 탑을 놓아 오불(五佛)을 나타내며, 그 중 중앙의 탑이 가장 크다. 금강 보좌탑은 원래 인도에서 전해져 발전된 것이다. 인도의 금강보좌탑 기좌(基座)는 비교적 짧고, 중간의 탑신(塔身)이 높고 큰 편이다. 중국의 금강보좌탑은 밑이 크고 높으며, 탑신이 주위 4개의 탑에 비해 약간 높다. 또한 탑좌(塔座)와 탑신의 조각 장식은 중국적 건축 예술성이 담겨있다. 초기의 금강보좌탑은 돈황석굴(敦煌石窟)의 북주(北周)시대 석굴벽화에서 볼 수 있다.

탑기 塔基

탑기(塔基)는 불탑의 기좌(基座) 부분이다. 기초(基礎)와 기좌 두 부분으로 구성되며, 기초는 지하에 묻히는 부분이고, 기좌는 지면 위로 드러나는 부분이다. 두 부분은 상하로 연결되어 있어 견고하여 탑의 뿌리 부분으로써 불탑을 고정시킨다. 대부분 초기 불탑의 기좌는 비교적 낮았으나 당대(唐代)이후 변화가 명확해지면서 탑의 주요 부분으로 자리 잡았다. 또한 수미좌식(須彌座式)의 불탑 기좌는 대략 요금(遼金)시기에 출현하였다. 이후 2층 수미좌(須彌座) 형식이 출현하였고, 탑의 기좌는 점차 높아졌다. 특히 금강보좌탑(金剛寶座塔)의 경우, 높고 큰 기좌를 탑의 큰 특징 중 하나로 여기게 되었다.

탑기

금강보좌탑

탑신 塔身

탑신(塔身)은 탑의 중심 부분으로 주체에 해당되며, 일반적으로 전체 탑에서 차지하는 비중이 가장 크다. 또는 탑의 기좌(基座)와 탑찰(塔刹)을 제외한 나머지 부분 모두를 탑신이라고도 한다.

탑신

탑찰 塔刹

탑찰(塔刹)의 위치는 탑의 지붕부로 찰좌(刹座), 보정(寶頂), 산개(傘蓋), 상륜(相輪), 앙월(仰月)로 이루어져 있다. 탑찰은 이 5가지를 모두 갖추고 있는 것이 아니라 탑에 따라 달리 구성된다. 어떤 것은 산개와 앙월없이 찰좌, 보정, 상륜만 있고, 어떤 것은 앙월없이 찰좌, 상륜, 보정, 산개만 있는 것도 있다. 일부 탑찰들은 제작자의 요구와 상황에 따라 구체적 부재의 처리 방식을 달리 처리한다. 또한 각 명칭이 같더라도 다른 탑에서 사용할 경우 구체적 형상에서 생략되거나 차이를 줄 수 있기 때문에 크기, 폭, 둥근 정도 등에 차이를 둔다.

탑찰

찰좌 刹座

찰좌(刹座)는 탑찰(塔刹)의 받침 부분으로 많은 탑들이 수미좌(須彌座) 방식을 취하고 있다. 수미좌 위에는 앙련(仰蓮), 부련(府蓮), 앙부련(仰府蓮) 등의 연꽃 문양 조각

찰좌

을 주로 하였다. 일부는 찰좌 자체를 연화 형태로 조각하고, 일부는 조각장식 없이 원래의 평찰좌(平刹座)를 간단 명료하게 두기도 한다.

보정 寶頂

보정(寶頂)은 탑 지붕의 탑찰(塔刹) 부분을 가리키는 것이지만 주로 보주식(寶珠式)의 탑찰을 의미하기 때문에 보주찰(寶珠刹)이라고도 한다. 보주찰은 비교적 간단한 탑 지붕 양식의 일종으로 후기 불탑 건축에 많이 사용되었으며, 진주 모양의 장식이 있다.

보정

상륜 相輪

상륜(相輪)은 탑찰(塔刹)의 중간 부분으로 탑찰의 찰신(刹身) 중 가장 중요한 구성 요소이다. 상륜은 탑 윗부분에 한 바퀴 한 바퀴씩 둘러쳐진 띠가 서로 연결되어 있다. 탑 위에 놓여

멀리까지 바라볼 수 있는 표식으로 부처를 존경하는 뜻을 표현한다. 상륜의 숫자는 탑의 크기와 등급에 의해 정해지며 작은 경우 띠가 3~5권(圈) 정도이다. 많을 경우 13권에 이르며, 13권의 상륜은 13천(天)이라고도 한다.

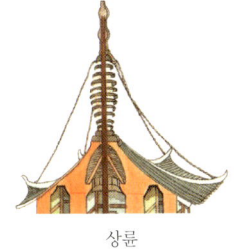

상륜

탑문

앙월 仰月

탑찰(刹座) 부분에서 하늘을 향해 머리를 든 것처럼 설치된 일만신월(一彎新月, 초승달) 모양의 부재를 일컬어 앙월(仰月)이라 한다.

앙월

안광문 眼光門

복발탑(覆鉢塔)의 조형은 특별하여 탑문(塔門) 역시 일반적인 탑문과는 차이가 있다. 초기 복발탑 탑신(塔身)에 새겨진 그림에 있는 1쌍의 큰 눈은 어떤 순간에도 세상 만물을 바라볼 수 있는 불교의 두 눈을 상징하는 것이다. 이후 눈은 점차 탑문으로 변하였고, 복발탑에서는 특이하게 안광문(眼光門)이라 하였다. 비록 눈의 형상이 탑문으로 변하긴 했지만 불교에서 말하는 눈을 여전히 상징하고 있음을 뜻한다.

탑문 塔門

탑문(塔門) 역시 탑신(塔身) 부분의 문동(門洞)이다. 초기 중국의 탑문은 주택 건축의 문 형식을 따랐기 때문에 방형의 문동이 있어 문판(門板)을 설치하기 쉬웠다. 이후 고분에 사용된 권동(卷洞, 원통형, 반원형의 구멍)의 영향으로 권문(卷門)으로 바뀌게 되면서 과량(過梁, 상인방)을 절약할 수 있게 되었다. 또한 일부 탑문은 문동 상부에 장식을 하고, 하부는 방형의 문동을 유지하여 문선(門扇)을 설치하였다. 양식이 다양해지면서 장식 없이 본래 모양 그대로를 살린 것도 있고, 화려한 조각 문양을 한 것도 있다. 또한 목재를 쓴 것, 벽돌과 목재를 같이 쓴 것도 있고, 문동을 직접 낸 것과 형태만 새겨 만든 것 등이 있다.

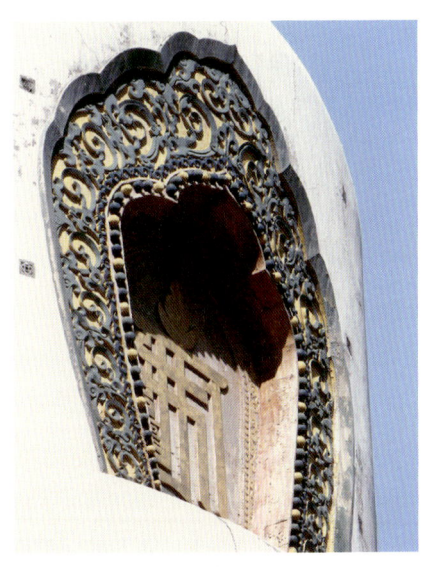

안광문

묘탑 墓塔

묘탑(墓塔)은 승려를 매장한 묘지 위에 조성한 탑이다. 비교적 규모가 크거나 역사가 유구한 사원에는 입적한 승려를 모시는 묘지가 있다. 특히 특별한 지위에 있는 승려나 사원의 주지 스님 등이 입적하면 묘지를 조성할 뿐만 아니라 묘지 위에 높은 탑을 세운다. 선종(神宗)의 규정에 따르면, 지위에 따라 탑의 높이와 등급에 차이가 있었으며, 주지 스님이나 관직의 명칭상 동서육서승관(東西六序僧官) 이상은 단독으로 탑을 조성할 수 있다. 현존하는 묘탑 대부분은 전석(磚石)으로 제작되었고, 당송(唐宋)과 원명청(元明淸)시대의 것이다.

身, 기둥 몸통)면에 다라니경(陀羅尼經)이나 기타 경문을 조각해 넣는다. 당대(唐代)에는 경당의 형체가 비교적 굵고 단단하며 장식 자체는 간단하다. 송대(宋代)에 이르러 경당의 형체가 길고 얇게 변했으며 장식 역시 화려하고 복잡해졌다.

경탑

묘탑

경탑 經塔

경(經)은 경문(經文)을 뜻하며, 경탑(經塔)은 경문을 모아둔 탑이다. 그러나 일반적으로 경탑은 주로 탑신(塔身)에 경문을 조각한 탑을 뜻한다. 탑신 내부에 경문이나 경서(經書)를 수장하지 않고, 대부분은 경당(經幢, 불호나 경문을 새긴 돌기둥) 형식을 취하여 주신(柱

문봉탑 文峰塔

문봉탑(文峰塔)은 문풍탑(文風塔), 문필탑(文筆塔), 문흥탑(文興塔)이라고 하며, 문봉탑의 근본은 풍수학에 있다. 풍수탑(風水塔)의 일종으로 문봉탑의 주요 기능은 양호한 풍수와 지맥을 유지하는데 있기 때문에 상징적이면서 관상적이어서 대부분 산정상이나 길목, 문묘(文廟) 등지에 세운다. 문봉탑 대부분은 명청(明淸) 시대에 각 지역의 지방관이 건설한 것으로 전국 각지에서 그 사례를 찾아 볼 수 있다.

문봉탑

사리탑 舍利塔

사리탑(舍利塔)은 석가모니의 사리를 보관하거나 기리기 위한 보탑(寶塔)이다. 사리는 석가모니를 화장하고 난 후의 골분으로 일반인과 다르다. 불경에 기재된 바에 따르면 석가모니의 유체를 화장하고 난 뒤 출현한 다채로운 색과 광채로 빛나는 투명한 구슬을 사리(舍利)라 했다는 것이다. 당연히 사리는 치아 등에도 있다. 석가모니의 사리는 팔국(八國)의 국왕이 나누어 가져 탑을 세워 공양했기 때문에 실제 사리탑의 수량은 8개가 넘지 않아야 한다. 그래서 그 외의 탑에는 불경에서 언급된 금, 은, 수정, 마노(瑪瑙), 유리 등을 이용한 가공 사리일 수 있으며, 심지어 여력이 되지 않는 불자들은 불에 탄 돌을 주워 사리로 모시기도 했다.

사리탑

탑림 塔林

사원에 조성된 묘탑(廟塔)은 오랜 시간에 걸쳐 형성되거나 한꺼번에 조성된 묘탑군(廟塔群) 일체를 탑림(塔林)이라 한다. 탑림의 의미는 묘탑이 모여있는 모습이 마치 나무가 숲을 이룬 것과 같다는 것이다.

전탑 磚塔

전탑(磚塔)은 전돌류를 사용하여 조성한 탑으로 대부분은 당대(唐代)에 조성되었다. 전탑은 방화성과 견고함이 장점이며, 목재로 조성된 탑에 비해 크다. 그러나 사람들은 전통적으로 목재의 누각탑(樓閣塔) 형상을 선호하는 경향이 있어 목탑의 조형성을 지속적으로 따랐기 때문에 방목전탑(仿木磚塔)이라 한다. 방목전탑의 형상은 전체적으로 목탑의 특징을 보일 뿐만 아니라 두공(斗拱, 공포), 첨구(檐口), 장식 등 세부적인 부분에서도 목탑을 모방하여 전탑과 목탑 모두의 특색과 우수성을 두루 겸비하고 있다.

전탑

유리탑 琉璃塔

유리탑(琉璃塔)은 유리(琉璃)를 재료로 조성한 탑을 뜻하지만 실제 탑 표면에 유리전와(琉璃磚瓦, 유약 처리한 전돌이나 기와)를 붙여 장식해 덮은 것으로 유리로만 만든 탑은

탑림

아니다. 비교적 발달된 방법으로 탑신(塔身)의 겉면에 유약 처리된 전돌을 사용할 뿐만 아니라 문, 창, 두공(斗拱, 공포), 불감(佛龕) 등에 유리제품으로 그림을 새긴다. 대부분 목단이나 각종 화문(花紋) 장식, 길상과 부귀의 상징인 기린(麒麟, 상서로움을 상징하는 고대 전설 속의 동물), 불교의 비천(飛天)과 역사(力士) 등을 표현한다.

목탑

유리탑

목탑 木塔

목탑(木塔)은 목재로 조성된 탑이다. 불교가 막 전래된 동한(東漢)시대 이후부터 중국의 불탑은 목재를 중심으로 인도 불탑과 중국 목재 누각을 결합한 형식을 취하였다. 목탑은 누각이 갖는 장식적 다양함과 구조적 특징을 반영하면서 수직으로 높이 솟아 우아한 멋을 갖는다. 그러나 쉽게 부식되거나 타는 목재의 단점으로 인해 현존하는 목탑 사례는 많지 않다. 그 중 가장 유명한 것은 산서성(山西省) 응현(應縣)의 목탑(木塔)이다.

능묘(陵墓)

고대 중국에서는 사람들이 죽은 후에도 현세와 같은 생활을 할 수 있다고 믿어 무덤을 매우 중요시 했으며 제왕(帝王)과 일반백성에 이르기까지 묘장(墓葬)의 풍수를 중요하게 여겼다. 황제의 묘를 능(陵), 능침(陵寢), 제왕릉(帝王陵), 제후릉(帝后陵)이라고 부르며 백성과 관료귀족들의 무덤을 묘(墓)라고 일컫는다. 중국 역대 황제들은 방대한 재력과 인력을 아끼지 않고 거대한 능묘를 건설함으로써 효를 밝힌다는 의미인 〈후장이명효(厚葬以明孝)〉의 봉건제도를 제창하며 거대한 능묘를 짓는데 주력하였다. 이것은 "시사여시생(視死如視生)" 즉, "사후세계를 현생세계와 동일한 것으로 여긴다."라고 하는 개념으로 대부분의 능묘 건축은 현세에 거주했던 건물 및 궁실의 분포와 조형 등을 모방하였다. 현존하는 대다수의 제왕 능묘와 그 유적지는 당시 왕조의 수도 부근에 세워져 있다. 당(唐) 고종의 능묘인 건릉(乾陵)은 당시 수도였던 장안(長安) 부근에 세워져 있으며, 명13릉(明十三陵)은 북경 부근에 조성되어있다.

향전 享殿

향전(享殿)은 제왕의 능묘 내부에 있는 것으로 제왕의 역대 후손들이 이 곳에서 제사를 지냈다. 황제 사후에도 그의 영혼이 편히 쉴 수 있는 공간으로 사용하기도 하였으며 황제가 살아 있을 당시 정무를 처리했던 금란보전(金鑾寶殿, 북경 고궁의 태화전(太和殿)과 같은 곳)과 동일한 기능을 담당했다. 이러한 사후궁전을 두는 것은 황제가 죽어서도 생애에 누렸던 권력을 사후세계에서도 여전히 누리고 있음을 의미하기도 한다. 그 외에 천단(天壇), 태묘(太廟) 등의 예제(禮制)건축처럼 하늘과 땅, 그리고 조상의 제사를 지내는 전당(殿堂) 또한 향전(享殿)이라고 부른다.

향전

능은전 祾恩殿

능은전(祾恩殿)은 제왕의 위패를 놓고 제사를 지내는 궁전으로 능은전의 명칭은 명대(明代) 가정(嘉靖, 1521~1566년)시기에 정해졌다. 북경(北京) 창평구(昌平區)에 위치한 13릉(十三陵)에는 모두 13명의 황제가 묻혀 있으며, 능묘 하나하나가 모여 하나의 거대한 능묘군을 이루고 있다. 능묘의 앞쪽 중앙 부분에 규모가 큰 전당이 세워져 있는 것이 바로 능은전(祾恩殿)이다.

능은전

보정

보성 寶城

제왕 능묘를 둘러싸고 있는 성벽을 보성(寶城)이라고 한다. 보성의 건축과정은 지궁(地宮, 지하궁전) 위에 먼저 벽돌을 쌓아 높은 벽돌성벽을 세웠고, 그 내부를 흙으로 메운 다음 흙더미를 둥근 모양의 지붕으로 만들어 주변의 성벽보다 높게 쌓는다. 벽돌로 쌓아 올린 성벽 상부에 여아장(女兒墻, 여담)이 없어 언뜻 보기에 작은 성보(城堡, 성)와 같이 보인다. 여기에 여아장을 덧대어 세운 벽돌성벽을 보성이라고 부르기도 하며, 벽돌성벽과 성벽 내부의 분두(坟頭, 봉분)를 포함한 그 구역을 아울러 보성이라고도 한다.

방성명루 方城明樓

방성명루(方城明樓)는 보정 정면에 위치한 것으로, 명13릉에는 13개의 방성명루가 세워져 있다. 일부 능묘는 방성명루(方城明樓)와 보성간에 일정한 거리를 유지하고 있는 것, 방성명루의 뒷부분이 바로 보성 성벽 위에 세워져 있는 것과 보성 성벽에 바짝 붙어 있는 것도 있다. 방성명루는 상부의 누각(樓閣)과 하부의 높은 방성(方城)으로 구성되어 있으며, 명루(明樓)에는 제왕의 시호(諡號) 등을 새겨 놓은 비석이 있으며 성벽 중앙에는 대부분 아치형의 문을 설치 하였다.

보성

방성명루

보정 寶頂

보정(寶頂)은 제왕 능묘의 지하궁전 위쪽이 볼록한 형상으로 된 무덤 머리 부분(坟頭, 봉분)을 말한다. 명대(明代) 능묘의 보정은 대다수 원형이며, 청대(淸代)는 대부분 타원형이었다.

오공 五供

오공(五供)은 원래 불상 앞에 위치한 좁고 긴 탁자 위에 놓여있는 다섯 가지 제기를 가리킨다. 중간에 놓여 있는 것이 향로(香炉)이고, 향로 좌우에 각각 놓여 있는 것이 촛대(蜡台)와 보병(寶瓶)으로 이것들은 서로 대칭되어 놓여져 있다. 다섯 개의 제기를 불상 앞에 놓는 것은 불상에 대한 경건한 마음을 표현하고 부처를 통해 밝고 깨끗함을 얻고자 하는 데 있다. 13릉(十三陵) 등 제왕 능묘에 놓인 다섯 가지 제기 또한 불상 앞에 놓인 다섯 가지 제기의 의미와 비슷한 것으로 제사를 지내는 일종의 제단(祭壇)으로 사용되어 왔다.

명13릉의 오공(五供)은 방성명루(方城明樓)의 앞에 위치해 있으며, 오공(五供)은 석조로 되어 있어 석오공(石五供), 오공석(五供石)이라고 부르기도 한다. 기좌(基座, 기단)는 수미좌 형식이며 속요(束腰, 중간이 들어간 부분)에는 연판이 위 아래로 조각되어 있다.

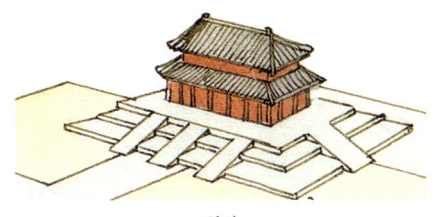

헌전

북송 황릉헌전 北宋皇陵獻殿

북송(北宋)시대의 황릉(皇陵) 헌전(獻殿)은 제사의식을 거행했던 곳으로 황릉(皇陵)의 남신문(南神門) 내에 위치해 있다. 복원된 자료의 헌전(獻殿) 형상에 따르면, 중첨헐산지붕(重檐歇山頂, 이중처마 형식의 팔작지붕)으로 정면은 3칸으로 이루어졌으며 4면에 모두 회랑이 딸려 있는 부계주잡(副阶周匝, 건축물 본체의 사방을 둘러싸고 있는 회랑) 형식이다.

오공

헌전 獻殿

헌전(獻殿)은 능묘와 일부 제사를 지내는 묘우에 세운 전당을 가리킨다. 헌전은 매우 중요한 건축물로서 제사를 모시거나 죽은 황제가 생전에 사용했던 물품을 진열했던 곳이다. 당대(唐代) 건릉(乾陵)의 헌전(獻殿)은 주작문(朱雀門) 내의 평대 위에 세워져 있으며 중첨무전정(重檐廡殿頂, 이중처마 형식의 우진각 지붕)의 대전(大殿)이라고만 기록되어 있다. 현재는 그 흔적을 찾아볼 수 없으며 그림은 남아있는 사료를 통해 복원한 후 제작한 형상이다.

북송 황릉헌전

용봉문 龍鳳門

용봉문(龍鳳門)은 13릉(十三陵)의 대비정(大碑亭)에서 북쪽으로 1km 떨어진 신도(神道) 북단에 위치하고 있다. 이 문은 6개의 기둥과 3개의 문동(門洞, 통로 형식의 문)으로 이루어져 있으며, 문동과 문동 사이는 붉은 벽으로 기둥을 연결하였다. 벽 상부에는 석조횡방(石雕橫坊, 기둥과 기둥을 연결하는 돌로 된 가로방향 부재)과 통와장첨(筒瓦墙檐, 숫기와가 있는 처마지붕과 벽이 함께 있어 담장 역할을 함)으로 되어 있고 방(坊) 위는 채색화가 그려져 있고 벽체 하부는 수미좌로 되어있다. 횡방(橫坊) 윗면에 석조화주(石雕火珠, 돌로 조각된 것으로 중앙이 구슬 모양이며 구슬 주변에 불꽃 모양으로 된 장식)가 있어 화염패루(火焰牌樓)라고 부르기도 한다.

현궁

용봉문

현궁 玄宮

현궁(玄宮) 내의 건축은 견고하고 장식 또한 화려하여 궁전을 지하로 옮겨 놓은 듯한 느낌을 자아낸다고 하여 지궁(地宮, 지하궁전)이라고도 한다. 황제의 관곽(棺槨, 시신을 넣는 속 널과 겉 널을 아울러 이르는 말)이 놓이는 곳으로 전체 능묘 중 가장 의미 있는 곳이기 때문에 능묘마다 현궁이 있다. 대문이 위치한 곳에 경사진 터널이 있는데 현궁이 세워진 후에 봉쇄한 흔적이 있으며, 이 터널은 보성(寶城) 성벽 내부 위까지 연결되어 있다. 관곽을 현궁에 놓아 경사진 터널을 평평하게 메워 안전하고 빈틈없는 지하궁전을 만들었다.

현재 13릉(十三陵)의 현궁은 정릉(定陵)만이 개방되고 있다. 정릉(定陵)은 13릉(十三陵) 중 열 번째 능묘로 명대(明代) 13번째 황제인 주익균(朱翊鈞)의 묘로 그는 열살되던 해 황제 직위에 올라 48년 동안의 재위기간 동안 꾸준히 자신의 능묘를 수축하였다.

재궁 梓宮

재궁(梓宮)은 제왕의 유해를 모셔 놓은 관을 가리킨다. 한대(漢代) 제왕의 관곽은 모두 재목(梓木, 가래나무)으로 제작하여 재궁(梓宮)이라 일컫는다. 재궁은 황제의 관으로만 사용되었지만 한대(漢代)에는 태후와 황후의 관을 만드는데 사용되었고 황제의 총애와 신임을 받았던 대신들도 재궁을 사용할 수 있었다.

재궁

관곽 棺槨

관(棺)은 관재(棺材, 관, 널)를 가리키고, 곽(槨)은 관 외부를 덮는 또 다른 관을 가리키는 동시에 내부의 관을 보호하는데 사용되었다. 『장자(莊子)·잡편(雜篇)·천하(天下)』에는 "천자 즉, 황제의 관은 7겹으로 하고, 제후는 5겹, 사대부는 3겹, 선비는 2겹으로 한다." (天子棺槨七重, 諸侯五重, 大夫三重, 士兩重)

라고 기록되어 있다. 만일 관과 곽의 수량을 통해 본다면, 황제는 5관2곽(五棺二槨), 제후는 4관1곽(四棺一槨), 사대부는 2관1곽(二棺一槨), 선비는 1관1곽(一棺一槨)으로 신분의 격차에 따라 관곽의 등급을 다르게 사용한 것을 알 수 있다.

관곽

신도 神道

신도(神道)는 능묘 전당으로 통하는 큰 길로 능묘 구역에서 가장 앞에 위치해 있어 능(陵)으로 들어오는 사람들을 인도하는 역할을 한다. 최초의 신도는 길이가 비교적 짧았고 도로 양측의 석각물의 수량도 적었다. 당대(唐代)에 이르러 도로가 확장되고 도로 양측의 석각 또한 점점 증가하면서 석상생(石象生) 의장대의 기본적인 형상을 이루게 되었다. 특히 명대(明代)에 신도의 길이가 7,500m에 달했으며, 그 후 청대(淸代)의 청동릉(淸東陵) 신도는 무려 1만m가 넘는 등 큰 발전 양상을 보였다.

신도

십삼릉신도화표 十三陵神道華表

13릉(十三陵) 신도화표(神道華表)는 한백옥(漢白玉, 대리석)으로 제작한 것으로 예술적 가치가 매우 높은 건축 장식물이다. 기둥에는 휘감아 올라가는 용과 구름 문양이 조각되어 있고, 상단에는 운판(雲板, 구름판)이 끼워져 있다. 기둥 꼭대기에는 망천후(望天犼, 전설 속의 동물)가 장식되어 있다. 13릉의 신도화표는 모두 4개로 신공성덕비정(神功聖德碑亭)의 네 모서리에 각각 세워져 있다. 흰색의 화표는 황색 기와와 붉은 담으로 둘러싼 비각(碑閣, 비석을 안치하기 위해 지은 건축물)과 서로 조화를 이루어 13릉 건축의 뛰어남을 보여준다.

십삼릉신도화표

신공성덕비 神功聖德碑

신공성덕비(神功聖德碑)는 황제의 성덕과 공적을 기리기 위해 세운 것으로, 술성기비(述聖紀碑, 제왕의 성덕과 공적을 기록한 비석)와 같은 역할을 하는 건축물이다. 명13릉의 장릉(長陵)에 신공성덕비가 세워져 있으며, 비석의 정면에는 대명장릉신공성덕비비기(大明長陵神功聖德碑碑記)라는 글씨가 새겨져 있다. 또한 비석에는 청대(淸代) 건륭(乾隆) 황제가 지은 애명릉십삼운(哀明陵十三韻)이 음각기법으로 새겨져 있으며 비판적이고 풍자적인 내용을 담아 그 시대의 사회상을 표현하고 있다.

신공성덕비

대비정 大碑亭

대비정(大碑亭)은 명13릉의 대홍문(大紅門) 뒤쪽 신도(神道)에 위치한 것으로 신공성덕비비정(神功聖德碑碑亭)과 같은 역할을 하는 건축물이다. 평면은 정방형으로 비정 아래는 붉은 색의 벽체로 되어 있으며 벽체 4면에는 모두 아치형 문이 설치되어 있다. 중첨헐산지붕(重檐歇山頂, 이중처마 형식의 팔작지붕)이며, 황색유리와(黃琉璃瓦)를 사용하였다.

대비정

무자비 無字碑

무자비(無字碑)는 제왕의 공적과 덕행이 많아 비석에 모두 기록할 수 없어 글자를 새기지 않는데서 유래한다. 당대(唐代) 고종의 능묘인 건릉(乾陵) 앞에 무자비가 세워져 있으며 온전한 큰 돌로 조

무자비

각한 것으로 전체 길이가 6m가 넘고, 무게가 무려 100톤에 달한다. 비석에는 반룡(盤龍, 똬리를 틀고 있는 용의 형상), 비룡, 구름무늬, 사자, 말 등의 도안들이 생동감 있게 새겨져 있다. 당대(唐代) 이후 이 비석들은 42개의 단사(段詞)로 이루어져 있으며 중국어 이외에 여진 문자가 새겨져 있다. 보존이 비교적 잘 되어 있어 문자가 매우 뚜렷하게 보인다.

술성기비 述聖纪碑

술성기비(述聖紀碑)는 제왕의 성덕과 업적을 기록한 비석이다. 당대(唐代) 건릉(乾陵)의 술성기비는 고종(高宗) 이치(李治)의 공덕을 기록한 비석으로 무측천(武則天)이 쓴 비문이 새겨져 있다. 비석은 꼭대기, 몸체, 받침세 부분으로 칠절(七節) 혹은 칠요(七曜)로 이루어져 있다. 이는 일(日), 월(月), 금(金), 목(木), 수(水), 화(火), 토(土)를 나타내어 칠절비(七節碑)라고 일컬으며 고종의 문무업적이 천하를 두루 비춘다는 뜻을 내포하고 있다. 술성기비의 높이는 7m가 넘고 평면이 방형이며 각 변의 길이가 2m에 가까운 것으로 매우 큰 비석이다. 비석의 지붕은 무전정(廡殿頂, 우진각 지붕)의 형식으로 처마의 네 모서리에 역사(力士)석상이 새겨져 있다. 비석 아래에는 석좌(石座, 돌로 된 받침)가 놓여 있으며, 석좌 상부에는 해치(獬豸, 해태)와 만초(蔓草) 문양이 새겨져 있다.

술성기비

한 당시인 동한(東漢) 시대에 이미 묘표가 있었다. 현재 보존되고 있는 실물 중에는 남경(南京)에 있는 남조(南朝, 502-557년) 양숙경(梁肅景) 묘의 묘표(墓表)가 대표적인 것으로 진한(秦漢) 시대의 묘비 구조를 그대로 계승하여 묘표의 완전한 모습을 보여준다. 기좌, 기둥 본체, 문자가 새겨진 석판, 기둥 꼭대기, 기둥머리 모두 그 형태가 비교적 잘 보존 되어있다.

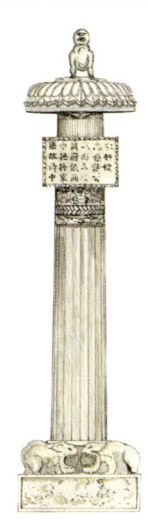

묘표

하마비 下馬碑

하마비(下馬碑)는 석재로 만든 것으로 능묘(陵墓), 공묘(孔廟) 등 주요 건축의 전방에 세워져 있다. 석비에는 "官員人等, 至此下馬(관원인등, 지차하마)"라는 문구가 만주어, 중국어, 몽고어 등 다양

하마비

한 문자로 새겨져 있다. 이는 문무(文武)관리들이 여기에 이르면 말에서 내려 제왕과 공자에 대한 존경심을 표시해야 한다는 의미를 내포하고 있다.

묘표 墓表

묘표(墓表)는 묘 앞에 세워진 것으로 죽은 이의 행적과 공덕을 기록한 석비이다. 이것은 죽은 이를 기리면서 더 나아가 이 묘표를 통해 능묘의 위엄을 강조하였다. 석제가 출현

석상생 石像生

석상생(石像生, 돌로 조각된 동물상)은 고대 능묘 앞에 세워진 장식물로서 이 기원은 망상(魍象, 요괴)이라고 불리는 괴물이 죽은 이가 묘지에 묻히고, 장례의식이 끝나면 그 괴물이 죽은 이의 간과 뇌를 먹었다고 한다. 사람들은 사후에 자신의 몸이 이런 학대를 받기 원하지 않았기 때문에, 사람을 시켜 항시 묘지를 지키고자 했다. 이후 사람들은 이 괴물이 호랑이와 측백나무를 매우 무서워한다는 것을 알고 묘지에 측백나무를 심고, 묘 앞에 돌로 조각한 호랑이를 세워 놓았다. 그 후에 대대로 측백나무를 심고, 호랑이를 세워, 능묘의 위엄을 표시하였다. 명대(明代)에 이르러 석상생은 코끼리, 사자, 낙타, 기린(麒麟, 중국 고대 문헌에 나오는 상상 속의 동물), 해태, 말 등 10여종의 실제 동물과 전설 속의 동물 형상을 잘 묘사하여 조각하였다. 그 외, 훈신(勳臣, 나라를 위해 특별한 공을 세운 신하), 문신(文臣), 무신(武臣)의 인물상도 포함되어 있다.

석상생

석인 石人

석인(石人)은 돌로 조각한 인물상으로 능묘 앞에 세워져 있다. 왕기손(王芑孫)의 『비판문광례(碑版文廣例)』권6에 "묘 앞의 석인은 언제부터 만들어졌는지 알 수 없으나… 한대(漢代)에 이르러 그 제작법이 온 나라에 전해졌으며, 어떤 문(門)에는 정장(亭長, 당시의 행정편제장관)이 세워져 있고 어떤 부문(府門)에는 병사가 서 있었다. 정장(亭長)이 세워져 있는 경우, 당대(唐代) 사람들은 이를 옹중(翁冲)이라고 불렀다"라고 기록하였다. (墓前石人, 不知制所始… 今漢制传於世者, 有門亭長, 有府門之卒, 有亭長, 唐人也謂之翁冲。) 석인의 배열 순서는 훈신(勳臣), 문신(文臣), 무신(武臣)으로 모두 입체적으로 조각을 했다.

석인

13릉의 석상생 十三陵中的石像生

북경 명13릉(十三陵) 신도(神道) 양측의 석상생은 모두 18쌍으로 24개 동물석상과 12개의 석인으로 이루어져 있다. 12개의 석인(石人)은 훈신(勳臣), 문신(文臣), 무신(武臣)의 각각 두 쌍씩 서 있는 모습의 입상(立像) 형태로 되어 있다. 24개의 동물석상 역시 사자, 해치, 낙타, 기린, 코끼리, 말 두 개가 각각 한 쌍씩을 이룬다. 그 중 6쌍은 입상이고, 나머지 6쌍은 앉아 있거나 누워 있는 듯한 형태이다. 석인과 동물 형상은 모두 신도(神道)의 양측에 대칭, 배열되어 있고, 그 중 가장 큰 것은 돌로 만들어진 낙타와 코끼리 조각상이며 그 기좌(基座, 기단)만 무려 30㎥가 넘는다. 이러한 석상생은 능묘 앞에 위치하여 장식 역할을 할 뿐만 아니라 제왕의 근위병 역할을 하였음을 상징하고 있다.

13릉의 석상생

기린 麒麟

기린(麒麟)은 고대 전설에 나오는 신성한 동물 중의 하나이다. 고대 사람들은 태평지수(太平之獸, 태평성대를 이루는 짐승)라고 불렀으며 성인출왕도행내견(聖人出王道行乃見, 성인이 왕도를 행할 때 비로서 만날 수 있는 동물)으로 인식되었다. 기린의 형상은 천록(天祿, 천록수라 하며 고대 중국의 전설 속 동물)과 비슷하여 독각수(独角獸, 머리 중앙에 뿔이 하나 있는 고대 전설 속 동물)라 하였다. 제왕이 성군인 동시에 최고의 지위를 가지고 있음을 상징하려고 기린을 능묘 앞에 조각하였다.

석사

기린

석사 石狮

백수의 왕이라 불리는 사자의 용맹함 때문에 최고의 지위를 갖는 제왕이 사는 궁궐, 특히 능묘 앞에 돌로 만든 사자 조각상을 세워 두었다. 이는 고대 제왕의 능묘 중에서 흔히 볼 수 있는 조각상으로 제왕의 비범한 기개를 나타낸다. 생전에 제왕의 안전을 기원한 상징물 중의 하나일 뿐만 아니라 능묘의 방위 역할도 하였다.

* 석사(石狮)
  돌 사자상

석옹중 石瓮仲

옹중(瓮仲)은 본래 진한(秦漢) 시대의 대장군으로 키가 3m나 되고, 용맹스러워 그 기개가 일반 사람들과 달랐다. 옹중은 수많은 오랑캐의 침략을 격퇴하며 그의 위세를 천하에 떨쳤다. 옹중이 죽은 뒤 진시황(秦始皇)은 그를 기리기 위해 특별히 동상 하나를 만들어 함양궁(咸陽宮)의 사마문(司馬門) 밖에 세웠다. 함양의 군정을 염탐하던 흉노족이 이 옹중 동상을 보고 옹중이 죽지 않고 아직 건재하다고 여겨 본국으로 도망갔다는 일화가 전해지고 있다. 그 후 역대 제왕들은 잇달아 능묘 앞에 석옹중(石瓮仲)을 세웠고 하나의 풍속으로 자리잡게 되었다.

석옹중

건릉번신상 乾陵蕃臣像

61개의 건릉번신상(乾陵蕃臣像)은 건릉(乾陵)의 주작문(朱雀門) 바깥 동서 양측으로 나뉘어 동쪽에는 29개, 서쪽에는 32개가 각 4열로 세워져 있다. 석상은 대부분 둥근 옷깃과 팔에 꼭 맞는 홀쭉하고 긴 소매의 무사 도포를 둘렀고, 두 손에는 홀(笏, 옛날 관원이 임금을 알현할 때 예복에 갖추어 손에 쥐던 패)을 가슴 앞에 놓고, 허리에는 가죽 띠를 묶었으며 조화(朝靴, 신하가 조례 때 신던 목이 긴 신발)를 신었다. 일부는 손에 화살이 쥐어져 있고 허리에는 단검을 차고 있어 무사(武士)임을 구별할 수 있다. 현재 대다수가 파손되어 머리부분과 상반신이 없는 것도 있다. 석상의 등에는 이 석상과 관련 있는 이름, 관직, 국명(國名) 등이 새겨져 있지만 정확하지는 않다.

대상

건릉번신상

대상 大象

코끼리는 체구가 육중하여 보기에는 느려 보이나 성실하고 우직하여 그 역량이 우수한 동물이다. "상(象)"과 "상(相)"의 독음이 같아 고대에서는 높은 관직을 얻고 재상(宰相)을 지낼 때 쓰이는 의미로 길상의 동물로 인식되었다. 고대 황제 능(陵)에는 코끼리상이 세워져 있다.

* 대상(大象)
  코끼리

해치 獬豸

해치(獬豸) 또한 전설 속의 동물로 머리 상부에는 뿔이 하나 있다. 선과 악을 구별 할 수 있어 호인과 악인이 싸울 때, 뿔로 악인을 응징했다고 한다. 『후한서(后漢書)』에는 초왕(楚王)이 일찍이 해치를 얻게 되자 그의 모피를 이용해 모자를 만들었다고 기록되어 있다. 그리하여 사람들은 해치관(獬豸冠)을 이용하여 법 집행자를 대신하였다고 한다. 제왕 능묘 앞에 해치를 세우는 것은 법 집행인 제왕의 지위가 가장 높다는 것을 상징하기 위해서이다.

해치

준마 駿馬

말은 고대 사람들이 타고 다녔던 교통수단의 하나로, 특히, 전장에 출정하여 승리를 이끌어 매우 중요한 역할을 하였다. 당대(唐代)의 건릉(乾陵)과 명대(明代) 13릉(十三陵)에 말 조각상이 세워져 있다. 능묘에 있는 말 조각상은 서 있거나 엎드린 형상 혹은 뛰는 형상을 조각하여 위풍당당한 그 기개가 범상치 않음을 보여주고 있다.

장군상 將軍像

문무대신은 능묘 앞 양쪽 행랑에 세워져 있으며 그 중 장군상은 일반적으로 머리에 술이 달려 있는 투구와 갑옷을 착용하여 위풍당당함을 보여준다.

준마

장군상

낙타 駱駝

낙타 형상은 능묘 중에서도 흔치 않은 조각상으로 13릉(十三陵)의 능묘에 놓여 호위 역할을 한다. 이는 사람들이 낙타를 타고 사막을 여행할 때 낙타는 영양분을 저장하는 혹이 있어 건조한 사막에서도 기아와 갈증을 잘 견뎌 여행자에게 동반자로서의 역할에 충실하다라는 의미를 내포하고 있다. 또한 낙타는 중원에서 자주 볼 수 있는 동물이 아니라 사막에서 생활하는 동물이기 때문에 명대(明代)에 대외적인 교류가 활발하였음을 보여준다. 13릉(十三陵)에 납작 엎드린 낙타조각상은 낙타의 온순하면서도 고집스러운 성격을 잘 보여 주고 있다.

낙타

성지(城池)와 성관(城關)

성지(城池, 성지의 성(城)은 성벽, 지(池)는 호성하(護城河)를 가리키며, 넓은 의미로는 성읍(城邑)을 지칭한다)와 성관(城關)은 고대 중국에서 방어 및 공격을 목적으로 구축한 건축물을 말한다. 성지는 성장(城牆, 성벽), 성문(城門), 옹성(甕城), 호성하(護城河)로 구성되며, 이후 성지의 방어 기능을 강화하기 위해 성벽 위에 각루(閣樓)와 적루(敵樓, 성벽의 망루)를 세웠다. 명대(明代) 이전에는 황토와 흑토를 주재료로 층층이 다져 벽체를 매우 견고하게 만들었다. 또한 안전성을 고려하여 벽체를 수직형식이 아닌 상부는 좁고 하부는 넓은 형식으로 지었다. 명대(明代) 이후 경제와 과학의 발전과 더불어 벽돌을 굽는 기술이 향상되면서 성벽 표면을 벽돌로 에워 쌓는 방법을 사용해 성벽의 견고함이 자연적으로 향상되었다. 성지 혹은 기타 방어 역할을 하는 건축인 요새(要塞)와 관구(關口, 왕래 할 때 반드시 거치는 통로)도 성관(城關)이라 불리었다.

성장 城墻

성장(城牆, 성벽)은 성지의 주요 조성부분으로 견고하게 둘러 싸여져 있는 벽체를 가리킨다. 최초의 성벽은 간단한 목책란(木柵蘭, 나무로 만들어진 울타리) 혹은 거주지 주위에 도랑을 파 놓은 것에 불과했다. 이후 돌을 쌓아 올린 석두성(石頭城)과 흙을 다져 쌓은 항토성(夯土城)이 있다. 송대(宋代) 이전에는 성벽과 외부를 벽돌로 둘러 쌓아 만든 경우가 매우 적었다. 송대(宋代) 이후 점차 중요한 성지의 성벽 위 혹은 성벽 상부의 주요 방위 부위에 벽돌을 사용하였다. 명대(明代)부터는 벽돌 굽는 기술이 향상되면서 성벽 표면에 벽돌을 이용하여 쌓는 것이 보편화 되었다. 명대(明代)에 축조된 북경성(北京城)의 성벽은 네모 반듯한 벽돌을 평평하게 깔고 벽의 상부 평면에 큰 벽돌을 깔아, 벽의 단면이 모두 계단 형상으로 보인다. 이렇게 축조 된 벽체는 두툼하고 견고하기 때문에 방어 역할을 톡톡히 했다.

성장

성문 城門

성문(城門)은 성벽에서 개폐되는 문으로 성지(城池)를 출입하는 문이지만 전쟁 시 적의 공격을 받을 수 있는 가장 취약한 곳이기도 하다. 그래서 높고 견고한 성벽과 비교해 볼 때 상대적으로 취약한 성문은 고대 전쟁 시에 성지를 안전하게 유지하는 결정적인 작용을 하는 곳으로 인식 되었다. 방어 기능을 효율적으로 사용하기 위해 성문의 축조 위치, 성문 문짝의 재료 및 문짝의 겹 수 등을 실제 상황에 고려하여 세밀하게 설치하였다. 방어 역할이 중요시 되는 성지는 성문의 수량이 적을 수록 유리하기 때문에 성문의 숫자를 최소화 하는 방법을 적용하여 성지의 방어 기능을 향상시켰다. 고대의 대다수 성지의 성문은 4개로 동서남북 4면에 분산, 설치하였다.

성문

호성하 護城河

호성하(護城河, 외곽을 감싸안은 해자)는 적의 침입을 막기 위해 성지 밖에 하도(河道, 물이 통하는 길)를 파 놓은 것을 가리킨다. 현재 하남(河南) 안양(安陽)에서 발굴 된 상대(商代) 궁실 유적지 부근에 호구(壕沟, 수로용 도랑)유적이 있다. 그 길이는 대략 750m, 깊이 5m, 너비는 대부분 10m이며 가장 넓은 곳은 20m로 당시 성지를 방어하는데 사용되었음을 알 수 있으며 오늘날의 호성하와 같은 역할을 하였다.

호성하

옹성 甕城

옹성(甕城)은 월성(月城)이라고도 일컬으며 대성문(大城門, 큰 성문) 바깥의 소성(小城, 작은 성)을 가리키며, 성지의 방어 기능을 더 강화시키는 역할을 한다. 대표적인 실례로 평요(平遙)의 옹성을 들 수 있다. 옹성의 성문은 대성문(大城門)의 성문과 일직선상에 문이 있는 것이 아니라 90°로 꺾여 있는 형식이다. 이는 전쟁 시 적이 옹성문을 공격하더라도 직접 대성문(大城門)을 공격할 수 없었으며 수비군은 오히려 높은 곳에서 내려다 보며 적들의 공격을 막을 수 있었다. 이러한 배치는 성지의 방어성능을 더욱 강화시켜 옹중착별(甕中捉鱉, 잡으려는 대상을 이미 장악하고 있어서 언제든지 손쉽게 잡을 수 있다는 의미)이라고 표현하기도 했다.

옹성

성문루 城門樓

성문루(城門樓)는 성문 상부에 누각(樓閣)을 세운 것으로 건축 위치에 의해 그 이름이 정해졌다. 성문루의 주요 기능은 방어와 동시에 성지의 웅대함을 더해 성문의 지위가 높음을 나타내고 있다. 동한(東漢) 시대부터 수대(隋代)까지 일부 주요 성문루에는 다층(多層) 누각이 세워져 있고 대부분은 2층 혹은 3층으로 이루어져 있다. 그러나 당대(唐代)부터 원대(元代)때의 성문루에는 대부분 단층누각이 세워져 있다. 명청(明淸) 시대의 성문루는 대부분 2층이지만 경성(京城)의 성문루는 3층으로 이루어져 있다.

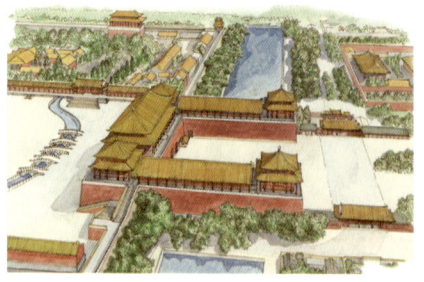

내성

성문루

내성 內城

성(城)은 성벽, 혹은 전체 성시(城市)를 지칭하기도 한다. 일반적으로 내성(內城)은 고대 통치자가 거주하던 구역으로 황성(皇城)과 궁성(宮城)을 가리킨다. 일찍이, 『오월춘추(吳越春秋)』에는 "성을 축조하여 임금을 보위하고, 곽을 조성하여 백성을 지킨다."(筑城以衛君, 造郭以守民.)라는 내용이 기록되어 있듯이 성의 중요성을 강조하고 있다. 명청(明淸) 시대의 북경성(北京城)에는 궁성(宮城), 황성(皇城)이 있으며 황성 바깥에 그 외곽을 둘러싼 내성이 있고, 내성 바깥쪽 남쪽에 또 하나의 성이 있는 삼도내성(三道內城)의 구조를 가지고 있다.

외성 外城

『관자·도지편(管子·度地篇)』의 "안에 이르는 것을 성이라 하며, 밖에 이르는 것을 곽이라 한다."(內之爲城, 外之爲郭.)라는 기록처럼 외성(外城)은 내성(內城) 바깥의 성시(城市)구역으로 곽(郭)이라고도 한다.

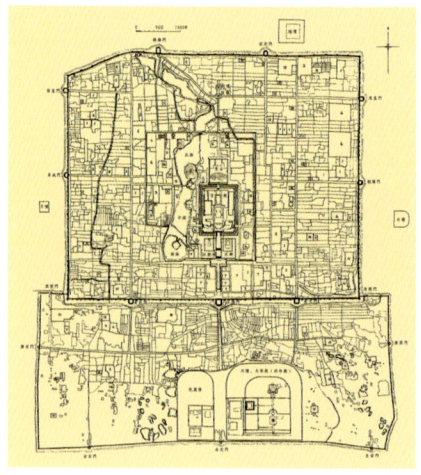

외성

궁성 宮城

궁성(宮城)은 황제를 비롯한 다른 황실 구성원들이 거주했던 궁궐을 에워싸고 있는 성벽을 의미한다. 궁성은 고대 최고 통치자의 거주지였기 때문에 성의 중심부에 위치하며, 내성(內城)과 황성(皇城) 내에 있다. 명청(明淸) 시대 북경의 자금성(紫禁城)이 당시의 궁성을 가리킨다.

궁성

황성 皇城

황성(皇城)은 궁성 내부와 궁성 외부의 중앙관아 및 기타 황실의 부속건축물을 포함하고 있다. 명청(明淸) 시대 북경성의 천안문 안쪽을 황성(皇城)이라 한다.

황성

도성 都城

도성(都城)은 국도(國都), 경도(京都)라고도 한다. 황제가 거주하는 궁성과 국가의 중앙통치기구들이 모여 있는 곳을 에워싼 성곽이다. 이 도성을 중심으로 주성(州城), 부성(府城), 현성(縣城) 등으로 구성되어 하나의 완전한 도시형태를 이루었다.

도성

배도 陪都

배도(陪都)는 경도(京都) 바깥에 세워진 또 다른 도성을 가리킨다. 당대(唐代)의 도성은 장안(長安, 지금의 섬서성(陝西省) 서안(西安) 부근)으로 당(唐) 숙종(肅宗)년간에는 동서남북 4곳에 모두 배도를 세웠다. 또한 당대(唐代) 무측천(武則天) 시대의 낙양(洛陽) 역시 배도에 해당된다.

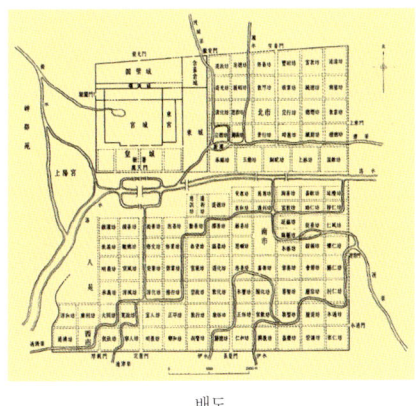

배도

시정 市井

시정(市井)은 시(市, 시장)의 별칭으로 교역이 행해졌던 곳이다. 고대 사람들은 정(井)을 시(市)로 여겼고, 교역이 퇴보되면서 시정(市井)이라고 불렀다. 이후 공식적인 교역장소가 형성되었다. 당대(唐代) 이전에 시(市)를 집중적으로 설치하였고, 시(市) 외부를 담장으로 둘러 감쌌으며, 이 담장에 출입문인 시문(市門)을 세웠다. 시(市) 내부에는 시루(市樓), 관아, 점포, 찻집, 주점 등을 설치하였다. 관원은 시(市)의 개폐 및 경영 관리를 엄격하게 규제하였다.

시루 市樓

고대 상점이 있는 곳에는 항상 시정(市井)이 있었고, 정(井)이 있는 곳에 높은 누(樓)를 세워 그 지역을 관리했다. 평요(平遙) 고성(古城)의 남문 큰 길 북쪽 끝에 4백 년의 역사를 가진 시루(市樓)가 세워져 있다. 그 동남쪽 모서리에 우물이 하나 있고 우물 빛이 금빛과 같다 하여 금정루(金井樓)라 불렀다. 성(城)의 치안유지 역할을 했던 시루(市樓)는 현재 전망대 역할을 하고 있다. 여러층으로 이루어진 점포 혹은 위층은 주택이고 아래층이 점포인 누각 역시 시루(市樓)라고 한다.

시정

방 坊

고대 성(城)내의 일정한 공간을 구획하는 방법의 일환으로 반듯한 도로를 바둑판 형상으로 나누었다. 이 바둑판 모양을 방(坊)이라고 한다. 방(坊) 주위는 담장으로 둘러 쌓여져 있고, 4면에는 출입할 수 있도록 문이 설치되어 있다. 방(坊) 내부에는 관료 주택과 백성의 가옥이 있으며 관아, 사원 및 도관(道觀, 도교사원) 등이 있다. 비교적 큰 면적의 주택 지역을 일정하게 분리하여, 관청이 편안하게 관리할 수 있도록 하였다. 방(坊)은 백성들의 관리를 엄격하게 하기 위한 일종의 도시 계획 수법으로 대략 삼국(三國)시대 때 출현하였다.

시루

종루 鐘樓

종루(鐘樓)는 중국 고대에서 종을 쳐서 시간을 알리기 위한 용도로 지은 건축물로 루(樓) 내부에 큰 종이 천정에 매달려 있거나 지면에 놓여 있는 건축물을 종루(鐘樓)라 일컫는다. 종루는 각 지역에 세워져 있으며 대부분 명청(明淸) 시대에 세워진 것이다. 그림에 나

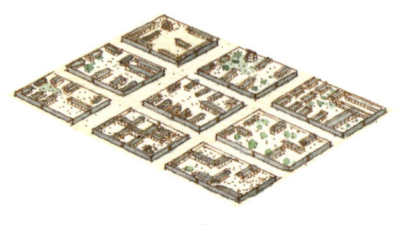

방

타난 종루는 현재 북경에 있는 종루로 높이는 30~40m, 평면은 정방형, 지붕은 헐산정(歇山頂, 팔작지붕)이며 루(樓)의 4면에 아치형문이 설치되어 있다. 종루의 내부는 목구조 형식이며 외부는 청전(靑磚, 유약을 바르지 않은 전돌)을 이용하여 벽체를 쌓았고 루(樓) 안에 계단이 있어 위아래로 왕래가 가능하다. 현재 종루는 관광객들이 경치를 관람하는 장소로 변하였다.

점 보편화 되었으며 현재의 고루와 종루는 대부분 경치를 관람하는 장소로 변하였다.

고루

종루

고루 鼓樓

고루(鼓樓)는 루(樓) 내부에서 큰 북을 쳐서 시간을 알리기 위한 용도의 건축물로 종루(鐘樓)와는 상대적인 개념으로 지었다. 그러나, 일부 지방지(地方志)에 따르면 고루는 본래 시간을 알리기 위한 용도의 건축물이 아니라, 방어를 위한 목적으로 지어졌다고 한다. 북위(北魏) 때 곤주(袞州)에는 도적들이 많아 당시 자사(刺史, 고대 중국의 지방 관리) 이숭(李崇)이 높은 루(樓)를 세웠다고 한다. 그리고 그 실내에 북을 설치하여 도적이 나타나면 루(樓) 안에서 북을 쳐 도적의 공격을 미리 알려 도적들을 잡을 수 있었다고 한다. 이후 고루는 점

기루 騎樓

기루(騎樓)는 사람들이 다니는 길에 세워진 것으로 일반적으로 무덥고 비가 많이 내리는 남방지역에서 볼 수 있다. 이 지역의 골목은 길고 굽곡져 있으며 그 양쪽에는 높은 벽이 있으나 도로 위에는 비나 햇빛을 가리는 차단물이 없다. 그래서 사람들이 다니는 길의 양쪽 높은 벽 사이에 건물을 지었는데 이는 길 위에 놓여 있는 작은 루(樓)와 같이 생겼다고 하여 기루(騎樓)라고 하였다. 기루(騎樓) 아래는 주랑식(柱廊式)으로 되어 있어 사람의 통행이 가능하며 바람과 비를 피할 수 있는 장점이 있다.

기루

적루 敵樓

적루(敵樓) 역시 성지(城池)를 방어하는 중요한 건축물이다. 적루는 전쟁 시에 무기보관 및 적들의 공격을 방어하는 용도로 쓰였으며, 평상시 병사들의 휴식 및 경치를 조망하는 곳이기도 하였다. 중국 평요(平遙) 고성(古城)의 적루는 2층 방형으로 구성되어 있다. 벽 위쪽에는 외부를 바라보기 좋게 내어놓은 창이 있고, 지붕은 경산식(硬山式, 맞배 지붕의 일종이나 양쪽 측면의 처마가 벽면 밖으로 돌출하지 않은 것)이며, 내부에는 나무 계단이 설치되어 있다. 그 밖에 만리장성에서도 적루를 볼 수 있다. 적루 간 거리에 따라 지세가 평탄한 곳은 설치 밀도가 높고, 지세가 험악한 곳은 밀도가 낮으며 적루 간의 거리가 서로 같지 않음은 방어목적으로 설치 되었음을 알 수 있다.

적루

전루 箭樓

전루(箭樓) 또한 성지를 방어하는 가장 중요한 건축물이다. 전루의 가장 큰 특징은 루(樓) 벽에 촘촘하게 설치한 창이다. 전루의 창은 평소 조망용으로 쓰이는데 반해 전쟁 시에는 화살을 쏘는 곳으로 사용되었기 때문에 전루라는 명칭을 얻게 되었다. 현재 중국에서 비교적 잘 보존 된 전루는 북경 전문(前門)의 전루와 덕승문(德勝門)의 전루이다.

전루

전문의 전루 前門箭樓

북경(北京)의 전문(前門)은 명(明) 정통 4년(正統, 1439)에 지어진 것으로 원래 정양문(正陽門) 옹성(甕城)의 성루였다. 성벽 위에 위치하며 총 높이가 38m로 북경에 있는 전루 중 가장 높다. 상부의 중심체는 4층으로 평면은 철(凸)자형으로 돌출되어 있다. 루(樓)의 주요 부분과 포하(抱廈)의 지붕은 모두 단첨(單檐) 헐산정(歇山頂, 팔작지붕)이고 그 위에는 지붕과 같은 회색 통와(筒瓦, 숫기와)가 깔려 있으며 녹색 빛의 전변(剪邊)이 있다. 1914년 정양문(正陽門)의 옹성(甕城)이 철거될 때 전루의 모습을 그대로 유지하는 범위 내에서 다시 세웠다. 특히, 한백옥석(漢白玉石) 난간 등의 장식을 더함으로써 색조가 다양해져 건축물의 격조를 높였다.

전문의 전루

덕승문의 전루 德勝門箭樓

덕승문(德勝門) 전루(箭樓)는 북경성(北京城) 북쪽에 위치해 있으며, 명(明) 정통(正統, 1436~1449년) 기간에 지어졌다. 전루(箭樓)의 평면은 철(凸)자형이며 앞에는 포하(抱廈)가 있으며 4 번째 층의 벽체가 안쪽으로 들어가 있다. 루(樓)의 3층과 4층 사이에 한 층짜리 요첨(腰檐)과 포하(抱廈)가 서로 연결되어 있고 상부는 단첨(單檐) 헐산식(歇山式, 팔작지붕) 지붕으로 되어 있다. 벽체는 회색 벽돌로 쌓았으며 건물 본체의 하부는 큰 성벽으로 되어있다. 덕승문 전루는 4층으로 이루어져 있으며 각층마다 적의 동정을 감시하는 사각형 모양의 작은 창문이 있다. 덕승문 전루의 전체 높이는 전문(前門)의 성루(城樓)보다 낮고, 상부 건물의 본체 높이는 20m에 달하며 연결된 성벽의 높이는 31m가 넘는다. 덕승문 전루는 전문(前門)의 전루보다 과거 본연의 모습을 잘 보존하고 있다.

덕승문의 전루

각루 角樓

각루(角樓)는 적루(敵樓), 전루(箭樓)와 같이 성지를 방어하기 위해 세운 것으로 성벽의 모서리에 세워져 있어 각루라는 명칭을 얻게 되었다. 이는 성벽 모서리 처리 방법의 전환을 가져오는 계기가 되었고 곡척형 형태(曲尺形, 꺾이는 형태, 'ㄱ'자 모양으로 성벽 앞으로 튀어나와 있는 형태)의 평면을 갖게 되었다.

각루

북경고궁의 각루 北京故宮角樓

고궁의 궁성 벽의 4모서리에 세워져 있는 각루(角樓가) 십자척 옥정(十字脊屋頂, 두 개의 지붕이 직선으로 서로 교차되어 이루어진 지붕형태)으로 내부 구조가 복잡하며 72조척(七十二條脊)이라는 명칭을 갖고 있다. 고궁의 각루(角樓)는 일반 각루(角樓)의 곡척형(曲尺形)과 달리 평면과 입면에서 다채로운 예술성을 보이며, 일반 각루(角樓)와 전루(箭樓)의 장중함과는 차별화 된 풍격이 있다.

북경고궁의 각루

북경성 동남각루 北京城東南角樓

동남각루(東南角樓)는 북경 성벽의 각루 중 유일하게 남아 있는 것으로 동남쪽 모서리에 위치해 있어 동남각루(東南角樓)라 일컫는다. 동남각루는 전루(箭樓) 형식으로 앞 부분에 포하(抱廈)가 있는 문과 벽체를 제외한 그 나머지 각 면에 일렬로 나란히 배열된 총 144개에 달하는 전창(箭窓, 화살을 쏘기 위해 만든 창문)이 있다. 성(城) 외부에서 보면 총 4층으로 되어 있고 방형을 이룬다. 전루(箭樓)와 같이 전창(箭窓)과 문틀 상부에 과량(過梁, 상인방)이 있고, 그 외부 표면은 주황색 칠로 처리되어 문판(門板), 격선(隔扇), 산화(山花)의 채색과 서로 조화를 이룬다.

북경성 동남각루

가 60m였으며 두 마면 사이의 거리가 120m를 넘지 않았기 때문에 전쟁 시에 군사들은 마면에서 효율적인 공격을 할 수 있었다. 이로 인해 적들은 사정거리 이내에서 활과 화살로 성(城)을 공격하기가 쉽지 않았다.

마도 馬道

방어 역할이 중요시 되는 성벽에는 전쟁에 필요한 무기와 물품들이 필요했다. 이를 성(城) 위로 편하게 운반하기 위해 성벽 위아래에 길을 낸 것으로 성벽 내측과 성루(城樓)에 세워 이를 마도(馬道)라 일컫는다.

마도

마면 馬面

마면(馬面)은 성벽 외부로 돌출된 부분이 성벽과 서로 연결되어 또 하나의 벽체를 이룬 것으로 성벽을 한층 더 견고하고 안전하게 하는 역할을 한다. 이는 당시 화살의 사정거리

마면

요새 要塞

요새(要塞)는 방어역할을 하는 중요한 통로로 관문이나 변방의 요충지를 가리킨다. 한대(漢代)에 방어와 관련된 변방 요새의 명칭으로 변(邊), 관(關), 성(城), 오(塢), 정(亭), 루(壘), 후(堠), 장(鄣) 등이 있으며, 이를 통틀어 새(塞)라고 일컫는다. 요새의 주요 부분은 방형으로 4면에는 토석류 재료로 세운 높은 벽으로 둘러 쌓여 있다. 둘러 싸고 있는 성벽의 각 면에는 굴처럼 생긴 문동(門洞)을 설치하였고, 문도(門道)에는 오르내릴 수 있는 현문(懸門)을 설치하여 갑작스런 적의 공격으로부터 성문을 민첩하게 개폐할 수 있도록 하

였다. 성벽의 4 모서리에는 성벽보다 높은 망루(望樓)가 각각 세워져 있어 요새의 방어 역할을 강화했다.

요새

수문 水門

성곽 건축 하부에 배수를 위한 개폐용 문동(門洞)을 설치한 것을 수문(水門)이라고 한다.

수문

적대 敵臺

적대(敵臺)는 장성(長城) 위의 초루(哨樓, 초소)에 세워져 있는 것을 가리킨다. 명대(明代)에 수리된 장성의 성벽에는 각각의 간격이 짧게는 30m, 길게는 100m가 되는 지점에 적대가 세워져 있다. 적대는 적의 동정을 감시하거나 사격을 할 수 있는 공간으로 평평한 상단에 높은 대(臺)가 돌출되어 있으며 이 평평한 대(臺)의 4 모서리에 치첩(雉堞, 성가퀴)을 설치하였다. 적대는 실심적대(實心敵臺)와 공심적대(空心敵臺)가 있다. 실심적대(实心敵臺)는 글자 그대로 대(臺) 하부가 채워져 있어 병사들은 대(臺) 꼭대기에서 적의 동정을 살피고 사격을 할 수 있었다. 공심적대(空心敵臺)는 내부가 속이 빈 형식으로 사람의 거주가 가능하였으며, 명대(明代) 때 발전한 새로운 형식의 적대이다.

적대

봉화대 烽火臺

봉화대(烽火臺)또한 중요한 방어용 건축으로 장성(長城) 부근에 설치되어 있다. 변방의 군사 상황과 군사요충지 부근에 세운 병영(兵營) 부근의 소식을 전하기 위해 설치하였다. 북방 소수민족 군사력이 강해지면서 빈번해지는 침략에 신속하게 대응하고자 봉화대를 설치하여 정황을 빠르게 파악할 수 있었다. 봉화대의 형태는 방형, 원형이 있으며 대부분 벽돌과 석재로 축조하였다.

봉화대

제 24 장

궁전(宮殿)

초기의 궁(宮)과 전(殿)은 황제 전용의 건축 혹은 황제가 거주했던 건축을 지칭했던 것이 아니라 제왕과 백성의 거주공간을 통틀어 "궁(宮)"이라 하였다. 진시황이 중국을 통일하였을 때 "궁(宮)"과 "전(殿)"은 비로소 황제 전용 건축과 건축군(建築群)의 명칭으로 사용되었다. 일반적으로 전례의식과 정무를 처리했던 곳을 "전(殿)"이라 하며, 생활 거주지로 사용했던 곳을 "궁(宮)"이라 하였다. 예를 들면, 북경 고궁에는 대규모 전례의식과 정무를 처리했던 태화(太和), 보화(保和), 중화(中和) 세 곳을 "3대전(三大殿)"이라 일컬으며, 건청(乾淸), 곤녕(坤寧), 교태(交泰) 세 곳을 "후삼궁(後三宮)"이라 칭하였다. 궁전건축은 화려하고 웅장한 것이 특징이며 장식을 포함해 중국 고대 건축에서 가장 높은 수준을 보여주고 있다.

은 중첨(重檐) 무전정(廡殿頂, 우진각 지붕)으로 황색 유리와(瓦)로 덮여있다. 정척(正脊, 용마루)의 양 끝에는 정문(正吻, 취두)이 각각 설치되어 있고, 모두 유리로 구성되어 있으며 그 중량은 2톤이 넘는다. 대전 앞에는 주랑(走廊, 회랑)이 있으며, 그 아래에는 붉은색 기둥이 세워져 있고, 회랑 내부에는 붉은색의 격산문(隔扇門)과 창이 있다. 문과 창 위의 액방(額枋, 창방)에는 청대(淸代) 건축 채화 중 등급이 가장 높은 화새(和璽) 채화가 그려져 있다. 청록의 색채는 금색의 용 무늬와 지붕의 황색 유리와(瓦)와 서로 조화를 이루며, 붉은색의 회랑 기둥은 문, 창과 대비되어 건축 전체를 화려하고 넓게 보이는 역할을 한다. 대전 중앙 칸 뒤에 황제의 옥좌가 있으며, 그 위에는 황금색의 용으로 장식되어 있다. 옥좌 주위의 기둥에도 황금색의 용이 구름 속에서 휘감아 돌며 유희하는 것처럼 보이는 장식이 있어 매우 생동감 있게 보인다. 옥좌 뒤에는 병풍이 있고, 아래는 7개의 계단으로 이루어진 높은 대(臺)가 있다.

태화전 太和殿

태화전(太和殿)은 북경 고궁 삼대전(三大殿)의 하나로 명청(明淸) 때 황제가 각종 행사와 의식을 치르거나 관료들을 접견했던 곳이다. 태화전은 정면 11칸, 64m에 가깝고 측면은 5칸에 37m로 높이가 27m에 이른다. 대전

태화전

중화전 中和殿

중화전(中和殿)은 태화전(太和殿) 뒤, 보화전(保和殿) 앞에 있다. 중화전은 4면이 단첨(單檐) 찬첨정(攢尖頂, 모임지붕)으로 되어 있다. 이 지붕형식은 주로 정자나 누각(樓閣)건축에 쓰이는 것으로 궁전건축에서는 보기 힘든 지붕형식이지만 중화전의 독특한 건축형식으로 사용되어 전삼전(前三殿)을 이루는 건축군의 면모를 한층 더 풍부하게 만들었다. 중화전의 평면은 정방형이며 각 면은 5칸으로 삼대전(三大殿) 중 규모가 가장 작다. 그러나 중화전의 색채와 장식은 태화전, 보화전과 거의 비슷하며, 황색 유리와는 붉은색의 문, 창, 기둥 그리고 액방의 청록색의 채화와 조화를 잘 이룬다.

중화전

보화전 保和殿

보화전(保和殿)은 삼대전(三代殿) 중 맨 뒤에 위치해 있다. 정면은 9칸으로 앞에 주랑(走廊, 회랑)이 연결되어 있으며, 지붕은 중첨(重檐) 헐산정(歇山頂, 팔작지붕)으로 되어 있다. 명대(明代) 초기에는 근신전(謹身殿), 가정 41년(嘉靖, 1562) 때 건극전(建極殿)이라 불렸으며, 청대(淸代) 순치 2년(順治, 1645)에 이르러 비로소 보화전으로 개칭되었다. 이곳은 황제가 왕공 대신들을 불러 연회를 베풀거나 과거시험을 시행했던 곳이다. 보화전은 전당 자체의 전체적인 화려함 이외에 전당 뒤에 아홉 마리의 용이 여의주를 쫓아 구름 사이로 승천하는 모양을 조각한 고궁 최대의 조각이 있다.

보화전

고궁 삼대전 대기 故宮三大殿的臺基

고궁(故宮) 삼대전(三代殿)의 대기(臺基, 기단) 평면은 공(工)자 형태로 높이 8.1m의 3층으로 되어 있다. 한백옥(漢白玉)의 망주(望柱), 난판(欄板), 이수(螭首)의 머리 부분을 조각한 부분과 수미좌(須彌座)로 구성되어 저층으로 이루어져 있다. 이 수미좌는 규각(圭角), 하방(下枋), 하효(下梟), 속요(束腰), 상요(上梟)와 상방(上枋) 등으로 이루어져 있다. 삼대전의 수미좌는 하얀 한백옥으로 제작되어 색채가 짙은 건축과 함께 강렬한 대비를 이루어 삼대전의 화려함과 비범한 기운을 돋보이게 해준다. 삼대전의 기좌(基座, 기단)는 그 조형이 복잡 다양하지만 난판(欄板), 망주두(望柱頭)와 이수(螭首)의 장식을 더하여 그 중후함과 통일성을 더 해준다.

고궁 3대전 대기

건청궁 乾淸宮

건청궁(乾淸宮)은 정면9칸, 측면5칸, 중첨(重檐) 무전정(廡殿頂, 우진각 지붕)으로 황색 유리와(瓦)가 깔려 있으며, 하부는 한백옥 기좌(基座, 기단)로 구성되어 있다. 건청궁은 명청(明淸) 양대 제왕의 침궁으로 명대(明代) 북경을 수도로 정했던 첫 황제 주체(朱棣, 1360~1424년)부터 맨 마지막 황제였던 숭정(崇禎, 1628~1644년)이 머물렀다. 또한, 청(淸代)대 초기 순치(順治, 1638~1661년)와 강희(康熙, 1662~1722년)도 이곳에서 지냈다. 옹정(雍正, 1678~1735년) 때에는 양심전(養心殿)으로 침소를 옮기면서 건청궁은 전례(典禮) 활동과 관료 및 외국사신들의 접견장소로 활용하였다. 건청궁 내 중앙 칸에는 황제의 옥좌가 설치되어 있고, 위에는 정대광명(正大光明)이라는 편액(扁額)이 걸려있으며, 동서쪽 칸에는 난각(暖閣, 난방설비를 설치했던 곳으로 큰 방에 딸린 작은 방)이 설치되어 있다.

건청궁

교태전 交泰殿

교태전(交泰殿)은 건청궁과 곤녕궁 사이에 위치한 것으로 후삼궁(後三宮) 중 규모가 가장 작다. 단첨(單檐) 4각찬첨(四角攢尖, 4각 모임지붕) 이며, 금으로 도금한 원형의 유금보정(鎏金寶頂)이 세워져 있다. 교태전은 명대(明代) 때 이미 황후의 침소로 쓰였으며, 청대(淸代)에는 황후가 생일을 맞이하여 신하들이 알현하고 축하를 드린 곳으로 쓰였다. 전(殿) 내부에는 구리로 만든 물시계와 서양의 대종을 보관하고 있다. 그 외에 건륭(乾隆, 1736~1795년)때 제작 된 "이십오보(二十五寶)"라 불리는 25개의 옥새가 옥함에 각각 보관되어 있다.

교태전

곤녕궁 坤寧宮

곤녕궁(坤寧宮)은 내정(內廷)의 후삼궁(後三宮)중 하나로 교태전 뒤에 위치해 있다. 정면이 9칸, 중첨(重檐) 무전정(廡殿頂, 우진각 지붕)이다. 곤녕궁은 "중궁(中宮)"이라고도 하며, 명대(明代)에는 황후가 머물렀던 정궁(正宮)이기도 하였다. 청대(淸代) 때 명목상 황후의 침소였지만 실제로는 두 가지 용도로 사용되어 황후는 다른 궁전에 머물렀다. 청대(淸代) 순치 13년(順治, 1656)때 심양(沈陽) 청녕궁(淸寧宮)의 규제에 따라, 동쪽의 2칸을 황제 대혼(大婚, 혼인)시의 신방으로 개조하여 실내에 침대와 등롱을 설치하였고, 서쪽의 4칸을 제소(祭祀)로 개조하였다. 청대(淸代) 궁정에서는 제례행사가 비교적 많았기 때문에 서쪽의 4칸을 자주 사용하였다. 동쪽의 2칸인 신방과 난각(暖閣)은 황제 대혼 시 3일만 사용하였고 그 외는 봉쇄하였다.

곤녕궁

흠안전

흠안전 欽安殿

명대(明代) 가정 14년(嘉靖, 1553)에 지어진 흠안전(欽安殿)은 현재까지 보존 되어 진 얼마 안 되는 명대(明代) 중기 건축의 하나로 북경 자금성 어화원(御花園)의 중앙 북쪽에 위치해 있다. 대전 정면은 5칸으로 붉은색이 상감된 금색 테두리의 격산문(隔扇門)이 장식되어 있다. 대전의 지붕은 중첨(重檐) 녹정(盝頂)으로 황색 유리와(瓦)가 덮혀 있다. 각각의 옥척(屋脊, 지붕마루) 양 측면에는 지붕기와의 색깔과 재질이 같은 용과 작은 화문(花紋)이 조각 되어 있다. 대전은 1층 한백옥의 대기(臺基, 기단)위에 있으며, 위에는 흰색의 옥석 난간이 둘려져 있다. 중앙칸 바로 앞에는 계단이 있고, 계단 양측에는 대기와 같은 옥석 난간이 장식되어 있다. 난간의 각 망주두(望柱頭) 위에는 아름다운 반용(盤龍) 무늬가 조각되어 있으며, 각각의 난판(欄板)에는 용 무늬가 견고하게 조각되어 생동감 있게 보인다. 또한, 옥척(屋脊, 지붕마루)의 용 무늬와 상하대비를 이루어 강렬한 색채 대비를 이룬다. 각 망주(望柱) 아래에는 물을 내뿜는 이수의 머리가 돌출되어 있어 비가 내릴 때 이무기의 머리에서 밖으로 물을 내뿜는 광경을 볼 수 있다. 흠안전은 청대(淸代) 때 주로 진무대제(眞武大帝)의 제사를 지냈으며, 절기나 칠월칠석 때 황제, 황후와 후궁들이 여기에서 제례의식을 행하기도 하였다.

황극전 皇極殿

황극전(皇極殿)은 영수궁(寧壽宮)의 중심전당(殿堂)으로 강희(康熙, 1662~1722년) 때에 영수궁(寧壽宮)이라고 했다. 건륭(乾隆, 1736~1795년) 시기에 이르러 "황극전(皇極殿)"으로 명칭이 바뀌었으며 그 후전(後殿)을 영수궁(寧壽宮)이라고 불렀다. 황극전은 신하들이 이곳으로 와 당시 태상황이었던 건륭에게 하례를 했던 정전이었다. 황극전의 앞면은 9칸으로 4면 모두 회랑이 있으며, 지붕은 중첨(重檐) 무전정(廡殿頂, 우진각지붕)형식이다. 대전 아래는 높은 수미좌(須彌座)식 대기(臺基, 기단)로 이루어져 있으며, 대기 위에는 한백옥의 망주난간이 설치되어 있다. 대전 실내에는 구리로 만든 물시계와 서양의 자명종이 진열되어 있다.

황극전

영수궁 寧壽宮

영수궁(寧壽宮)은 황극전(皇極殿)의 후전(後殿)으로 그 규모가 황극전 보다 작다. 영수궁 정면은 7칸으로 4면에는 회랑이 있고 그 회랑 아래에는 붉은색의 방주(方柱, 네모기둥)가 세워져 있다. 지붕은 단첨(單檐) 헐산정(歇山頂, 팔작지붕)형식이며, 황색 유리와(瓦)로 덮여져 있다. 영수궁의 난간은 황극전과 달리 황녹색 유리 전돌을 이어 쌓은 화담식(花墻式, 무늬 모양의 구멍을 내어 쌓은 담 형식의 난간)으로 이루어져 있다.

격자무늬로 된 폭이 좁은 문짝)과 선루(仙樓, 건물 실내에 나무를 사용하여 설치한 2층 누각으로 일반적으로 신불에게 공양을 했던 곳) 등으로 대부분 향남(香楠)과 자단(紫檀) 같은 목재로 만들었으며, 금과 옥을 상감기법으로 처리하여 섬세하고 화려하다. 악수당 앞의 넓은 정원에는 좌우로 긴 회랑이 있으며, 회랑 사이에는 "경승제법첩(敬勝齊法帖)"이라는 문자가 새겨진 석각이 있다.

악수당

영수궁

악수당 樂壽堂

악수당(樂壽堂)은 영수궁 내 주요 전당의 하나로 건륭황제가 이곳에서 책을 읽고 휴식을 취했다하여 "독서당(讀書堂)"이라 일컫기도 한다. 정면은 7칸으로, 지붕은 단첨(單檐) 헐산정(歇山頂, 팔작지붕)형식이다. 실내에 옥좌가 있으며, 건륭(乾隆) 때 신강(新疆) 화전(和闐)이라는 곳에서 채집한 옥(玉)으로 장수와 다복의 의미를 가진 "수산(壽山)"과 "복해(福海)"라는 글자가 조각되어 있다. 그 밖에 전당 내부에는 "대우치수옥산자(大禹治水玉山子)"라고 새겨진 귀한 옥 공예품이 있으며, 이것 또한 신강(新疆) 화전(和闐)에서 출토된 것으로 무게가 무려 5톤에 달하고, 건륭(乾隆) 때 조각되었다. 실내 장식은 격산(隔扇,

양성전 養性殿

양성전(養性殿)은 고궁 서쪽 길에 있는 양심전(養心殿)을 본떠 지은 것으로 규모는 비교적 작다. 이 곳은 건륭(乾隆) 황제가 보위에서 물러나와 심신을 수양한 곳으로도 유명하다. 양성전의 정면은 5칸으로 지붕은 단첨(單檐) 헐산정(歇山頂, 팔작지붕)형식이며, 앞에는 3칸의 헐산식(歇山式, 팔작지붕)의 포하(抱廈)가 있다. 정전은 격산문창(隔扇門窓)으로 장식되어 있고, 포하(抱廈)는 기둥으로만 세워져 공간이 매우 넓다. 명간(明間, 어칸)에 옥좌가 있으며, 동서에 난각(暖閣)이 설치되어있다. 건륭(乾隆) 때 이곳에서 왕공 대신, 패륵(貝勒, 청나라의 종실 및 몽고 외번에 수여된 작명), 몽고의 왕공에 이르기까지 한자리에 모여 연회를 열기도 하였다. 청(淸)말에는 황제가 외국 공사를 접견했던 장소로 이용되었다.

양성전

한번 원래 명칭으로 복원하였다. 장춘궁 원내의 지면에는 푸른 전돌을 깔았고 중심건물의 정면은 5칸이며 지붕은 황색 유리와(瓦)를 깔았다. 장춘궁 원락 주위의 회랑벽에는 홍루몽(紅樓夢)을 소재로 그린 벽화 10여개가 그려져 있어 서육궁(西六宮) 내부에서 가장 독특한 장식으로 여겨지고 있다. 이 벽화는 광서(光緖, 1875~1908년) 때 광서제(光緖帝)의 총비였던 진비(珍妃)가 제안한 것으로 알려져 있다.

우화각 雨花閣

우화각(雨花閣)은 서육궁(西六宮)의 서쪽에 위치하며, 장전불교식(藏傳佛敎式) 건축으로 청대(淸代) 건륭 9년(乾隆, 1744)에 세워졌다. 누각의 평면 형식은 방형이며, 외부에서 보면 3층이지만 실제는 4층으로 이루어져있다. 처마 밑 기둥 상부에는 용 머리가 돌출되어 있으며, 누각 위 4개의 지붕마루에는 하늘을 배회하는 것처럼 보이는 동(銅)으로 만들어진 용이 있다. 누각 내부에는 불교에 쓰이는 크고 작은 불상들이 있으며 특히, 밀교(密敎)의 금강단성(金剛壇城)과 많은 제기들이 있다.

장춘궁

저수궁 儲秀宮

동서육궁(東西六宮)은 명청(明淸) 황제의 황후, 귀비, 비, 빈, 후궁들과 궁녀들의 생활공간으로 저수궁(儲秀宮)은 자선태후(慈善太後, 서태후)의 거처로 쓰여 특별한 곳이 되었다. 저수궁 대전의 정면은 5칸으로 지붕은 단첨(單檐) 헐산정(歇山頂, 팔작지붕) 형식이다. 건축 형식은 기타 후궁(後宮)과 대체로 비슷하지만 장식과 내부 설비가 매우 화려하여 서육궁(西六宮)가운데 으뜸이다. 궁 내외의 장식은 화초 위주로 특히 난초가 많고 액방(額枋, 창방)에는 단아한 소식채화(蘇式彩畵, 청대 채화 기법의 한 종류로 채화 가운데 등급이 비교적 낮음)가 그려져 있다. 그 외 오복봉수(五福捧壽), 만복만수(萬福萬壽) 등의 길상(吉祥) 도안이 있다.

우화각

장춘궁 長春宮

장춘궁(長春宮)은 명대(明代) 초기의 명칭으로 가정(嘉靖) 때 영녕궁(永寧宮)으로 개칭하였으나 천계(天启, 1621~1627년) 황제가 또

저수궁

익곤궁

체화전 体和殿

체화전(体和殿)은 저수문(儲秀門)을 철거한 뒤에 세운 것이다. 자선태후(慈善太後, 서태후)가 저수궁에 머물 때 체화전에서 식사를 하였다. 또한 광서제(光緒帝, 1871~1908년) 때 황후와 후궁을 선발했던 곳이었으며 서태후에 의해 우물에 빠져 유명을 달리한 광서제의 애첩 진비(珍妃) 역시 이곳에서 선발되어 입궁되었다.

문화전 文華殿

문화전(文華殿)은 고궁 좌측 길 앞에 위치한 것으로 태화문(太和門) 좌측에 있다. 문화전의 건축군은 문화문(文華門), 문화전(文華殿), 주경전(主敬殿) 등으로 구성 되어 있다. 명대(明代) 문화전은 태자궁(太子宮)으로 가정(嘉靖) 때 황제가 유학 경전을 경청했던 곳이기도 하다. 청대(淸代) 건륭(乾隆) 때에는 여기서 전시(殿試, 과거제도 중 최고의 시험)을 치른 뒤 대신들이 답안을 채점했던 곳이었다. 황제가 순행을 나가면 북경에 남은 왕공 대신 등은 내정(內廷) 출입이 불가하여 매일 문화문(文華門)에서 사무를 처리했다.

체화전

익곤궁 翊坤宮

익곤궁(翊坤宮)은 저수궁(儲秀宮) 정남쪽에 위치한 것으로 정면 5칸, 지붕은 단첨(單檐) 헐산정(歇山頂, 팔작지붕)형식으로 황색 유리와(瓦)를 깔았다. 대전 앞에는 동(銅)으로 조각된 봉황과 학이 자리잡고 있다. 그 외 문양이 조각된 동항(銅缸)과 동향로(銅香爐)가 대전 문 앞 양측에 설치되어 있다.

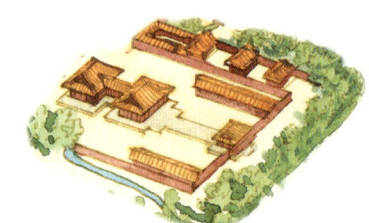

문화전

무영전 武英殿

무영전(武英殿)은 서화문(西華門)과 고궁 중심선의 건축 사이에 전당들이 모여 있는 곳의 주요 전당으로 명대(明代) 때 황제가 머물면서 대신들을 소견했던 곳이다. 반면, 청대(淸代) 건륭(乾隆) 때에는 궁전서적을 편찬했던 곳이다. 무영전은 동화문(東華門) 내의 문화전과 마주보고 있으며, 이들은 동서화문(東西華門), 오문(午門), 태화문(太和門)과 같이 궁내의 앞부분과 대칭적인 구성을 이룬다.

위에는 팔각형의 조각문양, 반용(盤龍) 및 조정(藻井, 조각 및 그림으로 장식한 중국 전통 건축물의 천장형식)이 있으며, 금색과 붉은색 위주로 아주 화려하다.

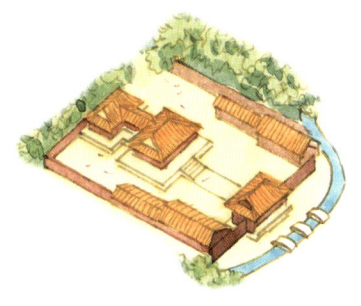

무영전

대정전

대정전 大政殿

심양(沈陽) 고궁(故宮) 동쪽 길에 위치한 궁전군은 청(淸) 태조(太祖) 누루하치(努爾哈赤, 1559~1626년) 때 세워진 것이다. 당시 만주족 정치군사 형태인 "팔자포국(八字布局)"의 배치를 이루고 있다. 주요 건축으로는 대정전(大政殿)과 십왕정(十王亭)이 있다. 대정전은 동쪽 길의 북단 중앙에 있는 주요 건축이자 심양 고궁 중 가장 먼저 세워진 궁전이다. 대전은 정남쪽을 향해 있으며, 평면은 팔각형, 지붕은 중첨(重檐) 찬첨정(攢尖頂, 모임지붕)형식으로 황색 유리와(瓦)를 덮었으며, 처마 쪽에 녹색 전변(剪邊)이 있다. 대전 주위에는 회랑이 있고 8개의 첨주(檐柱, 처마 기둥)와 8개의 금주(金柱, 내부 기둥)가 세워져 있다. 정면에 위치한 2개의 처마 기둥을 금색의 두 마리 용이 휘감아 승천하는 이룡희주(二龍戲珠) 장식이 있다. 대전 아래는 수미좌 형식의 대기(臺基, 기단)가 있다. 대전 내에는 용으로 조각한 옥좌가 있으며, 옥좌

숭정전 崇政殿

숭정전(崇政殿)은 황태극(皇太極) 때 세워진 심양 고궁 건축군의 주요 건축물로 정면은 5칸, 지붕은 단첨(單檐) 경산정(硬山頂, 맞배지붕 형식이나 양측면의 처마가 돌출되지 않은것) 형식이며, 황색유리와(瓦)를 덮었으며 처마 쪽은 녹색의 전변(剪邊)이 있다. 대전 앞 뒤로 회랑이 있고 회랑 내에는 삼교육완격심(三交六椀隔心)의 붉은색의 격산문(隔山門)이 설치되어 있다. 대전 앞의 바깥쪽 첨주(檐柱, 처마기둥)는 두 개의 각주식(角柱式) 지두(墀頭)로 만든 것으로 벽돌로 쌓은 벽체와 서로 단단하게 연결되어 있다. 섬돌의 표

숭정전

면은 황색과 남색의 유리 벽돌로 감싸져 있으며, 중간에 금색의 몸을 서리고 있는 두 마리 용이 각각 조각 되어 있다. 이런 지두(墀頭) 장식은 심양 고궁건축의 가장 큰 특징이다.

봉황루 鳳凰樓

봉황루(鳳凰樓)는 숭정전(崇政殿) 뒤에 위치한 것으로 높이는 3층이다. 정면과 측면은 모두 3칸으로 각 층에는 모두 회랑이 있으며, 상부는 헐산정(歇山頂, 팔작지붕)이고, 황색 유리와(瓦)가 깔려 있다. 1층 중앙칸은 천당(穿堂: 앞뒤로 문이 있어 통로 역할을 함) 형식으로 앞뒤가 연결되어 있다. 봉황루는 높게 세워져 방어 기능과 동시에 초기 황태극(皇太極)이 대신들에게 연회를 베풀고 풍경을 감상했던 곳이기도 하다. 심양(瀋陽)의 아름다운 풍경 중의 하나로 봉루소월(鳳樓曉月)이라 부르기도 한다.

봉황루

대명궁 함원전 大明宮含元殿

함원전(含元殿)은 당대(唐代) 대명궁(大明宮)의 주전으로 중앙 중심선에서 첫 번째에 위치해 있다. 당대 고종(高宗) 용삭 2년(龍朔, 662)에 지어졌으며 정면 11칸, 측면 4칸으로 회랑이 연결되어 있다. 대전 정면은 문과 창으로 되어 있으며, 그 외의 3면은 두께가 2m가 넘는 벽체로 되어 있다. 대전은 1층으로 되어 있고, 지붕은 중첨(重檐) 무전정(廡殿頂, 우진각 지붕)이며, 건물의 총면적은 2,000㎡에 달한다. 주변보다 10m가 높은 건물 대(臺)에 위치하여 조망의 기능도 가지고 있다. 대전 앞에는 70m에 달하는 용미도(龍尾道)가 있으며, 대전의 전체 조형 중에서 아주 특색 있는 부분 중 하나이다.

대명궁 함원전

대명궁 인덕전 大明宮麟德殿

인덕전(麟德殿) 또한 대명궁 내의 주요 건축물의 하나로 제왕이 군신들에게 연회를 베풀거나 불교법사를 행했던 곳이기도 하다. 전(前), 중(中), 후(後) 세 개의 높낮이가 다른 건물이 한 전당으로 구성되어 있다. 지붕은 무전정(廡殿頂, 우진각지붕) 형식으로 맨 앞과 중앙 건물은 4칸, 맨 뒤쪽 건물은 3칸으로 세 건물의 정면은 모두 9칸으로 그 규모가 크

대명궁 인덕전

다. 동서쪽의 소형 건축들 때문에 웅장하고 화려한 느낌이 더욱 부각된다.

원대의 대명전 元代的大明殿

대명전(大明殿)은 연춘각(延春閣)과 함께 원대(元代) 황궁 중 가장 중요한 궁전군으로 꼽힌다. 대명전은 북경 고궁의 태화전(太和殿)과 같이 궁궐의 앞에 위치해 있으며, 아래에는 3층 높이의 흰색 대기(臺基, 기단)가 있다. 황궁의 궁전은 공(工)자형으로, 송대(宋代) 궁전의 형식을 그대로 계승하였다.

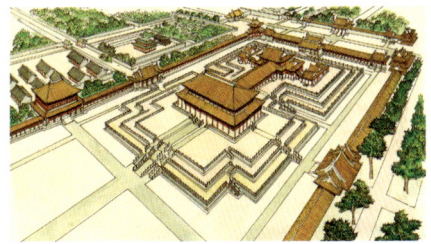

원대의 대명전

제 25 장

희대(戲台)

희대(戲台, 공연무대)는 배우들이 희극을 공연하는데 준비하는 공간이자 배우들이 등장해 공연을 하는 공간이다. 중국은 일찍이 황가 궁원에서부터 서민 촌락에 이르기까지 광범위하게 희대를 설치하였다. 당대(唐代)이전의 공연 장소는 옥외 노천에 지붕 없이 개방된 노대(露台)나 간단한 설비를 덧댄 난간 건축이었으며, 전문적인 악책(樂柵)이 출현하기도 했다. 송대(宋代)에 희곡이 성숙되면서 공연 장소를 와자(瓦子)라 했고, 와자 중에서도 극이 연출되는 부분을 구란(勾欄)이라 했기 때문에 구란와사(勾欄瓦舍)라는 명칭을 갖게 되었다. 구란은 노대(露台), 악책(樂柵), 간책(看柵)으로 구성된다. 원대(元代)는 공연장소를 노청(露廳), 무전(武殿), 악루(樂樓), 희대(戲台)라 불렀다. 명청(明清) 시기의 희극 대부분은 다원(茶園)에서 이루어졌기 때문에 다원이라고도 했으며, 전체적으로 희원(戲園)의 모습을 갖추어갔다. 북경 이화원(頤和園)에 있는 승화원(德和園)의 대희루(大戲樓)와 강서성(江西省) 동평희대(東平戲台)가 대표적이다.

이화원 덕화루 頤和園德和樓

덕화루(德和樓)는 북경 이화원(頤和園) 내에 정취가 넘치는 대희루(大戲樓)로써 서태후의 환갑을 기념하여 지었고, 이화원 동궁문(東

이화원 덕화루

궁(宮門) 내에 위치한다. 덕화루는 상하 3층으로 되어있고, 복대(福台), 녹대(綠台), 수대(壽台)라 하며, 천지인(天地人)을 상징한다. 가장 아래 층인 수대의 아래에는 지하실이 있고, 그 안에 우물이 하나 있다. 이는 공연에서 비룡분수(飛龍噴水)나 수만금산(水漫金山) 등 물이 필요한 장면에 사용하기 위함이다. 수대 앞에는 배우들의 분장을 위해 제공되는 전(殿)이 있고, 그 안에 있는 계단은 2층에 해당되는 녹대로 연결된다. 덕화루 후면에는 이동전(頤東殿)이 있고, 여기서 서태후가 극을 보았기 때문에 그가 관람 시 앉았던 어좌(御座)가 있다.

고궁 창음각 故宮暢音閣

창음각(暢音閣)은 고궁의 희루(戲樓) 중 규모가 가장 큰 건물이다. 창음각은 영수궁(寧壽宮) 양성전(養性殿)의 동편에 있으며, 건륭(乾隆) 37년(1772)에 세우기 시작했다. 희루는 전체 높이 20m, 기좌(基座) 높이 1.2m 이다. 깊이와 면의 폭은 약 3칸으로 총 3층 높이이다. 이 역시도 각 대(台)에 명칭이 있어 복대(福台), 녹대(綠台), 수대(壽台)라 했다. 가장 낮은 층인 수대는 공연에 쓰이는 무대로 12개의 기둥을 이용해 지지되어 있다. 수대의 위아래에 있는 천정(天井)과 지정(地井)은 신

화 이야기 중 하늘에서 내려오는 등의 특별한 막(幕)을 연출하는데 사용되었다. 창음각의 모양은 앞면은 넓다가 뒤로 가면서 점점 작아진다. 지붕부는 헐산권붕정(歇山捲棚頂)이며, 그 위를 남색 유리와(琉璃瓦)로 덮고, 가장자리는 황색으로 처리하여 각 층의 처마가 두드러진다. 여타 건축과 다른 곳에 놓이며, 낭주(廊柱, 복도의 기둥)는 녹색으로 처리하였다. 창음각 희루는 전체적으로 황가의 규모에 부합되게 화려한 장관을 이루면서도 오락성 장소로 세밀한 부분은 비교적 정교하게 처리되었다.

사당대 祠堂台

사당대(祠堂台)는 제사를 지내는 사당 안의 희대(戲台)로 가족 내 공공 활동의 중심에 있다. 사당대는 양쪽에서 극을 볼 수 있으며, 맑은 날엔 외부에서, 우천 시엔 사당 내부에서 공연하기 때문에 청우대(晴雨台)라고도 한다.

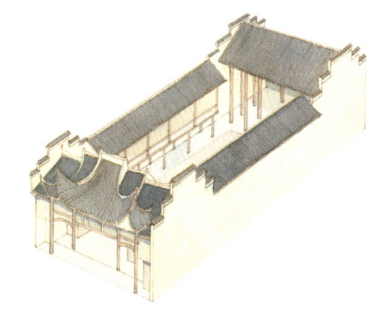

사당대

악평희대 樂平戲台

악평희대(樂平戲台)는 강서성(江西省) 악평현(樂平縣)에 있는 수많은 희대(戲台)의 총칭으로, 악평현 촌락의 전통적 오락 공간이다. 악평현은 강서성 동북부에 위치하며, 북으로는 도자로 유명한 경덕진(景德鎭)과 약 20km

고궁 창음각

떨어져 있다. 악평의 마을들은 약 200여 개의 화려하고 기교 넘치는 장식의 희대를 완벽하게 보존하고 있다. 오늘날까지도 희대의 분위기를 간직하기 위해 어떤 이는 새롭게 보수하지 않고 유지하며, 어떤 이는 자금을 모아 희대를 수리해오고 있다. 악평희대의 대부분은 사당과 연계되어 있다. 이는 사당에서 가보를 계승하는 의식을 진행할 때마다 희극을 공연했기 때문으로 희대를 건축하는 것 역시 선조를 받드는 표현 방식의 일종으로 여긴 것이다. 민간에서 내려오는 고대 희대는 대체로 묘우대(廟宇台), 사당대(祠堂台), 택원대(宅院台), 회관대(會館台), 만년대(萬年台) 등 몇 가지로 나뉘고, 악평희대 대부분은 사당대와 만년대에 속한다.

놓인 것이다. 어떤 건축물에 부속되지 않고, 마을이나 집진(集鎭, 비농업 인구 위주의 작은 거주 지역)의 공공 구역에 단독으로 놓여있다.

악평희대의 외관형식 樂平戲台的外觀形式

악평희대(樂平戲台)의 전체적인 평면 배치, 결구 형식, 건축 형상 일체는 대부분 3칸 4주(三間四柱)이며, 양측에 측대(側台, 옆 무대)를 더한 5칸식(五間式)도 있다. 무대의 중간이나 뒷부분에 병장(屛牆, 병풍식 벽)을 두어 무대 배경과 무대 뒷부분을 분리하였고, 병장의 양측에는 배우들이 무대에 오르내리는 문이 있다.

악평희대

악평희대의 외관형식

만년대 萬年台

만년대(萬年台)는 노천대(露天台)라고도 한다. 만년대는 광장(廣場)에서 극을 보기 위해

악평희대의 기본형식 樂平戲台的基本形式

악평희대(樂平戲台)의 외관은 대체로 5가지로 분류된다. 그 중 첫째 유형은 가장 간단한 것이다. 3칸짜리 건물로, 전면을 활짝 열어 극을 볼 수 있게 한다. 양측은 돌출된 마두장(馬頭牆, 말 머리 형상의 산장(山牆))지붕 형식으로 되어있다.

만년대

악평희대의 기본형식

악평희대의 제2형식 樂平戲台的第二種形式

악평희대(樂平戲台)의 제2형식을 기본 형식과 비교해 보면, 중심 칸 지붕부가 높이 들어올려진 모습이며, 양 옆의 처마각 역시 위를 향해 치켜들려 있다.

악평희대의 제2형식

악평희대의 제3형식 樂平戲台的第三種形式

제3형식은 중심 칸에 지붕 3개가 우뚝 솟아있고, 처마각 4개가 치켜들려 있어 3중루(三重樓) 5개의 옥정(屋頂) 형식을 하고 있다.

악평희대의 제3형식

악평희대의 제4형식 樂平戲台的第四種形式

제4형식 역시 중심 칸에 지붕 5개가 있고, 앞에서 볼 때 6개의 치켜든 처마각을 가지고 있다. 아래는 3칸에서 확장된 5칸이며, 다른 유형과의 차이점은 마두장(馬頭牆, 말 머리 형상의 산장山牆)이 없다는 점이다.

악평희대의 제4형식

악평희대의 제5형식 樂平戲台的第五種形式

제5종이 제4종과 다른 점은 양측 끝 지붕 면에 치켜든 처마각이 없는 대신, 마두장(馬頭牆, 말 머리 형상의 산장(山牆))이 있다는 점이다.

악평희대의 제5형식

악평희대의 장식 樂平戲台的裝飾

악평희대(樂平戲台)의 장식은 화려하고 다채로우며, 내용과 재료 역시 풍부하다. 장식의 형식으로는 채화와 조각이 있고, 장식 내용으로는 화초(花草), 수목(樹木), 조수(鳥獸), 인물, 그리고 용문(龍紋)이 있다. 특히 목조(木雕) 조각은 신화나 옛 고사, 그리고 그 속의 인물들이다. 문희(文戲, 창(唱)이나 동작과 표정 연기를 위주로 하는 극)와 무희(武戲, 무술극이나 활극)에 등장하여 앉거나 서고, 날거나 춤추는 등 다양한 동작으로 표현되어 생동감이 넘친다. 이러한 장식은 황가에서 사용되는 웅장한 느낌이 아니라 자연스럽고 친근하며 농촌의 정취가 담긴 것들이다.

악평희대의 장식

정양희대 程陽戲台

정양채(程陽寨, 유주(柳州) 삼강(三江) 동족자치구(侗族自治縣)의 한 마을)에는 십자형 교차길이 있다. 이 교차점은 큰 광장이 되어 광장 앞부분에 정양희대(程陽戲台)가 마련되어 있다. 희대 평면은 대체로 장방형이며, 전대(前台, 무대 앞부분)와 후대(後台, 무대 뒷부분)에는 편방(偏房)을 덧대었다. 편방에는 화당(火塘, 방바닥을 파서 만든 난방 및 취사용 화로)을 설치하여 공연시 희대의 보조 공간으로 사용하고, 마을에서 평상시 휴식과 담화를 나누는 장소로 이용하였다. 가장 큰 특징은 전체가 3층인 지붕 처마에 있다. 평면상으로 볼 때, 3개 층 모두 1쌍의 경사면과 뾰족한 지붕이 결합되어 있다. 가장 아래 층은 사각이고 상부의 2개 층은 육각 중첩 처마이다.

정양희대

동족희대 侗族戲台

동족(侗族)은 춤과 노래에 다재 다능한 민족이다. 동희(侗戲)는 동족대가(侗族大歌)의 설창(說唱, 산문과 운문으로 구성된 말하기 혹은 노래하는 방식의 민간 예술)을 기초로 점점 독특한 유형으로 발전되었다. 동족은 동희 보기를 즐겼기 때문에 대부분 촌락에 희대가 있다. 희대의 전체적인 조형과 배치, 분위기 등은 악평희대(樂平戲台)와 완전히 다르기 때문에 악평희대가 갖는 일반적인 건축적 특성 외에 유사한 점이 거의 없다. 동족이 있는 현지의 고루(鼓樓), 풍우교(風雨橋), 민거(民居) 등은 서로 상당히 닮아 동족 지방 건축의 가장 큰 특징이 되었다. 동족의 희대 대부분은 촌락의 이름에서 따온 것으로 정양채(程陽寨)의 정양희대(程陽戲台)와 마반채(馬胖寨)의 마반희대(馬胖戲台)가 이에 해당한다.

동족희대

평포희대 平鋪戲台

평포채(平鋪寨)의 민거는 전체적으로 田자 형태로 분포하고 있다. 희대는 중간의 십자 교차지점에 위치하여 시각적으로 촌락의 가장 중심에 위치한다. 희대는 마을 고루(鼓樓)의 입면 조형을 참고하여 3층 정방형의 중첩 처마 위에 8각형의 찬첨정(攢尖頂, 모임지붕)을 건축함으로써 간결한 가운데 변화를 주어 희대 평면의 풍부한 조형성을 나타낸다.

평포희대

마반희대 馬胖戲台

마반희대(馬胖戲台)의 평면은 凸자형으로 간결하다. 희대의 상부는 3중 처마의 헐산정(歇山頂, 팔작 지붕)이고, 하부는 한 층 높이의 대기(台基)로 되어있다. 측면에는 계단을 두어 높거나 낮게 처리했다. 마반희대는 2가지 특징이 있다. 첫째, 입면 장식이 풍부하다. 옥척(屋脊, 지붕마루)이 비첨(飛檐)으로 되어있어 세밀하고 정교한 조각과 생동감 있는 장식을 했고, 둘째, 전목결구(磚木結構, 벽돌과 목재를 사용한 구조) 방식을 차용하였다.

마반희대

평류희대 平流戲台

평류희대(平流戲台)의 외관 조형은 매우 간단하다. 상부는 단층 처마의 헐산정(歇山頂, 팔작 지붕)이고, 아래는 기둥이 바닥까지 내려온다. 지면의 석괴가 기둥 끝을 받쳐, 습기를 방지하고 대기(台基, 기단)가 없는 듯한 형상을 이룬다. 평류희대의 가장 큰 특징은 장식성에 있다. 이는 선적 요소를 사용하여 조각이나 선염(渲染, 물을 칠하여 마르기 전에 붓을 대어 번지는 효과를 더하는 기법)한다. 특히, 희대의 천장 부분에서는 아름다운 호선(弧線)을 다량 사용하여 확실하게 장식한다. 조각에 있어서는 나무 조각을 주로 하며, 그 위에 선염 처리하여 조각의 세밀함과 색채의 농후함을 나타낸다. 또한 조각 내용은 대칭적인 선형(線形)과 비대칭의 화초(花草)를 주로 사용한다.

평류희대

팔협희대 八協戲台

팔협희대(八協戲台)는 몇 가지 특이성이 있다. 우선, 건물의 크기가 크고 높이가 11m로 총 3층에 이르며, 2층에 공연 장소가 있다. 둘째, 건축 입면이 특이하다. 지면과 약 4m 떨어져 있으며, 각각의 특징을 지닌 5개의 입면이 있다. 셋째, 평면 조합이 특이하다. 기능성을 십분 충족시키는 동시에 공간 변화를 다양하게 하기 위해 벽체 처리가 원활하게 되어 있다. 넷째, 장식이 정교하고 색채를 대담하게 사용하여 색조가 소박하고 단아한 마을에서 돋보인다.

팔협희대

진사 균천희대 晉祠鈞天戱台

균천희대(鈞天戱台)는 진사호천신사(晉祠鈞天戱台)의 앞 부분에 있는 희루(戱樓)로 청대(淸代) 건륭 황제 60년(1795)에 관제묘(關帝廟, 관우를 모시는 사당)을 짓는 사업을 대대적으로 할 때 재정비된 것이다. 균천(鈞天)은 『열자(列子)·주목왕(週穆王)』에서 "균천광악, 제지소거(鈞天廣樂, 帝之所居 천상의 신선이 가진 즐거움은 제왕의 사는 곳에 있다.)"라는 말에서 비롯된 것으로 균천악(鈞天樂)은 천상의 선악(仙樂, 신선과 같이 노니는 즐거움)을 뜻한다. 균천악대는 단첨(單檐) 헐산정(歇山頂, 팔작 지붕)이 결합된 권붕정(卷棚頂)으로 되어있고, 앞뒤 대(台)가 연결되어 일체를 이룬다. 동서남 면에 낮은 꽃담이 난

진사 균천희대

간으로 사용되었다. 균천악대 후면은 지백거(智伯渠)를 맞대며, 건축은 수면에 거꾸로 비쳐 물에 떠있는 듯 하여 마치 봉래선각(蓬萊仙閣) 같다.

진사 수경대 晉祠水鏡台

진사(晉祠)의 대문 내로 진입하여 제일 먼저 만나는 고건축이 바로 수경대(水鏡台)이다. 수경대는 대문을 뒤로 하고 동쪽에 놓여 서쪽을 향하는 오래된 희대(戱台)이다. 조성 연대는 정확하지 않으나 건축 구조 방식은 명대(明代)의 풍격(風格)을 따르고 있다. 대(台)의 앞부분 상부는 단첨(單檐) 권붕정(卷棚頂)이고 뒷부분 상부는 중첨(重檐) 헐산정(歇山頂, 팔작 지붕)이다. 양 옆면은 주랑(走廊)이 있어 앞뒤를 연결한다. 수경대는 비록 단체(單體) 건물로 된 희대이지만, 규모가 비교적 크고 그 기세가 위엄이 있으며 기둥과 대들보는 채화로 화려하게 장식되어 있다.

진사 수경대

남심동대가 희대 南潯東大街戱台

절강성(浙江省) 남심동대가(南潯東大街)의 희대(戱台)는 2층으로 되어있다. 윗층 공간은 희대의 중심 부분으로 극을 공연하는 공간이다. 희대는 단첨(單檐) 헐산정(歇山頂, 팔작 지붕)으로, 지붕의 마루가 정교하게 치켜들려

전체적으로 날렵하고 우뚝 솟은 형상에 상응하며, 남방 희대의 공통된 특징을 드러낸다.

화청에 모여 희대에서 떠들썩하게 상연되는 희극을 관람한다. 임가 희대는 단첨(單檐) 헐산정(歇山頂, 팔작 지붕)으로 홍색 기와에 백색으로 마루를 처리하여 대만 건축의 특성을 나타낸다. 또한 희대의 용마루 위와 난간 등의 장식은 세밀하고 화려하게 꽃으로 조각하였다.

남심동대가 희대

무봉임가 희대 霧峰林家戲台

무봉(霧峰)의 임가(林家)는 대만의 저명한 가문 중 하나이다. 임가의 희대(戲台)로 대화청원(大花廳院)이 있으며, 대화청은 임가의 연회청(宴會廳)으로, 경축일 등에 가족들이 모이는 장소이다. 특별한 날마다 전 가족이 대

무봉임가 희대

조소(雕塑)

조소(雕塑)는 조(雕, 새기거나 빚다), 각(刻, 새기다), 소(塑, 빚거나 만들다)의 개념을 포함한 것으로 조형 예술에 속한다. 조에는 석조(石雕), 전조(磚雕), 목조(木雕)등이 있고, 각에는 석각(石刻), 목각(木刻)이 있으며, 소에는 회소(灰塑), 니소(泥塑), 채소(彩塑)가 있다. 그 중, 조각수법이 가장 다양하여 투조(透雕), 부조(浮雕), 원조(圓雕), 선각(線刻) 등이 있다. 조소의 내용은 풍부하고 다채로워 소나무, 대나무, 매화, 석류, 복숭아, 수선(水仙), 영지(靈芝), 모란 등의 식물 화훼류와 사자, 기린, 호랑이, 사슴 등의 동물류, 그리고 법라(法螺), 법륜(法輪), 산개(傘蓋), 보병(寶瓶), 보검(寶劍) 등의 종교 관련 법기(法器)를 비롯하여 인물과 고사(故事) 등이 있다. 조소는 중국 고대 건축의 주요 장식 수법이며, 일반적으로 실외에는 석조, 전조, 도소(陶塑), 회소(灰塑)를 쓰고, 실내에는 대부분 목조, 채묘(彩描) 등을 쓴다. 때에 따라 종합적으로 활용하여 각종 장식이 동일 공간을 표현하여 조화롭게 한다.

석조 石雕

석조(石雕)는 조각에서 자주 볼 수 있는 조각 장식이다. 석재는 재질이 견고하여 내마모성이 좋고, 방수와 방습이 가능하다. 외관상 튼튼해 보이고 내구성이 우수하다. 그래서 중요한 부분에 방습이 필요하거나 힘을 받는 곳의 부재로 활용되며, 문함(門檻, 문지방), 주초(柱礎, 초석), 난간, 대계(台階 계단) 등에 쓰이며, 석조 장식의 중요 부위로 여겨진다. 석조와 목조(木雕)는 별 차이 없이 선각(線刻), 부조(浮雕), 투조(透雕), 원조(圓雕), 은조(隱雕) 등 몇 가지가 있다. 다만 상대적으로 석재에 조각 장식하는 것이 어렵기 때문에 공예상 복잡한 투각의 실례는 많지 않다.

석조

목조 木雕

목조(木雕)는 목재에 조각하는 것을 뜻한다. 중국 전통 건축 대부분은 목구조 방식이기 때문에 전통 민가에서도 흔히 볼 수 있다. 목재의 질감을 활용해 가공 조각하기 때문에 문창(門窓), 병조(屏罩), 양가(樑架), 양두(樑頭)의 첨탁목(檐托木, 처마를 받치는 나무 부재)에 쓰여 무늬를 두드러지게 하거나 가구와 진열품 등에서 사용된다. 부위에 따라 공예와 기법이 다르게 쓰인다. 천장 구조와 같이 비교적 높고 먼 위치의 경우 통조(通雕)나 누공(鏤空, 문자나 꽃을 새기는 투조 및 투각 방식)을 사용하며, 표면은 검박하면서 호방하게 처리하여 멀리서도 보이게 한다. 목재의 질감은 상대적으로 자연스러워 조각할 때 곡선과 곡면을 이용한다. 목조의 종류는 다양한 편으로 선조(線雕), 부조(浮雕), 투조(透雕), 은조(隱雕), 감조(嵌雕), 첩조(貼雕) 등이 있다.

목조

전조 磚雕

전조(磚雕)는 전(磚, 전돌)을 이용한 조각 장식이다. 이는 석조를 모방한 것이나 석조에 비해 경제적이고 공정이 짧아 사용성이 높기 때문에 민간 건축에서 많이 사용한다. 민가 건축에서는 대문(大門), 산장지두(山牆墀頭), 조벽(照壁, 밖에서 내부가 보이지 않도록 가린 벽) 등에 쓴다. 조각 수법 측면에서 보면 목조, 석조 장식과 유사하며, 척지(剔地, 파내서 제거하는 방식), 원조(圓雕), 부조(浮雕), 투조(透雕), 은조(隱雕), 다층조(多層雕) 등을 사용한다. 전조는 석조의 단단한 질감과 목조의 정교하고 부드러운 특성이 서로 조화를 이룬다.

전조

회소 灰塑

회소(灰塑)는 고대 건축 장식에서 나름의 특성을 가지고 있으며, 특히 남방 지역에서 두드러진다. 백회(白灰)나 조개 가루를 이용해 만든 소석회 침전물로 그 위에 채색하여 건축물에 묘사하거나 소조하는 등의 장식을 한다. 일반적으로 옥척(屋脊, 지붕 마루), 산화장면(山花牆面, 합각의 벽면) 등에 쓰이며, 크게 채묘(彩描) 방식의 그림과 회비(灰批) 방식의 글로 표현한다.

회소

채묘 彩描

채묘(彩描)는 담장 면에 산수, 인물, 화초, 동물류 등을 그려 벽화를 장식하는 것으로 남방 민가에서 쉽게 볼 수 있다.

채묘

부조식 회비

회비 灰批

회비(灰批)는 울퉁불퉁하게 입체적으로 회소 처리하는 방식이며, 부조식(浮雕式)과 원조식(圓雕式) 2가지가 있다.

회비

원조식 회비 圓雕式灰批

원조식 회비(圓雕式灰批)의 사용법은 먼저 동선(銅線)이나 쇄선(鐵線)을 이용하여 골격을 만들고, 그 골격에 근거하여 사근회(沙筋灰)를 제작하여 규모를 정한다. 반쯤 굳었을 때, 안료인 지근회(紙筋灰, 벽체의 회칠층의 잔금을 방지하는 풀이나 섬유물질을 활용한 풀)를 세밀하게 조소하여 붙이기 때문에 제작 과정이 비교적 복잡하여 다층의 입체식에 쓰인다. 층차감을 증대시키기 위해 눌러 붙일 수 있는 재료를 사용한다.

부조식 회비 浮雕式灰批

부조식 회비(浮雕式灰批)은 원조식(圓雕式)에 비해 상대적으로 용도가 다양하며, 옥척(屋脊, 지붕마루), 문액(門額), 창미(窗楣), 산장(山牆) 등에 쓰일 뿐만 아니라 수법 역시 다양하다.

원조식 회비

선조 線雕

선조(線雕)는 선각(線刻)이라고도 하며, 가장 간단한 조각법 중 하나로 평면적인 조각에 가깝다.

선조

도소 陶塑

도소(陶塑)는 반죽토를 이용해 빚은 형상을 가마에 구운 건축 장식 부재로 대부분 옥척(屋脊, 지붕마루) 부위에 사용한다. 도소 재료는 단순한 색상과 채색 유약 2가지가 있다. 단순한 색채는 원자재 그대로 구워 제작한 것이며, 유도(釉陶)는 굽기 전에 유약을 한 번 칠한 것이다. 유도는 색깔과 광택이 산뜻하고 아름다우며, 방수와 방사가 되어 내구성이 있으나 가격은 높은 편이다. 도소는 주로 가마에 구어 제작하기 때문에 실용성이 강한 반면, 공예적인 면에서 회소(灰塑)에 비해 정교함과 사실성이 떨어져 거리가 먼 용마루 부위에 사용하여 상징성 나타내는 정도로 쓰인다.

부조 浮雕

부조(浮雕)는 돌조(突雕)나 산화(鏟化)라고 하며, 고대엔 척조(剔雕)라 불렀다. 이는 원재료 위에서 끌이나 정으로 점차 깊이감 있게 입체적으로 소재를 표현하는 방식이다. 부조는 층차가 명확하고 공예적 기술 역시 복합하지 않아 가장 흔히 볼 수 있다. 부조는 조각 이후 드러난 돌출 부분을 기준으로 천부조(淺浮雕)와 심부조(深浮雕)로 나뉜다.

부조

천부조 淺浮雕

천부조(淺浮雕)는 부조의 일종으로 조각의 도안이 바닥에서 위로 돌출된 정도가 상대적으로 낮고, 도안의 입체감은 선각(線刻)보다 강하다.

천부조

도소

심부조 深浮雕

심부조(深浮雕) 역시 부조의 일종으로 고부조(高浮雕)라고도 한다. 조각의 도안이 비교적 돌출되어 있고, 천부조(淺浮雕)에 비해 도안의 입체감이 강조된다.

심부조

투조 透雕

투조(透雕)는 통조(通雕), 납화(拉花)라고도 하며, 공예적 측면에서 높은 수준을 요구한다. 먼저 원자재 위에 화문(花紋) 도안을 그린 후, 소재에 따라 탁각(琢刻, 쪼는 방식의 조각)을 진행하여 투과되는 구멍을 확보하고, 대체적인 윤곽이 생기면 다듬어 정교하게 가공한다.

은조 隱雕

은조(隱雕)는 암조(暗雕), 요조(凹雕), 음조(陰雕), 침조(沈雕)라고 불리며, 후벼 발라내는 방법을 쓴다.

은조

원조 圓雕

원조(圓雕)는 사방에서 감상할 수 있는 완전한 입체적 조소 형식으로 어떤 배경 위에 있지 않고 독립적이다. 중국 고대 조소에서 원조의 사례는 쉽게 볼 수 있어 전당(殿堂)뿐만 아니라 왕릉, 불교 사묘, 석굴에 많이 있다.

투조

원조

감조 嵌雕

감조(嵌雕)는 투각(透刻)보다 더욱 복잡하다. 먼저 목재 위에 몇 층으로 된 입체 꽃모양을 통각한다. 입체감을 증대시키기 위해 이미 투조한 구조 위에 작은 부재를 상감한다. 꼭대기로 나올수록 상감하고 돌출시키며, 마지막에는 세부 조각과 마모 작업으로 완성한다.

감조

압지은기 壓地隱起

압지은기(壓地隱起)는 송대(宋代) 조각 방법의 명칭 중 하나로, 중국에서 일반적으로 말하는 천부조(淺浮雕)이다. 대만의 녹항 용산사(鹿港龍山寺) 석조(石雕)에서 압지은기를 사용한 조각을 볼 수 있다.

감지평급 減地平及

감지평급(減地平及) 역시 송대(宋代) 조각 방법의 명칭 중 하나이며, 음각의 선조(線雕)를 뜻한다. 즉, 도안 부분을 파내 평면 부분이 남게 하는 것이다. 이 명칭은 파내려간 부분과 돌출된 부분이 거의 한 평면상에 있다는 뜻에서 지어진 이름이며, 평화(平花), 평조(平雕)라고도 한다.

감지평급

압지은기

척지기돌 剔地起突

척지기돌(剔地起突) 역시 송대(宋代) 조각 방법의 명칭 중 하나이며, 통상 말하는 심부조(深浮雕), 고부조(高浮雕)이다. 척지기돌이 부조된 입체 정도는 이후에 나타난 심부조와 서로 비슷하지만 구체적인 수법상 송대의 특징을 갖는다.

척지기돌

조소의 동물류 제재

소평 素平

소평(素平)은 조각 중에서도 가장 간단한 것으로 사실 조각이라기보다 석판 표면을 평평하게 마모시키고 사변에 약간 선각(線刻)을 한 정도이다. 장식으로써의 평평한 표면은 간결하고 대범해 보이면서도 수공을 감소시키는 효과가 있다.

소평

조소의 동물류 제재 動物類雕塑題材

동물류 제재(題材)는 기린(麒麟), 사자, 노루, 봉황, 학, 박쥐, 나비, 원앙, 까치, 어류 등이 있다. 기린은 전설에 나오는 영명하고 자혜로운 동물로써, 자손이 어질고 선량한 성품을 갖기를 비유하는 것이다. 사자는 짐승의 왕으로 권력과 부귀를 상징하며, 노루와 학 그리고 박쥐는 복(福), 녹(綠), 수(壽)를 나타낸다.

조소의 식물류 제재 植物類雕塑題材

식물류 제재(題材)에는 소나무, 대나무, 매화, 난, 국화, 부용(芙蓉), 수선(水仙), 모란, 해당, 백합, 만년청(萬年靑) 등이 있다. 예를 들어 "복(福)은 동해의 장구히 흐르는 물과 같고, 수(壽)는 남산의 늙지 않는 소나무에 비할 만 하다"는 말이 있다. 소나무는 수목의 으뜸으로 사시사철 항상 푸르기 때문에 축복과 장수의 상징을 상징한다. 매화는 고상하고 순결하며, 사람됨이 정직하고 굳센 것에 비유되고, 대나무는 격이 높고 절개가 곧으며 수려하고 재능이 뛰어난 것에 비유된다. 또한 모란은 절세 미인으로 부귀와 영화를 기원하며,

조소의 식물류 제재

난화(蘭花)는 고아하고 그윽하여 깨끗한 성질을 나타낸다. 각각의 제재는 형상이 미려하기도 하지만, 비유하는 뜻 역시 깊이가 있다.

조소의 인물류 제재 人物類雕塑題材

인물류 형상은 주로 신선(神仙)이거나 고대의 명사(名士), 신산의 팔선(八仙), 수성(壽星, 장수의 상징으로 이마가 튀어 나온 노인으로 남극노인성 별자리를 형상화), 종규(鍾馗, 요물이나 악령을 쫓아내는 전설상 귀신을 잡는 신), 손오공(孫悟空), 나타(哪吒, 원래 불교의 호법신으로 서유기(西遊記)와 봉신연의(封神演義)에 나오는 등장 인물 등이다. 역사적 인물로는 화목란(花木蘭), 악비(岳飛), 홍불(紅拂), 관우(關羽), 유비(劉備), 장비(張飛), 조운(趙雲), 이백(李白), 소식(蘇軾) 등이 있다. 이러한 인물의 형상은 서로 다른 고사에 연결되어 팔선과해(八仙過海), 나타료해(哪吒鬧海), 도원삼결의(桃園三結義), 악모자자(岳母刺字) 등의 이야기로 표현되었다.

조소의 인물류 제재

동한 태군묘 묘표 東漢泰君墓墓表

동한(東漢)시대 태군묘(泰君墓)의 묘표(墓表, 묘비)는 현존하는 대표적인 동한 시기의 석조 묘표로 북경 서교(西郊)의 석경산(石景山)에서 출토되었다. 묘 앞에 서 있는 신도주(神道柱, 신도에 놓여있는 기둥)로써 실재 표식과 상징의 역할을 한다. 현재 묘표의 지붕부는 입면이 방형의 석판에 가까우며, 윗면에 "한고유주서좌태군지신도(漢故幽州書佐泰君之神道)"라고 묘표가 누구를 위한 것인지 명확히 기재되어 있다. 석판 아래에는 기둥 머리 부분을 숙인 엎드린 형상의 짐승 조각을 한 석주(石柱)가 있고, 석주 단면은 원형에 가깝다. 주신(柱身, 기둥의 몸통 부분)의 표면은 얕은 깊이로 길고 오목하게 파내었다. 주신은 아래부터 몸통까지 일정하게 나뉘어져 있고, 아랫 부분은 넓으나 기둥 윗부분으로 올수록 점점 좁아진다. 기둥 아래 기단은 장방형 석재로 되어 있다.

동한 태군묘 묘표

동한 태군묘 묘표의 대기 조각
東漢泰君墓墓表台基雕刻

동한(東漢)시대 태군묘(泰君墓)의 묘표(墓表)의 대기(台基)는 장방형 평면이다. 그 상부 표면은 수평이 아니라 도안이 조각되어 있다. 도안은 기둥 뿌리 부분 앞 뒤로 쫓고 쫓기는 2 마리의 이(螭, 전설 속 뿔 없는 용)가 있고, 그 동작이 과장되어 비교적 추상적이다. 이의 문양은 비록 후대 조각처럼 화려하고 정교하진 않지만 선이 매끄럽고 간결하다.

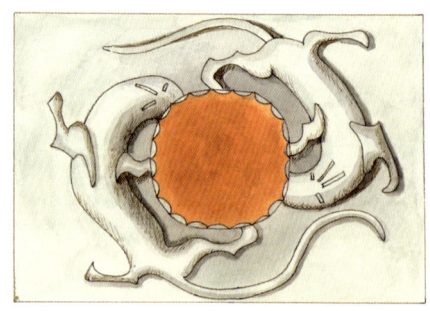

동한 태군묘 묘표의 대기 조각

북조시대 북제 의자혜석주
北朝的北齊義慈惠石柱

북제(北齊)시대 의자혜석주(義慈惠石柱)는 남북조 시대의 묘표(墓表) 중 하나로 하북성(河北省) 정흥현(定興縣)에 위치한다. 소경묘(蕭景墓)의 묘표와 비교하면, 의자혜 석주는 한대(漢代) 묘표 형식을 계승하면서 나름의 발전과 변화를 이룬것이다. 주신(柱身, 기둥의 몸통 부분)의 상단은 앞면이 장방형이며 표면에 홈이 없는 대신 명문(銘文)을 새겼고, 하단의 주신 단면은 팔각형이다. 지붕부는 석실(石室)로 되어 있고, 기좌(基座)는 연화 꽃잎 아래에 2겹의 방형 석기(石基)까지를 포함한다.

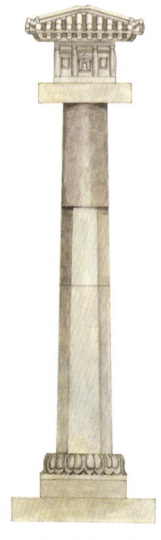

북조시대 북제 의자혜석주

북제 의자혜석주 지붕 석실
北齊義慈惠石柱上的石室

기둥 지붕 위의 석실(石室)은 의자혜석주(義慈惠石柱) 조각 중 가장 특색 있는 부분이다. 석실은 석방목구조(石仿木構造, 목조식을 차용한 석조식)를 따르며, 정면은 3칸4주(三間四柱)이다. 기둥은 사주(梭柱, 원형 단면에 기둥 상부와 하부가 균일하게 안으로 깎인 기둥 형식으로, 베를 짤 때 쓰던 사자(梭子)와 형상이 비슷하여 생긴 이름) 형식이다. 3칸 중 중앙의 칸에는 아치형의 불감(佛龕)을 조각하고, 그 내에 작은 불상 한 존을 모셨다. 석실(石室) 상부는 단첨(單檐) 사아식(四阿式, 우진각 지붕)이고, 지붕면은 통모양의 석조각과 판기와로 되어있어 세밀한 조각의 소석실로 당시 건축 양식의 연구 자료가 된다. 원래 지붕은 용마루와 치미(鴟尾, 지붕 용마루 양끝에 놓는 장식품)가 있어야 하지만 현재는 그 자리가 비어있다.

북제 의자혜석주 지붕 석실

소릉육준 昭陵六駿

소릉육준(昭陵六駿)은 섬서성(陝西省) 함양시(咸陽市) 예천현(禮泉縣)에 있는 소릉(昭陵)의 석조로 당대(唐代) 태종 이세민(李世民)의 능묘이다. 소릉육준에 조각된 6필의 준마는 이세민이 탔던 것으로 건국 전쟁시 큰 공을 세웠다. 소릉육준은 석판과 분리되도록 부조되어 있고, 소릉 북쪽 기슭의 제단 내 동서 곁채에 열을 지어 서있다. 육준의 이름은 백제조(白蹄烏), 십벌적(什伐赤), 청추(青騅),

삽로자(颯露紫), 권모왜(拳毛騧)이다. 말의 모습은 서거나 걷거나 질주하는 자세이며, 골격이 건장하고 기운이 넘쳐 예술적 가치가 높다.

소릉육준

순릉 석사 順陵石獅

순릉(順陵)은 무측천(武則天)의 모친 양씨(楊氏)의 묘이며, 능 앞에 석인(石人), 석마(石馬), 석양(石羊), 석사(石獅) 등 몇 십 개의 석조가 배치되어 있다. 그 중 남문 쪽에 놓인 걷는 모습의 암수 사자 조각 1쌍이 가장 아름답다. 숫사자는 당대 석사자 조각의 특징을 잘 드러낸다. 높이가 3m가 넘고, 머리를 들고 활동적으로 정면을 향해 걷는 듯한 모습이 건강하고 힘있어 보인다. 근육은 행진하는 동작에 따라 튀어나와 있다. 말린 머리털, 치켜든 코, 돌출된 눈, 크게 벌린 입은 생동감 있게 표현되어 당대(唐代)의 예술적 기술을 엿볼 수 있다.

순릉 석사

당대 석사 唐代石獅

당대(唐代)의 석사(石獅, 사자 형상의 석조)는 형체가 크고 높으며 앞다리는 꼿꼿하게 젖히고 머리를 쳐들어 가슴을 쫙 펴 근육이 튀어나올 듯하다. 또한 큰 머리, 구부린 손, 높은 코, 크게 벌린 입 등 전체적인 형상은 그 기세가 매우 드높다. 특히 능묘 앞의 높고 큰 석상(石像)은 기세가 맹렬하여 능묘 앞에서 뛰어난 수호자 역할로 쓰기 위해 세워졌다. 당대의 석사 형상은 그 시대의 경제와 문화가 발전하던 시기를 반영한다.

당대 석사

명청 석사 明淸石獅

명청(明淸)시대의 능묘 역시 석조(石雕) 사자상이 배치되어 있다. 다만 당대(唐代)의 것과 비교해 보면 비교적 온화하며, 당대의 석사자(石獅子)처럼 거센 기백을 보여주지 않는다. 명청시기 석사자 대부분은 숫사자가 발 아래에 방울이나 구슬을 가지고 놀고 있고, 암사자 대부분은 새끼 사자를 품에 안고 있는 형상으로 백수의 왕으로써의 용맹함보다는 귀여운 이미지가 많다.

명청 석사

에 있어 특별한 경우에 속한다. 조각은 비교적 간결한 편으로 타조 형상 자체로는 소박한 느낌이다. 현재 천 년이 넘는 시간을 보내면서 손상되어 일부 흔적만 남아 있다.

건릉 익마 乾陵翼馬

익마(翼馬)는 고대 신화에서 전래되는 영수류(靈獸類)로 천마(天馬) 혹은 비마(飛馬)라고 한다. 이는 뭉개구름 같은 형상의 날개에 그 특성이 있기 때문이다. 건릉의 익마는 높이 3m가 넘고, 그 넓이도 거의 3m, 말 아래에 놓인 기단 높이도 1.2m에 이른다. 머리를 들고 가슴을 쭉 펴는 등 전체적인 형상은 둥그렇고 웅대한 모습이지만, 날개를 제외하고는 다른 말들과 큰 차이가 없다. 1쌍의 건릉 익마는 형상은 유사하나, 날개에 있어 건타라(犍陀羅, Gandhara)식과 아잔타(阿旃陀, Ajanta)식 2가지를 각기 차용해 조각함으로써 진기한 석조로 남아있다.

건릉 타조 석조 乾陵駝鳥石雕

서아시아 일대에 근거를 두고 사막에서 생활하는 타조(鴕鳥)는 한당(漢唐) 대에 중국에 전래되었다. 『구당서(舊唐書)·고종본기상(高宗本紀上)』에 650년 당대(唐代) 고종 이치(李治)에게 토화라(吐火羅, 원시시대에 인도 유럽인이 머물던 가장 동쪽에 위치한 민족)가 타조처럼 큰 새를 바쳤다는 기록이 있다. 이러한 신비한 색채를 가진 기이한 새들은 특별히 고종의 관심을 받았기 때문에 그가 묻힌 건릉(乾陵) 앞에 석조 타조를 놓았다. 높이 약 2m, 넓이 1.3m에 이르며, 전통적인 고부조(高浮雕) 수법의 반입체 형식으로 부조

건릉 타조 석조

건릉 익마

남조시대 경안릉 석기린 南朝竟安陵石麒麟

경안릉(竟安陵)은 남조(南朝)시대 제무제(齊武帝)의 능묘로 강소성(江蘇省) 단양시(丹陽市) 건산(建山)의 춘당(春塘)에 위치한다. 능묘 앞에는 석조 기린(麒麟) 2개가 있으며, 그

중 하나만이 완전한 형상을 하고 있다. 치켜든 머리, 큰 입, 불룩한 가슴, 곧게 세운 네 발, 구불구불하게 늘어뜨린 긴 수염이 있으며 다른 석상에 비해 낮은 자세가 특징이다. 기린의 신체 표면은 말린 구름이나 넝쿨 풀 문양 조각이 가득하고, 양 날개는 비늘 문양으로 웅대한 형상 가운데 섬세함이 있다. 특히 기린의 전체 윤곽선은 매우 수려하여 남조 능묘 석조 중에서도 형태상 가장 뛰어난 미를 보여준다.

화상전의 출현과 유행 시기는 한대(漢代) 전후이며, 화상석(畫像石)과 큰 차이가 없다. 화상전의 회화 소재나 내용, 수법 등은 모두 화상석과 유사하다. 화상전이 화상석과 다른 점은 주로 그림 형태의 소재에 있다. 현재까지 발견된 화상전의 실물은 대부분 사천(四川)의 동한묘(東漢墓)에서 출토된 것들이다.

비 碑

비(碑)는 공적 등을 조각하여 설치한 것으로 대부분 돌로 제작하기 때문에 석비(石碑)라 부른다. 석비 조각에는 일반적으로 문자를 새기며, 등급이 높거나 세심한 주의를 기울인 석비의 경우, 비두(碑頭)에는 이문(螭紋)이나 용문(龍紋)을 새기고, 비의 아래에는 귀부(鬼趺)를 새긴다. 방형 비두와 원형 비두가 있으며, 방형인 경우 비(碑), 원형인 경우 갈(碣)이라 한다.

남조시대 경안릉 석기린

화상전 畫像磚

화상전(畫像磚)은 묘실(墓室)과 석굴(石窟) 등 고대 건축에서 쓰인 장식화의 일종이다.

화상전

비

비액 碑額

비액(碑額)은 비두(碑頭)라고도 하며, 비의 머릿 부분을 뜻한다. 비액은 비두의 제각(題刻)을 가리키는 말이기도 하다. 일반적으로 고대 비수에 새겨진 글자는 대부분 전서(篆書)나 예서(隸書)로 쓴 것이며, 전서로 새긴 비수를

비액

전액(篆額), 예서로 새긴 비수를 예액(隸額)이라 한다. 그 주위 사방에는 대부분 용(龍), 반리(蟠螭, 뿔 없이 꼬리를 틀고 있는 용), 봉황(鳳凰), 호랑이 문양을 조(雕)나 루(鏤, 새기는방식)로 처리한다.

이 스스로를 천자(天子)라 칭한 것은 황제의 비에 구타비를 차용하여 황제와 용을 연계한 것으로 비에 타비를 새긴 것은 이에 상응하는 표현법이다. 그 때문에 장수를 상징하는 거북으로만 여긴 것이 아니라, 비두(碑頭)에 한 마리 용이나 서너 마리의 용이 서로 휘감긴 모습을 조각한 것이다.

구좌 龜座

구좌(龜座)는 구부(龜趺)라고 하며, 구타비(龜馱碑)의 받침에 해당된다.

구좌

구타비 龜馱碑

석비(石碑) 아랫면에 석구타부(石龜馱負 짐을 지고 있는 듯한 돌 거북이 형상)를 조각해 넣은 것을 구타비(龜馱碑)라 한다. 전하는 말에 따르면, 타비(馱碑)는 용의 아홉 자식 중 하나인 비희(贔屭)이며, 무거운 짐을 짊어지는데 능했기 때문에 중임을 맡길 수 있음을 비유하는 것이라 한다. 구타비는 일반적으로 황가에서 제작하는 석비에 많이 사용되었다. 중국 고대 황제들

구타비

조상비 造像碑

조상비(造像碑)는 불상 조각을 주로 한 고대의 석비(石碑)이다. 일반적으로 석비에 불감(佛龕)을 먼저 조각한 후, 다시 감실(龕室) 내에 불상을 조각하거나 따로 제작한 불상을 모신다. 일부는 인상(人像)을 조각해 넣거나 도교 인물 조각상을 놓았다. 비에는 인상 조각을 비롯하여 조성 근거와 조성자의 이름 등 정황을 새긴다. 조상비는 남북조(南北朝) 시기에 유행하였고, 특히 북조 말기에 가장 성행했다. 현존하는 조상비는 상당수가 하남(河南), 감숙(甘肅), 산서(山西) 등지의 석굴사(石窟寺)에서 발견된 것이다. 조상비 조각은 고부조(高浮雕)로 처리하고, 조각 형식으로는 일비일감일상(一碑一龕一像, 비와 불감 불상이 하나씩만 있는 것), 일비이도삼층감상

(一碑二到三層龕像, 비 하나에 2층에서 3층으로 불감과 불상이 있는 것), 일비만조소상(一碑滿雕小像, 비 하나에 작은 인상들이 가득 조각된 것) 등이 있다.

조상비

한묘 도루 漢墓陶樓

한대(漢代) 고분에는 매장된 부장품이 많으며, 도루(陶樓) 역시 그 중 하나로 흙이나 사토로 제작된 부장품이다. 한대의 주택은 주요 건축물 외에 높고 큰 탑류인 망루(望樓)와 같은 것들이 있으며, 3~4층 높이에서 바라볼 수 있다. 또한 한대의 묘에서 출토된 도루는 이러한 망루의 축소판으로 정밀하

한묘 도루

게 제작되었으며, 기본적으로 당시 한대 건축의 사실적인 형상을 반영하기 때문에 한대 건축의 중요 연구 자료가 된다.

문루 조각 門樓雕刻

문(門)은 건축에서 결코 협소하게 설치할 수 없는 것으로 설치 위치에 따라 특성이 있으며, 다양한 장식을 하고 있다. 황가 건축의 문루(門樓) 상부는 채화나 유리 장식을 붙여 장식한 반면, 일반 주택에서는 조각을 많이 사용하였고, 그 중 전조(磚雕)를 흔히 볼 수 있다. 채색의 경우, 황가 장식과 같은 화려함은 없지만 조각이 정교하고 내용이 풍부하며 예술적 기교가 뛰어나다. 물론 주로 부유한 상인이나 관료 저택의 문루에 사용되며 일반 백성들은 이런 문루를 사용할 수 없었다.

문루 조각

궐 闕

궐(闕) 역시 한대(漢代)에 보편적으로 사용하던 건축 형상으로 서주(西周) 시대에 출현하였다. 궐은 사람을 이끌어 유도하는 기능의 건축으로 성시나 궁전, 사묘, 저택 등의 전방에 배치하였기 때문에 문궐(門闕)이라 한다. 이외에 묘원(墓園)입구 양측 신도(神道)에 궐(闕)을 설치하여 묘궐(墓闕)이라고도 한다. 궐은 단궐(單闕), 쌍궐(雙闕), 삼출궐(三出闕)로 분류되며, 쌍궐은 주요한 궐 하나를 세우

고 주변에 작은 궐들을 세우는 형식이다. 한대 초기의 궐은 대부분 간단하게 제작되어 장식 조각이 상대적으로 작다.

궐

환남 민거 문루 皖南民居門樓

환남 민거(皖南民居, 안휘성(安徽省) 장강(長江) 이남의 산지나 서쪽 체화굉촌(遞和宏村)의 대표전통 촌락)의 문루(門樓) 대부분은 전조(磚雕)를 사용한다. 예술적 기교가 넘쳐 섬세하고 정밀한 것이 주된 특징이다. 호촌 문루(湖村門樓, 안휘성의 역사 문화 중점 보호구에 있는 문루), 상장진문(上莊鎭門 하남성(河南省) 신야현(新野縣) 상장향(上莊鄕)에 위치)이 이에 해당된다. 환남 민거에서 대표되는 전조 문루는 상장진 호괄고거(胡适故居)의 석고문루(石庫門樓)에 섬세하게 새겨

환남 민거 문루

진 전통극 등장 인물의 전조와 호개문고거(胡開門故居)의 대문 위 현판에 새겨진 화문(花紋) 전조가 있다.

환남 호촌 문루의 조각 장식
皖南湖村門樓雕飾

호촌문루(湖村門樓)의 조각은 그 수법이 섬세하고 선이 세밀하며 투조(透雕)를 차용한 복잡한 공예적 기술로 표현되어 있다. 문루는 대부분 2층이나 3층 높이로 최대 9층까지 증가되며, 이런 문루의 장식은 몇 년에 걸쳐 완성한 것이다. 문루는 미로처럼 작은 골목에 차례로 놓거나 문끼리 마주하는 방식으로 모여있어 주의를 끈다. 문루 조각 장식 내용은 대부분 운치 있는 원림의 경관이나 고대 복장으로 분장한 희극 인물들로 구성되어 있다.

환남 호촌 문루의 조각 장식

북경사합원 전조 문루 北京四合院磚雕門樓

북경사합원의 문루(門樓) 형식 중 전조(磚雕) 장식이 아름다운 문루는 여의문(如意門)이다. 북경 사합원의 각종 문에 있으며, 등급이

가장 높다고는 할 수 없지만 장식 자체가 우수하다. 여의문의 전조 중 가장 발전된 것은 면적이 크고 화려하게 조각되어 있다. 도안 내용은 목단과 국화 등의 화훼류, 만자금(萬字錦) 등의 길양 문양, 그리고 고동(古董) 등이며 풍부한 뜻을 담은 여의문 장식은 풍부하고 화려하게 구현되었다.

북경사합원 전조 문루

관록촌 청전조 화문루 關麓村靑磚雕花門樓

이현(黟縣) 관록촌(關麓村)의 주택 정문에는 청전조 화문루(靑磚雕花門樓)가 많이 있고, 문주석(門柱石)과 상방으로써의 문탕(門宕), 상부의 문루 등 몇 부분으로 조합되어 있다. 문동(門洞)의 양측 문주석은 각기 한 덩어리

관록촌 청전조 화문루

의 석재로 제작되었고, 상부 문탕 역시 하나로 조성되어 모여있기 때문에 석고문(石庫門)이라고 부른다. 문루 역시 다양한 형식이 있으며, 주로 수화문식(垂花門式)과 자패식(字牌式, 글을 써놓은 판 형식) 2종류를 사용한다. 수화문식 문루는 문 양쪽에 1쌍의 대수화주(大垂花柱)가 있는 것이고, 자패식 문루는 상하방에 자패가 있는 것이다.

화표 華表

화표(華表)는 상고시대부터 사용되기 시작하였다. 설에 따르면, 명군으로 알려진 요순 임금이 길목 입구나 큰 길 옆에 목주(木柱)를 세워 백성들로 하여금 자신의 의견을 기둥에 쓰게 한 후부터 이런 기둥을 일컬어 방목(謗木, 세상 일을 지적하는

화표

나무라는 뜻)이라 하고, 화표의 전신이 된 것이라 한다. 이후 화표는 점점 발전하여 단순한 장식품이나 상징으로 화문(花紋)을 조각하였고, 궁전, 묘우, 능묘 등 앞에 놓였다. 한대(漢代)의 문궐(門闕)과 비슷하여 화표는 쌍으로 배치하였다. 화표는 처음에 목주(木柱)로 제작되었다가 동한(東漢) 시대부터 석주(石柱)로 성행하기 시작했다.

천안문 화표 天安門華表

현재 천안문(天安門) 앞에 있는 화표(華表)는 중국 역대 화표 중에서도 걸작으로 꼽힌다. 새하얀 한백옥(漢白玉)으로 제작하였으며, 주신(柱身)에는 구름을 뚫고 유희하는 이룡(螭龍)을 조각하여 생생하게 표현하였다. 상부의 운판(雲板)은 상서로운 구름이 귀 모양으로 공중에 떠있는 듯 이룡과 조화를 이룬다. 화표의 지붕에는 짐승이

천안문 화표

쪼그리고 앉아 하늘을 향해 머리를 치켜들어 높은 기개를 상징한다. 화표의 하단은 방형의 한백옥이다. 같은 모양으로 조각된 이룡과 상운(祥雲, 상서로운 구름)이 있으며, 네 변의 망주(望柱) 위에는 웅크리고 앉아 수호하는 듯한 작은 사자가 놓여 위엄을 더한다.

동양 목조 東陽木雕

강소성(江蘇省) 동양(東陽)은 전통적인 목조 생산지로 조화지향(雕花之鄕, 꽃 조각의 마을)이라 불렸다. 때문에 동양에서 생산된 목조와 동양 예술인들이 제작하는 작품을 일컬어 동양 목조(東陽木雕)라 한다. 동양 목조 수법은 다양하지만 주로 부조(浮雕)를 이용한다. 동양 목조는 풍부하게 가득 채워 느슨

동양 목조

하지 않게 많으면서도 산만하지 않은 것을 뛰어난 배치로 꼽는다. 주제가 명확하고 근거가 있는 비교적 강한 제재의 내용을 표현하는데 적합하다. 동양 목조는 고대에만 유명했던 것이 아니라, 현재 여전히 성행하여 그 명성을 더해가고 있다.

암팔선 조각 暗八仙雕刻

암팔선(暗八仙)은 중국 고대 전설에 나오는 철괴리(鐵拐李), 여동빈(呂洞賓), 하선고(何仙姑) 등 팔선(八仙)이 사용하던 법기(法器)로 팔선을 대표하거나 상징한다. 암팔산은 피리, 연꽃, 부채, 어고(魚鼓, 목어), 운판(雲板), 꽃바구니, 조롱박, 보검(寶劍)을 뜻한다. 고건축에서 자주 이용되던 장식 제재로 특히 조각에서 가장 많이 볼 수 있다.

암팔선 조각

동향로 銅香爐

동향로(銅香爐)는 동(銅)으로 제작된 향로이다. 향로는 경축일이나 제사 때 향을 사르는 용도로 제작되었고, 향료를 피워 분위기를 고취시켰다. 대형 향로는 대부분 황가의 궁과 원, 현재의 북경 고궁 내에 쉽게 볼 수 있으

며, 전체적인 조형이 매우 우수하고 선이 미려하다. 또한 정성을 들여 제작하여 조각이 정교하고 아름답기 때문에 일반적인 향로와 비견할 수 없다.

동향로

일귀 日晷

일귀(日晷, 해시계)는 고대에 시간을 계산하던 용도로 제작된 것이다. 북경 고궁 태화전(太和殿) 앞에 있는 것은 3층 계단형 방형 석좌(石座) 위에 놓여있다. 석좌 위에 4개의 방형 석주(石柱)가 있고, 그 위에 하나는 눕히고 하나는 세운 2층 석대(石台)가 있다. 그 지붕 위에는 각도를 표시하는 원판이 놓여있으며, 가운데는 청동 바늘이 끼워져 있다. 시간을 계산하는 부분은 동침을 끼워 넣은 석판이며 이를 기울여 바늘과 판면을 수직으로 만든다. 석판 표면에 표기된 각은 마치 오늘날 사용하는 시계의 각도와 유사하다. 태양이 동침에 반사되어 생기는 그림자의 이동에 따른 변화의 크고 작음을 비교하여 시간을 판단하는 것이다.

일귀

동구 銅龜

거북이는 사람들이 모두 아는 것처럼 장수를 상징하는 길조이다. 그래서 북경 고궁 태화전 앞에 세워진 동구(銅龜) 역시 국토의 안녕과 평화, 그리고 백성 생활의 안정을 상징한다. 고대 거북이는 대부분 석비(石碑)나 기단 하부에 놓여 물체를 받치는 용도로 쓰였다. 이는 거북이가 역량이 뛰어나고, 중책을 맡을 만하다고 여겼기 때문이다. 단, 고궁 태화전 앞 동귀는 비(碑)나 기좌(基座) 아래에 놓여 있지 않다. 높은 석기좌(石基座) 위에 쪼그리고 앉아 있으며, 목을 길게 뻗고 머리를 치켜들며 입을 크게 벌리고 있다. 동귀의 내부는 비어있고, 행사가 거행될 때 그 배에 향을 넣어 분위기를 고조시켰다.

동구

동학 銅鶴

학(鶴)은 목과 다리가 가늘고 길어 전체적으로 가볍고 날씬한 아름다움을 지닌 섭금류에 속한다. 고대에는 학을 장수의 새로 보았으며 항시 구름이나 소나무와 함께 배치하여 길상의 의미를 담았다. 북경 고궁 태화전 앞의 학은 동으로 제작하여 신체를 높게 뻗고, 주둥이를 길게 뻗어 우는 듯 하다. 학의 신체는 하나의 통으로 되어 있으며, 전례 때 학의 배에 향을 피워 학의 입으로 연기를 내뿜어 선계(仙界)의 의경(意境)을 나타내며, 동귀(銅龜)와 서로 대응되게 배치했다.

는다. 태화전 앞에 놓인 가량은 국가의 통일이라는 의미를 담고 있다.

가량

동학

가량 嘉量

가량(嘉量)은 고대에 쓰던 측량기로 서로 다른 5가지 측정 기물이 합쳐진 것이다. 상부에는 곡(斛, 두(斗)의 10배), 하부에는 두(斗, 1말, 승의 10배), 좌측은 승(升, 1되), 우측은 합(合, 1되의 1/10)과 약(龠, 반 홉)이 있다. 이것은 서한(西漢) 말기에 왕망(王莽)이 개정한 것이다. 북경 고궁 태화전 앞의 가량 역시 동(銅)으로 제작되었고, 아래는 2층의 고아한 석조 수미좌(須彌座)로 섬세한 조형성을 갖

제 27 장

유리(琉璃)

유리(琉璃)는 고대 중국의 귀중한 건축 재료로 일반적으로 황가(皇家)에서만 사용할 수 있었다. 유리는 인도 범문(梵文)의 한어 음역을 요약한 것으로 중국 고대에는 "파리(玻璃)"라는 단어와 함께 사용되어 왔다. 중국은 한대(漢代)에 이미 유리제품을 제작하여, 육조(六朝) 때부터 건축에 응용하기 시작해 송대(宋代)에 이르러서는 유리의 생산 기술이 매우 향상되었다. 현재 건축 공예품의 하나로 자리 잡았다. 유리는 일종의 도기(陶器)형태로 발전하였으며, 일반적인 도기와 가장 큰 차이는 표면에 유리유(琉璃釉)를 바른다는 점이다. 송대(宋代)에는 주로 황단(黃丹), 낙하석(洛河石) 및 동(銅)으로 유리를 만들었으며, 또한 유약의 원료로 쓰이기도 했다. 끊임없는 발전을 통해 명청(明淸) 때에 이르러 유리의 유약색깔과 종류가 다양해졌다. 황색, 녹색, 남색 외에 비취색, 청록, 자주색 등 기타 많은 색깔들과 그에 따른 유리 가열 기술 또한 향상되었다. 유리 제품은 주로 유리와(琉璃瓦)와 일부 실내외 장식 부재로 쓰였으며 또한 패방(牌坊), 조벽(照壁), 지붕 등에도 쓰여 실용성과 장식성을 두루 갖춘 재료로 활용되었다.

* **도기(陶器)**
  붉은 진흙으로 만들어 볕에 말리거나 약간 구운 다음 오짓물을 입혀 다시 구운 그릇

* **낙하석(洛河石)**
  중국 하남(河南) 낙양시(洛陽市) 일대인 황하(黃河), 낙하(洛河), 이하(伊河) 등지에서 생산되는 형태가 기이하게 생긴 돌

유리판와 琉璃板瓦

유리판와(琉璃板瓦)는 판와(板瓦, 암기와) 표면에 유리유약을 바른 것이다. 판와는 기와 면 전체에 유약을 바른 것이 아니라, 일부만 바른 것을 의미한다. 지붕을 깔 때 가운데가 오목하게 들어간 부분, 그리고 앞 뒤가 활 모양으로 된 단면에 바른다. 이는 유약을 절약할 수 있는 장점이 있으며 유리를 이용하여 외관상 지붕을 아름답게 하거나 비가 올 때는 방수의 기능을 하기도 한다. 판와는 본래 일반 민가에 사용되었지만 유약을 바른 판와는 등급이 높아 민간 건축에서는 사용할 수 없었다.

유리판와

유리통와 琉璃筒瓦

유리통와(琉璃筒瓦)는 유리기와의 일종으로 기와 표면에 유리유약을 바른 통와(筒瓦, 숫기와)를 가리킨다. 중국 고대 일반 민가에서

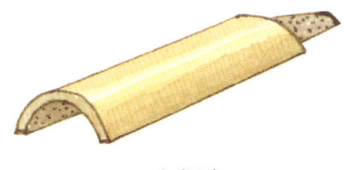

유리통와

는 쓸 수 없었으며 황가(皇家) 건축 혹은 사묘전당(寺廟殿堂) 등에서만 사용할 수 있도록 규정하였다.

유리와 琉璃瓦

유리와(琉璃瓦)는 배태와(坯胎瓦, 아직 굽지 않은 형태의 기와) 표면에 유리유를 바른 후 구워 제작한 것이다. 일반적인 기와와 유리와의 구별법은 크기가 아니라, 기와 면에 바른 유리 유약을 보고 알 수 있다. 유리와의 중량은 일반 포화(布瓦) 보다 무겁지만 물을 흡수하지 않아, 지붕의 압력을 크게 받지 않는다. 비가 올 때 중량이 변하는 현상이 없어, 포화(布瓦)처럼 물을 흡수한 뒤 건축의 하중이 증가되는 경우가 없다. 또한 비가 쉽게 새지 않아 건축의 안정성을 보장한다. 동시에 유리와 면에 바른 유약이 매끄럽고 광채가 나서 미관상 아름다우며 배수를 원활하게 돕는 역할을 한다. 또한, 유리와의 모양 또한 아름다워 그 장식성 또한 높다.

유리와

유리구두 琉璃勾頭

유리구두(琉璃勾頭)는 표면에 유리 유약을 바른 구두를 뜻한다. 명청(明淸) 이전에는 "유리와당(琉璃瓦當)"이라 일컬었다. 명청(明淸) 때의 유리구두는 황색, 녹색, 남색, 청색, 백색, 검정색, 연분홍색 등 색채가 다양하여 그 빛깔과 광택이 아름답다. 이 시대 유리구두의 가장 큰 특징은 구두(勾頭)가 기본적으로 용(龍) 문양을 기본으로 하며, 그 구체적인 형태는 각기 다른 양상을 보인다.

유리구두

유리와당 琉璃瓦當

유리와당(琉璃瓦當)은 와당 표면에 유리유약을 바른 것이다. 기록에 따르면, 유리와는 수당(隋唐) 때에 출현한 것으로 녹색유약을 바른 것이 많으며, 일부는 남색유약을 바른 것도 있다. 와당 앞 끝부분에는 연화(蓮花)와 야수(饕餮, 전설 속의 흉악하고 탐식을 일삼는 동물) 문양으로 장식되어 있다. 송대(宋代)에는 꽃으로 조합 된 도안 및 주작(朱雀) 문양이 주를 이룬다.

유리와당

유리적수 琉璃滴水

유리적수(琉璃滴水)는 적수(滴水)에 유리 유약을 바른 것으로 처마에 고인 빗물이 잘 빠지도록 하는 역할을 하며 암기와가 처마와 만나는 맨 끝부분에 위치한다. 명청(明淸) 때의 유리적수는 아래로 드리워진 부분이 여의(如意) 형상으로 그 표면에는 각 종 화문(花紋, 장식용의 무늬나 도안의 일종) 도안이 조각되어 있으며 주로 용문양 위주로 구두(勾頭) 문양과 조합을 이룬다. 표면의 유약은 주로 아래로 드리워진 부분의 정면과 뒷면 기와의 윗면에 칠해져 있으며, 유리판와(琉璃板瓦)와 같이 눈에 잘 띄는 곳에 유약을 칠했다.

유리적수

화변유리적수 花邊琉璃滴水

화변유리적수(花邊琉璃滴水)는 화변유리와(花邊琉璃瓦)라 일컫기도 한다. 화변유리적수는 일반 유리적수의 설치 위치와 그 기능이 같지만 아래로 드리워진 부분이 여의(如意) 형상이 아닌 계단 형상에 가깝다. 계단 형상

화변유리적수

의 표면에는 화문(花紋) 도안이 조각되어 있고 유약이 칠해져 있다. 화변유리적수는 실제로 유리적수의 초기 형태로 송원(宋元) 양대 건축에서 자주 볼 수 있다.

말각유리적수 抹角琉璃滴水

말각유리적수(抹角琉璃滴水)는 유리적수의 일종으로 헐산(歇山, 팔작지붕), 현산(懸山, 맞배지붕), 경산(硬山, 맞배지붕에서 양측면의 처마가 돌출 되지 않는 형식)건축 지붕의 정척(正脊, 용마루) 양 끝에 쓰인다. 구체적인 위치는 정척(正脊) 양 끝의 정문(正吻, 취두) 밑면에 위치한다. 주된 기능은 양 측면의 박풍판(博風板)을 보호하는 기능을 한다. 이 말각유리적수의 형상은 여의유리적수(如意琉璃滴水)와 비슷하지만, 실제로 여의유리적수의 한 모서리의 각을 접어서 그 늘어진 여의 부분의 한 면을 직선으로 만든 것이다. 이는 이 두 부분의 말각적수(抹角滴水)의 모서리 변을 접합하여 함께 설치하면 그 뒷 부분에 빈틈이 형성되는데 이것은 문좌(吻座)를 설치하기 위한 공간을 만들기 위해서이다.

말각유리적수

유리정모 琉璃釘帽

정모(釘帽, 못머리)는 미끄러움을 방지하기 위해 사용한 것으로 기와 못 위에 덮개를 끼운 것이다. 기와 못이 빗물 등으로 부식되는 것을 방지하기 위한 부재로 처마의 머리 부분과 지붕의 각 면이 경사지는 중간부분에 쓰인

다. 정모의 형상은 부풀어 오르는 작은 만두 모양으로 외형은 원만하고 윤기가 나며 기능성과 장식성을 두루 갖춘 부재이다. 정모의 외부 표면에는 유리유약이 칠해져 유리정모(琉璃釘帽)라고 일컫는다.

유리정모

(明代)에는 이 작은 목젖처럼 생긴 부분의 두께가 위에서 아래로 점점 얇아져 비교적 가볍고 정교한 반면, 청대(淸代)에 이르러서는 정당구의 절단면 상부가 수직으로 되어있어 하부의 설편 두께가 얇지 않고 무거웠다.

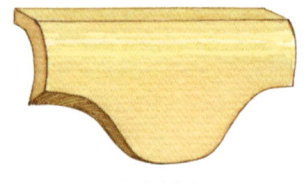

유리정당구

유리이자와 琉璃耳子瓦

이자와(耳子瓦)는 일종의 속와(續瓦)로 배산적수(排山滴水) 뒤 끝에 설치하는 기와 부재이다. 와롱(瓦壟, 기와 고랑)의 뒤 끝을 보호하는 기능을 하며 빗물로 인한 부식을 방지하고 기와 골을 연장할 수 있는 기능을 가지고 있다. 이자와의 절단면 형상은 판와(板瓦, 암기와)와 큰 차이가 없으며, 판와의 절반 정도의 길이가 된다. 이자와는 기와의 오목한 앞부분에 유약을 칠한다.

유리압대조 琉璃壓帶條

압대조(壓帶條)는 압당조(壓當條)라고도 일컫는다. 정척(正脊, 용마루)의 두 비탈진 와롱(瓦壟, 기와 고랑)이 교차되는 곳에 놓여, 정당구(正當溝)를 눌러 고정시킨 뒤 미끄러지지 않게 하는 기능이 있어 압당조(壓當條)라는 명칭을 얻게 되었다. 압대조는 긴 전돌 모양으로 모서리가 아래로 구부러져 고정하기에 아주 편리하다. 압대조를 설치한 후 그 노출된 부분에 유리 유약을 바른다.

유리이자와

유리압대조

유리정당구 琉璃正當溝

정당구(正當溝)는 건축의 옥척(屋脊, 지붕마루) 앞 뒤의 양쪽 경사진 곳과 박척(博脊) 혹은 위척(圍脊)의 마루가 시작되는 곳에 놓는 부재로 방수의 기능을 가지고 있다. 정당구의 절단면은 곡척형(曲尺形, 곡선형)으로 정면에서 보면 아래로 늘어진 작은 소설(小舌, 목젖) 모양처럼 보이며 두께는 약 1-2m이다. 기와 뒷면에 유리유약이 칠해져 있다. 명대

유리군색조 琉璃群色條

군색조(群色條)는 압대조(壓帶條) 위에 설치하여 정척(正脊, 용마루)을 높여 두드러지게 하는 부재로 정척 전체를 지탱하는 작용을 한다. 군색조를 설치한 후 외부로 노출 된 부분에 유리 유약을 바른다.

유리군색조

유리문좌

유리정척통 琉璃正脊筒

유리정척통(琉璃正脊筒)은 군색조(群色條) 위에 설치하는 것으로 정척(正脊, 용마루)에서 가장 큰 부재이다. 정척통의 외형은 그 절단면의 가장자리 선이 대칭되는 운문(雲紋, 구름 도안)의 곡선과 비슷하며 평면은 공심전(空心磚, 속이 빈 전돌)과 같이 가운데가 비어 있는 것이 큰 특징이다. 정척통의 유약은 외부로 돌출된 큰 면에 칠해져 있다. 정척통은 가장 두드러진 정척 부재 중의 하나로 건축의 미관을 아름답게 하기 위해 꽃과 용문양을 더해 생동감 있게 보이도록 한다.

유리보정 琉璃寶頂

유리보정(琉璃寶頂)은 외부에 유약을 바른 것으로 찬첨정(攢尖頂, 모임지붕)지붕의 가장 윗부분에 놓인 것으로 사각형, 원형 등 다양한 형태 변화를 가진 보정도 있지만 원형인 것을 많이 볼 수 있다. 유리보정의 주요 부재로는 보정구슬(寶頂珠), 원당구(圓當溝), 원규각(圓圭角), 원형의 유리정좌(圓形琉璃定座) 원형의 상·하방(上下枋), 원형의 상·하효(上·下梟), 원형의 속요(束腰) 등이 있다.

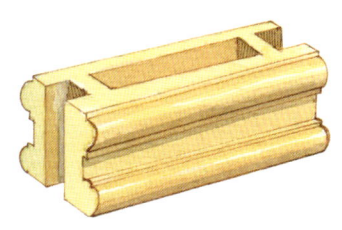

유리정척통

유리보정

유리문좌 琉璃吻座

유리문자(琉璃吻座)는 정문(正吻, 취두) 아래에 설치하여 정문(正吻)의 부재를 받치는 기능을 한다. 문좌(吻座)의 평면은 오목한(凹) 모양으로 3개의 면에 화문(花紋) 장식이 조각되어 있으며 화문의 대부분은 여의두문(如意頭紋)이다.

유리보정의 수미좌 琉璃寶頂中的須彌座

유리보정의 기좌(基座, 기단)는 대부분 수미좌 형식을 하고 있다. 수미좌 형식의 유리보정 기좌의 주요 부재 명칭은 수미좌 부재에 따라 상방(上枋), 하방(下枋), 속요(束腰), 상효(上梟), 하효(下梟), 규각(圭角) 등으로 불려진다. 각 부재의 형상은 보정의 형상에 따라 제작되어진다. 예를 들면, 보정이 원형일 경우 각각의 부재 평면 역시 원형으로 구성되어진다.

유리보정의 수미좌

크고, 아래 입구 부분이 작으며 밑바닥이 없는 작은 그릇모양처럼 보인다. 상효 표면에는 대부분 연화문양(蓮花紋)이 조각되어 있으며 상효 또한 마찬가지로 유리유를 발랐다.

* **연화문(蓮花紋)**
  흔히 볼 수 있는 장식문양으로 특히, 불교건축에서 폭넓게 사용되고 있다. 중국 고(古)건축에서는 범문(梵文)을 음역한 팔자마(八字碼) 혹은 팔달마(巴達馬)라고 부르기도 한다.

유리보정의 상방 琉璃寶頂座中的上枋

상방(上枋)은 수미좌 부재 중 가장 높은 곳에 위치해 있는 부재이다. 상방 입면의 외부에는 완화결대문(椀花結帶紋)등의 꽃 문양이 조각되어 있다. 상방의 표면에는 유리가 상감 되어 있어 화문이 더 아름다워 보인다.

유리보정의 속요 琉璃寶頂座中的束腰

속요(束腰)는 수미좌(須彌座)의 중간 부분, 즉 상효(上梟)와 하효(下梟) 사이에 위치해 있다. 속요는 수미좌 중 가장 좁은 곳으로 마치 다발을 묶어 놓은 듯한 형상을 하고 있어 속요(束腰)라고 일컫는다. 속요 또한 완화결대문(椀花結帶紋)이 조각되어 있고, 띠는 화초 도안으로 구성되어 있어, 전체적인 구도가 짜임새 있게 잘 이루어져 있다. 특히, 불교 수미좌중의 속요는 불팔보(佛八寶) 도안과 역사상(力士像)이 조각되어 있다.

* **불팔보(佛八宝)**
  불교에서 길상의 의미를 나타내는 8가지 기물(器物)으로 "법라(法螺), 법륜(法輪), 보산(寶傘), 백개(白盖), 연화(蓮花), 보병(寶瓶), 금어(金魚), 반장(盤長)"을 가리킨다.

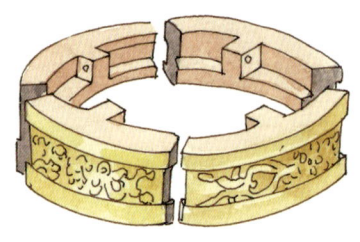

유리보정의 상방

유리보정의 상효 琉璃寶頂座中的上梟

상효(上梟)는 수미좌의 상방 아래, 속요 위, 다시 말해 방(枋)과 요(腰)사이에 위치한 부재를 가리킨다. 상효의 형상은 위 입구부분이 약간

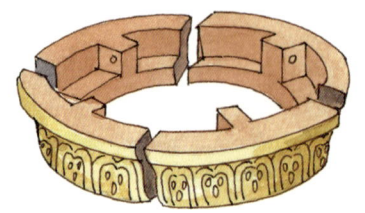

유리보정의 상효

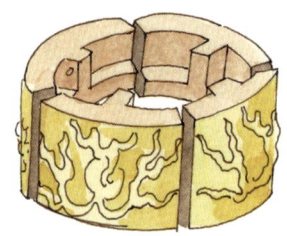

유리보정의 속요

유리보정의 하효 琉璃寶頂座中的下梟

하효(下梟)는 속요 밑에 위치한 상효를 뒤집어 엎어 놓은 것으로 윗 부분은 작고, 밑부분은

크다. 하효의 조각 문양은 상효와 같이 연화문(蓮花紋)이며, 하늘을 향해 핀 연화가 아닌 밑으로 휘어 있는 연화 문양으로 되어 있다.

유리보정의 하효

유리보정의 하방 琉璃寶頂座中的下枋

하방(下枋)은 상방의 형상과 조각 장식이 대부분 같다.

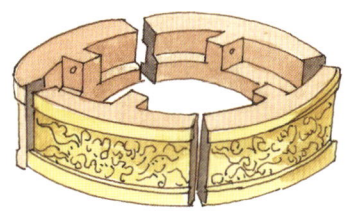

유리보정의 하방

유리보정의 규각 琉璃寶頂座中的圭角

수미좌의 가장 하층에 있는 부재로 규각(圭角), 또는 귀각(龜角)이라고도 한다. 규각에 조각되어 있는 문양은 비교적 적으며 대부분 여의문(如意紋)과 권초문(卷草紋)으로 간결하게 장식되어 있다.

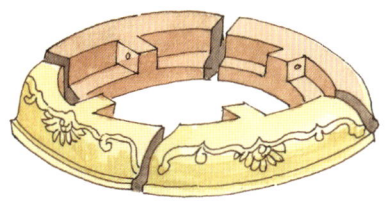

유리보정의 규각

단색유리재 單色琉璃件

건축의 유리 부재 중 한 가지 색깔로 이루어진 부재를 단색유리재(單色琉璃件)라고 한다. 단색유리재는 지붕, 담장, 장모(墻帽, 돌로 된 처마 형식 부분) 등에 두루 쓰이며, 유리와(瓦)와 유리수(琉璃獸)가 대표적이다. 그 색깔로는 황색, 녹색, 남색, 검정색이 있다. 황색 유리재는 황가의 궁전과 일부 주요 사묘건축에 쓰인다. 남색 유리재는 일반적으로 황가의 제사건축에 쓰인다. 녹색 유리재는 일반 황가전당(皇家殿堂), 성문(城門), 묘우(廟宇), 왕공부저(王公府邸, 귀족저택)건축에 쓰인다. 검정색 유리재는 묘우와 왕공부 저택의 건축에 두루 쓰인다.

단색유리재

황색유리와 지붕의 건청문
黃色琉璃瓦頂的乾淸門

건청문(乾淸門)은 명청(明淸)시대 자금성의 내정(內廷) 대문으로 정면이 5칸, 단첨(單檐) 헐산정(歇山頂, 팔작지붕)이다. 외관상 가장 큰

황색유리와 지붕의 건청문

특징은 붉은색 낭주(廊柱)와 격산문창(隔扇門窗)으로 이루어져 있다. 건청문의 기와는 황색 유리기와를 사용했으며, 자금성의 모든 건축물 지붕의 대표적인 색채를 나타낸다. 황색 유리기와는 붉은색 낭주(廊柱), 문창(門窗) 및 한백옥 대기(臺基, 기단)와 조화를 이루고 있다.

남색유리와의 기년전
藍色琉璃瓦頂的祈年殿

북경 천단(天壇)의 기년전(祈年殿) 지붕 형식은 삼중(三重)의 원형 찬첨정(攢尖頂, 모임지붕)으로 화려한 금색의 보정(寶頂)이 있다. 기년전의 옥정(屋頂, 지붕)은 맨 윗부분을 남색으로 하늘을, 중간부분은 황색으로 땅을, 아래 부분은 녹색으로 만물을 상징한다. 청대(清代) 건륭(乾隆) 때 3층의 지붕을 남색 유리기와로 바꿨으며, 남색은 하늘을 상징하므로 이때부터 하늘에 제사를 지내는 곳으로 지정되었다.

남색유리와의 기년전

유리와 전변 琉璃瓦剪邊

전변(剪邊)은 유리와(琉璃瓦)를 이용해 처마에 가깝게 깐 지붕을 가리킨다. 일반적인 건축 옥정(屋頂, 지붕)에는 기와 중에서도 포와(布瓦)를 주로 깔고, 전변(剪邊)에는 녹색 유리와(琉璃瓦)를 이용한다. 그러나 등급이 높은 황가 건축에는 옥정(屋頂)과 전변에 유리기와를 사용하였다. 이때 전변의 유리색깔은 옥정(屋頂)의 유리 색깔과 다른 것을 사용한다. 예를 들면, 황색유리기와 옥정(屋頂)에는 녹색유리기와 전변을 사용하고 녹색유리기와 옥정(屋頂)에는 황색유리기와 전변을 사용한다.

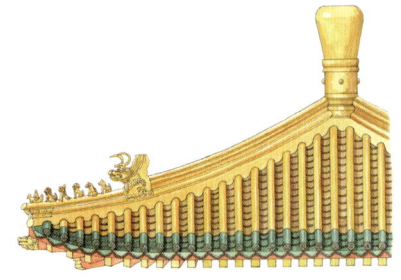

유리와 전변

황색유리와 녹색전변 黃琉璃瓦綠剪邊

황유리와녹전변(黃琉璃瓦綠剪邊)은 건축 옥정(屋頂, 지붕)에 주로 황색 유리기와를 깔고, 전변(剪邊)에는 녹색 유리기와를 사용한 것을 가리킨다. 황가 원림에서 자주 볼 수 있는 형식으로 북경 고궁 내 건륭화원(乾隆花園)의 앞 쪽에 위치한 고화헌(古華軒) 지붕이 황색 유리기와 녹색전변의 형식을 사용하였다.

황색유리와 녹색전변

흑색유리와 녹색전변 黑琉璃瓦綠剪邊

흑유리와녹전변(黑琉璃瓦綠剪邊)은 건축 지붕에 흑색유리기와를 깔고 전변(剪邊)에는 녹색 유리기와를 사용한 것이다. 흑색 유리기와 녹색 전변(剪邊)의 지붕건축은 황색유리기와보다 화려하진 않지만 등급이 일반 포와(灰瓦)보다 높아 일반 기와 지붕 중 으뜸이다. 이 형식을 사용한 건축으로는 북경의 종루(鐘樓)와 선농단(先農壇)의 태세전(農岁殿) 등이 있다.

회색기와 녹색유리전변

흑색유리와 녹색전변

회색기와 녹색유리전변 灰瓦綠琉璃剪邊

회와녹유리전변(灰瓦綠琉璃剪邊)은 지붕에 회와(灰瓦)를 주로 깐 것으로 전변(剪邊)에는 녹색 유리기와를 사용한 것을 가리킨다. 성곽 건축은 대부분 회색기와 녹색 유리전변의 기법을 이용하였다. 즉 지붕면의 기와에는 회와(灰瓦)를 처마 끝에는 유리기와를 사용한다.

녹색유리와 지붕의 천단재궁
綠色琉璃瓦頂的天壇齊宮

천단(天壇) 내의 재궁(齊宮)은 황제의 재계(齊戒, 목욕 재계를 하고 금욕, 금식을 하는 것)를 위한 건축물로 천단(天壇) 내 단폐교(丹陛橋)의 서쪽에 위치해 있다. 동쪽을 향해 있는 정사각형 궁원으로 면적은 4만㎡이다. 재궁의 주요 건축으로는 정전무량전(正殿無梁殿), 침궁(寢宮), 종루(鐘樓), 주서정(奏書亭), 동인정(銅人亭) 등이 있다. 재궁은 천단(天壇) 내의 주전(主殿)이 아니기 때문에 지붕에 녹색 기와를 깔았으며 그 중 가장 두드러진 것은 재궁 전체의 지붕에 녹색 유리기와를 깔아 정교하고 장중한 느낌을 자아낸다.

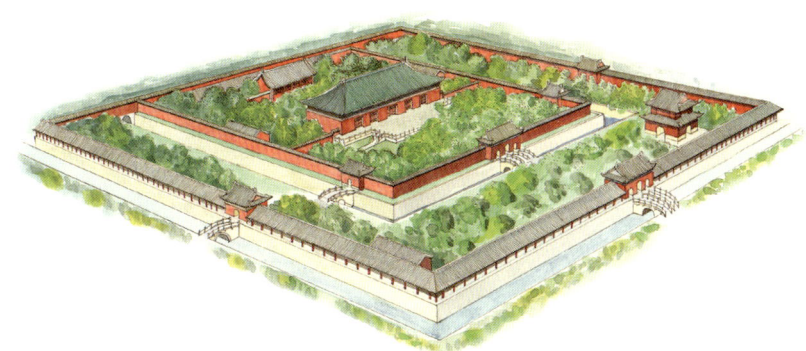

녹색유리와 지붕의 천단재궁

녹색유리와 황색전변 綠琉璃黃剪邊

녹유리와황전변(綠琉璃瓦黃剪邊)은 지붕 면에 녹색 유리기와를 주로 깔고 전변에는 황색 유리기와를 사용한 것으로 황가원림(皇家園林)에서 많이 볼 수 있다.

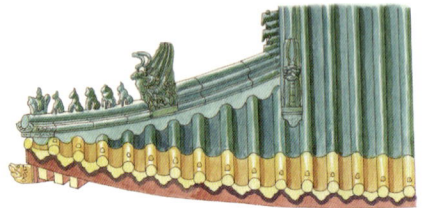

녹색유리와 황색전변

남유리와자전변의 벽라정
蓝琉璃瓦紫剪邊的碧螺亭

남유리와자전변(蓝琉璃瓦紫剪邊)의 벽라정(碧螺亭)은 북경 고궁(故宮) 건륭화원(乾隆花園) 내부의 부망각(符望閣) 앞, 제4진원락(第四進院落)의 가산 위에 위치한다. 중첨(重檐) 원형찬첨(圓形攢尖, 원형 모임지붕)의 작은 정자(亭子)로 높이 솟아 있다. 기단과 초석 위에는 오판매화(五瓣梅花, 5개의 꽃잎으로 이루어진 매화)형식으로 되어 있다. 보정(寶頂, 절병통)은 빙매(冰梅, 매화나무) 도안으로 장식되어 있고 내·외부에는 가지가 꺾어진 매화 도안의 채화(彩畵)로 장식 되어 깨끗하고 맑은 느낌을 준다. 작은 정자(亭子)의 지붕 면에 깔아 놓은 남색 유리기와는 자색의 유리전변(琉璃剪邊)과 잘 어울려 정자(亭子) 건축 양식에 잘 부합될 뿐만 아니라 원림의 분위기에도 어울린다.

남유리와자전변의 벽라정

다색유리건 多色琉璃件

다색유리건(多色琉璃件)은 다섯 혹은 일곱 가지 유약이 칠해져 있으며 풍부하고 다채로워 장식성이 강한 부재이다. 문헌에 따르면 송대(宋代)에 이미 5색 유리조각 전돌조각품이 출현하여 명청(明淸) 때에는 영벽(影壁), 탑(塔), 패방(牌坊) 등에 다색유리건이 응용되어 광범위하게 사용되었다.

다색유리건

유리전 琉璃磚

유리전(琉璃磚)은 이미 가공된 전돌 위에 유

유리전

약을 바른 것이다. 구체적인 제작방법과 요구사항에 따라 유리전의 한 면 혹은 양면 모두 유약을 칠하기도 한다. 유리와(琉璃瓦)는 주로 지붕 면에 깔지만 유리전은 벽과 영벽(影壁)의 표면, 탑과 패방(牌坊) 등의 건축에 쓰이기도 한다.

유리대문 琉璃大吻

유리대문(琉璃大吻)은 유약을 바른 대문(大吻, 취두)으로 유리정문(琉璃正吻)이라고도 한다. 청대(淸代)에는 용의 형상을 위주로 문(吻)을 제작해 용문(龍吻)이라고도 일컬었다. 대문은 정척(正脊, 용마루) 양끝에 위치한 장식 부재인 동시에 건축 양쪽 경사진 곳의 교차점에서 배수가 원활하도록 도와주는 역할을 한다. 유리대문은 황가(皇家)의 궁전건축에서 주로 쓰인다.

유리대문

유리수 琉璃獸

유리수(琉璃獸)는 정척(正脊, 용마루) 위에 유약을 바른 동물류(走獸, 잡상)를 일컫는다. 이러한 전설 속의 동물로는 용, 봉황, 말, 사자 등이 있으며 그 가운데 용은 물에서 태어나 하늘을 날아 다녀 천자(天子)를 상징하고 봉황은 날 짐승의 왕으로 아름답고 비범함을 나타내 각각 왕과 황후를 상징하여 길상의 의미로 비유된다. 천마는 구름을 타고 하늘을 날고, 해마는 바다의 험한 파도를 헤쳐 나간다는 의미를 지녀 대표적인 길상의 의미를 나타낸다. 사자와 산예(狻猊, 사자와 비슷한 전설상의 맹수)는 힘으로 요괴와 사악한 것을 물리치는 신령스러운 동물로 힘이 세고 매우 용맹하다. 두우(頭牛)와 압어(押魚)는 비늘이 있고 뿔과 다리가 있어 날수 있으며, 헤엄도 가능하다. 또한 구름을 일으켜 비를 내리게 하여 불을 진압하고 안전을 나타내는 등 모두 길상의 의미를 내포하고 있다.

유리수

유리영벽 분각 琉璃影壁岔角

유리영벽합자(琉璃影壁盒子)는 영벽 중심에 단화(團花, 둥근 꽃 무늬)도안을 유리로 상감한 장식을 합자(盒子)라 하며 네 모서리에 놓인 유리를 분각(岔角)이라 한다. 그 유리 색채와 화문(花紋) 도안은 중심에 있는 합자와 동일하게 하였으며, 일부 중심합자가 없는 유리 영벽도 있다.

유리영벽합자는 대부분 황색과 녹색 유리를 사용해 네 모서리에 각각 유리를 붙여 장식한 것을 가리킨다. 유리 영벽 합자는 대부분 황색과 녹색 유리를 사용해 상감하고 도안은 보상화(寶相花, 중국 전통 장식문양의 하나로 귀하고 신성한 뜻을 담고 있는 장식도안)로 꽃은 황색 유리를, 잎은 녹색 유리를 사용하였다. 그 외 황가에서는 대부분 용과 구름 도안을 합자(盒子)의 문양으로 사용한 것으로 북경 고궁의 건청문(乾淸門), 영수문(寧壽門)이 이에 해당된다.

고궁 구룡벽 故宮九龍壁

고궁의 구룡벽(九龍壁)은 북경의 영수궁(寧壽宮)의 대문 황극문(皇極門) 밖에 위치한 것으로 중국에서 현존하는 3대 구룡벽 중의 하나이다. 하부는 한백옥(漢白玉)으로 되어 있으며 벽면과 벽의 꼭대기는 유리로 장식되어 있다. 벽면은 옅은 남색의 구름문양, 파도문양, 산석문양으로 이루어져 간결한 곡선미와 강한 느낌을 자아낸다. 구름과 바다 사이에 황색, 녹색, 남색 유리기와로 구분되어 있는 아홉 마리의 용이 도드라지게 조각되어 입체감을 나타낸다. 이 조화로운 색채는 금룡(金龍)을 두드러지게 하여 귀한 예술품 중의 하나로 손꼽힌다.

유리영벽 분각

구룡벽 九龍壁

영벽 표면에 9개의 용으로 조각 장식한 유리영벽을 구룡벽(九龍壁)이라 한다. 매우 화려하고 등급이 가장 높은 영벽으로 황가(皇家) 건축에서만 볼 수 있다. 대표적인 것으로 북경 고궁(故宮)의 구룡벽, 북경 북해공원(北海公園)의 구룡벽, 산서성(山西省) 대동(大同)에 위치한 구룡벽이 있다.

고궁 구룡벽

북해의 구룡벽 北海九龍壁

북해(北海)의 구룡벽(九龍壁)은 북해의 북쪽 언덕에 위치한 것으로 청대(淸代) 건륭(乾隆) 때 제작되었다. 벽면은 모두 7색 유리건(七色

구룡벽

북해의 구룡벽

琉璃件)을 상감한 것으로 고궁 구룡벽과 같이 벽면의 용이 바다 위의 구름 속을 유희하는 듯한 모습을 하고 있다. 북해 구룡벽의 가장 큰 특징은 영벽 양면에 각각 9개의 용이 조각되어 있다. 벽면은 용, 바다, 구름 외에 막 솟아 오른 듯한 태양과 밝은 달의 형상이 조각되어 있다.

향산와불사의 유리패방

대동의 구룡벽 大同九龍壁

대동(大同)의 구룡벽(九龍壁)은 산서성(山西省) 대동(大同) 왕부문(王府門)의 앞쪽에 위치해 있다. 현존하는 3개의 구룡벽 중 제일 먼저 세워진 것으로 명대(明代) 초기 대동(大同)을 지키기 위해 파견된 명태조(明太祖) 주원장(朱元璋)의 제13대 손인 주계(朱桂)가 세웠다. 구룡벽은 두께 약 2m, 길이 45.5m, 높이 약 8m로 현존하는 3개의 구룡벽 중 가장 크다.

대동의 구룡벽

향산와불사의 유리패방
香山臥佛寺琉璃牌坊

향산(香山) 와불사(臥佛寺) 내의 유리패방은 북경에 있는 유리패방 중 가장 대표적인 것으로 3칸7루(三間七樓) 형식이다. 주로 상부의 방(枋)과 방(枋) 하부의 벽면에 사용되었다. 반면, 패방 하부의 수미좌(須彌座)와 권문(券門) 모두 한백옥을 사용하여 유리색채와 대비를 이루어 패방 전체를 화려하고 우아하게 하였다.

국자감의 유리패방 國子監琉璃牌坊

북경 국자감(國子監) 내부에 위치한 유리패방의 구조는 3칸7루(三間七樓)로 태학문(太學門) 내 벽옹(辟雍, 고대 교육 기관으로 남자 귀족 자제들이 예의, 학문, 무술, 기마, 궁도 등을 익히는 곳)의 남쪽에 위치해 있다. 패방 앞면에는 건륭(乾隆)황제의 어필로 본인의 무궁한 학문의 세계를 비유한 뜻으로 앞에는 황제가 벽옹에 들러 쓸 만한 인재들을 살펴 충분히 이용했다는 내용의 학해절관(學海節觀)과, 뒷면에는 황제가 유생들에게 은택을 베풀어 칭송을 받는다는 뜻의 환교교택(圜橋敎澤)의 글씨가 조각되어 있다. 패방 상부의 채색 유리와 하부의 흰색 받침부분은 부조(浮雕) 기법으로 처리하였다.

국자감의 유리패방

동악묘의 유리패방

동악묘의 유리패방 東岳廟琉璃牌坊

북경 동악묘(東岳廟)의 유리패방은 북경의 조양문(朝陽門) 밖에 위치해 있다. 패방은 유리장식으로 되어 있고 유리 표면에는 꽃과 가지가 휘감아져 있는 도안이 부조 기법으로 조각되어 있으며, 정척(正脊, 용마루) 중간에는 태양(太陽) 도안이 조각되어 있다.

이화원의 다보유리탑 頤和園多寶琉璃塔

이화원의 다보유리탑(多寶琉璃塔)은 이화원 뒷산의 수미영경(須彌靈境) 동쪽에 위치해 있다. 탑은 밀첨식(密檐式)과 누각식(樓閣式)을 결합한 형태의 부등변 팔각형으로 7층으로 이루어져 있다. 탑신(塔身)의 표면에는 황색, 녹색, 자색, 청색, 남색, 청색과 황금 색깔의 유리전돌로 상감 되어 있다. 또한, 유리전돌에 목조 형식을 본뜬 두공(斗拱, 공포)이 설치되어 있으며, 탑 꼭대기의 보정(寶頂)은 도금처리 되어 있다.

이화원의 다보유리탑

수미복수지묘 유리탑 須彌福壽之廟琉璃塔

하북성(河北省) 승덕(承德) 외팔묘(外八廟)에는 수미복수지묘(須弥福壽之廟)가 있다. 사묘의 가장 북쪽 산꼭대기에 7층으로 구성된 팔각형 모양의 만수탑(萬壽塔)이 세워져 있다. 탑은 녹색유리전돌을 사용해 끼워 넣는 방식으로 쌓았고, 탑 꼭대기에는 황색유리기와를 덮어 밝고 눈부셔 유리보탑(琉璃寶塔)이라고 부르기도 한다. 정교하고 아름다운 유리보탑은 수미복수지묘에서 가장 높은 곳에 위치한 것으로 보아 기존의 사묘 건축이 지닌 공간과 층수의 개념을 타파하여 자유스러운 분위기로 전환하는 계기가 되었다.

수미복수지묘 유리탑

유리산장 琉璃山墻

유리산장(琉璃山墻)은 유리전돌을 이용해 쌓은 산장(山墻)으로 대부분 황가(皇家)의 궁전 건축에만 쓰였다. 유리산장의 유리는 산장(山墻)의 하감(下碱), 산화(山花), 박풍(博風) 등에 쓰인다.

유리하감 琉璃下碱

유리하감(琉璃下碱)은 하감(下碱) 부위에 유리장식을 붙인 것이다. 간단한 십자모양으로 가지런하게 붙이거나 유리 전돌을 이용한 각종 도안을 붙여 만들기도 하여 장식성이 풍부하다.

유리하감

유리소홍산 琉璃小紅山

소홍산(小紅山)은 헐산식(歇山式, 팔작 지붕) 건축의 산화(山花, 합각) 부분을 가리킨다. 유리소홍산은 유리부재 조각을 도안으로 만들어 쌓아 올린 것이다. 도안 재료는 대다수 목재질의 산화를 본뜬 금전수대문(金錢綬帶紋, 띠 모양의 장식도안)을 사용하였다.

유리산장

유리소홍산

유리박풍 琉璃博風

박풍(博風)은 박풍판(博風板)이라고도 하며, 경산(硬山), 현산(懸山), 헐산(歇山) 건축에 사용된다. 유리박풍은 면에 유리를 붙인 것으로 특히, 현산식(懸山式, 맞배지붕) 건축의 박풍 유리는 목재질의 박풍판 바깥 면에 붙힌 것이다.

(挂檐板)이라 일컬으며, 대부분 나무로 제작한다. 이 괘첨판 외부에 유리를 붙여 장식한 것을 유리괘첨(琉璃挂檐)이라 하며, 황가 건축에서 자주 볼 수 있다. 대부분 여의운두(如意雲頭) 문양을 사용하였다.

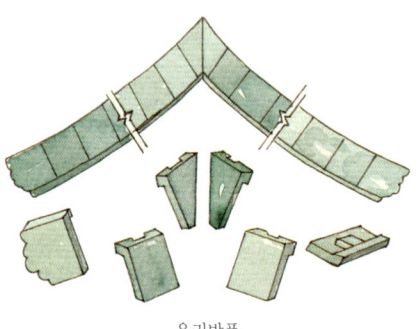

유리박풍

유리괘첨 琉璃挂檐

다층(多層)건축과 중첨(重檐)건축은 층과 층 사이에 평좌(平座) 혹은 돌출된 회랑을 설치하거나 위쪽에 난간을 설치하여 풍경을 관망할 수 있도록 한다. 평자와 돌출부분의 외부 입면에 종종 장식을 하여 건축의 미관을 아름답게 한다. 이런 장식이 있는 입면을 괘첨판

유리괘첨

패방(牌坊)

패방(牌坊)은 기념비적인 의미를 가진 건축물로 기둥 위쪽에 걸린 현판에 덕행과 관련된 내용을 새긴 것을 일컫는다. 패방은 대개 기둥, 양(梁, 보), 두 기둥을 연결하는 사각 횡목, 망루 등으로 구성되어 있다. 그 형식은 1칸2주(一間兩柱), 3칸4주(三間四柱) 등이 있으며, 더 큰 규모로는 5칸, 7칸 등이 있다. 양(梁, 보)의 상부에는 1층에서 3층으로 이루어진 석판이 연결되어 있으며, 방목을 세운다는 문자가 새겨진 방(枋)이 있다. 방 상부에는 루(樓)가 세워져 있으며, 일부 루(樓)에 지붕이 있는 것이 특징이다. 횡량(橫梁, 보)이 길고, 무거워 쉽게 균열되는 문제점 때문에 양(梁)과 기둥(柱)이 연결된 모퉁이 부분에 작체(雀替)를 많이 설치했다. 패방의 높이는 십여 미터가 넘고 기둥은 일직선으로 놓여 있으며, 붕괴의 위험을 방지 하기 위해 각각의 돌기둥 앞뒤에 다시 돌기둥을 끼워 둘러쌓았다. 패방은 능묘, 사당, 관아, 원림 등에 세워져 있으며, 길가나 이방(里坊: 고대 중국의 거주 취락 단위)의 입구 등에 세워 그 곳의 지표를 나타냈다. 또한, 공덕을 치하하고 절개가 있는 이에게 표창을 하는 역할을 하기도 한다. 패방의 역할과 축조 형태에 따라 표지방(标志坊), 공덕방(功德坊), 절렬방(節烈坊) 세 가지로 나눌수 있다.

표지방 标志坊

표지방(标志坊)은 기념할 만한 곳에 세워 상징의 의미와 함께 후대 사람들에게 모범이 될 만한 역할을 한다.

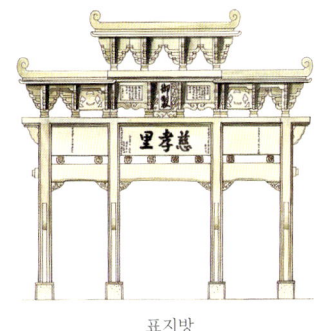

표지방

공덕방 功德坊

공덕방(功德坊)은 관직을 지냈거나 정치적 업적을 남긴 이를 표창한 공명방과 덕행을 행한 이를 표창한 도덕방(道德坊)을 통칭하여 부른 것이다.

공덕방

공명방 功名坊

공명방(功名坊)은 사람의 관직, 업적 및 과거 시험에 합격한 것을 기리기 위해 세운 것이다.

공명방

도덕방 道德坊

도덕방(道德坊)은 사람의 덕행을 기리기 위해 세운 것으로, 선행을 하거나 의로운 일을 행한 이를 표창하기 위해 세운 것이다.

도덕방

문무방 門武坊

문(門)의 형식과 패방의 형태를 동시에 지니고 있어 문무방(門武坊) 혹은 패방문(牌坊門)이라 일컫는다. 일부 지방 민가의 대문 벽에 붙여 패방문으로 조성한 것을 문무방이라고도 말한다.

문무방

절렬방 節烈坊

절렬방(節烈坊)은 충신, 효자, 열녀를 표창하기 위해 세운 것으로 그 중 열녀문이 가장 많다.

절렬방

능묘방 陵墓坊

능묘방(陵墓坊)은 능묘 앞에 세워져 안내 역할을 하여 그 곳이 능묘임을 표시한다.

능묘방

석패방 石牌坊

석패방(石牌坊)은 석재를 이용하여 세운 것으로, 패방 전체가 석재로 구성되어 있다. 석패방은 목패방에 비해 내구성이 강해 견고하며 보존기간이 길다.

석패방

십삼릉 석패방 十三陵石牌坊

신도(神道)앞에 위치한 석패방(石牌坊)은 13릉(十三陵) 능구 지역의 가장 남쪽에 위치에 있다. 명대(明代) 가정 19년(嘉靖, 1540)에 세워진 것으로 모두 한백옥으로 지어져 투명하고 밝다. 패방은 5칸, 6개의 기둥, 열 한 개의 루(樓) 형식으로 높이 14m, 넓이가 29m에 달하며 현존하는 중국 최대의 고대 석패방이다. 패방은 세밀하게 조각한 지붕받침과 자체 표면에는 구름과 꽃 문양의 도안이 새겨져 있다. 대좌 위에는 기린, 사자, 용 등의 모습을 생동적으로 묘사하여 명대(明代)의 대표되는 석조 예술로 손꼽히고 있다.

십삼릉 석패방

목패방 木牌坊

목패방(木牌坊)은 나무를 이용하여 세운 패방으로, 가장 초기 때 제작 된 형식이다. 원대(元代) 이전, 각 종 방문(坊門, 도시의 작은 길 입구에 세워진 문)과 영성문(欞星門, 지붕이 없고 키가 낮은 문으로 중국 사묘 등의 앞에 세우는 문의 형식) 등이 출현하였을 당시 대부분 목재를 사용하여 세웠다. 나무가 주재료이지만, 기석(基石)과 누정(樓頂)은 한백(漢白玉)과 석재를 사용하였고 일부는 유리기와를 쓰기도 하였다. 목패방 이후 석패방(石牌坊)과 유리패방(琉璃牌坊)의 형식이 출현하였다.

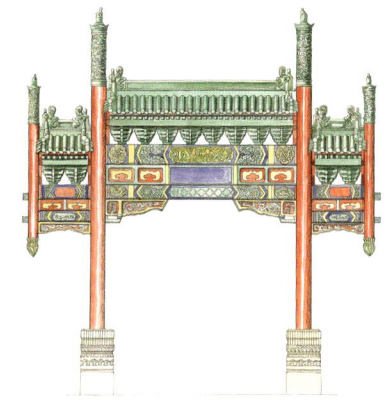

목패방

유리패방 琉璃牌坊

유리패방(琉璃牌坊)은 유리기와를 옥정(屋頂, 지붕)에 깔거나 유리 조각을 패방 벽면에 붙힌 것으로 화려하고 아름다워 패방 예술품 중 으뜸이다. 그 자체가 존귀하고 화려하여 명청(明淸) 때는 황가건축과 황제가 하사한 건축 외에는 어떤 누구도 유리기와를 사용하여 패방을 지을 수 없도록 하였다.

유리패방

충천패방 冲天牌坊

패방의 기둥 형식 때문에 불리어진 명칭으로, 기둥의 최상부가 횡방(橫枋, 두 기둥을 연결하는 사각 부재)과 누정(樓頂)보다 높은 것으로, 충천패방(冲天牌坊)에서 가장 높은 부분은 방(枋)이 아니라 기둥 머리 부분이 가장 높은 부분이다. 기둥 머리 부분에 구름과 여러 신령한 동물들의 문양이 조각되어 각각 장식되어 있거나 혹은 함께 장식되어 있기도 하다.

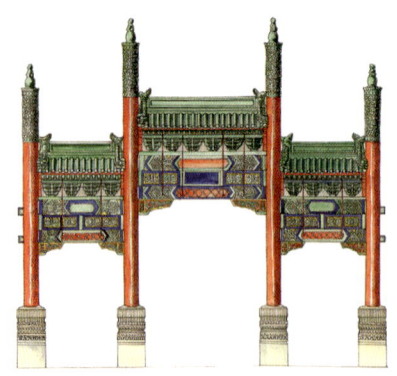

충천패방

화염패방 火焰牌坊

현존하는 명청(明清)시대 제왕의 능묘에 기둥과 방(枋) 외, 상부에 화염석(火焰石) 장식이 있고 돌 위에 화염 문양을 조각한 화염패방(火焰牌坊)이 세워져 있다. 이 화염 조각은 전화위복과 황족(皇族)의 흥성을 상징한다.

화염패방

당월패방군 棠樾牌坊群

당월패방군(棠樾牌坊群)은 휘주(徽州)지역 패방 중 가장 유명한 것으로 흡현(歙縣)에 위치한 당월촌(棠樾村)에 있는 패방군이다. 활모양의 길 위에 7개의 패방이 순서대로 세워져 있으며 모두 3칸(間) 4주(柱, 기둥) 3루(樓) 형식의 석방(石坊)이고, 그 중 5개는 충천(冲天)형식이다. 이 패방은 "충(忠), 효(孝), 절(節), 의(義), 절(節), 효(孝), 충(忠)"의 배열방식으로 어느 곳에서 보더라도 "충(忠), 효(孝), 절(節), 의(義)"의 순서대로 보여지는 것이 가장 큰 특징이다.

당월패방군

허국석방 許國石坊

허국석방(許國石坊)은 휘주(徽州) 지역에 있는 패방 중 매우 독특한 것으로 팔각패루(八脚牌樓)라 일컫기도 한다. 흡현성(歙縣城)내의 해방가(解放街)에 위치해 있으며, 명대(明代) 만력(萬曆, 1573~1620년) 때 공신이 나라를 위해 목숨을 바친 것을 기리기 위해 세운 것이다. 이는 목조는 아니지만 목조 결구 형식을 본 따 지은 것으로, 평면은 장방형이고 남북 길이 11m, 동서 넓이 7m, 높이 11m이다. 앞뒤 2개의 3칸3누(三間三樓)와 좌우로 2개의 단칸3누(單間三樓) 형식이 4면을 둘러 쌓여져 있고, 그 사이에는 8개의 기둥이 세워져 있는 중국에서 보기 드문 구조이다. 이런 패방은 4면에서 봐도 모두 정면의 모습을 취하고 있다. 과거에 사람들은 십자로 입구에 4개의 패방이 있는 것을 사패루(四牌樓)라 불렀고, 허국패방이 하나의 사패루와 같다 하였다. 패방은 청색 다원석(茶園石, 석재의 일종)을 이용해 만들었으며, 방(坊) 표면에는 용, 봉황, 기린, 학이 구름 사이를 선회하며 나는 모습과 길상의 의미를 나타내는 조각 도안이 새겨져 있다.

허국석방

휘주패방 徽州牌坊

안휘성(安徽省)의 휘주(徽州) 지역은 패방이 집중적으로 모여 있어 "패방의 고향(牌坊之鄕)"이라고 불리기도 한다. 이곳에는 원래 천여 개의 패방이 있었지만, 현존하는 것으로는 백여 개 정도가 남아있다. 모두 석재로 만들었지만, 일부는 목재와 전돌을 사용하기도 하였다. 주요 부재로는 석회암, 모래, 자갈 및 화강암 등의 석재로 사용한 것으로 휘주패방의 큰 특징으로 볼 수 있다. 휘주패방의 조각은 석조 예인들의 재능과 기예를 한 눈에 볼 수 있다.

휘주패방

형번수상방 荊藩首相坊

안휘성(安徽省) 이현(黟縣) 서체촌(西遞村) 입구에 위치해 있는 것으로 이곳에서 생산되는 석회암으로 만들어졌다. 패방은 3칸, 4개의 기둥, 5개의 루(樓) 형식으로 높이가 11m에 달한다. 패방의 한 면에는 "荊藩首相(형번수상)", 다른 한 면에는 "胶州刺史(교주자사)"라고 쓰여 있다. 패방에는 사자가 공을 밟고 있는 형상과 기린 등의 동물들이 투조 기법으로 조각되어 있으며 또한 화가, 문인, 장수 등의 인물 조각상도 있다.

중국건축도해사전

형번수상방

패방의 자패

패방의 방 牌坊的枋

패방 중 가로로 놓여 있는 큰 부재 모두를 방(枋)이라 한다. 기둥을 연결하거나 기둥과 함께 패방 상부의 조각 장식 및 루(樓)가 있는 패방 지붕을 서로 잇는 역할을 한다. 패방의 조각은 대부분 방(枋)표면 혹은 상하 방(枋) 사이에 장식되어 있다. 방(枋)의 수량, 제작 난이도, 방(枋) 표면의 조각 장식 등에서 패방의 등급과 방(枋)을 세운 이의 경제적 능력을 알 수 있다.

패방의 기둥 牌坊的立柱

패방은 수직 방향의 기둥과 수평 방향으로 된 방(枋)으로 구성되어 있어 패방의 가장 중요한 부재 중의 하나이다. 기둥은 받침대 역할을 하여 윗면의 방(枋) 혹은 방(枋)과 지붕 꼭대기를 지탱한다. 기둥은 원형기둥과 방형기둥 두 가지 형식으로 나뉘며, 목패방은 대부분 원형기둥을 사용하였으며 석패방은 원형기둥과 방형 두 가지를 사용하였다. 일부 규모가 큰 패방은 큰 기둥 쪽에 작은 기둥을 설치하여 하중을 견디는 건축공법을 적용시켰다.

패방의 기둥

패방의 방

패방의 자패 牌坊的字牌

자패(字牌)는 패방 면에 글을 쓰거나 문자를 새긴 것을 말한다. 이 자패의 내용으로 어떤 이를 기리기 위한 것인지 또는 패방을 세운 자의 관직 및 이름 등의 내용을 알 수 있다.

패방의 첨정 牌坊的檐頂

패방의 방(枋) 위에 지붕이 있는 것을 첨정(檐頂) 또는 루(樓)라고 일컫는다. 첨정은 일반적으로 두공(斗拱, 공포)과 상부의 지붕 두 부분으로 구성되어 있다. 석패방(石牌坊), 전패방(磚牌坊), 유리패방(玻璃牌坊)의 두공(斗

拱)은 대부분 방목(仿木) 형식으로 이루어져 있다. 지붕은 무전식(廡殿式, 우진각지붕), 헐산식(歇山式, 팔작지붕) 및 현산식(懸山式, 맞배 지붕)이다.

변루 邊樓
패방의 양쪽 가장자리 위의 지붕을 가리킨다.

변루

패방의 첨정

주루 主樓
패방에서 정중앙 칸 위 부분의 지붕을 지칭하며 명루(明樓), 정루(正樓) 혹은 주루(主樓)라 일컫는다.

초간누 稍間樓
패방의 초간(稍間) 상부의 지붕을 초간누(稍間樓) 라고 한다.

초간누

주루

패방의 구조 牌坊的結构

패방의 구조는 지붕, 방(枋), 기둥 등으로 구성이 단순하게 보이지만, 그 세부적인 부재의 명칭은 매우 다양하다. 패방의 형식은 넓이에 따라 1, 3, 5, 7칸(間) 등으로 구별된다. 칸(間)의 수 혹은 패방의 크기와 기타 부재에 따라 일정한 변화를 이룬다. 1칸의 패방은 하나의 지붕과 두 개의 기둥으로 구성되며, 3칸 혹은 3칸 이상의 패방일 경우 그 지붕과 기둥의 수도 증가한다. 특히, 지붕부는 칸(間)수와 동일하거나 혹은 주요 지붕 사이에 작은 지붕이 있어 각 지붕마다 명칭이 다르다.

1. 패방첨정의 명칭 (牌坊檐頂的名稱)

패방은 기둥 수에 따라 칸(間)으로 분리되어 양주1칸(兩柱一間), 3주양칸(三柱兩間), 4주3칸(四柱三間) 등으로 나누어진다. 패방 기둥은 칸(間)의 분리와 위치에 따라 다른 명칭을 가진다. 주루(主樓), 차루(次樓), 소간누(稍間樓), 변루(邊樓), 협루(夾樓)로 분리된다.

2. 정루 (正樓)

정루(正樓)를 주루(主樓)라 일컫기도 한다.

3. 차루 (次樓)

패방의 협칸 상부 지붕에 위치한 것을 차루(次樓)라 한다.

4. 협루 (夾樓)

패방의 처마 지붕은 대부분 1칸1정(一間一頂)이며, 이 사이에 놓여있는 작은 지붕을 협루(夾樓)라 일컫는다.

5. 패방의 기좌(基座)

기좌(基座)는 패방의 주요 구성 부분으로 지면과 지하 두 부분을 포함하며, 그 중 지면의 윗 부분을 가리킨다. 목패방과 석패방의 기좌 설치 방식은 다르다. 목패방은 대부분 깃대, 기둥 등을 단단하게 고정 시키는데 사용하는 협간석(夾杆石)을 이용하여 패방의 기둥받침을 고정시켜주는 형식이며, 석패방은 사원에 불상을 모셔두는 단의 형태인 수미좌(須彌座)형식을 갖추고 있다.

제 29 장

석굴(石窟)

석굴(石窟)은 불교 건축의 하나로, 지면에 세운 건축물이 아니라 산에 굴을 파서 세운 것을 말한다. 중국은 아주 이른 시기에 석굴을 조형했으며, 그 수량 또한 많고 규모도 크다. 그 중 조각상은 세밀하고 진귀하여 중요한 역사와 예술적 가치를 지닌다. 중국의 불교 석굴의 분포는 신강(新疆), 중원(中原), 남방(南方) 지역으로 나뉜다. 각 지역의 석굴은 뛰어난 특색이 있고 서로 영향을 미쳐, 끊임없는 교류와 발전을 거듭하면서 풍부하고 다채로운 불교 석굴예술 및 문화를 형성하였다. 유명한 석굴로는 감숙성(甘肅省)의 돈황막고굴(敦煌莫高窟), 산서성(山西省)의 운강석굴(雲岡石窟), 하남성(河南省)의 용문석굴(龍門石窟)로, 이를 "중원 북방3대 석굴(中原北方三大石窟)"이라고 한다. 남쪽의 유명한 석굴로는 사천성(四川省)의 대족석굴(大足石窟)이 있다.

운강석굴 雲岡石窟

운강석굴(雲岡石窟)은 오늘날 산서성(山西省) 대동시(大同市) 서쪽에 위치하며, 북위(北魏) 흥안 2년(興安, 453)부터 태화 19년(太和, 495)에 세워진 것으로 반세기에 가까운 시간에 걸쳐 완성되었다. 운강(雲岡)의 남쪽 산기슭 즉, 우조산(武周山)에 위치하여 "운강석굴(雲岡石窟)"이라 일컫는다. 중국에서 유명한 석굴 중의 하나이며 중국 대형 석굴군의 하나로 현재 50여 개가 남아 있으며 그 중 보존 상태가 양호한 것은 약 20개이다. 굴(窟) 내에는 5만 여 개의 불상과 벽화로 이루어져 불교 석조예술의 보고라 할 수 있다. 산의 고저에 따라 동굴이 형성되었기 때문에 이 전체를 하나의 석굴군으로 볼 수 있다.

운강석굴

담요5굴 曇曜五窟

담요5굴은 운강석굴 중 이른시기에 만들어진 5개의 굴로 운강석굴 서쪽의 제16굴부터 제20굴을 가리킨다. 기록에 따르면, 이 5개의 석굴은 승려 담요(曇曜)가 문성제(文成帝)에게 석굴 조영을 주청한 데서 비롯되어 담요5굴이라고 한다. 담요5굴은 동서길이가 100m로 굴 앞 지면이 넓고 평탄하다. 각 굴의 평면은 말굽모양이며 인도의 초옥형식인 반원모양의 궁륭(穹隆)천장형식이다. 담요5굴은 현존하는 중국 5세기의 가장 대표적인 불교 석굴군 중 하나이다.

제29장 석굴

담요5굴

대에 즉위한 문성제(文成帝) 탁발준(拓跋濬, 452~465년)의 모습을 나타낸 것이다.

운강석굴 제17굴 雲岡石窟第17窟

운강석굴 제17굴 내부의 주존불(主尊佛)은 높이가 15m가 넘는 두 다리를 교차시킨 교각좌상(交脚坐像) 형태로 자연재해로 인해 보존상태가 좋지 않다. 이 본존 좌우에는 한 쪽 어깨에 큰 옷을 걸쳐 입은 좌상과 입상이 서 있다.

운강석굴 제16굴 雲岡石窟第16窟

운강석굴 제16굴은 담요5굴(曇曜五窟)의 첫 번째 굴로 5개 굴 중 가장 동쪽에 위치해 있다. 이 굴은 동서 길이가 약 12m, 깊이가 9m에 달하며 높이는 15m가 넘는다. 중앙에 위치한 주존불(主尊佛)의 높이는 13m가 넘는 입상으로, 불상의 모습은 준수하며 얼굴에는 깊고 엄숙함이 묻어난다. 머리 위에는 상투 모양의 솟아오른 육계(肉髻, 부처의 정수리에 있는 뼈가 솟아 저절로 상투모양이 된 것으로 무견정상(無見頂相)이라고도 한다)가 있으며 가사(袈裟, 중국 황제들이 입은 곤룡포 형식의 의복)를 착용하였다. 수인(手印)은 오른 손은 시무외인(施無畏印), 왼손은 여원인(與願印)을 취하고 있다. 이 불상은 북위(北魏)시

운강석굴 제17굴

운강석굴 제18굴 雲岡石窟第18窟

운강석굴 제18굴은 불상이 비교적 많은 굴 중에 하나이다. 제18굴 내의 주존불(主尊佛)은 높이가 15m가 넘으며 불상은 가사(袈裟)를 착용하고 있고 왼손은 가슴을 쓰다듬는 모습을 하고 있다. 주존불(主尊佛) 양측에는 협시보살(脇侍佛)과 10대 제자가 세워져 있다. 10대 제자상의 머리 부분에는 원부조(圓浮雕) 수법을 이용해 벽이 돌출되어 불상이 위에서 아래로 점점 벽 내부로 감춘 듯한 입체적 모습을 보인다. 이 불상은 북위(北魏) 제3대 황제인 태무제(太武帝) 탁발도(拓跋燾, 423~452년)의 모습을 조각한 것이다.

운강석굴 제16굴

운강석굴 제18굴

운강석굴 제20굴 雲岡石窟第20窟

운강석굴 제20굴은 담요5굴(曇曜五窟) 중 가장 마지막 석굴로 '20'이라는 번호를 통해서도 알 수 있다. 동굴의 앞 벽은 준공 뒤 얼마 지나지 않아 무너져 버리면서 노천대불(露天大佛)이라 불리는 주상이 되었다. 그러나 자연재해가 심하진 않아 불상의 형태와 문양은 비교적 뚜렷하다. 이 불상은 석굴 초기 때의 조각 예술정신을 잘 표현해주고 있어 운강석굴의 대표적인 걸작이라 할 수 있다. 북위(北魏)의 첫 번째 황제 도무제(道武帝) 탁발규(拓跋珪, 386~409년)의 모습을 조각한 것이다.

운강석굴 제20굴

운강석굴 제19굴 雲岡石窟第19窟

운강석굴 제19굴은 담요5굴(曇曜五窟) 중 규모가 가장 크며 평면 배치가 비교적 특이한 석굴이다. 굴 내의 주존불(主尊佛)의 높이는 약 17m로 5굴 중 첫 번째로 큰 대불이며, 운강석굴 내 두 번째로 큰 불상이다. 주존불(主尊佛)의 귓바퀴가 매우 길어 어깨까지 내려와 있으며, 좌불상이 각각 배치되어 있다. 이는 북위(北魏) 제2대 황제인 명원제(明元帝) 탁발사(拓跋嗣, 409~423년)의 모습을 조각한 것이다.

운강석굴 제5, 6굴 雲岡石窟第5, 6窟

운강석굴 제5, 6굴은 쌍굴(雙窟) 형식이며, 굴의 내부는 전실(前室)과 후실(後室)로 구분되어 있다. 두 굴 앞에는 절벽에 기댄 누각건축(樓閣建築)이 세워져 있다. 두 굴의 평면은 중심탑주식(中心塔柱式)동굴 형태로 바닥의 평면은 'U'자형에 가깝고 천장은 아치형으로 구성되어 있다. 제 5굴은 중앙에 좌불상이 있고 벽면에는 크고 작은 불상이 새겨져 있다. 제 6굴 내부 중앙부에는 장방형 탑주가 천장까지 닿아 있다. 탑주의 하층에는 감실을 만들어 주존불(主尊佛) 각 1구씩을 빚어 놓았다.

운강석굴 제19굴

제29장 석굴

운강석굴 제5, 6굴

운강석굴 제9, 10굴 雲岡石窟第9, 10窟

운강석굴 제9, 10굴 역시 쌍굴(雙窟)로 굴의 내부는 전실(前室)과 후실(後室)로 구분되어 있다. 양쪽 굴 앞에는 기둥이 나열되어 있어 쌍굴(雙窟)의 특징을 잘 보여주어 운강석굴 중 비교적 특색 있는 곳이다. 기둥 뒤 회랑 내부의 벽면과 동굴 문미(門楣)에 새겨진 조각은 색채가 선명하여 화려하다. 외관상 복잡하게 보이지만 세밀하게 조각되어 예술성이 돋보인다.

운강석굴 제9,10굴

용문석굴 龍門石窟

용문석굴(龍門石窟)은 중국에서 유명한 석굴 건축군 중 하나로 하남성(河南省) 낙양시(洛陽市)에 있으며, 이하(伊河)를 사이에 두고 용문산(龍門山)과 향산(香山)의 석회암 산허리에 위치에 있다. 석굴은 북위(北魏) 효문제(孝文帝) 태화 18년(太和, 494)에 조성하기 시작하여, 수당(隋唐)에 이어 북송(北宋) 때 까지 4백여 년에 걸쳐 완성되었다. 대표되는 석굴은 북위(北魏) 때 굴착된 고양동(古陽洞), 보양동(寶陽洞), 당대(唐代)에 세운 잠계사(潛溪寺), 봉선사(奉先寺) 등이 있다. 현존하는 불감(佛龕, 불상을 봉안하기 위해 만든 작은 공간)은 800개에 달하고, 크고 작은 석상이 9만 개가 넘으며 옛 명승고적 혹은 상징성의 문물 등을 글로 표현한 문구와 비석이 3,600개가 넘는다.

용문석굴

봉선사 奉先寺

봉선사(奉先寺)는 현존하는 용문석굴의 주요 건축군의 하나이다. 당대(唐代) 고종(高宗) 함형 3년(咸享, 672) 부터 상원 2년(上元, 675)에 걸쳐 조성된 당대 석굴 예술 중 으뜸이다. 앞은 이하(伊河)를 끼고 있으며, 북쪽으로는 서산(西山)을 기대고 있어 이는 천연 보호벽 역할을 한다. 동굴은 대부분 천연 종유동(鍾乳洞)이며, 주변 자연경관과 잘 어울린다. 봉선사는 아름다운 경관 외에 세밀하게 조각된 본존인 노사나불(盧舍那佛, 부처님의 참다운 모습을 나타내는 칭호)이 유명하다.

379

봉선사

연화동 蓮花洞

연화동(蓮花洞)은 북위(北魏) 효명제(孝明帝, 515~528년) 때 조성되기 시작해, 북위(北魏) 후기 때 완성된 대형동굴로 용문(龍門) 서산(西山) 중부에서 약간 떨어진 남쪽에 위치해 있다. 연화동 석굴의 평면은 장방형이며 높이는 약 6m, 깊이는 약 9m로 굴의 지붕은 상대적으로 평탄하다. 연화동은 용문석굴 중 가장 아름다운 석굴로 내부에 있는 보연조정(寶蓮藻井)이 유명하다. 이는 굴 천정에 대형 연꽃을 고부조 수법으로 조각하여 새긴 것을 말한다. 연꽃을 내외부로 분리하였고, 3개의 층계로 나누어 높낮이를 이루었다. 가장 중심에 있는 연봉(蓮蓬)이 가장 두드러지고 가장 높은 곳에 있으며, 연봉 주위에 연꽃 꽃판이 둘려져 그 다음 층을 이룬다. 연화 꽃잎 주위에 일권이방(一圈二方)의 연속적인 화문이 두드러지게 돋보인다. 꽃 주변에는 비천(飛天)이 연화 전체를 둘러싸고 있다.

* **비천(飛天)**
불교 벽화 등에 등장하는 공중을 나는 선인(仙人)조각상

연화동

고양동 古陽洞

고양동(古陽洞)은 용문석굴 중 가장 빨리 조성된 것으로 용문(龍門) 서산(西山) 남쪽에 위치해 있다. 문헌에 따르면 고양동의 원명칭은 석굴사(石窟寺)였으며, 노자(老子)가 일찍이 단약(丹藥, 고대 신선이 만들었다고 하는 장생불사의 영약)을 만들었다는 전설에서 비롯되어 노군동(老君洞)이라고도 불리었다. 고양동 평면은 약간 말굽 모양처럼 보이며 지붕은 궁륭형식으로 높이는 11m, 넓이는 8m, 깊이는 약10m이다. 동굴 안에는 높이가 약 6m인 석가모니 좌상이 있다. 동굴 내부에는 불상이 많으며 기타 동굴 지붕에도 조정(藻井)을 조각한 것을 미루어 보아 불감(佛龕)이 있던 곳으로 짐작할 수 있다. 이것은 고양동이 용문석굴 중 가장 뛰어남을 나타낸다.

고양동

만불동 萬佛洞

만불동(萬佛洞)은 용문 서산 중부 북단에 위치하여 연화동(蓮花洞)과 멀지 않은 곳에 위치해 있다. 만불동은 당(唐) 초기에 조성되었으며 평면은 방형이며 동굴은 내외로 분리되어 있다. 내부 굴의 높이는 약 6m, 깊이는 6.5m, 외부 굴의 높이는 약 4.9m, 깊이는 약 2m으로 외부 굴 보다 내부 굴의 규모가 더 크다. 내부 굴 벽면에 만 5천여존의 소형 불상들이 조각되어 있어 만불동이라는 명칭을 얻게 되었다.

만불동

돈황막고굴 敦煌莫高窟

돈황막고굴(敦煌莫高窟)은 현존하는 것 중 가장 큰 불교 예술 보고 중의 하나이다. 규모가 웅대하며 조성기간이 긴 만큼 예술성이 뛰어나 전국 석굴 중에서도 으뜸이다. 막고굴은 명사산(鳴沙山) 동루(東麓)의 가파른 절벽에 위치한 것으로 사막의 높은 곳에 있다하여 붙여진 이름이다. 막고굴은 동진(東晋)의 전진(前秦, 351~394년) 때 개착되기 시작해 명청대(明淸) 때에 비로소 작업이 끝났다. 각 시대별 조각상과 채화 및 건축이 하나의 굴을 이루는 구성요소로 당시 시대의 특성이 잘 묻어나 여러 자태를 뽐낸다.

돈황막고굴

채롭지만 초기 때의 모습만큼 특색이 있지 않다. 당대(唐代)에 이르러서는 불경문자를 응용하여 벽화를 그렸다. 오대(五代)부터 송대(宋代) 초기에는 벽화의 제작을 적극적으로 추구하고자 했던 시기였으며 원대(元代)에는 주로 밀종(密宗)의 내용들이 많이 첨가된 벽화로 이루어져 있다.

돈황막고굴 벽화 敦煌莫高窟壁畵

돈황막고굴(敦煌莫高窟) 벽화(壁畵)는 석굴 자체를 뜻하기도 한다. 막고굴의 내부 전체를 모두 벽화로 장식하였으며, 심지어 일부 굴의 지붕에도 벽화를 그렸다. 색채는 화려하며 벽화가 담고 있는 내용 또한 풍부하여 그 시대의 특색을 잘 드러낸다. 대부분 불가(佛家)의 이야기가 많으며 특히 불교의 전생, 현생에 이르는 각종 전설을 생생하게 묘사하였다. 수대(隋代)의 돈황 벽화는 불가(佛家) 이야기를 위주로 회화 풍격이 사실 그대로 표현되어 다

돈황막고굴9층누각 敦煌莫高窟9層樓閣

돈황막고굴(敦煌莫高窟) 9층 누각은 막고굴을 대표하는 건축물이다. 이 9층 누각은 목구조로 암벽에 기대어 세워진 것으로 돈황 제96번 굴이다. 문헌에 따르면, 이 누각은 당대(唐代) 여황제인 무측천(武則天) 시대에 세워진 것으로 원래 5층이었던 누각이 훼손되어 1936년대에 중건되었다고 전해진다.

돈황막고굴9층누각

돈황막고굴 벽화

맥적산 석굴 麥積山石窟

맥적산 석굴(麥積山石窟)은 감숙성(甘肅省) 천수현(天水縣) 동남쪽에 위치한 것으로 산세가 마치 농가에 쌓아 놓은 보리 더미처럼 보인다 하여 맥적산(麥積山)이라 불린다. 맥적산 석굴은 대략 오호십육국(五胡十六國)의 후진(后秦, 384~417년) 시대에 축조한 것으로 보인다. 현존하는 석굴은 북위(北魏) 문성제(文

成帝, 471~499년)가 개착하였다. 당시의 많은 고승과 선사들이 이곳에 은거하면서 학문을 강연하고 불법을 널리 장려하였다. 북위(北魏) 때부터 명청(明淸) 양대에 이르기까지 끊임없는 조성과 수리 작업을 반복하였고 특히 수당(隋唐)대에 맥적산석굴의 가장 많은 변모를 보여준 시기였다. 맥적산은 당대(唐代) 개원년간(開元, 713~741년)에 지진이 발생하면서 암벽의 중간부분이 붕괴되면서 석굴이 자연적으로 동서 두 부분으로 나뉘어졌다.

맥적산 석굴 제4굴

맥적산 석굴

맥적산 석굴 제4굴 麥積山石窟第4窟

맥적산 석굴 제4굴은 북조(北周) 시대에 개착되어 수(隋), 송(宋), 명(明) 대에 걸쳐 증축되었으며 맥적산 석굴군 중 가장 크고, 아름다운 굴로서 맥적산 동쪽 암벽의 가장 높은 곳에 위치해 있다. 제4굴 앞 회랑의 길이는 30m가 넘으며, 높이는 9m에 가까우며 동서 양측에는 각각 높이 4m가 넘는 역사상(力士像)이 세워져 있다. 그 상부의 벽 칸에는 각각 불단이 있고 내부에는 문수보살(文殊菩薩)과 유마상(維摩像), 인도 비사리국의 장자 유마힐의 상(像))이 있다. 회랑의 지붕 부분에는 평기조정(平棋藻井)이 조각되어 있고 42개의 사변형으로 구성되어 있으며, 중국의 불전고사(佛傳故事)를 표현한 벽화가 그려져 있다.

맥적산 석굴 제13굴 麥積山石窟第13窟

맥적산 석굴 제13굴은 맥적산 동쪽 암벽 가운데에 위치해 있다. 이 불단과 불단 내부의 불상, 그리고 그 주변의 굴감(窟龕)은 대부분 북주(北周)와 수(隋) 시대에 조성된 것으로 당대의 특색을 지니고 있다. 제13굴은 마애(摩崖) 조각상으로 구성되어 있으며, 불단 내부의 의좌불(倚坐佛)은 석태(石胎, 완전하게 굽지 않은 상태의 도기)를 사용해 빚은 것으로 높이는 15m에 달한다.

맥적산 석굴 제13굴

북산 대족석굴 北山大足石窟

북산의 대족석굴은 당대(唐代)후기 창주자사(昌州刺史) 위군정(韋君靖)이 촌락 내에 불만마애(佛灣磨崖)를 조각한 것이 시초가 되었다. 이를 중심으로 뒤이어 영반파(營盤坡),

북탑(北塔), 관음파(觀音坡) 불이암(佛耳岩) 5곳이 송대(宋代)까지 조성작업이 이어졌다. 불단은 모두 290여의 중소형으로 그 중 제3호, 제5호, 제9호, 제10호의 4개 불단이 가장 크다. 이 조각상은 모두 당대(唐代) 말기와 오대(五代)대의 대표적인 작품이다.

북산 대족석굴

남산 대족석굴 南山大足石窟

남산석굴(南山石窟) 또한 대족의 수많은 석굴 중 하나로 북산 석굴과 아주 상대적이다. 남산은 광화산(廣華山)이라 일컫기도 하며, 경치가 아름다워 남산취병(南山翠屛)이라 하여, 대족십경(大足十景)중의 하나로 불린다. 대족의 조각상은 유불도 삼교가 조화를 이룬 곳으로 유명하다. 남산(南山)의 대족석굴은 남송(南宋) 대에 만들어진 것으로 도교의 석각이 집중된 곳이다. 그 중 삼청동(三淸洞),

남산 대족석굴

진무동(眞武洞), 성모감(聖母龕) 등이 주요 명물로 손꼽히고 있다.

석문산 석굴 石門山石窟

석문산 석굴(石門山石窟)은 대족(大足) 현성(縣城) 동쪽 20km 지점에 위치한 석마진(石馬鎭)에 자리잡고 있다. 석굴 조각상은 북송(北宋)소성(紹聖)에서 남송(南宋)소흥(紹興)(1094~1151년) 사이에 조성되었다. 석굴 내부의 조각상은 불교와 도교의 내용을 바탕으로 한 주제가 묻어나며 독각오통대제(獨脚五通大帝), 옥황대제(玉皇大帝), 삼황동(三黃洞) 등의 조각상이 뛰어나다.

석문산 석굴

석전산석굴 石篆山石窟

석전산석굴(石篆山石窟)은 대족(大足) 현성

석전산 석굴

(縣城) 서남쪽 25km 지점에 위치한 삼구진(三驅鎭)에 자리 잡고 있다. 기록에 따르면, 이 석굴의 조각상은 북송(北宋) 원봉(元丰)에서 소성(紹聖, 1082~1096년) 사이에 조건되었다. 석전산(石篆山) 조각상은 전형적인 유불도 삼교가 하나로 아우러져 있어 대족석굴 중 가장 특색 있는 조각상으로 삼교의 발전사를 연구하는데 아주 귀중한 자료가 된다.

그 중 북산(北山), 보정산(寶頂山), 석전산(石篆山), 남산(南山), 묘고산(妙高山), 석문산(石門山), 불안교(佛安橋), 옥탄(玉灘), 칠공교(七拱橋), 서성암(舒成岩) 등이 뛰어나다. 그 중 보정산(寶頂山)과 북산(北山)이 가장 유명하다. 현존하는 조각상은 5만여 개가 있으며 주요 불교 조각상 외 소량의 유교, 도교의 특징을 지닌 조각상이 있다. 특히 불교 조각상은 주로 밀종(密宗)과 관련된 소재로 조각하였다.

대족석굴 大足石窟

대족석굴(大足石窟)은 사천성(四川省) 대족현(大足縣)에 위치한 것으로 당대(唐代) 말 대표적인 불교 석굴 예술품이다. 대족석굴은 주로 당송(唐宋) 시대에 조성되었으며, 명청(明淸) 시대에 이르기까지 계속 이어졌다. 대족석굴의 크고 작은 석굴이 20여 개가 있고,

대족석굴

보정산석굴 寶頂山石窟

대족보정산(大足寶頂山)을 향산(香山)이라고도 한다. 보정산의 마애(摩崖) 조각상은 남송(南宋) 순희 6년(淳熙, 1179)에서 순우 9년(淳佑, 1249)에 조성된 것으로 길이는 약 500m로, 말굽형태의 석각 중심으로 이루어져 있다. 조각상의 배치가 섬세하며, 불교의 내용과 연관되어 마치 거대한 한 폭의 그림과 같다. 보정산은 불상 외에 기타 효행을 나타내는 "부모십은덕찬도(父母十恩德贊圖)"와 선종의 의미가 짙은 "목우도(牧牛圖)" 등이 있다.

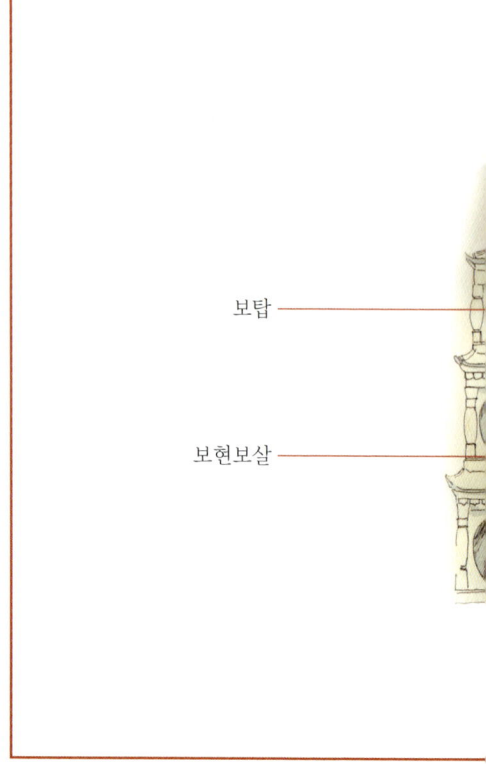

보탑
보현보살

1. 보탑(寶塔)

보탑(寶塔)은 보살이 손에 받쳐들고 있는 법기(法器)로 보살이 요괴와 마귀를 물리치는 법력이 있음을 상징한다. 보살의 양 손에 받쳐들고 있는 이 보정의 무게는 600kg에 달한다. 천 년이라는 긴 시간 동안 떨어지지 않고 그대로 보존되어 있는 것이 가히 기적에 가까운 일이라고 할 수 있다.

2. 화엄삼성(華嚴三聖)

화엄삼성(華嚴三聖)은 비로자나불(毗盧遮那佛), 문수(文殊) 및 보현(普賢) 보살을 합한 명칭이다. 석가모니의 법신을 비로자나불이라 하며, 연화장(蓮花藏) 세계에 머물며 좌우에 문수와 보현 두 보살을 두었다. 이 연화(蓮花) 세계에는 인간이 들어 올 수 없는 곳이며 "화(花)"는 "화(華)"와 음이 동일하여 화엄계(花嚴界)라고도 불린다고 불경에서 전해 오고 있다.

3. 비로자나불(毗盧遮那佛)

비로자나불(毗盧遮那佛)은 석가모니의 화신(化身) 가운데 하나이다. 석가모니의 화신은 "보신(報身)", "응신(應身)", "법신(法身)"으로 "삼신불(三身佛)"이라 부른다. 비로자나불은 널리 퍼져있는 우주의 고요함 중 무색무형의 이불(理佛)로서 법신불(法身佛)이라 일컫는다. 동시에 밀종(密宗) 세계의 오방불(五方佛)의 중심 불상이다. 비로자나불의 범명을 광명보조(光明普照)라고 번역하기도 한다.

4. 보현보살(普賢菩薩)

보현보살(普賢菩薩)의 범명(梵名)은 편길(遍吉)이다. 이 의미는 중생들이 하는 일을 돕고, 중생들의 생명을 길게 하는 덕을 가진 것

제29장 석굴

화엄삼성　　비로자나불　　문수보살　　천불

으로 보편적으로 모든 불찰의 보찰(佛刹)을 나타내며, 대행보현(大行普賢)이라는 존칭을 쓰며 불교 덕행과 과정을 책임진다. 보현보살은 석가모니의 협시보살로 문수보살과 함께 불상의 좌우에 위치해 있다. 보현보살은 육아백상(六牙白象, 여섯 개의 어금니를 가진 코끼리)을 타고 있는 형상이다.

5. 문수보살(文殊菩薩)

문수보살(文殊菩薩)은 석가모니불(釋加牟尼佛)의 제자로 지혜와 언변이 가장 뛰어난 보살로 유명하다. 문수보살과 보현보살은 석가모니불의 협시보살이다. 대부분의 문수보살은 검을 쥐고 청사자를 탄 모습으로, 이 검과 청사자는 문수보살의 법문이 예리함을 나타낸다. 위 사진의 문수보살은 보탑(寶塔) 조각상을 손으로 떠받치고 있는 형상을 하고 있다.

6. 천불(千佛)

대승불교(大乘佛敎)의 천불(千佛)사상은 과거, 현재, 미래의 천불을 합한 삼세 천불을 공양하면 가장 큰 복을 받는다는 의미로 부처님이 출현하시어 누구나 깨달음의 길로 들게 하여 부처가 될 수 있다는 사상을 뜻한다. 천불은 석굴 내 암벽에 작은 불상들로 조각하여 배열 하였다. 그러나 소형의 불상 중에는 불상의 수량이 천 개에 못 미쳐도 "천불"이라 칭했으며, 9불, 12불 등도 천불이라 하였다.

제 30 장

실례(實例)

중국 고대 건축은 그 건축 양식과 수량이 방대하여 그에 따른 전문적인 명칭과 특징들을 가지고 있어 한마디로 정의하기가 어렵다. 그 중 일부분은 오랜 세월과 자연재해로 인해 사라지기도 했지만, 다행히 대부분의 건축들은 잘 보존되고 있다. 궁궐(宮闕)건축을 대표하는 북경의 고궁(故宮), 능묘(陵墓)건축을 대표하는 십삼릉(十三陵), 사묘(寺廟)건축을 대표하는 평요(平遙)의 쌍림사(雙林寺)와 계현(薊縣)에 위치한 독락사(獨樂寺), 민가(民家)건축을 대표하는 교가대원(喬家大院), 산동성 곡부시(山東省曲阜市)에 위치한 공묘(孔廟), 원림(園林)건축으로는 북경의 이화원(頤和園), 북해공원(北海公園)의 황가원림(皇家園林) 및 중국의 장강(長江, 양쯔강)남쪽 지방의 다양한 사가원림(私家園林, 민간정원) 등을 꼽을 수 있다. 이러한 건축물들은 고대건축을 연구하는데 좋은 자료가 되며, 건축 용어들이 서로 연관되어 있어 이해하기 용이하다.

북경 천단 北京天壇

중국의 역대 황제들은 국가에 중대한 행사가 있을 때 하늘에 기원하며 제사를 지냈다. 동쪽에는 태양에 제사를 지내는 일단(日壇), 서쪽에는 달에 제사를 지내는 월단(月壇), 남쪽에는 하늘에 제사를 지내는 천단(天壇), 북쪽에는 땅에 제사를 지내는 지단(地壇)이 각각 세워져 있다. 천단은 명(明)나라 영락제(永樂帝) 재위 18년인 1420년에 지어진 것으로, 북경(北京)의 정양문(正陽門) 남동쪽에 위치해 있다. 천단 내에는 원구단(圜丘壇), 기년전(祈年殿), 제궁(齋宮), 신악서(神樂署), 희생소(牺牲所) 등의 제례건축물들이 세워져 있다. 기년전과 원구단을 중심으로 남쪽과 북쪽이 일직선으로 배치되어 있으며 이 제단들은 가운데 곧게 뻗은 오르막길로 서로 연결되어 있다. 기년전과 원구단은 울타리로 둘러쳐진 사각형 안에 둘러 싸여 있다.

북경 천단

건릉 영태공주묘 乾陵 永泰公主墓

영태공주묘(永泰公主墓) 역시 섬서성(陝西省) 건현(乾縣)에 위치한 것으로 무덤 높이는 약 14m, 4면은 벽으로 둘러싸여 있었지만 현재 그 흔적만 남아 있다. 남쪽으로 석사자(石獅子), 석인(石人), 화표(華表)가 각 각 한 쌍씩 세워져 있다. 고분의 지하는 묘도(墓道), 천정(天井), 변방(便房), 과동(過洞), 전후 통로, 전후 묘실로 구성되어 있다. 묘실은 벽돌구조이며 전체 길이는 87m가 넘고, 너비는 4m, 깊이는 17m이다. 모두 6개의 천정(天井)이 있으며 대칭으로 배열 된 8개의 편방(便房)이 있다. 묘실 내에는 삼채용(三彩俑), 도자용(陶瓷俑)과 각종 생활용품 및 채화가 함께 매장되어 있다. 그 외, 묘 내에는 시녀 위주의 인물벽화가 있다. 이런 순장품과 벽화는 당대(唐代)의 사회 풍속, 문화예술 및 궁정생활을 연구하는데 중요한 자료가 된다.

건릉 영태공주묘

북경명13릉 北京 明十三陵

십삼릉(十三陵)은 북경(北京) 창평현(昌平縣)에 위치한 것으로, 명대(明代) 13명의 황제, 23명의 황후와 1명의 귀비가 묻혀 있는 능묘군을 말한다. 십삼릉 능지 주위는 고저가 심한 산으로 둘러 싸여져 있으며, 산봉우리가 이어져 있다. 남산(南山)에 출구가 있으며, 용산(龍山)과 호산(虎山)이 둘러싸고 있다. 능산의 전체적인 지형은 말굽형으로 북쪽 중앙 산기슭 아래에 장릉(長陵)이 위치해 있다. 여기에는 명대(明代) 3대 황제인 주체(朱棣, 1360-1424년)가 모셔져 있다. 후에 세워진 전릉(殿陵), 경릉(景陵), 유릉(裕陵), 무릉(茂陵), 태릉(泰陵), 강릉(康陵), 영릉(永陵), 소릉(昭陵), 정릉(定陵), 경릉(慶陵), 덕릉(德陵), 사릉(思陵)인 12개의 능으로 분리되어 있다. 장릉을 중심으로 12개의 능이 주변에 자리잡고 있어 규모가 매우 크다.

북경명13릉

청동릉 淸東陵

청동릉(淸東陵)은 청대(淸代) 제황의 능지로 하북성(河北省) 준화시(遵化市) 마란협(馬蘭峪)의 서쪽에 위치해 있다. 북쪽의 창단산(昌端山), 남쪽의 연돈(烟墩), 상산(象山), 동쪽의 마란협(馬蘭峪), 서쪽의 황화산(黃花山)을 끼고 있어 규모가 매우 웅장하다. 능묘구역 내에는 15개의 능침(陵寢)이 있으며, 5명의 청(淸)황제와 15명의 황후 및 100여명이 넘는 비빈(妃嬪)이 안치되어 있다. 청동릉 능역내부는 청대(淸代) 세조(世祖) 순치(順治)의 효릉(孝陵)을 중심으로 동쪽은 경릉(景陵), 혜릉(惠陵), 서쪽은 욕릉(裕陵), 정릉(定陵)으로 이 4개의 능묘는 강희(康熙), 동치(同治), 건륭(乾隆), 함풍(咸丰)의 능침을 가리킨다. 청

청동릉

섬서성 건릉 陝西省乾陵

건릉(乾陵)은 섬서성(陝西省) 건현(乾縣)에 위치한 양산(梁山)에 있으며 당대(唐代) 18개의 능묘 중 보존이 가장 잘 되어 있다. 건릉은 당(唐) 왕조의 제3대 황제인 고종(高宗) 이치(李治)와 여황제 무측천(武則天)이 합장되어 있는 묘로, 고대 능묘 중 이처럼 두 황제의 무덤이 한 개의 묘에 합장된 경우는 매우 드문 사례이다. 건릉은 내성(內城), 외성(外城) 및 부속 건축물으로 조성되어 있다. 외성은 현재 그 흔적을 찾아 볼 수 없으며, 내성 내부는 동쪽에는 청용문(青龍門), 서쪽에는 백호문(白虎門), 남쪽에는 현무문(玄武門), 북쪽에는 주작문(朱雀門)이 성벽을 둘러싸고 있다. 길 양쪽에는 화표(華表), 장군상 및 석인(石人), 석마(石馬), 석조(石鳥), 석비(石碑), 석사(石獅) 등이 세워져 있는 사마도(司馬道)가 곧게 뻗어 있다.

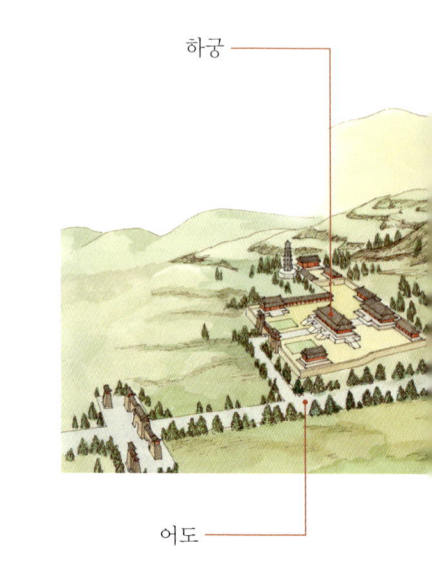

하궁

어도

1. 하궁(下宮)

하궁(下宮)은 건릉의 주요 건축들이 모여 있는 곳으로 당시 능(陵)을 지키는 사람과 황제의 묘를 알현하는 이들이 거주했던 곳이다. 하궁은 능묘구의 어로(御道)서쪽에 위치해 있다. 현존하는 건축군은 남북 길이가 300m, 동서 너비가 250m이며, 외부는 달구질하여 만든 벽으로 둘러싸여 있으며, 현재 일부는 손상된 상태이다.

2. 어도(御道)

어도(御道)는 본래 황제의 전용 길을 뜻하며, 능묘의 어도는 주로 능묘 전방의 주도(主道)를 가리킨다. 건릉의 어도는 길이가 4,000m, 너비는 13m로 좁고 긴 도로이다. 길 양 옆에는 울창하고 짙푸른 소나무와 측백나무가 서 있다.

3. 궐루(闕樓)

궐루(闕樓)는 토궐(土闕) 위에 세워진 건축 누각을 가리킨다. 건릉의 궐루는 모두 6쌍으로 지궁(地宮) 상부에 있는 내성(內城)의 4개의 문 앞에 각각 1쌍, 동서 산봉우리에 각각 1쌍, 어도가 시작되는 곳에 각각 1쌍이 있다. 이 6쌍의 궐루는 현재 모두 훼손되어 그 흔적만이 남아 있다.

4. 육십조신상사당(六十朝臣像祠堂)

육십조신상사당(六十朝臣像祠堂)은 건릉 앞 사마도(司馬道) 동쪽 익마(翼馬) 조각상이 세워진 동북쪽에 위치해 있으며, 당시 60명의 조정관리들의 초상화가 보관되어 있는 곳이다. 원대(元代) 이호문(李好門)의 『장안지

제30장 실례

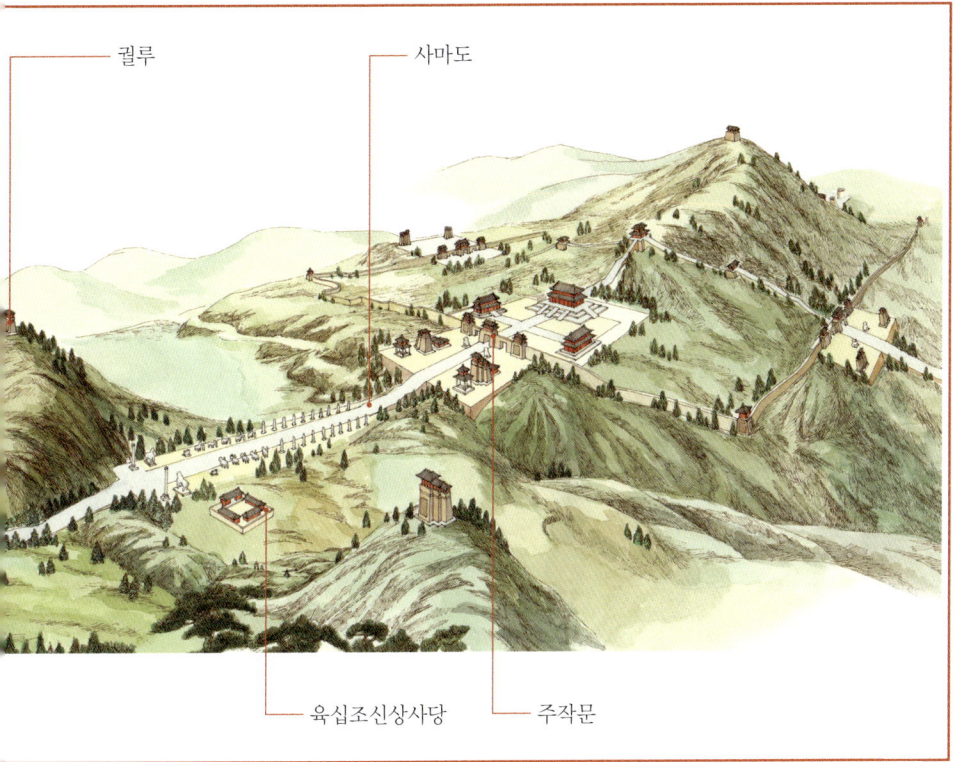

- 궐루
- 사마도
- 육십조신상사당
- 주작문

도(長安志圖)』에는 적인제(狄仁杰), 소미도(蘇味道), 하지장(賀知章), 장설(張說), 유인궤(劉仁軌), 이교(李嶠), 장인후(張仁厚), 이소덕(李昭德), 이회원(李懷遠), 무삼사(武三思), 무승사(武承嗣), 최륭(崔融) 등 60명의 주요 대신들의 이름이 적혀 있다고 전해진다.

5. 사마도(司馬道)

사마도(司馬道)는 어도를 따라 앞으로 가다 보면 올라가는 계단부분을 가리킨다. 사마도는 두 개의 산봉우리가 있는 지점부터 북쪽 주작문(朱雀門)으로 가는 길까지 길이가 약 1,000m이다. 길 양쪽에는 화표(華表)와 익마(翼馬), 석인(石人), 장군(將軍) 등의 조각상과 석비들이 세워져 있다.

6. 주작문(朱雀門)

중국 고대의 궁성(宮城), 도성(都城) 및 능묘(陵墓)에는 사수(四獸)에 기인하여 동쪽에는 청룡(靑龍), 서쪽에는 백호(白虎), 남쪽에는 주작(朱雀) 북쪽에는 현무(玄武)라 일컫는 4개의 문을 설치하였다. 건릉 남쪽에 위치한 내성문(內城門)을 주작문(朱雀門)이라 한다.

동릉의 지붕은 무전식(廡殿式, 우진각 지붕), 헐산식(歇山式, 팔작 지붕), 권붕식(券棚式)이며, 기와는 황색유리기와, 녹색유리기와 및 포와(布瓦)를 사용하였다.

청서릉 清西陵

청서릉(清西陵)은 청동릉(清東陵)을 계승하는 청(清) 왕조의 또 다른 능지로 하북성(河北省) 역현(易縣) 양각장(梁各莊) 서쪽에 위치해 있으며 옹정 8년(雍正, 1730년)에 지어졌다. 모두 14개의 능침이 있으며 옹정(雍正)의 태릉(泰陵), 가경(嘉慶)의 창릉(昌陵), 도광(道光)의 묘릉(慕陵), 광서(光緒)의 숭릉(崇陵) 외에 9명의 황후가 안치되어 있는 태동릉(泰東陵), 창서릉(昌西陵), 묘동릉(木東陵)이 있으며 그 나머지는 친왕(부의), 공주, 왕자의 능으로 구성되어 있다. 청서릉은 청동릉과 같이 신도(神道), 패방(牌坊), 대홍문(大紅門)이 있으며, 후비의 능이 각각 황제 능을 에워싸고 있어 뚜렷한 계급 의식을 반영하고 있다.

청서릉

곡부공묘 曲阜孔廟

곡부(曲阜)는 산동성(山東省) 중남부에 위치한 곳으로 공자(孔子)의 고향이다. 공묘는 곡부시(曲阜市)의 구성(舊城, 옛성) 중심에 위치한 것으로 20ha에 이른다. 남북으로 1,000m가 넘는 웅장한 건축과 구조는 마치 황궁과 같다. 공묘 전체는 중축선으로 남북이 서로 통하게 되어 있으며, 전후는 구진원락(九進院落)으로 나뉘어져 있고 건축물은 좌우대칭으로 배열되어 있다. 공묘 내부는 오전(五殿), 일각(一閣), 일단(一壇), 양무(兩廡), 양당(兩堂), 17개의 비정(碑亭), 소수의 대문(大門)으로 이루어져있다. 영성문(靈星門), 성시문(聖時門), 홍도문(紅道門), 대중문(大中門), 동문문(同文門), 규문각(奎文閣), 십삼비정(十三碑亭), 대성문(大成門), 행단(杏壇), 대성전(大成殿), 시례당(詩禮堂), 숭성사(崇聖祠), 금사당(金絲堂), 기성전(啓聖殿)등이 세워져 있다. 공묘의 외부는 높은 담장으로 둘러 싸여져 있고 담장 위에는 각루(角樓)가 세워져 있다.

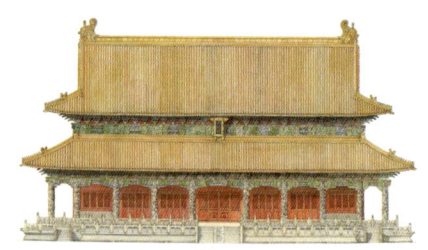

곡부공묘

대남공묘 台南孔廟

대남공묘(台南孔廟)는 대만(臺灣) 대남시(臺南市)에 위치한 것으로 대만 최초의 가장 오래된 공자묘이자, 대만 최고의 교육기관이기도 하다. 전체 묘우(廟宇, 사당)는 크게 좌우 두 부분으로 나뉘어, 왼쪽은 유생들이 글을 읽던 장소이며, 오른쪽은 공자의 제사를 지냈던 곳이다. 책을 읽던 학당에는 입덕지문(入德之門), 명륜당(明倫堂), 문창각(文昌閣) 등의 건축물과 공자의 제사를 지냈던 대성문(大成門), 대성전(大成殿), 동서양무(東西兩廡)

제30장 실례

대남공묘

가 있다. 두 곳의 건축 형상은 다르지만 색채와 장식이 통일되어 대만 건축의 특징을 잘 보여주고 있다. 당시 예의범절을 중요시 여겼던 유생들은 매일 예문(禮門)이라는 출입문을 거쳐 방과 후에는 예로(禮路)라 불리는 길을 지나쳤다고 한다.

대만 팽호천후궁 台灣澎湖天后宮

마조(媽祖)는 대만(臺灣) 민간신앙의 신(神)의 하나로 천후궁(天後宮)은 마조의 제사를 지내는 묘우(廟宇, 사당)이다. 팽호천후궁은 대만에서 가장 오래 된 마조묘(媽祖廟)로 항구 부근에 위치해 있다. 남쪽을 향해 있으며 앞이 낮고 뒤가 높은 형세로 전당(殿堂), 정전(正殿), 청풍각(淸風閣) 등의 전당이 세워져 있다. 각 전당 사이에는 좌우로 배전(配殿)이 서로 연결되어 있어 독립적이고 완전한 형태를 이룬다. 용마루의 치켜든 형상이 마치 연미(燕尾, 제비꼬리)와 같이 날렵하고 생동감이 있다. 건축내외 장식과 설비는 정교하고 아름다워 당시의 설계상황과 예술가들의 기예를 잘 보여주고 있다.

대만 팽호천후궁

북경 계대사 北京戒臺寺

계대사(戒臺寺)는 북경에서 약 35km 떨어진 마안산(馬鞍山) 중턱에 위치해 있는 것으로 창건 시기는 당대(唐代)로 유추해 볼 수 있다. 사원에는 중국 최대의 계단(戒壇: 수계를 받는 제단)이 있는 것으로 유명하다. 계대사의 사원은 지속적인 관리와 증축으로 오늘날과 같은 규모로 성장해 왔다. 현재 계대사는 남북을 중축으로 남쪽에는 산문(山門), 천왕전(天王殿), 대웅보전(大雄寶殿), 천불각(千佛閣), 관음전(觀音殿) 등이 있으며, 북쪽에는 산문(山門), 계단전(戒壇殿), 대비전(大悲殿), 오백나한당(五百羅漢堂)등의 건축물로 구성되어 있다.

천불각

1. 천불각(千佛閣)

계대사 내의 천불각(千佛閣)은 3층으로 구성된 누각 건축으로 아래에서 위로 층층히 좁혀지는 첨탑(尖塔) 형식과 흡사하지만 헐산정(歇山, 팔작지붕) 형식인 것이 특징이다. 각 층의 4면에는 회랑이 있고 그 처마 아래에 큰 기둥들이 세워져 있다. 안타깝게도 천불각은 기울어지고 비가 새 철거되었다.

2. 목단원(牡丹院)

목단원(牡丹院, 모란원)은 본건물인 계대사와 떨어져 있는 정원으로 천불각 북쪽에 위치해 있다. 청대(清代)에 목단(牡丹, 모란)과 정향(丁香, 라일락류)을 심으면서 유명해져 "목단원(牡丹院)"이라 불려졌다. 당시 행궁(行宮)으로 쓰여 공친왕(恭亲王) 혁심(奕䜣)이 일찍이 여기어 머물렀다고 전해지고 있다.

3. 계대전(戒臺殿)

계대전(戒臺殿)은 계대사 내의 주요 건축으로 자체 형상만으로도 절 내에서의 지위가 매우 높음을 알 수 있다. 대전의 평면은 방형에 가깝고, 지붕은 사각찬첨(四角攢尖)과 녹정(盝頂)이 합쳐진 양식으로 황색유리기와를 깔았다. 대전의 4면은 회랑과 연결되어 있으며 대전 중심에는 동(銅)재질의 보정(寶頂)이 세워져 있다.

4. 요탑(遼塔)

계대전 정원의 산문(山門) 밖에 두 개의 높은

제30장 실례

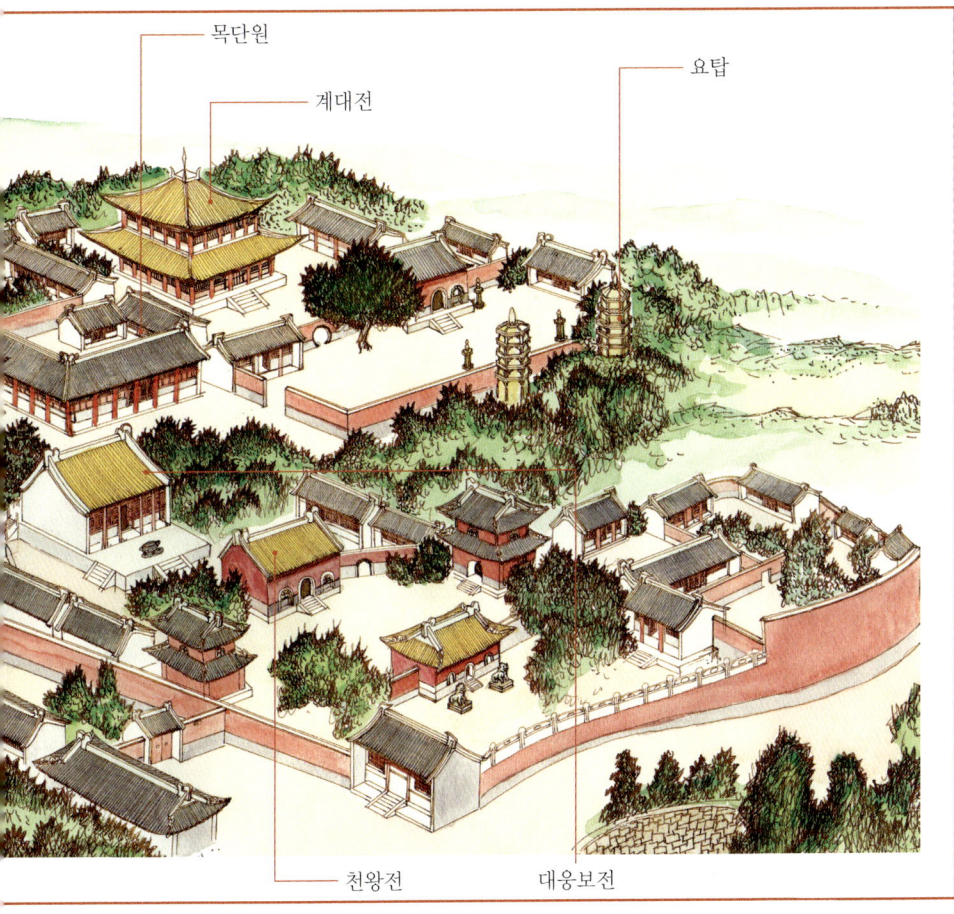

탑이 세워져 있다. 처마가 층층마다 촘촘하게 짜여져 있어 "밀첨탑"(密檐塔) 혹은 요대(遼代)에 세워져 "요탑"(遼塔)이라고도 불린다. 이는 요대의 고승 법균(法均)을 기리는 것으로 그의 묘탑(墓塔)과 의복과 그릇을 받들어 둔 의발탑(衣缽塔)이 세워져 있다.

5. 대웅보전(大雄寶殿)

계대사의 대웅보전(大雄寶殿)은 정면 5칸의 단층 건축으로 상부는 단첨(單檐) 경산정(硬山頂)형식이다. 대전의 하부는 높고 큰 대기(台基, 기단)가 있으며 앞에는 넓은 월대(月台, 중요 건물 앞에 놓이는 넓은 대)가 세워져 있다. 기단 4면에는 망주난간(望柱欄杆)이 세워져 있다.

6. 천왕전(天王殿)

천왕전(天王殿)은 대웅전과 같이 절 내부에 있는 건축물로 천왕상(天王像)을 모시고 있다. 계대사의 천왕전은 1좌 3칸으로 단첨(單檐) 경산정(硬山頂) 형식의 건축이며, 정면에는 공권문(拱券門, 아치형문)이 세워져 있고, 그 나머지 3면은 벽체로 구성되어 있다.

대만 녹항용산사 台灣鹿港龍山寺

대만(臺灣) 사묘 중에는 용산사(龍山寺)라는 명칭을 사용하는 절이 많다. 이는 복건성(福建省) 천주(泉州) 진강(晉江)의 안해(安海) 용산사(龍山寺)에서 그 유래를 찾아 볼 수 있다. 명말청초(明末淸初) 시대 많은 사람들이 천주(泉州)에서 대만으로 거처를 옮기면서 자연스럽게 안해 용산사의 제사가 대만으로 유입되기 시작했다. 대만(臺灣) 녹항용산사(鹿港龍山寺) 또한 그 중 하나로 청대(淸代) 건륭(乾隆, 1736~1795년)에 세워졌으며 대만의 불사 중 규모가 비교적 크고 배치 또한 완벽하다. 서쪽을 향해 있으며 앞에서 뒤까지 산문(山門), 무문전(無門殿), 희정(戱亭), 배정(拜亭), 정전(正殿), 후전(後殿)으로 구성되어 있다. 각 건축물의 앞 뒤 양측은 위장(圍墻, 주위를 둘러싼 담), 낭무(廊廡, 사방에 둘러진 회랑) 및 측문(側門)이 서로 통하게 되어 있다.

로(西路)는 승방(僧房)을 중심으로 이루어져 있으며 중로(中路)는 독락사의 중심부분으로 산문(山門), 관음각(觀音閣), 위태사(韋馱寺), 와불전(臥佛殿), 삼불전(三佛殿) 등으로 구성되어 있다. 그 중 관음각(觀音閣)은 중국에서 현존하는 가장 오랜 된 목조 누각(樓閣) 건축이다. 정면 5칸, 측면 4칸으로 규모가 웅장하며 내부에는 높이 15m가 넘는 십일면관음입상(十一面觀音立像)이 있다. 독락사의 구체적인 건립 연대는 알 수 없으나 적어도 당대(唐代) 초기에 세워졌을 것으로 추정하고 있다.

천진 독락사

대만 녹항용산사

천진 독락사 天津獨樂寺

독락사(獨樂寺)는 천진시(天津市) 이현성(薊縣城) 무정(武定) 거리 북쪽에 위치해 있으며 "대불사(大佛寺)"라고도 한다. 사묘의 전체 배치는 3부분으로 나뉘며 그 중 동로(東路)는 청대(淸代) 황제가 세운 행궁(行宮)이며, 서

하북 융흥사 河北隆興寺

융흥사(隆興寺)는 수대(隋代) 개황 6년(開皇, 586)에 건설되기 시작했다. 초기에는 용장사(龍藏寺)라 불리었으며 당대(唐代)에 이르러 융흥사(隆興寺)라고 명칭이 바뀌었다. 융흥사는 하북성(河北省) 정정현(正定縣)에 위치해 있으며, 면적은 약 5만㎡가 넘는다. 현존하는 건축물은 대부분 송대(宋代)부터 증축되어 전체적인 배치는 송대(宋代)의 규제를 따르고 있다. 사원 내부는 남북을 중축으로 남쪽에서 북쪽으로 가장 대표적인 건축인 마니전(摩尼殿)과 대비각(大悲閣)을 중심으로 영벽(影壁), 패방(牌坊), 석교(石橋), 천왕전(天王殿), 대각육사전(大覺六師殿), 계단(戒

壇), 미타전(弥陀殿), 경업전(敬業殿), 약사전(藥師殿) 등이 세워져 있다. 그 중 영벽(影壁), 패방(牌坊), 석교(石橋) 등은 사원 앞에 위치하여 안내 역할을 한다.

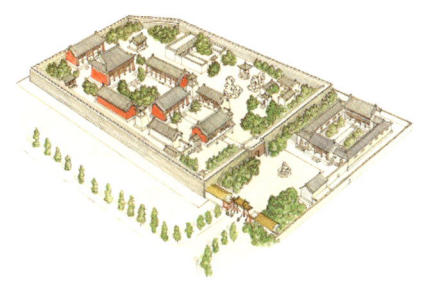

평요 쌍림사

하북 융흥사

평요 쌍림사 平遙雙林寺

쌍림사(雙林寺)는 산서성(山西省) 평요현(平遙縣) 서남에 위치한 것으로 원 명칭은 중도사(中都寺)였다. 건립시기는 명확하지 않지만, 비문에 새겨진 "중수어무평이년(重修於武平二年)"에 의하면 무평이년(武平二年)인 571년에 건립되었음을 짐작할 수 있어 1400여 년의 역사를 가진 것으로 보인다. 쌍림사(雙林寺)는 화재로 인하여 훼손된 후 다년간의 중수와 확장 공사를 실시했으며, 현존하는 것은 명청(明淸) 시대에 재건된 것이다. 사원은 남쪽을 향해 자리 잡고 있으며 벽은 흙을 다져 쌓은 높고 큰 전돌로 절 외부를 에워싸고 있다. 사원 내부는 동서(東西) 두 부분으로 동쪽은 선원(禪院)과 경방(經房)으로 이루어져 있다. 서쪽은 10개의 전당과 삼진낙원(三進落院)이 있다. 석가전(釋迦殿), 나한전(羅漢殿), 무성전(武聖殿), 토지전(土地殿), 염라전(閻羅殿), 천왕전(天王殿)으로 조성된 전원(前院)이 있으며, 대웅보전(大雄寶殿)과 2개의 천불전(千佛殿), 보살전(菩薩殿)으로 조성된 중원(中院), 낭낭전(娘娘殿), 정의사(貞義祠)로 조성된 후원(后院)이 있다.

평요 진국사 平遙鎭國寺

진국사(鎭國寺)는 산서성(山西省) 평요현성(平遙縣城) 동북에 위치한 것으로 건립시기는 오대(五代) 시기 북한(北漢) 천회7년(天會, 963)이다. 초기 명칭은 경성사(經城寺)이며 명대(明代) 가정(嘉靖, 1522~1566년) 때 진국사(鎭國寺)로 개칭되었다. 사원은 금(金), 원(元), 명(明), 청(淸) 대를 거치면서 중건되었고 현존하는 사원에는 모두 2개의 진원락(進院落)이 있으며, 남쪽을 향해 있다. 천왕전(天王殿), 만불대전(萬佛大殿), 삼불루(三佛樓) 등의 주요 건축물이 중축선을 이루고 있다. 사원 중심에 있는 만불대전(萬佛大殿) 역시 중국에서 현존하는 가장 오래된 목조 건축 중의 하나로 천년괴보(千年瑰寶)라 불리며, 당대(唐代) 건축의 특징을 그대로 보존하고 있다.

평요 진국사

서장 포달랍궁 西藏布達拉宮

포달랍궁(布達拉宮)은 궁전 건축군과 라마(喇嘛) 사묘(寺廟)가 하나 된 독특한 양식이다. 서장자치구(西藏自治區) 라사시(拉薩市)의 홍산(紅山) 위에 세워져 현존하는 것 중 해발 가장 높은 곳에 위치해 있다. 장식(藏式, 장족식) 건축을 대표하며 규모가 가장 큰 궁보식(宮堡式) 건축으로 면적은 36만m²이고 해발 3,700m가 넘는다. 궁전(宮殿), 불전(佛殿), 영탑전(靈塔殿), 경당(經堂), 승사(僧舍), 정원(庭院) 등이 포달랍궁을 이루고 있으며, 주요 건축군은 모두 13개 층으로 구성되어 있다. 건축군은 전체적으로 산을 끼고 세워져 있다. 붉은색과 흰색으로 대비되는 벽체는 겹겹으로 포개어져 있어 두텁고 견고하며 황금색의 지붕은 화려하다. 포달랍궁은 과거 서장(西藏) 지방을 통치하던 중심부로 역대 달라이라마의 궁실이자 영탑을 모시던 곳이기도 하다.

영탑전 —
홍궁 —

1. 홍궁(紅宮)

포달랍궁의 궁보군(宮堡群)은 홍궁(紅宮)과 백궁(白宮) 두 부분으로 나뉜다. 포달랍궁 궁보군의 주요 건물이자 중심부인 홍궁은 벽체가 붉은색으로 되어 있다. 홍궁의 평면은 방형에 가까우며 총 9층이다. 상부 5층은 사용 가능한 공간으로 20여개의 불전(佛殿), 공양전(供養殿), 제5대 이후의 달라이라마 영탑전(靈塔殿)이 안치되어 있다.

2. 백궁(白宮)

백궁(白宮)은 벽면이 흰색으로 된 궁보군(宮堡群)으로 홍궁(紅宮)의 양측에 세워져 있으며, 주로 업무를 처리하거나 거주지로 사용되었다. 홍궁(紅宮) 동쪽의 동백궁(東白宮)이라 불리는 이 곳에서 달라이라마가 행정업무를 처리하였으며 동시에 침궁으로도 사용하였다. 홍궁 서쪽을 서백궁(西白宮)이라 부르며 승려들이 거주했던 곳이다.

3. 영탑전(靈塔殿)

영탑전(靈塔殿)은 달라이라마의 영탑을 모시는 전당(殿堂)으로 헐산(歇山, 팔작지붕) 형식이다. 포달랍궁은 모두 5개의 영탑전이 있으며, 5대, 7대, 8대, 9대, 13대 달라이라마 영탑전이 있다.

4. 금정(金頂)

홍궁(紅宮)의 꼭대기에 있는 금정(金頂)은 7개의 도금 처리 된 옥정(屋頂, 지붕)으로 7개 전당(殿堂)의 지붕에 분포되어 있다. 5개의 영탑전(靈塔殿) 외에 2개의 중요한 전당(殿堂)인 사전(師殿)과 성관음전(聖觀音殿)이 세워져 있다. 이 두 전당의 옥정(屋頂)은 육각

제30장 실례

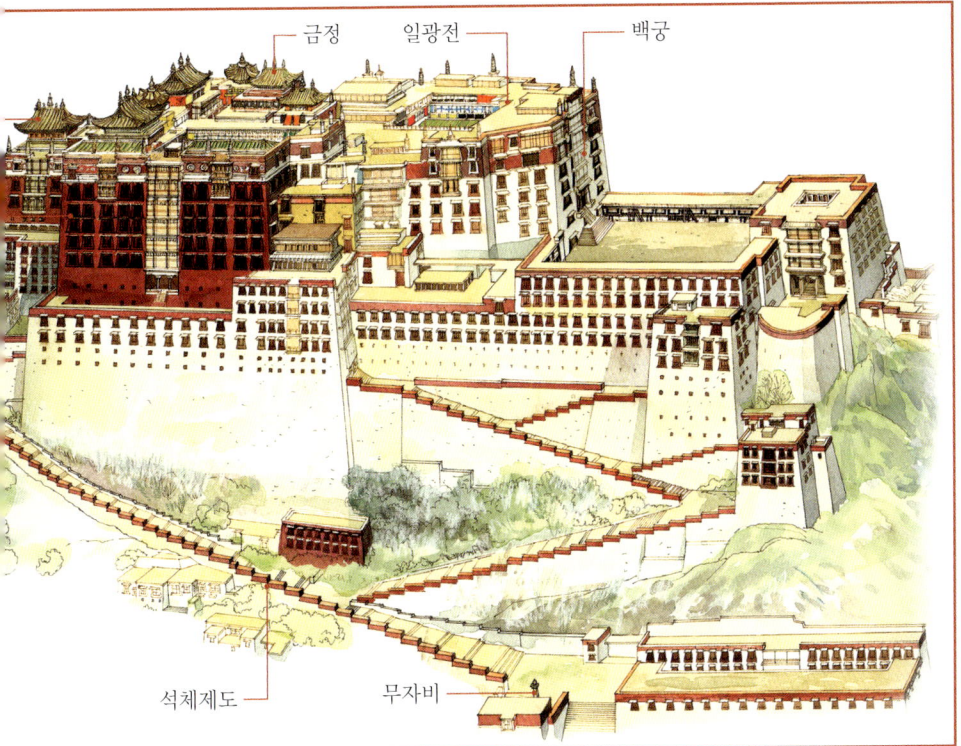

정각(六角亭閣) 형식이며 영탑전은 헐산 형식(歇山, 팔작지붕)이다.

5. 일광전(日光殿)

일광전(日光殿)은 달라이라마가 일상생활과 관련된 업무를 했던 곳으로 하루 종일 햇볕이 잘 들어 일광전(日光殿)이라는 명칭을 얻게 되었다. 일광전은 백궁의 지붕층에 위치해 있으며 동일광전(東日光殿)과 서일광전(西日光殿)으로 나뉜다. 동일광전(東日光殿)은 수고복덕궁(水固福德宮), 희족광명궁(喜足光明宮), 장수존승궁(長壽尊勝宮), 호법전(護法殿)과 침궁으로 구성되어 있다. 서일광전(西日光殿)은 복족욕집궁(福足欲聚宮), 복지묘선궁(福地妙旋宮), 희족절정궁(喜足絶頂宮), 호법전(護法殿), 침궁으로 구성되어 있다.

6. 석체제도(石砌梯道)

석체제도(石砌梯道)는 포달랍궁의 궁보 앞에 이동이 편리하도록 설계된 계단식 통로를 가리킨다. 이 통로의 길이는 약 300m, 너비는 6~7m로 대부분은 정제된 장방형의 조석(條石, 석판)으로 만든 것으로 포달랍궁 중 특이한 건축에 속한다.

7. 무자비(無字碑)

무자비(無字碑)는 글자를 새기지 않은 비석을 뜻한다. 포달랍궁 무자비는 높이 6m에 가까우며, 화강암으로 조각되었다. 궁보(宮堡) 앞의 석체제도(石砌梯道) 하단 입구에 위치해 있으며, 1693년 5대 달라이라마의 영탑전 준공예식이 거행 되면서 세운 기념비이다.

대동 화엄사

대동 화엄사 大同華嚴寺

화엄사(華嚴寺)는 산서성(山西省) 대동시(大同市) 서대(西大)거리에 위치하며 한대(漢代)와 요대(遼代)의 문화가 잘 융합된 전형적인 불교사원이다. 화엄사의 건축 배치는 동쪽을 향해 있으며 동쪽을 중시한 요금(遼金) 민족의 건축 특징을 잘 보여준다. 당시 사묘(寺廟)의 핵심건축은 대웅보전(大雄寶殿)이었다. 원명(元明) 시대에 하나였던 사원은 산문(山門)을 지어 두 부분으로 나뉘어 구별하였다. 하나는 상화엄사(上華嚴寺)로 불리며 대웅보전(大雄寶殿)이 주요 건축이고, 또 하나는 하화엄사(下華嚴寺)로 박가교장전(薄迦教藏殿)이 주요 건축이다. 상화엄사 건축에는 산문(山門), 천왕전(天王殿), 대웅보전(大雄寶殿), 관음각(觀音閣), 지장왕각(地藏王閣), 종고정(鐘鼓亭)이 있다. 하화엄사 앞 뒤로 두 개의 원락(院落)이 있으며, 앞 원락에는 전청(展廳)이 있고, 뒤 원락에는 불교경전을 보관하는 박가교장전(薄迦教藏殿)이 있다.

지금의 위치로 옮겨왔다. 영락궁의 부지면적은 127,000㎡으로 규모가 웅대하지만 배치는 매우 뚜렷하다. 건축 면적 역시 4,000㎡로 넓지만 구조는 매우 짜임새 있다. 주요 건축물로는 산문(山門), 용호전(龍虎殿), 순양전(純陽殿), 중양전(重陽殿)이 축선을 이루고 있으며 구조 및 배치가 정교하여 중국 원대(元代) 궁묘 건축의 전형적인 모습을 보여준다. 영락궁 각각의 전(殿) 내부에는 대형 벽화가 걸려 있으며 특히, 삼청전(三淸殿)의 조원도(朝元圖)가 예술적인 평가를 높게 받는다.

영성영락궁

예성영락궁 芮城永樂宮

영락궁(永樂宮)은 산서성(山西省) 예성(芮城) 영락진(永樂鎭)에 위치해 있다. 도교의 4대 사원 중 하나로 8선(八仙)중 하나인 여동빈(呂洞賓)을 기념하기 위해 세운 사원으로, 여동빈의 고향으로도 유명하다. 후에 삼문협수고(三門峽水庫)를 건설하면서 수몰될 위기에 처하자

서장대소사 西藏大昭寺

대소사(大昭寺)는 서장자치구(西藏自治區) 라사시(拉薩市)에 위치한 사찰로 7세기에 투루판의 왕조 송찬어포(松贊于布, 617~650년)가 세웠다. 대소사는 서장에서 가장 이른 목구조 건축 사원으로 유명하다. 대소사를 지은 후 끊임없는 유지보수와 확장공사로 건축

면적이 확장되었으며 예술품들도 다양해졌다. 그 중 사원 내의 벽화와 예술품들은 토번(吐蕃)과 달라이라마 5세 시기의 서장 불교 예술의 중요한 특징들을 잘 보여주고 있다.

서장대소사

서장 철방사 西藏哲蚌寺

철방사(哲蚌寺)는 1416년에 조성된 서장(西藏)의 유명한 불교 격노파(格魯派) 사원으로 랍살의 3대 사원 중 최고로 꼽는다. '철방(哲蚌)'의 의미는 쌀을 쌓아놓았다는 의미로, 이 하얀 건축군은 멀리서 보면 산간의 평지에 쌓여 있는 눈이 마치 흰 쌀처럼 보여 철방사(哲蚌寺)로 불리며, 이는 서장어로 적미사(積米寺)라고 불리기도 한다. 철방사의 주요 건축은 조흠대전(措欽大殿), 감단파장(甘丹頗章), 사대찰창(四大扎倉)으로 각 건축군의 구조는 빈틈없는 배치를 이루고 있다. 또한 철방사는 크게 원락(院落), 경당(經堂), 불전(佛殿) 세 부분으로 나뉘며 모두 지세가 높은 곳에 위치해 있으며 대문에서 불전까지 한 단계 한 단계 점점 올라가는 지세를 이루고 있다.

서장 철방사

소공탑예배사 蘇公塔禮拜寺

소공탑예배사(蘇公塔禮拜寺)는 신강(新疆) 위구르족 자치구 토로번시(吐魯番市, 투루판) 동남 교외에 위치해 있다. 청대(清代) 건륭 43년(乾隆, 1778)에 토로번의 군왕(君王) 액민화탁(額敏和卓)이 청(清)왕조의 은혜에 보답하고 자신의 업적을 알리기 위해 세운 탑으로, 그가 죽고 그의 아들 소래만(蘇來滿)이 액민탑예배사(額敏塔禮拜寺)를 완공하였다. 전체 예배사의 평면은 방형으로 예배전(禮拜殿), 후요전(後窯殿), 강당(講堂), 방극루(邦克樓), 주택(住宅) 등 수많은 가옥들이 세워져 있는 것이 특징이다. 전체 건축의 대문은 동쪽에 위치해 있으며 문 상부에는 높고 커다란 문루(門樓)가 세워져 있으며 윗면에는 크고 작은 다양한 첨공권(尖拱券)이 장식되어 있다. 이는 이슬람교 건축에 자주 사용되는 독특한 예술적 특징이다. 건축의 중심부에는 예배전(禮拜殿)이 있으며 뒤에 후요전(後窯殿)이 있으며, 동남쪽 모퉁이에 소공탑(蘇公塔)이 위치해 있다.

소공탑예배사

서안 대청진사 西安大淸眞寺

대청진사(大淸眞寺)는 서안(西安) 종고루(鐘鼓樓) 광장의 서쪽에 위치해 있으며, 회민(回民, 회족) 거주 지역내의 유명한 이슬람교 사원이다. 절 내 비석의 기록에 따르면 사원은 당대(唐代) 742년에 창건되었다. 그 후 유지

보수와 확장 공사를 통해 웅대한 규모의 건축군을 이루었으며, 부지면적은 13,000㎡가 넘는다. 사원 평면은 장방형으로 동서로 뻗어 있으며, 앞 뒤로 4진원락(四進院落)이 있다. 절 내 주요 건축으로는 오간루(五間樓), 성심루(省心樓), 봉황정(鳳凰亭), 예배대전(禮拜大殿) 등이 있다.

애제소이청진사

서안 대청진사

애제소이청진사 艾提尕尔淸眞寺

애제소이(艾提尕尔, 애티가르) 청진사(淸眞寺)는 500여 년의 역사를 가지고 있는 이슬람교 사묘로 신강(新疆) 위그루족(維吾尔族) 자치구인 카사시(喀什市) 중심에 위치해 있다. 중국 고대 위그루족이 세운 귀중한 보물 중의 하나로 사원은 동쪽을 향해 있고 건축의 기세가 웅대하며 색채가 아름답고 화려하다. 사묘의 총 면적은 16,800㎡로 중국에서 현존하는 가장 큰 이슬람교 사원으로 매일 이곳에서 종교활동을 거행하였다. 사원 내에는 예배당(禮拜堂), 교경당(敎經堂), 문루(門樓), 탑(塔) 및 일부 부속 건축들이 있다. 청진사(淸眞寺)는 그 지역 종교 활동의 중심지이지만, 정원 내부의 화초와 수목들 덕분에 카사성(喀什城)의 아름다운 경관을 이루는데 일조하였다.

승덕 보타종승의 묘 承德普陀宗乘之廟

보타종승의묘(普陀宗乘之廟)는 승덕(承德) 외팔묘(外八廟) 중 하나로 규모가 가장 크며 서장(西藏)의 포탈라궁을 모방하여 지었기 때문에 "소포탈라궁(小布達拉宮)"이라 한다. 보타종승의묘는 청대(淸代) 건륭32년(乾隆, 1767)에 세워진 것으로 여타 사묘(寺廟)처럼 청(淸) 왕조가 서장(西藏)에 대한 회유책으로 세운 것이다. 묘의 주요 건축은 뒤 쪽에 위치한 홍대(紅臺)로 그 상부에는 만법귀일전(萬法歸一殿), 군루(群樓), 자항보도전(慈航普度殿), 낙가승경전(洛伽勝境殿), 권형삼계(權衡三界), 천불각(千佛閣) 등이 있다. 묘우 앞쪽의 산문(山門), 비정(碑亭), 오탑문(五塔門), 유리패방(琉璃牌坊) 등이 하나의 축선을 이루고 있다.

승덕 보타종승의 묘

승덕 수미수복의 묘 承德須弥福壽之廟

수미수복의 묘(須弥福壽之廟) 또한 승덕(承德) 외팔묘(外八廟) 중 하나로 중원으로 들어가 건륭(乾隆)을 참배했던 6세 판첸라마(Panchan Lama: 반선班禪)가 세웠으며 반선행궁(班禪行宮)이라 칭하기도 한다. 전체적으로 한식(漢式)의 축선배치를 이루지만 일부 건축은 장식(藏式)건축의 형식을 보인다. 묘 내부 건축은 주로 산문(山門), 비정(碑亭), 유리패방(琉璃牌坊), 대홍대(大紅臺), 묘고장엄전(妙高莊嚴殿), 길상법희전(吉祥法喜殿), 금하당(金賀堂), 만법종원전(萬法宗源殿), 유리보탑(琉璃寶塔) 등이 있다.

다. 보락사는 환희불(歡喜佛)에 불공을 드리는 묘우(廟宇)로 욱광각(旭光閣) 내의 상악왕불(上樂王佛) 역시 환희불(歡喜佛)의 일종으로 밀종(密宗)의 하나이다.

승덕 보락사

승덕 수미수복의 묘

승덕 보락사 承德普樂寺

보락사(普樂寺)의 중심 건축은 원정(園亭) 형식으로 "원정자(園亭子)"라고도 한다. 보락사 또한 승덕(承德) 외팔묘(外八廟) 중의 하나이다. 평면은 장방형이며 좌우 대칭으로 빈틈없이 배치되어 있다. 사원은 종인전(宗印殿)을 중심으로 앞쪽은 산문(山門), 천왕전(天王殿), 승인전(勝因殿), 혜력전(慧力殿), 종인전(宗印殿)을 포함한 한식(漢式) 건축군이며, 뒤쪽은 장식(藏式)건축으로 방형의 대(臺) 위에 욱광각(旭光閣)과 군방(群房)이 세워져 있

승덕 피서산장 承德避暑山莊

피서산장(避暑山莊)은 청대(淸代) 강희 42년(康熙, 1703)에 세워진 것으로 황가(皇家) 원림에 속하며 "열하행궁(熱河行宮)"이라고도 한다. 산장은 궁전(宮殿)과 원경(苑景)으로 나뉜다. 궁전(宮殿) 지역은 정궁(正宮), 송학재(松鶴齊), 만정송풍(萬整松風), 동궁(東宮) 등이 주요 건축군을 이루고 있으며, 사합원(四合院) 형식의 배치를 이룬다. 대부분 청전(靑磚)과 회와(灰瓦)로 장식하여 소박하고

승덕 피서산장

승덕 보녕사 承德普寧寺

보녕사(普寧寺)는 승덕(承德)의 외팔묘(外八廟) 중 하나로 건륭 20년(乾隆, 1755)에 재건되었다. 장한식(藏漢式)구조의 티베트 불교사원으로 앞은 한식(漢式, 한족식) 건축, 뒤는 장식(藏式, 장족식) 건축으로 구성되어 있다. 한식(漢式) 건축으로는 산문(山門), 비정(碑亭), 천왕전(天王殿), 대웅보전(大雄寶殿), 종고루(鐘鼓樓), 배전(配殿) 등이 고풍스럽고 장중한 느낌을 자아낸다. 장식(藏式) 건축은 만타나단성(曼陀羅壇城)을 중심으로 중앙에 대승지각(大乘之閣)이 있으며 그 내부에는 거대한 목각의 천수천안관음(千手千眼觀音)이 있다. 대승지각 좌우에는 일전(日殿), 월전(月殿)이 있으며 동서남북에 4개의 전을 세워 사대부주(四大部洲)를 나타냈다. 그 중 4 모서리에는 팔소부주(八小部洲)가 있으며, 그 외에 4개의 사색라마탑(四色喇嘛塔)이 있다.

1. 산문전(山門殿)

중국 고대 사묘(寺廟) 건축군의 대문을 산문(山門)이라 한다. 이는 사묘가 대부분 산중에 세워졌기 때문에 자연스럽게 산문이라 부르게 된 것이다. 정면은 5칸이며 헐산정(歇山頂, 팔작지붕) 형식이다. 지붕면은 황색유리기와를 깔고 녹색의 전변(剪邊)을 둘렀으며, 문동(門洞)은 아치형이다.

2. 종루(鐘樓)

보녕사 종루(鐘樓)는 2층으로 이루어진 누각으로 정면 3칸이며, 평면은 방형, 헐산정(歇山頂, 팔작 지붕) 형식으로 황색유리기와에 녹색의 전변(剪邊)을 깔았다. 내부에는 청대(淸代) 옹정(雍正, 1723~1735년) 때에 제작된 높이 약 2m가 넘는 구리로 제작 된 종(鐘)이 주조되어 있다.

3. 대웅보전(大雄寶殿)

한식(漢式) 건축군의 중심을 이루는 대웅보전(大雄寶殿)은 정면 7칸, 중첨(重檐) 헐산정(歇山頂, 팔작 지붕) 형식으로 지붕 정척(正脊, 용마루) 중심에는 보정(寶頂)이 세워져 있다. 대웅보전 내부에는 삼세불상(三世佛像)이 있다.

4. 강경당(講經堂)

강경당(講經堂)은 대승지각(大乘之閣)의 서남쪽에 위치한 소형의 원락(院落)을 가리키며, 방장실(方丈室) 이라고도 한다. 청대(淸代) 장가(章嘉)라는 라마교(喇嘛教)의 수장(首長)이 불경을 강의하고 휴식을 취하던 곳이다. 원락의 정방(正房)은 5칸, 좌우 각각 3칸 규모의 방이 배치되어 있으며, 원락 전방에는 수화문(垂花門)이 설치 되어 있어 전체 구조가 사합원(四合院) 형식을 이루고 있다.

5. 대승지각(大乘之閣)

대승지각(大乘之閣)은 장식(藏式) 건축군의 중심 건축으로 전체 사원에서 가장 높다. 누각 내부는 상중하 3층으로 이루어져 있지만, 외관상 앞 부분은 6층 처마, 좌우에서는 5층 처마, 뒤에서는 4층 처마로 보인다. "6, 5, 4" 이 세 숫자는 불교의 육합(六合), 오대(五大), 사만(四曼)을 상징한다.

6. 사색라마탑(四色喇嘛塔)

외부 모서리에 붉은색, 녹색, 검은색, 백색으로 분리된 4개의 탑을 사색라마탑이라고 한다. 홍탑(紅塔)은 동남쪽 가장자리에 위치하

제30장 실례

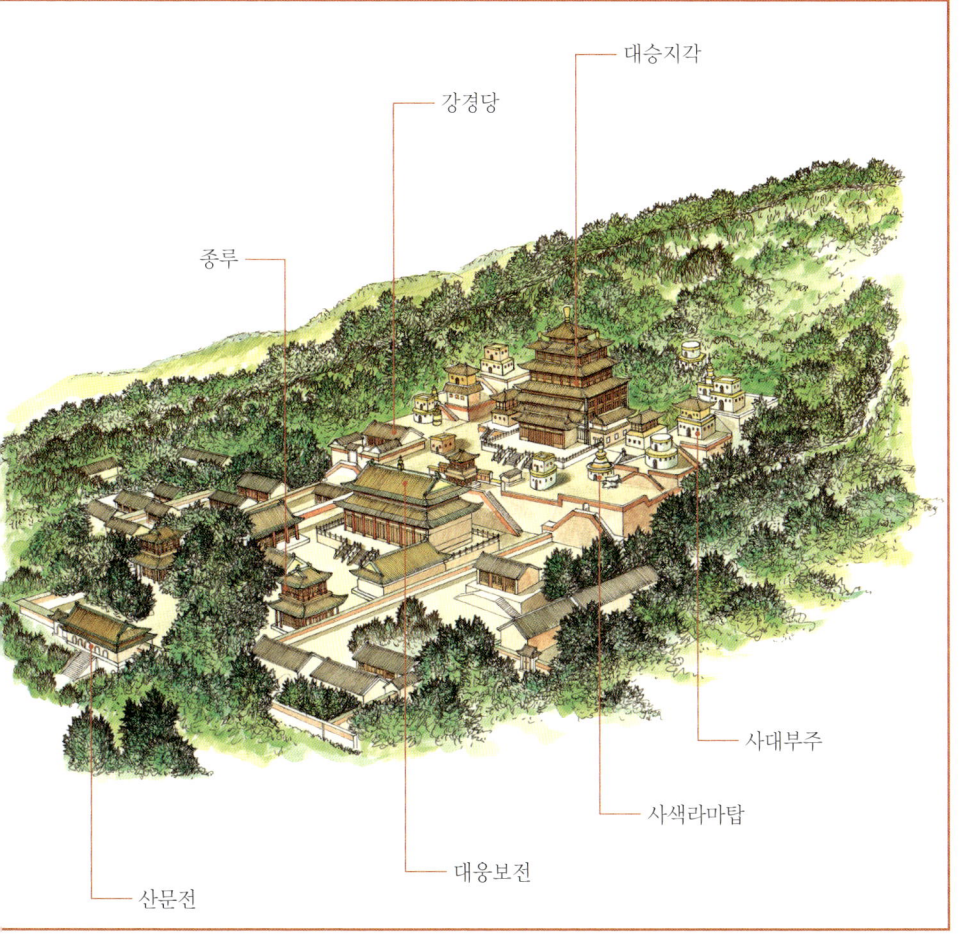

며 탑 상부에 연화(蓮花)가 장식되어 있으며 묘관찰지(妙觀察智)라 한다. 녹탑(綠塔)은 서남쪽에 위치하며 탑 상부에 보검(寶劍)이 장식되어 있으며 성소작지(城所作智)라 한다. 흑탑(黑塔)은 동북 가장자리에 위치하며 탑 상부에 보저(寶杵, 불교의 상징물중 하나로 불꽃모양으로 조각한 것)가 장식되어 있으며 평등성지(平等性智)라 한다. 백탑(白塔)은 서북 가장자리에 위치하며 탑 상부에 법륜(法輪)이 장식되어 있으며 대원경지(大圓鏡智)라 한다.

7. 사대부주(四大部洲)

보녕사 뒤쪽의 장식 건축군은 불경에 기록된 수미산(須彌山)을 모티브로 하여 배치하였다. 대승지각을 중심으로 사대부주(四大部洲)가 4 면을 두루고 있다. 동쪽은 동승신주(東勝身洲), 서쪽은 서우하주(西牛賀洲), 남쪽은 남첨보주(南瞻步洲), 북쪽은 북구노주(北俱盧洲)로 이루어져 있다. 사대부주건축은 전(殿)의 형식이며, 양측에 성결(聖潔)을 나타내는 2개의 백대(白臺)가 놓여 있으며 이를 팔소부조(八小部洲)라 한다.

단아한 느낌을 주어 주변 외팔묘 건축 형식과 선명한 대비를 이룬다. 원경(苑景)은 호수 구역을 가리키며, 등호(澄湖), 여의호(如意湖), 경호(鏡湖) 등의 크고 작은 호수로 구성되어 있고, 호수 내부는 여의도(如意島), 월색강성도(月色江聲島), 환벽도(環碧島) 등 여러 작은 섬들로 이루어져 있다. 그 외 주변은 넓은 면적의 산과 평지로 되어 있다.

이화원 頤和園

이화원(頤和園)은 북경성(北京城) 서북부에 위치하며 청대(淸代) 건륭15년(乾隆, 1750)에 세워졌다. 청대(淸代) 유명한 황가원림(皇家園林)으로 초기 명칭은 청의원(淸漪園)이었다. 청대(淸代) 함풍(咸丰, 1851~1861년) 때 영국과 프랑스 연합군의 침략으로 청의원의 건축과 경관이 모두 훼손되었고 이후 서태후가 중건하여 "이화양성(頤和養性)"의 뜻을 취해 이름을 이화원(頤和園)이라 정했다. 이화원은 전산전호(前山前湖)와 후산후호(後山後湖)로 나뉜다. 전산전호(前山前湖)는 만수산(万壽山) 남쪽 언덕 지역과 곤명호(昆明湖)를 가리킨다. 전산(前山)은 배운전(排雲殿)과 불향각(佛像閣)을 중심으로 양측에는 많은 건축물들이 둘러싸고 있다. 곤명호 중간에는 섬, 정자와 누각 및 교량이 있다. 후산후호(後山後湖)는 만수산의 북쪽 언덕지역과 산기슭을 따라 연결 된 후계하(後溪河)의 물길을 가리킨다. 후산(後山)에는 13개의 건축물과 소수의 개체 건축으로 이루어져 있으며 그 중 한장(漢藏) 건축 양식이 결합된 수미영경불사(須弥靈境佛寺)가 있다. 후계하(後溪河)는 약 1,000m의 인공 호수로, 양 측에는 소주(蘇州)를 본 떠 조성한 소주가(蘇州街)가 있다. 전체적으로 내부 건축의 구획이 명확하다.

이화원

이화원의 수미영경 頤和園須彌靈境

이화원(頤和園)의 북쪽 산 언덕 중간에 장족(藏族)의 라마교 사원을 본 떠 지은 수미영경(須彌靈境)이 자리잡고 있다. 이는 한장(漢藏) 형식의 20여 개의 크고 작은 건축으로 조성되어 있다. 건축군의 평면은 "정(丁)"자 모양이며 북쪽을 향해 있다. 전체적으로 산 언덕을 따라 위에서 아래로 층층이 내려오는 형상이지만, 높낮이가 일정하지 않아 자연적인 아름다움을 느낄 수 있다.

수미영경의 남쪽은 장식(藏式)불교 건축군 형태로 라마사원의 상예사(桑耶寺)를 바탕으로 설계를 하였다. 향엄종인지각(香嚴宗印之閣)을 중심건축으로 누각의 4면에는 사대부주(四大部洲)와 팔소부주(八小部洲) 및 일월전(日月殿)이 세워져 있어 불교의 성지인 수미산(須彌山)을 상징하고 있다. 북쪽은 한식(漢式) 불교 건축군으로 수미영경을 주전(主殿)으로 동, 서, 북쪽에 3개의 패루(牌樓)와 5칸의 '보화루(寶華樓)'와 '법장루(法藏樓)'가 자리잡고 있으며 대부분 재건된 것이다. 비록 완전하게 복원되지 않았지만 외관상으로는 완전한 건축군의 양상을 이루고 있다.

북해 北海

북해(北海)는 북경 고궁(古宮)의 서쪽에 위치한 것으로 북경에서 유명한 황가원림(皇家園林)이다. 북해는 요대(遼代)와 원대(元代) 때 정식으로 황성(皇城)의 내원(內苑)이 되었으며 오늘날의 규모는 명청(明淸) 때 이루어진 것이다. 원림은 전체적으로 경화도(瓊華島)를 중심으로 4면이 모두 물로 둘러져 있고, 섬 상부에는 원형의 백탑(白塔)이 세워져 있으며 주위는 10여 개의 각기 다른 형태의 정자, 누각, 누대 건축물들이 분산되어 세워져

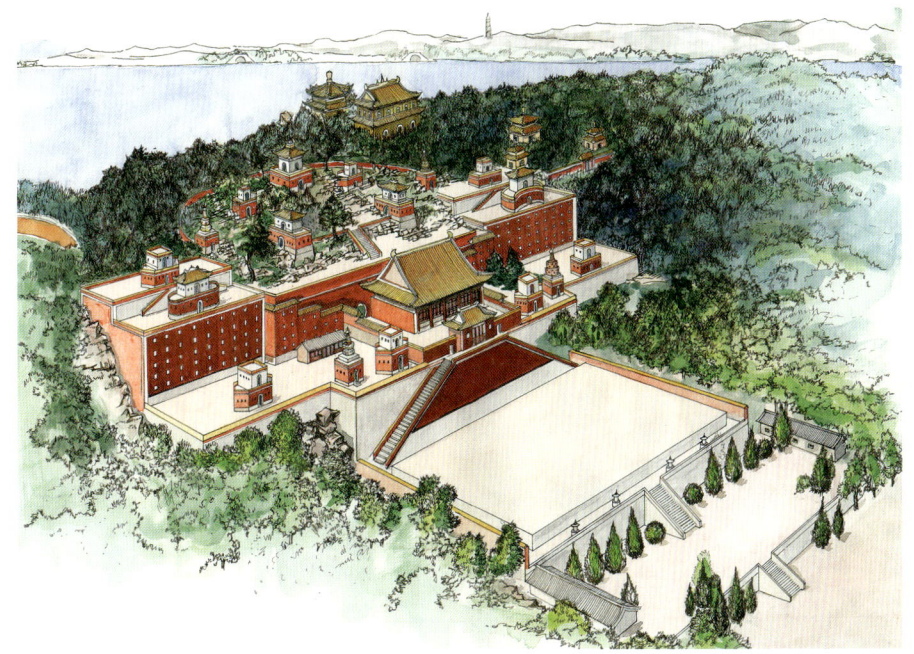

이화원의 수미영경

이화원의 해취원 頤和園諧趣園

해취원(諧趣園)은 이화원 내의 동북 가장자리에 위치해 자연적으로 조성된 것으로 이화원 내에서 아주 유명하다. 강소성(江蘇省) 무석(無錫)의 기창원(寄暢園)을 본떠 세운 것이다. 해취원의 중심에는 둥근 호수가 자리잡고 있다. 정원의 문은 서남쪽에서 열게 되어 있으며 문 내에는 호수를 끼고 있는 지춘정(知春亭)이 있고 지춘정(知春亭)에서 남쪽으로 꺾어지는 곳에 인경헌(引鏡軒)이 있다. 다시 호수를 끼고 앞쪽으로 나아가면 물가에 세추(洗秋)와 음녹(飮綠)의 두 정자가 있다. 두 개의 정자에서 동쪽으로 가면 지어교(知魚橋)를 볼 수 있으며 다리 북동쪽으로 지춘당(知春堂)이 있고 다시 경운두(經雲竇)와 난정(蘭亭)을 거치면 호수의 북쪽 언덕에 다다른다. 북쪽 언덕에는 가산(假山)이 층층히 겹쳐 있다. 정원의 주요 건축인 함원당(涵遠堂)이 여기에 세워져 있으며 함원당(涵遠堂) 서쪽에는 회랑이 있어 촉신루(矚新樓)를 연결하고 있으며, 촉신루(矚新樓) 남쪽에는 등상재(澄爽齊)가 있고 등상재(澄爽齊)를 지나면 정원의 바깥쪽에 다다른다.

1. 인경(引鏡)

인경(引鏡)은 정면으로 해취원의 중심 호수를 마주하고 있다. 인경헌(引鏡軒)의 특이한 점은 두 개의 지붕이 서로 연결되어 이루어진 것으로 마치 지붕이 두 개인 것처럼 보이나 실상은 하나의 지붕으로 되어 있는 구연탑정(勾連塔頂) 형식이다.

2. 지춘정(知春亭)

이화원 내부에 2개의 지춘정(知春亭)이 있다. 하나는 곤명호(昆明湖) 동쪽 언덕에 위치해 있으며 또 하나는 해취원(諧趣園)에 자리잡고 있다. 이 지춘정은 4각찬첨정(四角攢尖頂, 4각 모임지붕) 형식의 작은 정자로 지붕에는 회색 통와(同瓦, 숫기와)를 깔았고 정자의 4면이 모두 통하게 되어 있으며 12개의 방주(方柱, 네모기둥)가 세워져 있다.

3. 등상재(澄爽齊)

면적이 3칸의 단첨(單檐) 헐산정(歇山頂, 팔작 지붕) 형식의 전당이며 해취원(諧趣園) 호수 서쪽 언덕에 위치해 있어 호수에 아주 가깝게 붙어 있다. 전(殿) 앞에는 평대(平臺)가 호수 수면까지 곧게 뻗어 있다.

4. 함원당(涵遠堂)

함원당(涵遠堂)은 가경(嘉慶, 1796~1820년) 때 중건한 전당(殿堂)으로 해취원(諧趣園)의 주요 건축으로 규모가 가장 커 현재까지 계속 주목 받고 있는 건축이다. 면적은 5칸으로 4면에는 회랑이 연결되어 있으며 단첨(單檐) 권붕헐산정(卷棚歇山頂) 형식이다. 기둥 면에는 이 곳 경치를 아름답게 묘사한 "西嶺烟霞生袖低, 東洲云海落樽前"이라고 쓰여진 대련이 걸려 있다.

5. 담청헌(湛淸軒)

담청헌(湛淸軒)은 해취원 중심에 위치한 호수에서 비교적 멀리 떨어진 건축으로 정면이 3칸인 단첨(單檐) 권붕헐산정(卷棚歇山頂)

형식으로 회랑이 딸려 있다. 담청헌(湛淸軒)은 건륭(乾隆) 때 "흑묘헌(黑妙軒)"이라 불렀으며 건륭(乾隆) 황제가 수집한 『삼희당법첩(三希堂法帖)』 석각을 보관해 둔 곳이다.

6. 난정(蘭亭)

난정(蘭亭)은 시 짓기와 그림에 조예가 깊었던 건륭(乾隆)이 이를 더 돋보이게 하기 위해 직접 지은 것이다. 이 난정은 찬첨정(攢尖頂, 모임지붕) 형식으로 사방이 모두 개방되어 있는 작은 정자로 호수의 동북쪽 언덕의 회랑 사이에 위치해 있다. 정자 내에는 영시경비(靈詩徑碑)가 세워져 있으며, 비석에는 건륭(乾隆)이 직접 쓴 율시(律詩)가 새겨져 있다.

7. 지춘당(知春堂)

지춘당(知春堂)은 정면 5칸인 전당(殿堂)으로 단첨(單檐) 권붕헐산정(卷棚歇山頂) 형식의 건축이다. 건륭(乾隆) 시대에 지춘당은 재시당(載時堂)이라 불렀으며 이는 당시 정원의 주요 건축이자 경관의 중심이었기 때문이다. 가경(嘉慶, 1796~1820년) 때 함원당(涵遠堂)을 증건한 후 이화원에서 경치가 아주 아름다운 곳이 되었다.

있다. 남북 위로는 선인전(善因殿), 보안전(普安殿), 정각전(正覺殿), 퇴운적취배루(堆雲積翠排樓), 영안석교(永安石橋), 단성(團城)이 하나의 축선을 이루고 있다. 동서 위로는 지주전(智珠殿), 목패루(木牌樓), 석교(石橋)가 또 다른 축선을 이루고 있다.

북해

북해 정심재 北海静心齊

정심재(静心齊)는 북해에서 가장 중심이 되는 정원으로 북해의 북쪽 강가에 위치해 있다. 정심재 4면은 성벽으로 둘러져 있으며 내부는 정자, 누각, 누대, 주택등의 작은 건축들이 흩어져 자리잡고 있다. 그 사이에는 옥석으로 장식된 작은 다리로 연결되어 호수를 사이에 두고 서로 바라 볼 수 있게 하였다. 또한 연못가에는 산석(山石)이 겹겹이 포개져 있어 생동감 있어 보이며 굽이굽이 이루어진 회랑은 산을 따라 위로 향하고 있다. 멀리서는 무성한 숲과 화초들이 빽빽하게 심어져 있다. 규모는 작지만 원림 중 아주 훌륭한 건축물로 꼽힌다.

북해 정심재

북해단성 北海團城

북해의 단성(團城)은 고대 태액지(太液池)의 작은 섬으로 요대(遼代) 때 황제의 요서행궁(瑤嶼行宮)으로 쓰였던 곳이다. 섬에는 정자, 누각 및 누대 등의 건축이 세워져 있다. 금대(金代)에 흙을 쌓아 벽을 세워 원형의 성대(城台)를 형성하였고, 성대 남쪽에는 조경문(昭景門)과 연상문(衍祥門)을 축조하였고 동서 양쪽에 큰 다리를 세웠다. 명대(明代) 영락(永樂, 1403~1424년) 때 조경문 앞의 다리 교각을 철거하고 호수를 메워 평탄한 육지로 만든 다음 이곳에 단성(團城)을 축조하였다. 원대(元代) 때 금나라 사람들이 성대 중심에 중첨(重檐) 형식의 '의천전(儀天殿)'을 세웠고 '영주원전(瀛洲圓殿)'이라고도 부른다. 청대(淸代) 강희(康熙, 1654~1722년) 때 의천전이 붕괴되어 중건되면서 '승광전(承光殿)'이라는 이름을 얻었다. 승광전 외에 경제당(敬躋堂), 고뢰당(古籟堂), 여청재(餘淸齊), 옥옹정(玉翁亭), 심향정(沁香亭), 경란정(鏡瀾亭), 타운정(朶雲亭) 등이 있다.

북해단성

출정원 拙政園

출정원(拙政園)은 강소성(江蘇省) 소주시(蘇州市) 동북부에 위치한 것으로 강남(江南) 지역을 대표하는 4대원림 중의 하나이다. 출정원은 명대(明代) 정덕(正德, 1506~1521년) 때 어사(御史) 왕헌신(王獻臣)의 개인 사원(私園)으로 후에 주인이 바뀌었다. 현재 원림이 차지하고 있는 면적은 4.7ha로 구조는 연못을 중심으로 동, 서 중앙 세 부분으로 명확하게 구분되어 있다. 동쪽의 주요 건축은 난설당(蘭雪堂), 철운봉(綴雲峰), 부영사(芙蓉榭), 천천정(天泉亭), 출향관(秫香館) 등이 있다. 서쪽에는 삼십육원앙관(三十六鴛鴦館), 부취각(浮翠閣), 유청각(留聽閣), 여수동좌헌(與誰同坐軒), 입정(笠亭), 도영루(倒影樓), 탑영정(塔影亭)이 있다. 중앙에는 원림을 중심으로 중심 연못 외에 원향당(遠香堂), 의옥헌(倚玉軒), 소비홍(小飛虹), 향주(香洲), 하풍사면정(荷風四面亭), 설향운위정(雪香雲蔚亭), 대상정(待霜亭), 어죽유거(梧竹幽居), 해당춘오(海棠春塢), 영롱관(玲瓏館), 견산루(見山樓) 등이 있다.

유원 留園

유원(留園)은 소주시(蘇州市) 여문(閶門) 바깥에 위치해 있다. 명대(明代) 가정(嘉靖, 1507~1566년)때 태복사소경(太仆寺少卿, 정4품에 해당하는 관직명) 서태시(徐泰時, 1540~1598년)가 세운 개인 사원(私園)이다. 원림은 주인이 여러 번 바뀌면서 현재 중앙, 동쪽, 서쪽, 북쪽 네 곳으로 나뉘어져 있다. 중앙은 원림의 중심부로 연못을 중심으로 함벽산방(涵碧山房), 명슬루(明瑟樓), 녹음(綠蔭), 곡계루(曲溪樓), 청풍지관(淸風池館), 호복정(濠濮亭), 소봉채(小蓬菜), 급고득편처(汲古得綆處), 원취각(遠翠閣), 문목서향헌(聞木樨香軒) 등이 경관을 이루고 있다. 원림 내부의 기타 건축으로는 오봉선관(五峰仙館), 환아독서처(還我讀書處), 임천사삭지관(林泉耆朔之館), 석림소옥(石林小屋), 읍봉헌(揖峰軒), 관운봉(冠雲峰) 등이 있다.

유원

망사원 網師園

망사원(網師園)은 남송(南宋) 때 시랑(侍郎, 관직명) 사정지(史正治)가 처음 만권당(萬卷堂)이라는 이름으로 지었고, 이후 청대(淸代) 건륭(乾隆, 1736~1795)때 송종원(宋宗元)이 만권당에 망사원을 지었다. 망사원의 명칭은 소주 사람들이 어부라는 뜻을 지닌 어옹(漁翁)을 높여 망사(網師)라고 부른 데서 유래했다는 설도 있으며, 근처에 왕사(王思)라는 골

졸정원

망사원

목의 이름을 따서 망사원이라고 지었다는 설도 있다. 차지하는 면적은 약 0.5ha로 규모는 작지만 전체 건축물의 배치가 정교하다. 원림 내부의 주요 경관은 중간에 위치한 채하지(彩霞池), 만권당(萬卷堂), 힐수루(擷秀樓), 오봉서옥(五峰書屋), 죽외일지헌(竹外一技軒), 집허재(集虛齊), 간송독화헌(看松讀畵軒), 전춘이(殿春簃), 월도풍내정(月到風來亭), 탁영수각(濯纓水閣), 소산총계헌(小山叢桂軒), 도화관(蹈和館) 등이 있다.

창랑정 滄浪亭

창랑정(滄浪亭)은 소주시(蘇州市) 남삼원방(南三元坊)에 위치한 것으로 소주에서 현존하는 것 중 가장 오래된 원림이다. 산수의 자연적인 멋이 농후하여 도시산림(城市山林)이라고 일컫기도 한다. 오대(五代) 때 세워졌으며, 송대(宋代) 대문호인 소순흠(蘇舜欽)이 호수의 물빛에 반해 이 정자를 사들여 별장으로 사용하면서 유명해졌다. 이후에 원림의 주인이 자주 바뀌면서 원림의 산수 형태와 건축 구조 등이 변화였다. 현존하는 건축경관은 원문(園門), 석비정(碑石亭), 진산임가산(眞山林假山), 복랑(腹廊), 관어처(觀魚處), 면수헌(面水軒), 창낭정(滄浪亭), 문묘향실(聞妙香室), 명도당(明道堂), 요화경계(瑤華境界), 간산루(看山樓), 취영롱(翠玲瓏), 오백명현사(五百名賢祠), 청향관(淸香館), 우화수사(藕花水榭) 등이 있다.

室)이 있다. 원문(園門)과 연못 사이에는 운임일운청(雲林逸韵廳)과 연예당(燕譽堂) 두 개의 주요 건축이 있으며 각 건축 사이에는 겹겹의 들쑥날쑥한 가산석봉(假山石峰)이 있어 조용하고 아득한 풍경을 조성하고 있다.

창랑정

호구 虎丘

호구(虎丘)는 소주시(蘇州市) 창문(閶門) 바깥에 위치한 것으로 일찍이 호구(虎丘)를 기타 다른 소주 원림으로 구분 짓지 않고 하나의 풍경 명소로 보았다고 한다. 춘추(春秋) 시대 오(吳)나라의 왕 합려(闔閭)가 죽은 후에 이곳에 묻힌 3일째 되는 날 백호가 와서 무덤을 지켰다던 전설 때문에 호구(虎丘)라는 이름이 붙여졌다. 동진(東晉) 때 호구(虎丘) 산에 절을 세워 불교 명지로 자리잡게 되었으며, 남송(南宋) 때 "오산십찰(五山十刹)" 중 하나가 되었다. 호구(虎丘)의 대표적인 명소로는 해용교(海涌橋), 단량전(斷梁殿), 감

사자림 獅子林

사자림(獅子林)은 소주시(蘇州市) 원림노(園林路)에 위치하며 차지하는 면적은 망사원(網師園) 보다 약간 큰 0.9ha에 이른다. 원림 내에 전설 속의 맹수 산예(狻猊)를 닮은 기암괴석(奇巖怪石)이 사자와 비슷하다 하여 사자림이라고 불렀다고 한다. 사자림의 내부 경관은 많은 원림 주인들에 의해 새롭게 배치되었다. 사자림의 주요 경관으로는 돌로 만든 배 모양의 건축물인 석방(石舫), 호심정(湖心亭), 문매각(問梅閣), 암향소영루(暗香疏影樓), 허화청(荷花廳), 진취정(眞趣亭), 고오송원(古五松園), 지백헌(指柏軒), 와운실(臥雲

호구

사자림

감천(憨憨泉), 문천정(問泉亭), 냉간각(冷看閣), 시검석(試劍石), 진낭묘(眞娘墓), 천인석(千人石), 점두석(點頭石), 검지지상각(劍池致爽閣), 호구탑(虎丘塔) 등 순수 자연풍경과 인공경관이 절묘한 경치를 이루고 있다.

양주의 하원 揚州何園

하원(何園)은 강소성(江蘇省)에서 가장 아름다운 정원으로 "중국명원(中國名園)"이라 하기도 하며, 정원의 독특한 구조 때문에 "강남고례(江南孤例)"라고 일컫기도 한다. 양주시(揚州市) 서응문(徐凝門) 거리에 위치한 것으로 청대(淸代) 광서(光緖, 1875~1908년) 때 은퇴한 하지도(何芷舠)가 지은 주택이다. 원림 주인은 기소산장(奇嘯山莊)이라 이름지었지만, 사람들은 주인의 성이 "하(何)"씨여서 하원(何園)이라 불렸다. 하원은 주택과 합쳐진 건축물로 그 중 큰 화원의 기소산장(奇嘯山莊)과 작은 화원으로 이루어진 석산방(石山房)과 주인이 머물렀던 원거(園居)로 이루어져 있으며, 기소산장은 다시 동원(東園)과 서원(西園)으로 나뉜다. 하원의 대표적인 건축물로는 목단청(牡丹廳), 독서루(讀書樓), 봉산가산(峰石假山), 석각(石刻), 지수(池水), 호접청(蝴蝶廳), 상월루(賞月樓), 옥수루(玉繡樓), 남목청(楠木廳) 등이 있다.

양주의 하원

양주 개원 揚州個園

양주(揚州)의 개원(個園)은 정원에 있는 대나무 죽(竹)자의 반을 써서 "개원(個園)"이라 하였으며 정원의 주인 황지균(黃志筠)의 호(號)를 따서 "개원(個園)"이라고 칭하였다고 한다. 원림 내부에는 다양한 모습들을 가지고 있는 여러 종류의 청죽, 홍죽, 자죽, 백죽, 반죽, 금사죽 등을 볼 수 있을 것이다. 대나무 외에 가산(假山), 지수(池水), 누관정대(樓館亭台) 또한 개원에서 빼놓을 수 없는 경관 구성 요소이다.

양주 개원

양주 수서호 揚州瘦西湖

수서호(瘦西湖)는 양주성(揚州省)의 서북부에 위치한 것으로 총면적이 약 104ha이며 호수 면적은 50ha이다. 수서호는 원림 혹은 사가의 원림이 아닌 경관이 아름다운 하나의 명승고적으로 볼 수 있다. 넓고 아름다워 청대(淸代) 건륭(乾隆, 1736~1795년) 시기에 이미 천하제일(天下第一)이라는 명예를 얻었으며 건륭제(乾隆帝)는 여러 번 강남을 찾아 수서호의 풍경을 맘껏 구경하였다고 전해진다. 수서호의 대표적인 경관으로는 만구전송(萬口傳頌), 명양해내(名揚海內), 여홍교(如虹橋), 수제류(隋堤柳), 도화오(桃花塢), 오정교(五亭橋), 백탑(白塔), 월관(月觀), 취대(吹臺)가 있으며 인문(人文)의 풍격을 지니고 있는 이십사교(二十四橋)는 역대 문인들이 이 곳에서 시문 등을 읊으면서 감상하였다고 한다.

양주 수서호

무석 기창원 無錫寄暢園

기창원(寄暢園)은 강소성(江蘇省) 무석시(無錫市) 서쪽의 혜산(惠山)에 위치하고 있다. 혜산의 아름다운 풍경 때문에 원림을 조성하기에 좋은 장소로 자리잡게 되었다. 혜산(惠山) 주위로 원거(園居)와 벽산장(碧山莊), 우공곡(愚公谷), 혜암소축(惠岩小筑), 황원(黃園), 국화장(菊花莊), 근산원(近山園), 화이초당(華利草堂), 이천서원(二泉書院), 관용산거(冠龍山居)가 있으며, 그 중 기창원(寄暢園)이 가장 뛰어난 곳이다. 기창원(寄暢園) 앞의 봉곡행와(鳳谷行窩)는 명대(明代) 때 남경(南京)의 병부상서(兵部尚書)였던 진금(秦金)이 세워 조성하였다. 기창원(寄暢園)은 진요(秦燿)가 진금(秦金)의 뒤를 이어 "鳳谷行窩(봉곡행와)"를 기반으로 증축한 것으로 이외 원림에 약 20개의 경치를 조성하였다. 현존하는 원림경치는 진요(秦燿)의 증손자 진덕조(秦德藻) 시대에 건립한 것으로 주요 경관으로는 가수당(嘉樹堂), 와운당(卧雲堂), 대석산방(大石山房), 선월사(先月榭), 환취루(環翠樓), 현종간(懸淙澗), 능허각(凌虛閣), 지소휘의(池沼匯漪) 등이 있다.

항주 서호 杭州西湖

항주(杭州) 서호(西湖)는 양주(揚州) 수서호(瘦西湖)와 같은 원림으로 명승고적 중에 하나이다. 일찍이 송대(宋代) 시인 "소식(蘇軾)"이 서호(西湖)를 감상하고 지은 한 수의 유명한 시가 있다.

"눈부시게 빛나는 햇빛아래 서호의 물결은 넘실거리며, 물결 빛은 반짝반짝 아름답구나! 비의 장막아래 서호 주변의 산은 자욱하게 깔려 있는 듯 없는 듯하니 신비스럽기까지 하구나!(水光瀲灔晴方好, 山色空濛雨亦奇。欲把西湖比西子, 濃妝淡抹總相宜。)"

서호(西湖)의 면적은 약 6㎢, 수면은 약 5.6㎢이다. 호수 중간에 있는 백제(白堤)와 소제(蘇堤)는 외호(外湖)와 악호(岳湖), 소남호(小南湖), 북리호(北里湖), 서리호(西里湖) 5곳으로 나뉜다. 서호(西湖) 안 팎으로 두드러진 10곳의 아름다운 경치로 이전에는 삼담인월(三潭印月), 뇌봉석조(雷峰夕照), 단교잔설(斷橋殘雪), 유랑문앵(柳浪聞鶯), 곡원풍하(曲院風荷), 평호추월(平湖秋月), 소제

무석 기창원

항주 서호

춘효(蘇堤春曉), 화항관어(花港觀魚), 남병만종(南屛晚鐘), 상봉삽운(雙峰揷雲)이 있었다. 현재는 새로운 호포몽천(虎跑夢泉), 운서죽경(雲栖竹徑), 구계연수(九溪烟樹), 용정문차(龍井問茶), 원돈환벽(院墩環碧), 보석유하(寶石流霞), 만농계우(滿隴桂雨), 옥천비운(玉泉飛雲), 황용토취(黃龍吐翠), 오산천풍(吳山天風) 등이 있다.

소흥 난정 紹興蘭亭

난정(蘭亭)은 동진(東晋) 시대 서예가 왕의지(王羲之)와 문인들이 모여 예로부터 전해 내려오던 『난정집서(蘭亭集序)』를 집필하였던 곳이다. 회계산음(會稽山陰, 오늘날의 소흥(紹興))에 위치한 난정(蘭亭)은 후대 문인들이 동경했던 곳으로도 유명하다. 초기 때의 난정(蘭亭)의 위치는 알 수 없으나 현재 난정(蘭亭)은 절강성 소흥의 난저산(蘭渚山) 아래에 위치해 있다. 그 중 난정비정(蘭亭碑亭), 아지(鵝池), 곡수유상(曲水流觴), 유상정(流觴亭), 석군사(右軍祠), 어비정(御碑亭), 난정고도(蘭亭古道), 난정서법박물관(蘭亭書法博物館)의 8군데가 가장 유명하다.

소흥 난정

북경 서산팔대처 北京西山八大處

팔대처(八大處)는 북경 서산에서 15km 떨어진 곳에 위치하여 경서팔대처(京西八大處)라 일컫기도 한다. 서산팔대처는 팔좌불사(八座佛寺)로 명대(明代)에는 팔불사(八佛社), 청대(淸代)에는 팔대선처(八代禪處)로 일컬었으며, 현재는 팔대처(八大處)라 불린다. 팔좌불사(八座佛寺)는 장안사(長安寺), 영광사(靈光寺), 삼산엄(三山庵), 대비사(大悲寺), 용천암(龍泉庵), 향계사(香界寺), 보주동(寶珠洞), 증과사(證果寺)를 뜻한다. 팔좌사묘(八座寺廟)는 취미산(翠微山), 평파산(平坡山), 노사산(盧師山)으로 이루어진 고리모양의 구역내에 자리잡고 있으며 "삼산팔찰(三山八刹)"로 불린다. 서산팔대처는 풍경이 기이하고 산수가 비범하여 유람성지를 이룬다.

북경서산 팔대처

노구교 盧溝橋

노구교(盧溝橋)는 금대(金代) 세종(世宗) 대정 29년(大定, 1189)에 지은 것으로 현재 북경에서 가장 오래되고 웅장한 연공석교(聯拱石橋) 형식이다. 북경시 서남에 위치하며 다리는 노구강 위에 가로질러 놓여 있다. 노구교가 유명해진 것은 1930년대에 칠칠사변(七七事變)과 밀접한 관계가 있다. 이 사변이 노구교에서 발생하여 "노구교사변(盧溝橋事變)"이라 부르기도 한다. 노구교는 11개의 아치형 구멍이 연결되어 있으며, 전체 길이는 266m, 너비는 9m이며 단단하고 견고하여 800년이라는 세월을 거치면서 숱한 자연재해와 전쟁으로 인한 피해에도 무너지지 않고 꿋꿋이 자리잡고 있다. 다리의 돌 기둥 상부에는 각기 다른 사자문양이 조각되어 있다. 달에 비춰진 노구교가 너무 아름다워 "노구소월(盧溝曉月)"이라 하며 북경 팔경(八景) 중의 하나로 손꼽힌다.

노구교

평요현아

평요현아 平遙縣衙

평요(平遙) 현아(縣衙, 현의 관아)는 산서성(山西省) 중심의 평요현(平遙縣)에 위치해 있으며 현존하는 아서(衙署)는 원대(元代) 지정 6년(至正, 1346)에 지어졌다. 명청(明淸) 때 모두 재건하여 대부분 명청(明淸) 규제의 형식을 따르고 있으며 일부 소수만 원대(元代) 형식을 가지고 있다. 관아가 차지하는 면적은 20,000㎡가 넘는다. 건축은 중국 고대 전통에 따라 남쪽을 향해 있고 남북을 중심으로 연결되어있다. 동서가 대칭되어 자리잡고 있으며 좌문우무(左文右武), 전조후침(前朝後寢)의 구조를 가지고 있다. 축을 중심으로 위에는 육진원락(六進院落)이 있고 대문(大門), 의문(儀門), 대당(大堂), 택문(宅門), 이당(二堂), 내택(內宅), 대선루(大仙樓) 등이 질서정연하게 자리잡고 있다. 동쪽에는 화청(花廳), 전량청(錢粮廳), 찬후사(酇侯祠), 토지사(土地祠) 등이 세워져 있다. 서쪽에는 뇌방(牢房), 감옥(), 공해방(公廨房), 독포청(督捕廳), 십왕묘(十王廟), 마왕묘(馬王廟), 홍산역(洪善驛) 등이 세워져 있다.

진사 晋祠

진사(晋祠)는 산서성(山西省) 태원(太原) 서남쪽 교외의 현옹산(縣甕山) 아래에 위치해 있으며 세워진 시기는 확실하지 않으나 북위(北魏) 때 역도원(酈道元)의 『수경주(水經注)』에 기재된 것으로 보아 적어도 1400여년의 역사를 가지고 있음을 짐작할 수 있다. 진사(晋祠)의 초기 명칭은 당숙우사(唐叔虞祠)로 주성왕(周成王)의 동생 숙우(叔虞)를 기념하기 위해 지어진 것이다. 숙우(叔虞)는 왕(王)으로 봉해져 당지(唐地: 지명이름)에서 제후가 되었고 그가 죽은 후 그의 아들이 국호인 "당(唐)"을 "진(晋)"으로 바꾸면서 "당숙우사(唐叔虞祠)" 또한 "진사(晋祠)"로 부르게 되었다. 진사(晋祠)는 웅대한 건축군으로 당숙우사(唐叔虞祠), 관제묘(關帝廟), 문창각(文昌閣), 삼성사(三聖祠), 성모묘(聖母廟) 등이 있으며 각 건축은 개체 건축으로 조성되어 있어 전당이 100여 개에 가깝다. 성모묘(聖母廟)는 다른 건축물보다 등급이 높으며 대월방(對樾坊), 헌전(獻殿), 어조비량(魚沼飛梁), 성모전(聖母殿) 등 일부 몇 개의 건축물로 조성되어 있다. 그 중 성모전(聖母殿)은 묘 내의 주요 건축으로 중첨(重檐) 헐산정(歇山頂, 팔작 지붕) 건축 형식으로 정면이 7칸이며 부계주잡(副階周匝) 즉, 회랑이 건물 4면을 둘러싸고 있는 형태로 이루어져 있다. 성모전(聖母殿) 앞에 있는 어조비량

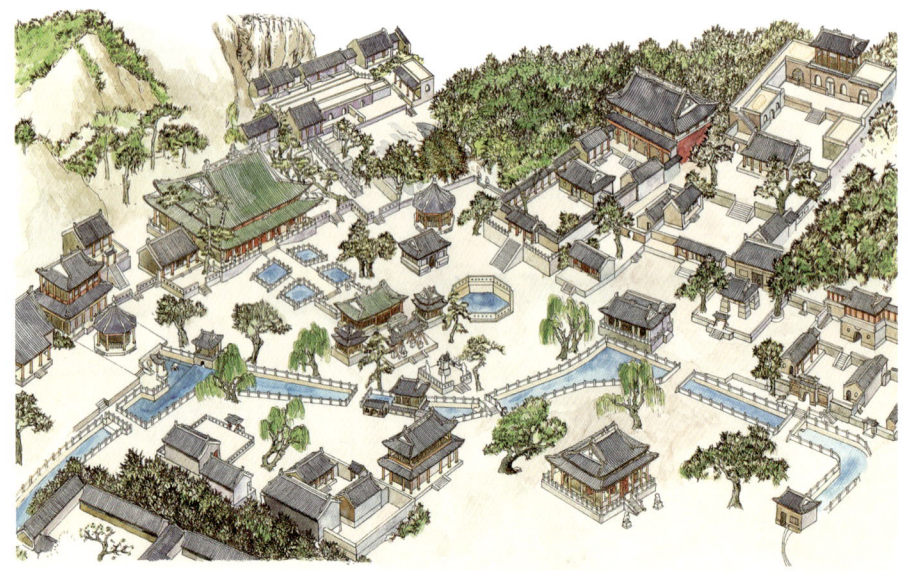

진사

(魚沼飛梁)은 호수 위에 놓인 작은 다리 형식으로 중국 고건축에서 보기 드물다. 진사(晋祠) 내부에는 푸른 소나무와 측백나무를 심어 청유한 느낌을 자아낸다.

해주 관제묘 解州關帝廟

산서성(山西省) 운성(運城)의 해주는 관우(關羽)의 고향으로 유명하다. 관제묘(關帝廟)는 옛 현성(縣城)의 서문 바깥에 자리 잡고 있으며 중국에서 가장 큰 관제묘이다. 묘우가 차지하고 있는 면적은 2ha이다. 고증에 따르면 대략 송대(宋代) 대중상부(大中祥符, 1008~1016년) 때 세운 것으로 현존하는 건축은 강희 41년(康熙, 1702)에 화재로 인해 중건되었다. 중건 당시 화재 때 불에 타지 않은 남은 자재를 사용하여 명대(明代) 건축물의 풍모를 그대로 갖고 있다. 관제묘의 주요 문은 단문(端門), 치문(雉門), 어서루(御書樓), 숭녕전(崇寧殿), 춘추루(春秋樓) 등은 모두 중축선에 집중되어 질서정연하게 자리잡고 있다.

해주 관제묘

평요고성 平遙古城

평요의 고성(古城)은 중국에서 현존하는 가장 완벽한 현(縣)급 성지로 현재까지 1500여 년의 역사를 지니고 있으며, 군사방어기술과 군사건축에서 아주 높은 연구가치를 지니고 있다. 성벽은 수(隋), 당(唐), 송(宋)대 까지는 흙으로 다진 벽으로 쌓았으며, 명(明) 초에 이르러 벽돌 성벽으로 개축하였다. 현존하는 성벽의 주위 둘레는 약 6km, 평면은 방형에 가깝다. 동,서,북 3면의 벽체는 모두 직선형이며 유일하게 남쪽 벽체만 강 물줄기 모양의 완곡한 형상으로 되어있다. 벽의 평균 높이는 10m, 하부는 넓고, 상부는 좁은 형식으로 하부 너비는 8~12m, 꼭대기 너비는 2~6m이다. 고성은 벽, 마면(馬面), 당마장(擋馬墻), 타구(垛口), 성문(城門), 옹성(甕城)으로 구성되어 있다. 성벽 위에는 성루(城樓), 각루(角樓), 적루(敵樓), 규성루(奎星樓), 문창각(文昌閣), 점장대(點將臺) 등의 부속 건축물들이 있다. 성 내부에는 묘우(廟宇)가 자리잡고 있다.

평요고성

요령흥성 遼寧興城

흥성(興城)은 산해관(山海關) 동북쪽의 요서(遼西) 구릉지대를 등지고 발해(渤海)에 임해 있는 곳에 위치한 것으로 중국에서 현존하는 4대 고성 중의 하나이다. 서기 990년 요(遼)의 성종(聖宗) 예율융서(耶律隆緖)가 요서회랑에 군현(郡縣)을 설치하라는 명령을 하였고, 이때부터 중국역사에 흥성(興城)이라는 이름을 남기게 되었다. 흥성은 특히 명청(明淸) 대에 중시되었다. 명(明) 초기 때 영원(寧遠)을 보호하는 위성을 세워 전투에서 잔존한 원(元)나라의 병력들을 막았다. 영원성(寧遠城)에는 내성(內城), 외곽(外郭), 옹성(甕城)과

호성하(護城河, 해자)가 있고 성벽에는 개성문(開城門), 건성루(建城樓), 성 중간에는 종고루(鐘鼓樓)가 세워져 있다. 청대(淸代) 때 규성루(奎星樓)를 증건하였다. 이 외 흥성에는 문묘(文廟), 문창각(文昌閣), 성황묘(城隍廟), 관제묘(關帝廟), 사직단(社稷壇) 등의 예제 건축들이 있다.

요령흥성

가욕관 嘉峪關

가욕관(嘉峪關)은 장성 상부에 위치한 주요 요새로 현재 감숙성(甘肅省) 서쪽 하서(河西)의 회랑 서쪽에 위치해 있다. 명대(明代)에 수리되어 지어진 만리장성의 서쪽 끝을 가리키며 현존하는 장성 관성(關城) 중 보존이 가장 잘 되어 있는 곳으로 고대 모든 병법가들이 중요시 했던 곳이기도 하다. 관성(關城)의 평면은 계단형상으로 동서 양측의 성벽은 각각 156m, 154m이며, 남북 길이는 160m에 불과하다. 관성(關城)의 성벽은 대다수 흙으로 지었고 문루(門樓)와 각루(角樓) 만이 벽돌을

가욕관

사용해 지었다. 성벽 높이는 약 10.5m이며 벽 꼭대기의 너비는 약 2m로 아주 명확하게 구분되어 있다. 하부의 두께는 5m이며 성벽(城牆), 성루(城樓) 외 관성 내에는 관제묘(關帝廟), 문창각(文昌閣), 희대(戱臺) 등이 세워져 있다.

안문관 雁門關

안문관(雁門關)은 내장성(內長城)의 중요한 요충지로 산서성(山西省) 대현(大縣) 서북쪽으로 20km 떨어진 곳에 위치해 있으며 성의 형세가 험준하여 "삼관요액무쌍지(三關要隘無雙地), 구새존숭제일관(九塞尊崇第一關)"이라 부른다. 당(唐) 이전에는 구주새(句注塞)로 이름 지어졌으며 당대(唐代)에 이르러 안문관(雁門關)으로 불려졌으며 명(明) 초기에는 다시 관성(關城)으로 중요한 방어 요충지가 되었다. 이 장성은 구불구불한 원형을 이루며 산 위에는 봉화대가 세워져 있고 내외 성벽에는 정장(亭障), 적대(敵臺), 성루(城樓)가 서로 균형있게 배치되어 있다. 관성 외부에는 원래 수 십개의 큰 돌담과 작은 돌담으로 만든 18개의 요새가 세워져 있었다. 그러나 현재 안문관(雁門關) 일대의 장성은 백초구(百草口)와 신광무(新廣武)에서 일부 정장(亭障)의 흔적만 볼 수 있으며 나머지는 이미 훼손되어 그 모습이 완전하지 않다. 그러나 안문관(雁門關)의 성루는 최근에 다시 보수공사를 진행하였다.

안문관

산해관과 노용두 山海關和老龍頭

산해관(山海關)은 발해만의 끝, 하북성(河北省) 진황도(秦皇島)의 동북부에 위치해 있다. 산과 바다를 끼고 있어 지세가 험준하여 "만리장성제일관(萬里長城第一關)"이라 부른다. 관성(關城)은 정방형이며, 사방이 8리이며 주위는 호성하(護城河, 해자)로 둘러져 있다. 관성(關城)에는 진동(鎭東), 영은(迎恩), 망양(望洋), 위원(威遠) 등 동서남북 4개의 관문(關門)으로 이루어져 있다. 관성(關城) 동서 양 쪽에는 동나성(東羅城)과 서나성(西羅城)이 세워져 있다. 성관 동문은 남쪽을 향해 있으며 장성 쪽으로 큰 바다가 뻗어 들어와 장성이 마치 구불구불한 긴 용의 형상과 같아 이 장성의 끝 부분을 "노용두(老龍頭)"라 부른다. 이 노용두는 명대(明代)의 장수인 척계광(戚繼光)이 왜구의 침략을 막기 위해 세웠으며 성대 위에도 적누(敵樓)와 치첩(雉堞, 성가퀴)을 세웠다.

산해관과 노용두

모전욕 慕田峪

모전욕(慕田峪) 장성은 북경(北京) 회유현(懷柔縣) 북쪽에 자리잡고 있으며 현존하는 것 중 보존이 잘 되어 있는 만리장성 중의 하나이다. 1400여 년 전 북제(北齊) 때 이미 장성을 수리한 기록이 있으며 우리가 알고 있는 것은 명대(明代) 때 지어진 것이다.

모전욕 장성은 구조상 독특한 특색을 지니고 있다. 관문(關門)이 3개의 공심성대(空心城臺) 형태로 관문을 정중앙에 설치하지 않고 관대의 동쪽에 위치하여 장성의 양쪽에 성가퀴가 있으며, 정관대는 3개의 적루가 서로 연결되어 내부와 외부의 통로 역할을 하여 다른 산해관(山海關), 가욕관(嘉峪關), 팔달령(八達嶺)과 구별된다. 장성의 우의각변(牛犄角邊), 전구(箭扣), 독비파변(禿尾巴邊) 등이 아주 특색 있다.

타장(垛牆)에는 타구(垛口)가 있다. 팔달령 일대의 장성은 모두 내장성(內長城)에 속해 팔달령의 관성(關城)을 "내구(內口)"라 한다.

팔달령

모전욕

팔달령 八達嶺

팔달령(八達嶺)은 거용관(居庸關) 북쪽의 출입문으로 지세가 매우 험준하다. 성 위의 적대(敵臺) 거리는 약 0.5~1km이며 매 간격이 매우 일치하다. 명대(明代) 때 세워진 팔달령 장성은 성벽이 평균 7~8m이지만 산 언덕이 험준한 곳이라 실제 성벽은 3~5m에 불과하다. 그러나 지세가 평탄하고 원만하여 성벽은 오히려 8m나 높다. 성벽의 꼭대기 너비는 5m로 모두 돌로 기초작업을 하였으며 벽은 청록색 전돌로 쌓았다. 성 꼭대기 지면에는 사각형 벽돌을 단단하게 깔았으며 내부는 우장(宇牆), 외부는 타장(垛牆)으로 지었으며

강요조장원 姜耀祖莊園

강요조장원(姜耀祖莊園)은 섬서성(陝西省) 미지현(米脂縣)에 위치해 있으며, 섬서성(陝西省)에서 아주 부유한 동굴민가이다. 장원(莊園)은 지세가 험준한 구릉 꼭대기에 세워져 있으며, 상중하 3층으로 이루어진 정원으로 구성되어 있다. 그 중 하원(下院)은 관가원(管家院)으로 중원(中院)과 상원(上院)은 정원(正院)으로 이루어져 있다. 장원(莊園)은 지세가 험준한 비탈진 절벽 위에 세워져 있으며, 그 곳에 포루(炮樓)가 세워져 있다. 입구는 험한 비탈길로 입구 내에는 방어 기능을 할 수 있는 굴이 있어 전체 정원은 마치 돌로 만든 보루와 흡사하다.

강요조장원

강백만장원

강백만장원 康百萬莊園

강백만장원(康百萬莊園)은 하북성(河北省) 공의시(鞏義市) 성 서쪽의 망산(邙山) 기슭 아래의 강점촌(康店村)에 자리 잡고 있으며, 하남성의 대표적인 동굴민가이다. 강백만장원 건축의 정교함과 기세는 강요조장원(姜燿祖莊園) 못지 않다. 강백만장원의 건축구조는 오랜 시간 동안 계속된 구축에 의해 완성되어 전체적인 구조가 아주 완벽하다. 이 건축은 모두 산의 형세 즉 자연의 지형을 이용하여 지어졌으며 각 원락(院落)에는 혈거집이 있다. 강백만장원의 내부는 동굴양식의 건축형태와 사합원의 양식이 혼합된 배치를 이루며, 동서 상방(廂房: 곁방)은 경산정(硬山頂) 형식의 평방(平房)이다.

왕가대원 王家大院

왕가대원(王家大院)은 산서성(山西省)의 유명한 거상 왕(王)씨의 저택으로 산서성(山西省) 영석현(靈石縣) 정승진(靜升鎭)에 자리 잡고 있다. 왕가대원(王家大院)은 홍문보(紅門堡), 고가암(高家崖), 서보자(西堡子), 동남보(東南堡), 하남보(下南堡) 다섯 부분으로 나뉘며, 그 규모가 매우 웅대하다. 기록에 따르면, 당시 중앙에 위치해 있는 홍문보(紅門堡)는 용, 동쪽의 고가암(高家崖)은 봉황, 서쪽의 서보자(西堡子)는 호랑이, 동남보(東南堡)는 거북이, 하남보(下南堡)는 기린을 가리켰다고 한다. 이곳에는 여러 개의 원락(院落)이 자리 잡고 있으며, 주요 건물과 부속건물들이 명확하게 구분되어 있어 통일감을 이룬다. 나무, 벽돌, 돌 세 가지를 이용한 특색있고 정교한 장식들이 왕가대원(王家大院) 곳곳에 자리잡고 있다. 꽃, 새, 곤충, 물고기, 인물, 길상도안 등이 영벽(影壁), 문루(門樓), 벽면, 기둥, 작체(雀替) 등에 조각되어 있어 왕가대원(王家大院)의 예술적인 면모를 보여준다.

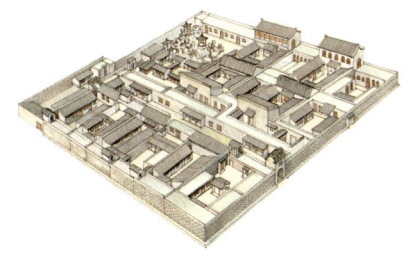

교가대원

왕가대원

교가대원 喬家大院

교가대원(喬家大院)은 산서성(山西省) 기현(祁縣) 동북쪽에 있는 동관진(東觀鎭)의 교가보촌(喬家堡村)에 위치해 있다. 거상 교치용(喬致庸)의 저택으로 북방 민거 건축 중 가장 찬사를 받는 건축군이다. 이 대원(大院)은 성보(城堡)식 건축물로 6개의 대원(大院), 20개의 소원(小院), 313칸의 방으로 두 개의 희(囍) 자 형태로 구성되어 있다. 저명한 상업자본가의 저택답게 집안 곳곳의 공예장식들이 화려하며, 그 중 대문 바깥에 위치한 "백수자조벽(百壽字照壁)"은 교가 대원에서 가장 손꼽히는 전돌 조각이다. 1호 원락(院落)은 현재 중당사료관(中堂史料館)으로 사용되고 있으며, 2호 원락은 교가의 진귀한 보물을 보관해 놓은 진보관(珍寶館), 3호원락은 상업과 관련된 풍속을 전시해 놓은 전시관, 4호 원락은 화원, 5호 원락은 주택, 6호 원락은 민속과 민간 공예전시관으로 모두 6개의 원락으로 나뉘어져 있다.

북경고궁 北京故宮

북경고궁(古宮)은 현재의 북경 고궁 박물관으로 명청(明淸) 때의 황실로 당시에는 "자금성(紫禁城)"이라 일컬었다. 북경 고궁이 북경의 중심에 위치해 있는 이유는 고대 군왕이 그 나라를 잘 다스려 천하 통일을 이루고자 했던 뜻을 내포하고 있다. 제왕은 명대(明代) 영락 4년(永樂帝, 1406)에 건립하여 18년(1420)에 이르러 완공하였다. 차지하는 면적은 78,000㎡으로 세계에서 현존하는 것 중 가장 완벽하고 규모가 큰 고대 궁전 건축군이다. 전체 황궁은 앞에는 조정을 두고 뒤에는 침전을 배치하는 전조후침(前朝後寢) 형식을 갖추었다. 전조(前朝)는 태화전(太和殿), 중화전(中和殿), 보화전(保和殿)인 삼대전(三大殿)으로 나라의 큰 의식을 거행했던 곳이다. 후침(後寢)은 황제들의 거처인 건청문(乾淸門), 교태전(交泰殿), 곤령궁(坤寧宮)과 후궁들이 머물렀던 동서육궁(東西六宮)이 양옆

북경고궁

임가화원 林家花園

임가화원(林家花園)은 대만으로 건너간 임(林)씨 일가가 세운 것으로 광서 14년(光緒, 1888)에 임유원(林維源)이 원래 소유하고 있던 판교 별장에 거액의 자금을 들여 대규모로 크게 건립한 것으로 완공하는데만 40여 년간의 긴 시간을 소요하였으며 당시 가장 유명한 화가와 문학가들을 초청해 설계를 진행시켰다고 한다. 화원의 주요 건축으로는 안정당(安靜堂), 급고서옥(汲古書屋), 방감재(方鑑齊), 내청각(來青閣), 향옥이(香玉簃), 관가루(觀稼樓) 등이 있으며 그 중 안정당(安靜堂)이 가장 크며 건축면적은 150㎡가 넘는다. 임가화원(林家花園) 내의 주요건축은 건축면적의 크기, 높낮이, 위치를 막론하고 모든 건축 재료들을 붉은 전돌, 붉은 기와를 사용하였으며 이는 대만 지방민가 건축의 특징을 잘 보여준다.

1. 내청각(來青閣)

내청각(來青閣)은 임가화원 내 건축 규모 중에서 가장 큰 단일 건축으로 귀빈을 모실 때 사용했던 장소이다. 이층 누각 형식으로 건축 재료는 모두 최고급의 녹나무(楠木)를 사용하였다. 내부는 조각과 채화를 진열하여 건축 전체가 매우 화려하게 보인다. 누각에 올라 주위 경치를 한 눈에 바라볼 수 있다.

2. 정정당(定靜堂)

정정당(定靜堂)은 임가화원 중 가장 큰 건축군으로 임가화원 내 유일한 사합원(四合院)이다. 당시 귀빈을 접대 했던 장소로 사용되었다. 내부에는 명인의 서화와 골동품들이 진열되어있다. 정정당 대문에는 "산병해경(山屏海鏡)"이라는 큰 편액이 걸려 있으며, 네 글자 중 "산(山)"은 정정당 앞에 있는 관음산(觀音山)을 가리킨다.

3. 용음대지(榕蔭大池)

용음대지(榕蔭大池)는 임가화원 내 가장 큰 연못으로, 연못의 기슭에는 층층이 겹쳐져 있는 가산(假山)이 있으며 각양각색의 작은 정자들이 세워져 있다.

4. 반월교(半月橋)

아치형의 반월교(半月橋)는 용음대지(榕蔭大池)의 중간에 위치한 것으로 벽돌로 쌓은 벽체는 두 개의 언덕에 연접해 있다. 반월교는 용음대지(榕蔭大池)를 크고 작은 두 개의 호수로 나뉘어 호수를 바라봤을 때 횡량한 느낌을 주지 않는 효과를 주어 정원을 감상하는 흥미를 북돋아 준다.

5. 월파수사(月波水榭)

월파수사(月波水榭)는 물 위에 세워진 평대로 월파수사의 평면이 두 개의 마름모 형상으로 연결되어 이루어진 것이 아주 특이하다. 입면상으로는 벽체의 각 면에 모두 창문이 있어 당시 임가(林家) 사람들은 여기에서 자주 풍경을 감상하면서 피서를 즐겼다고 한다.

6. 석자정(惜字亭)

용음다지(榕蔭大池)의 기슭에 가산(假山)이 자리잡고 있으며 작은 길, 석실(石室) 및 작은 터널과 정사(亭榭)가 세워져 있다. 가산 옆, 호수가 흐르는 곳에 검은색과 흰색이 엇갈려 있는 탑형의 건축이 있다. 이 작고 아름

다운 건축이 석자정(惜字亭)이며 파지를 불태웠던 곳이다.

7. 해당지(海棠池)

해당지(海棠池)의 모습이 마치 술병과 같다 하여 주병지(酒瓶池)라 부르기도 한다. 임가(林家) 사람들은 여기에서 자주 손님들과 함께 배를 저으며 유유자적한 생활을 누렸으며, 주변의 아름다운 경치를 감상하였다고 한다. 석양이 서쪽으로 떨어질 때 호수에 가산(假山), 정자(亭子) 및 수목화초(樹木花草)들의 풍경이 비치어 절경을 이룬다.

으로 위치해 있다. 황궁의 외부는 크고 높은 성벽으로 둘러싸여 있다.

황사성 皇史宬

황사성(皇史宬)은 "표장고(表章庫)"라 일컫기도 하며 명청(明淸) 때 황제의 훈유와 계보를 기록하여 보관했던 곳이다. 현재 북경 동성남지자대가16호(東城南池子大街16號)에 자리잡고 있다. 명대(明代) 가경 13년(嘉慶, 1534)에 건립하였으며 주요 건축으로는 대문(大門), 정전(正殿), 배전(配殿), 어비정(禦碑亭)이 있다. 정전(正殿)을 황사성(皇史宬)이라 부르며 정면은 9칸으로 황색유리기와의 무전정(廡殿頂, 우진각지붕) 형식의 건축이다. 전(殿)의 정면에는 5개의 권문(拳門)이 있으며 건물 내부는 대들보와 기둥이 없는 무량전(無樑殿)형식이다. 정전(正殿) 전체는 벽돌로 지어져 석실(石室)이라 부르기도 한다. 전(殿) 내부에는 금궤(金匱, 동 재질의 궤짝)에 명청(明淸) 양대의 문헌과 문물들을 여기에 보관하였다. 이는 석실금궤(石室金匱)를 연구하는데 아주 중요한 자료로 쓰이고 있다.

황사성

심양고궁 瀋陽故宮

심양(瀋陽) 고궁(故宮)은 오늘날 요녕성(遼寧省) 심양시(瀋陽市)에 위치한 것으로 중국 고대에는 중원 지역이 아닌 변방에 속해 새외황궁(塞外皇宮)이라 불렸다. 이 새외황궁은 1624년에 건립한 것으로 청태조(淸太祖) 누루하치(奴兒哈赤)와 2대 황제 태종(太宗)이 심양을 수도로 정하면서 세운 궁전이다. 청나라가 중원을 통치하면서 이 궁전은 자연적으로 청왕조(淸王朝)의 궁전이 되었다. 이후 강희제(康熙帝), 옹정제(雍正帝), 건륭제(乾隆帝), 가경제(嘉慶帝), 도광제(道光帝) 모두 이 궁전의 유지보수와 확장 공사를 실시하였으며, 특히 건륭(乾隆) 때 그 규모가 가장 컸다. 현존하는 심양 고궁은 동로(東路), 중로(中路), 서로(西路)로 나뉜다. 동로(東路)는 누루하치가 세웠으며 주요 건축으로는 대정전(大政殿), 십왕정(十王亭)이 있다. 서로(西路)는 건륭(乾隆)이 세운 것으로 주요 건축으로 가음당(嘉蔭堂), 앙희재(仰熙齊), 계대(戒臺), 문소각(文溯閣) 등이 있으며, 중로(中路)에는 황태극이 세운 것으로 대청문(大淸門), 숭정전(崇政殿), 봉황루(鳳凰樓), 청녕궁(淸寧宮), 관저궁(關雎宮), 인지궁(麟趾宮), 연경궁(衍慶宮), 영복궁(永福宮) 등의 주요 건축이 있다.

심양 고궁

북경 옹화궁 北京雍和宮

북경(北京) 옹화궁(雍和宮)은 비교적 보존이 잘 되어 있는 고대 건축군으로 북경 북이환동단(北二環東段) 남쪽에 위치해 있으며 차지하는 면적은 6.6ha이다. 옹화궁은 청대(淸代) 강희 33년(康熙, 1694)에 세워졌으며 초기에는 강희의 네 번째 아들 윤진(胤禛)의 관저로 사용했으며, 윤진(胤禛)이 왕위를 계승 받은 후 옹친왕(雍親王)이 되자 행궁으로 사용하면서 "옹화궁"으로 이름을 확정지었다. 건륭제(乾隆帝) 때 청왕조(淸王朝)는 몽고, 서장 등 각 소수민족에 대한 회유정책의 일환으로 옹화궁을 불교를 전하는 라마사원으로 정하였다. 현재 옹화궁의 주요 건축으로는 소태문(昭泰門), 종고루(鐘鼓樓), 비정(碑亭), 영화문(永和門), 옹화궁전(雍和宮殿), 수자전(數字殿), 약사전(藥師殿), 영우전(永佑殿), 법륜전(法輪殿), 계대전(戒臺殿), 반선루(班禪樓), 만복각(萬福閣), 연수각(延綏閣), 영강각(永康閣) 등으로 이루어져 있다.

한 "환교교택"(圜橋教澤)이라고 쓰여진 유리패방이 있다. 유리패방의 북쪽에는 국자감의 주요 건축인 벽옹(辟雍)이 있다. 이는 당시 학생들이 강의를 듣던 곳이기도 하며 황제만이 직접 강의를 했던 곳이기도 하다. 벽옹의 북쪽에는 이륜당(彝論堂)으로 곧바로 통하는 길이 있으며, 동쪽에는 학생들이 강론을 들었던 단지(丹墀, 돌층계) 가 있다.

북경 국자감

북경 옹화궁

북경국자감 北京國子監

북경(北京) 국자감(國子監)은 원(元)·명(明)·청(淸) 시대에 존재했던 최고 교육기관로 현재 북경 안정문(安定門) 내 국자감거리 북쪽에 위치해 있으며 북경의 문묘(文廟)와 서로 인접해 있다. 국자감의 첫 번째 도문(道門, 출입문)의 명칭은 집현문(集賢門)이며, 두 번째 도문(道門)은 태학문(太學門)으로 태학문 내에 건륭제(乾隆帝)의 친필로도 유명

찾아보기

ㄱ

- 가량　350
- 가욕관　419
- 가자상　212
- 각량　122
- 각루　311
- 각사주초　78
- 각석　70
- 각주　83
- 각주석　71
- 간란식 구가　120
- 간파　62
- 감조　337
- 감주조　87
- 감지평급　337
- 강백만장원　422
- 강사　65
- 강요조장원　421
- 강절 수향민거　247
- 개광돈　228
- 개반사 아이왕　272
- 개평 조루　267
- 건릉 영태공주묘 乾陵　389
- 건릉 익마　342
- 건릉 타조 석조　342
- 건릉번신상　302
- 건청궁　316
- 건청문편　236

- 격선　186
- 격선문　185
- 격심　186
- 경목돈의 제작　228
- 경복래병편　236
- 경산식 옥정　31
- 경심포광장　52
- 경운재편　237
- 경탑　290
- 계　67
- 계시목 가구　232
- 계조석　71
- 고경　77
- 고궁 3대전 대기 이수　74
- 고궁 구룡벽　362
- 고궁 삼대전 대기　315
- 고궁 양성전 조정　169
- 고궁 창음각　325
- 고궁 태화전 반용조정　169
- 고궁전척의 신수　41
- 고궁태화전의 문　40
- 고노전능화　190
- 고등　77
- 고루　309
- 고배 난간　90
- 고배난간의 고배조각　90
- 고배의　220
- 고애식 요동　256
- 고양동　381

· 곡부공묘	392	· 교가대원	423
· 곡부공묘영성문	180	· 교두안	216
· 곤녕궁	316	· 교올	224
· 곤돈석	60	· 교의	224
· 공	152	· 교태전	316
· 공교	279	· 구두	117
· 공덕방	367	· 구룡벽	362
· 공명방	368	· 구문식포지	104
· 공복공교	282	· 구배금창 영격	200
· 공신전장	49	· 구배식 남관모의	223
· 공심두자장	50	· 구연탑 옥정	43
· 공창	197	· 구연탑 회배	46
· 과	156	· 구좌	344
· 과가영벽	59	· 구척정	38
· 과공	154	· 구타비	344
· 과공량교	278	· 국자감의 유리패방	363
· 과릉문 주초	80	· 군루식 조루	268
· 과릉주	87	· 군판	190
· 과수량교	278	· 궁륭정	42
· 과주	83	· 궁성	306
· 과하영벽	60	· 궁전건축의 문	39
· 관곽	296	· 궁전건축의 수미좌	73
· 관록촌 청전조 화문루	347	· 권문	180
· 관모의	222	· 권붕식 옥정	36
· 광량대문	175	· 권붕현산식 옥정	36
· 괘락	204	· 권살	155
· 괘락미자	204	· 권의	220
· 괘락비조	204	· 권초문 작체	162
· 교	152	· 권초화훼 평기	171

ㄱ

· 궐	345
· 궤	213
· 궤퇴조	202
· 귀배금포지	108
· 귀주 석판방	260
· 금강보좌탑	287
· 금강주자	72
· 금과주	84
· 금선대점금	138
· 금선소점금	138
· 금선소화	143
· 금와	110
· 금용 화새채화	136
· 금전포지	101
· 금주	81
· 금주대문	176
· 금탁	217
· 금탁묵석년옥 선자채화	137
· 금탁묵소화	142
· 금형	128
· 기루	309
· 기린	301
· 기마 작체	159
· 기반문	174
· 기반심 옥면	46
· 기하문포지	107
· 길상도안 조정	171
· 길상도안포지	107

ㄴ

· 나한 난간	91
· 나한상	213
· 낙지명조	205
· 낙지명조격선	190
· 낙지조	202
· 낙타	303
· 난간조	201
· 난간중의 포고석	97
· 난판 난간	91
· 난판	92
· 남관모의	223
· 남목	229
· 남방 소식채화	142
· 남산 대족석굴	384
· 남색유리와의 기년전	358
· 남심동대가 희대	330
· 남유리와자전변의 벽라정	360
· 남조시대 경안릉 석기린	342
· 납서족 민거	269
· 납서족 전후원	270
· 낭교	280
· 낭장	55
· 낭주	84
· 내성	306
· 내첨 장식	210
· 내첨양가의 소식채화	147
· 내통랑식 토루	273

· 노구교	416	· 다층 연판주초	79
· 노정	244	· 다층일정	62
· 녹색유리와 지붕의 천단재궁	359	· 단교단앙오채두공	156
· 녹색유리와 황색전변	360	· 단구 난간	91
· 녹정	44	· 단보량	123
· 녹정 회배	46	· 단색유리재	357
· 뇌공주	82	· 단용 평기	171
· 뇌연	130	· 단원식 토루	276
· 누각탑	284	· 단파정	43
· 누방사원의 수향민거	249	· 단학 평기	172
· 누전장	51	· 담요5굴	376
· 누창	196	· 당대 무전정	37
· 누창장	51	· 당대 석사	341
· 누첨장	54	· 당대연화문포지전	103
· 능각지	140	· 당월패방군	370
· 능묘방	368	· 대각사 반용조정	169
· 능은전	293	· 대기위 이수	74
· 능화격선	188	· 대남공묘	392
· 니도공	154	· 대동 화엄사	400
		· 대동의 구룡벽	363
		· 대량식 구가	119
ㄷ		· 대련의 테두리 형식	236
		· 대리석 영벽	59
· 다공공교	282	· 대만 녹항용산사	396
· 다과공교	282	· 대만 팽호천후궁	393
· 다과식량교	278	· 대명궁 인덕전	322
· 다궤	213	· 대명궁 함원전	322
· 다보격	207	· 대문	173
· 다색유리건	360	· 대변	175

· 대비정	298	· 동한 태군묘 묘표의 대기 조각	339
· 대상	302	· 동향로	348
· 대선	140	· 두	151
· 대식와작	112	· 두공의 작용	157
· 대액방	125	· 두구	151
· 대작체	160	· 두이	153
· 대정전	321	· 두접주	85
· 대족석굴	385	· 두판석	70
· 대포하식 구연탑	44	· 두팔조정	170
· 덕승문의 전루	311	· 등롱금창 영격	199
· 도뇌	266	· 등자	226
· 도덕방	368		
· 도성	307		
· 도소	335	**ㅁ**	
· 독립식 요동	259		
· 돈	227	· 마노주자	72
· 돈황막고굴	381	· 마도	312
· 돈황막고굴 벽화	382	· 마두장	57
· 돈황막고굴9층누각	382	· 마면	312
· 동구	349	· 마반희대	329
· 동물문포지	108	· 마엽두	155
· 동악묘의 유리패방	364	· 마전대봉	61
· 동양 목조	348	· 마제주자	72
· 동정	243	· 만공	154
· 동족 풍우교	280	· 만공	153
· 동족희대	328	· 만년대	326
· 동주	83	· 만도	66
· 동학	350	· 만불동	381
· 동한 태군묘 묘표	339	· 만자문	176

· 만자문포지	106	· 목탑	292
· 만자정	45	· 목패방	369
· 만자지화포지	108	· 몽고포	264
· 만초회문 작체	162	· 몽고포의 과학적 조형	265
· 말각유리적수	353	· 몽고포의 구조	265
· 말두	190	· 묘탑	290
· 망사원	411	· 묘표	299
· 망주	93	· 무봉임가 희대	331
· 망주 머리 조각등급	96	· 무석 기창원	415
· 망주 머리조각	93	· 무영전	320
· 매괴의	222	· 무자비	298
· 매죽문 작체	161	· 무전식 옥정	37
· 매현 위룡옥	260	· 묵선대점금	138
· 매화주	86	· 묵선소점금	139
· 맥적산 석굴	382	· 문루 조각	345
· 맥적산 석굴 제13굴	383	· 문무방	368
· 맥적산 석굴 제4굴	383	· 문발	184
· 면와	113	· 문봉탑	290
· 명대 작체	159	· 문양측의 팔자영벽	60
· 명와	111	· 문자 와당	115
· 명청 석사	341	· 문잠	181
· 명청 와당	116	· 문정	185
· 모각주	85	· 문침	181
· 모전욕	420	· 문화전	320
· 목단화 작체	161	· 문환	185
· 목돈	228	· 민가건물의 대련	238
· 목영벽	58	· 민간 십금창	198
· 목정	242	· 민거건축의 오어	41
· 목조	333	· 민거원락포지	103

· 밀첨탑　　　　　　　285

ㅂ

· 박고가　　　　　　　206
· 반산정　　　　　　　245
· 반용희주 조정　　　　170
· 반원탁　　　　　　　218
· 반장문창 영격　　　　200
· 반장문포지　　　　　105
· 반지교　　　　　　　281
· 방　　　　　　　　　308
· 방　　　　　　　　　126
· 방등　　　　　　　　227
· 방목결구 누각식탑　　284
· 방성명루　　　　　　294
· 방정　　　　　　　　244
· 방탁　　　　　　　　216
· 방형 포고석　　　　　 99
· 방형조정　　　　　　168
· 방화산장　　　　　　 56
· 방화장　　　　　　　 56
· 배도　　　　　　　　307
· 배량　　　　　　　　124
· 배산구적　　　　　　117
· 백족 민거　　　　　　264
· 벽사주　　　　　　　205
· 변루　　　　　　　　373

· 병문　　　　　　　　178
· 병식 난간　　　　　　 91
· 병풍　　　　　　　　206
· 보가　　　　　　　　123
· 보백방　　　　　　　128
· 보보금창 영격　　　　199
· 보성　　　　　　　　294
· 보정　　　　　　　　 37
· 보정　　　　　　　　288
· 보정　　　　　　　　294
· 보정산석굴　　　　　386
· 보좌　　　　　　　　225
· 보화전　　　　　　　315
· 복발식탑　　　　　　286
· 복분　　　　　　　　 77
· 복수 작체　　　　　　163
· 봉선사　　　　　　　379
· 봉폐식 산화　　　　　 33
· 봉호첨장　　　　　　 54
· 봉화대　　　　　　　313
· 봉화장　　　　　　　 56
· 봉황루　　　　　　　322
· 봉황정　　　　　　　245
· 부계주　　　　　　　 84
· 부교　　　　　　　　277
· 부수의　　　　　　　220
· 부조　　　　　　　　335
· 부조 화초주초　　　　 79
· 부조식 회비　　　　　334

· 부척목	130
· 북경 계대사	394
· 북경 사합원	259
· 북경 서산팔대처	416
· 북경 옹화궁	426
· 북경 천단	388
· 북경 천단회음벽	61
· 북경고궁 보화전어로	67
· 북경고궁	423
· 북경고궁의 각루	311
· 북경국자감	427
· 북경명13릉	389
· 북경사합원 전조 문루	346
· 북경성 동남각루	312
· 북방 소식채화	142
· 북산 대족석굴	383
· 북송 황릉헌전	295
· 북제 의자혜석주 지붕 석실	340
· 북조시대 북제 의자혜석주	340
· 북해	407
· 북해 정심재	410
· 북해단성	410
· 북해의 구룡벽	362
· 비	343
· 비량	283
· 비로모	209
· 비문액	234
· 비액	344
· 비연	130
· 비조	203
· 빙렬문창 영격	200
· 빙열문포지	105

ㅅ

· 사가원림의 대련	239
· 사격	205
· 사당대	325
· 사두	155
· 사리탑	291
· 사묘의 대련	239
· 사수귀당식 환남민거	252
· 사신문 와당	115
· 사아전정	38
· 사자림	413
· 사주	86
· 사출두관모의	222
· 사합오천정	262
· 삭교	279
· 산수포지	102
· 산장	55
· 산주	82
· 산해관과 노용두	420
· 삼가량	123
· 삼관육선문	178
· 삼교구문능화	191
· 삼교만천성육완 대애엽능화	187

· 삼교육완	187	· 석패방	369
· 삼방일조벽	264	· 선면장	55
· 삼재승	155	· 선면정	45
· 삼합토장	48	· 선박통행용 소교량	248
· 삽병	207	· 선자채화	136
· 상	212	· 선조	335
· 상공	154	· 선파투경 포복	149
· 상륜	288	· 섬서성 건릉	390
· 상안	71	· 성문	305
· 상오채	147	· 성문루	306
· 상인 저택의 대련	239	· 성배누창	197
· 서안 대청진사	401	· 성장	304
· 서장 철방사	401	· 세 칸에 회랑이 딸린 건축대기	68
· 서장 포달랍궁	398	· 세만지면	100
· 서장대소사	400	· 세한삼우도안 채화	149
· 석광편	235	· 소공탑예배사	401
· 석년옥	140	· 소릉육준	340
· 석류 망주머리	96	· 소방 망주머리	97
· 석문산 석굴	384	· 소배의	223
· 석사	301	· 소병	208
· 석상생	299	· 소복분	78
· 석영벽	58	· 소식와작	113
· 석옹중	301	· 소식채화	141
· 석인	300	· 소액방	125
· 석자로	101	· 소장탁	219
· 석전산석굴	384	· 소평	338
· 석정	242	· 소흥 난정	416
· 석조	332	· 속련난판	93
· 석판와	112	· 속요 및 상하방대조각의 수미좌	74

· 속요대 조각의 수미좌	73	· 승덕 보녕사	404
· 속요부분의 완화결대	73	· 승덕 보락사	403
· 속요형 방탁	217	· 승덕 보타종승의 묘	402
· 송대 와당	115	· 승덕 수미수복의 묘	403
· 송식채화	134	· 승덕 피서산장	403
· 송원시기의 작체	158	· 시루	308
· 수구정	244	· 시정	307
· 수권액	234	· 식물문포지	107
· 수당 와당	116	· 신공성덕비	297
· 수대 난간	89	· 신도	297
· 수대답타	65	· 신룡안탁	215
· 수대석	71	· 신수	41
· 수문	313	· 신장 화전 민거	269
· 수미복수지묘 유리탑	364	· 실탑대문	174
· 수미좌	72	· 심부조	336
· 수자문포지	106	· 심양고궁	426
· 수향민거와 교량	248	· 심장 난간	88
· 수향민거와 물	247	· 십금창	198
· 수향민거의 마두	248	· 십금창 창투	198
· 수향민거의 적각루	252	· 십금창의 형상	198
· 수향민거의 출도	252	· 십삼릉 석패방	369
· 수향민거의 침류건축	249	· 십삼릉신도화표	297
· 수화문	177	· 십자정	245
· 순량	124	· 십자척식 옥정	38
· 순릉 석사	341	· 십자척의 각루	39
· 순배량	124	· 십팔두	153
· 술성기비	298	· 쌍교사완 감감람구문능화	190
· 숭정전	321	· 쌍교사완	187
· 승	152	· 쌍보량	123

· 쌍정	246

ㅇ

· 아극새내	272
· 아란석포지	102
· 아오묵	139
· 아이왕	272
· 악수당	318
· 악평희대	325
· 악평희대의 기본형식	326
· 악평희대의 외관형식	326
· 악평희대의 장식	327
· 악평희대의 제2형식	327
· 악평희대의 제3형식	327
· 악평희대의 제4형식	327
· 악평희대의 제5형식	327
· 안	215
· 안광문	289
· 안락의	225
· 안문관	420
· 암팔선 조각	348
· 암팔선포지	109
· 압지은기	337
· 앙	152
· 앙와	113
· 앙월	289
· 앙합와	114
· 애제소이청진사	402
· 양	120
· 양교	278
· 양성전	318
· 양정	243
· 양주 개원	414
· 양주 수서호	414
· 양주의 하원	414
· 어로	67
· 어린와	112
· 어린포지	109
· 어소비량	283
· 어형 작체	161
· 여의 금강주자	72
· 여의답타	64
· 여의문	177
· 여의형 주초	79
· 역분첩금	140
· 연	129
· 연공석교	282
· 연구 요동	256
· 연도	65
· 연랑주	84
· 연반주초	80
· 연심포광장	52
· 연완	131
· 연탁묵석년옥 선자채화	137
· 연판주초	78
· 연화 망주머리	96

· 연화 수미좌	73	· 용로포지	102
· 연화동	380	· 용문 작체	160
· 연화동의 연화조정	170	· 용문석굴	379
· 엽형편	234	· 용미도	65
· 영벽	57	· 용봉 화새채화	135
· 영성문	179	· 용봉문	295
· 영수궁	318	· 용봉조정	168
· 예성영락궁	400	· 용초 화새채화	135
· 오공	294	· 우화각	319
· 오나	266	· 운강석굴	376
· 오두문	178	· 운강석굴 제16굴	377
· 오복봉수 평기	172	· 운강석굴 제17굴	377
· 오전정	38	· 운강석굴 제18굴	377
· 오척전	38	· 운강석굴 제19굴	378
· 오행산장	56	· 운강석굴 제20굴	378
· 옥우식 대문	176	· 운강석굴 제5, 6굴	378
· 옹성	305	· 운강석굴 제9, 10굴	379
· 와각주	87	· 운봉주초	78
· 와당	114	· 운윤성휘편	237
· 와롱	116	· 웅황옥	139
· 왕가대원	422	· 원권정	42
· 왜탑	211	· 원대의 대명전	323
· 외금주	82	· 원림포지	103
· 외성	306	· 원문	175
· 외첨액방의 소식채화	148	· 원보량	122
· 외첨장수	191	· 원앙정	246
· 요동식 주택	255	· 원정	245
· 요령홍성	419	· 원조	336
· 요새	312	· 원조 인물주초	80

· 원조식 회비	334	· 유리와	352
· 원탁	218	· 유리와 전변	358
· 원형 잡자화	209	· 유리와당	352
· 원형 포고석	98	· 유리이자와	354
· 원형조정	168	· 유리적수	352
· 월동식 문조가자상	212	· 유리전	360
· 월량	124	· 유리정당구	354
· 월아탁	218	· 유리정모	353
· 위롱옥의 조합 형식	261	· 유리정척통	355
· 유리괘첨	366	· 유리탑	291
· 유리구두	352	· 유리통와	351
· 유리군색조	354	· 유리판와	351
· 유리대문	361	· 유리패방	369
· 유리문좌	355	· 유리하감	365
· 유리박풍	366	· 유목 가구	232
· 유리보정	355	· 유배정	246
· 유리보정의 규각	357	· 유앙	153
· 유리보정의 상방	356	· 유원	411
· 유리보정의 상효	356	· 유창	131
· 유리보정의 속요	356	· 육방식포지	104
· 유리보정의 수미좌	355	· 은조	336
· 유리보정의 하방	357	· 은풍장선편	237
· 유리보정의 하효	356	· 의	219
· 유리산장	365	· 의교	250
· 유리소홍산	365	· 이금주	81
· 유리수	361	· 이화원 낭여정조정	171
· 유리압대조	354	· 이화원 덕화루	324
· 유리영벽	59	· 이화원	406
· 유리영벽 분각	361	· 이화원의 다보유리탑	364

· 이화원의 수미영경	407
· 이화원의 해취원	408
· 익곤궁	320
· 익수재편	237
· 인물 포복	149
· 인자문포지	108
· 인자정	45
· 일과인	261
· 일귀	349
· 일마삼전창	193
· 일전일권식 구연탑	44
· 일정삼순	62
· 일정오순	62
· 일정이파	141
· 일정이파가이로	141
· 일정이파가일로	141
· 일정일순	62
· 임가화원	424

ㅈ

· 자단목 가구	231
· 작체문양	159
· 잔도	280
· 잡자	146
· 잡자화 도안	209
· 잡자화	208
· 잡자화의 기능	208
· 잡자화의 형상	209
· 장군문	177
· 장군상	303
· 장궤	214
· 장방정	244
· 장족 우모장봉	267
· 장족 조방	266
· 장족벽감	228
· 장창	199
· 장춘궁	319
· 재	157
· 재궁	296
· 저수궁	319
· 적대	313
· 적루	310
· 적수	117
· 전루	310
· 전면을 조각 장식한 수미좌	74
· 전문의 전루	310
· 전영벽	58
· 전영벽의 장식수법	58
· 전와석 혼합포지	101
· 전장	49
· 전정	242
· 전조	333
· 전탑	291
· 전화장	52
· 절렬방	368
· 절첩탁	219

· 접병	207	· 종루	308
· 정각탑	285	· 좌등 난간	89
· 정간식 구가	120	· 좌병	208
· 정구천화	166	· 좌우계	70
· 정보교	281	· 주두	152
· 정심과공	154	· 주루	373
· 정심형	128	· 주초 양식	77
· 정양희대	328	· 주초	76
· 정자의 지붕양식	241	· 주택 문 앞의 포고석	97
· 정자의 평면형식	241	· 주택문 앞 포고석의 사자	98
· 제형주초	80	· 주택문 앞 포고석의 포복각	99
· 조	201	· 죽근토장	49
· 조등	226	· 죽정	243
· 조만지면	101	· 준마	302
· 조상비	344	· 중대구난	94
· 조선 와옥	268	· 중오채	147
· 조선족 민거	268	· 중주	82
· 조선족 민거의 망창	269	· 중첨	43
· 조선족 민거의 초가지붕	268	· 중첨금주	82
· 조선족와	114	· 중첨헐산정	34
· 조소의 동물류 제재	338	· 중화전	315
· 조소의 식물류 제재	338	· 지두	53
· 조소의 인물류 제재	339	· 지두장식	53
· 조안	215	· 지적창	194
· 조용주	87	· 지평창	195
· 조정	166	· 직령난간	89
· 조정의 형식	167	· 직령창	192
· 조첨량	121	· 진대 와당	116
· 조환판	191	· 진사 균천희대	330

- 진사 수경대 330
- 진사 417

ㅊ

- 차군련 235
- 차수 131
- 찬첨식 옥정 36
- 찬첨식옥정 전당 37
- 찬첨식옥정 정자 36
- 찰좌 288
- 창랑정 412
- 창백지면 100
- 채묘 334
- 책엽액 234
- 척과주 84
- 척지기돌 337
- 척형 129
- 천단 기년전 대기 이수 75
- 천단영성문 179
- 천두식 구가 119
- 천만조 204
- 천부조 335
- 천안문 화표 347
- 천연석 여의답타 64
- 천진 독락사 396
- 천창 194
- 천화의 기본형식 164
- 천화의 작용 164
- 천화판 165
- 철력목 가구 230
- 철상명조 132
- 첨공공교 281
- 첨연 130
- 첨자난간 89
- 첨장 54
- 첨주 81
- 첩락산장 57
- 첩량 166
- 청대 녹각의 225
- 청대 작체 159
- 청대 태사의 형식 221
- 청동릉 389
- 청동릉영성문 180
- 청서릉 392
- 청수장 50
- 청수척 비자 47
- 청수척 46
- 청식채화 133
- 청와 110
- 체탁 219
- 체화전 320
- 초간누 373
- 초기 밀첨탑 285
- 초용 작체 162
- 촉주 83
- 추산 132

· 춘등	227	· 토루의 원루	276
· 출도	157	· 토친석	70
· 출정원	410	· 통와	111
· 출채	156	· 통작체	160
· 충천패방	370	· 통주	85
· 측전순체착봉	63	· 투공식 산화	33
· 치문	40	· 투병난판	92
· 치미	40	· 투병난판의 정병	92
		· 투전문포지	106
		· 투조	336

ㅌ

· 타	125	**ㅍ**	
· 탁	216		
· 탁각	131	· 파문식포지	104
· 탑	211	· 파자령창	192
· 탑기	287	· 판문	174
· 탑림	291	· 판와	111
· 탑문	289	· 판축장	49
· 탑신	287	· 팔각조정	168
· 탑찰	288	· 팔괘조정	168
· 태사벽	206	· 팔달령	421
· 태사의	221	· 팔선탁	217
· 태족 주택	259	· 팔자영벽	60
· 태평량	122	· 팔협희대	329
· 태화전	314	· 패방의 구조	374
· 토루 민거	273	· 패방의 기둥	372
· 토루의 방루	273	· 패방의 방	372
· 토루의 오봉루	274	· 패방의 자패	372

· 패방의 첨정	372
· 편련의 외관형식	233
· 평기	165
· 평기방격의 형식	165
· 평류희대	329
· 평반두	153
· 평암	165
· 평요 쌍림사	397
· 평요 진국사	397
· 평요고성	418
· 평요현아	417
· 평전순체착봉	63
· 평전정체착봉	63
· 평정	42
· 평주	85
· 평판방	125
· 평포희대	328
· 폐	66
· 폐석	66
· 포광장	52
· 포두량	121
· 포복	148
· 포복식소화	144
· 포복안의 도안	149
· 포복의 윤곽	148
· 포수	184
· 포양주	86
· 포작	156
· 표지방	367
· 풍문	182
· 풍화장	57
· 피희 아이왕	272

ㅎ

· 하감	56
· 하마비	299
· 하북 융흥사	396
· 하앙	154
· 하엽편	235
· 하오채	147
· 하침식 요동	256
· 하침식 요동의 삼정	258
· 하침식 요동의 여아장	257
· 하침식 요동의 원락 크기	257
· 하침식 요동의 출입구 방향	258
· 하침식 요동의 출입구 형식	257
· 학문포지	106
· 한궐 석각혈산정	32
· 한묘 도루	345
· 함	194
· 함장	48
· 함창	193
· 합나	265
· 합연권초의 중층주초	78
· 합와	113
· 항조	202

· 항주 서호	415	· 화가연	130
· 항탁	218	· 화공	155
· 해당화포지	105	· 화궤	214
· 해만소화	146	· 화리목 가구	231
· 해만소화의 화문	146	· 화변와	117
· 해만천화	166	· 화변유리적수	353
· 해만포지	102	· 화병	208
· 해주 관제묘	418	· 화병식 주초	80
· 해치	302	· 화상전	343
· 핵도목 가구	229	· 화새채화	134
· 향궤	214	· 화식 난간	90
· 향산와불사의 유리패방	363	· 화식전장	50
· 향색	146	· 화아자 작체	160
· 향전	293	· 화염패방	370
· 허국석방	371	· 화조 포복	149
· 허백액	234	· 화조	203
· 헌원경	167	· 화창	197
· 헌전	295	· 화탑	286
· 헐산식 옥정	32	· 화표	347
· 현궁	296	· 화합창	195
· 현산식 옥정	32	· 환남 민거 문루	346
· 현어	33	· 환남 호촌 문루의 조각 장식	346
· 형	128	· 환남민거 사합원 두 개의 조합 형식	255
· 형번수상방	371	· 환남민거 삼합원 두 개의 조합 형식	254
· 호구	413	· 환남민거 삼합원과 사합원의 조합 형식	255
· 호로문 작체	162	· 환남민거	252
· 호성하	305	· 환남민거의 사합원	254
· 혼합식 구가	120	· 환남민거의 삼합원	254
· 홍목 가구	230	· 환남민거의 양가	253

- 환남민거의 원락조합 형식　　253
- 황(묵)선수화　　143
- 황가궁전의 대련　　238
- 황극전　　317
- 황사성　　426
- 황색유리와 녹색전변　　358
- 황색유리와 지붕의 건청문　　357
- 황성　　307
- 회문 작체　　161
- 회배정　　45
- 회비　　334
- 회색기와 녹색유리전변　　359
- 회소　　333
- 회음벽　　61
- 회정　　43
- 횡파창　　196
- 횡피창　　196
- 휘주패방　　371
- 흑색유리와 녹색전변　　359
- 흠안전 대기 이수　　75
- 흠안전　　317
- 희상봉　　141

기타

- 13릉의 석상생　　300
- 24절기 망주머리　　96

| 중국건축도해사전 |

저자	왕치쥔
번역	차주환, 이민, 송선엽
감수	한동수

| 초판인쇄 | 2016년 9월 9일 |
| 초판발행 | 2016년 9월 19일 |

펴낸이	권영석
펴낸곳	도서출판 고려
	04553 서울특별시 중구 퇴계로 161
	02-2277-1424
	www.koprint.kr
	koprint@hanmail.net
출판등록	1984년 8월 1일(제2-1794호)

| 인쇄 | 고려문화사 |
| 제본 | 일진제책사 |

| ISBN | 978-89-87936-44-4 93610 |

이 도서의 국립중앙도서관 출판예정도서목록(CIP)은 서지정보유통지원시스템 홈페이지
(http://seoji.nl.go.kr)와 국가자료공동목록시스템(http://www.nl.go.kr/kolisnet)에서 이용하실
수 있습니다.
(CIP제어번호 : CIP2016021670)